Lecture Notes in Mathematics

Edited by A. Dold and B. Eckmann

930

P. Berthelot
L. Breen
W. Messin

Théorie de Dieudonné Cristalline II

Springer-Verlag
Berlin Heidelberg New York 1982

Auteurs
Pierre Berthelot
Lawrence Breen
U.E.R. de Mathématiques, Université de Rennes
Campus de Beaulieu, 35042 Rennes Cedex, France

William Messing
University of Minnesota, School of Mathematics
127 Vincent Hall, 206 Church Street SE, Minneapolis, MN 55455, USA

AMS Subject Classifications (1980): 14F10, 14F30, 14F40, 14K05, 14L05, 14L20

ISBN 3-540-11556-0 Springer-Verlag Berlin Heidelberg New York
ISBN 0-387-11556-0 Springer-Verlag New York Heidelberg Berlin

CIP-Kurztitelaufnahme der Deutschen Bibliothek
Berthelot, Pierre: Théorie de Dieudonné cristalline II [deux] / P. Berthelot; L. Breen; W. Messing. – Berlin; Heidelberg; New York: Springer, 1982.
(Lecture notes in mathematics; 930)
ISBN 3-540-11556-0 (Berlin, Heidelberg, New York)
ISBN 0-387-11556-0 (New York, Heidelberg, Berlin)
NE: Breen, Lawrence:; Messing, William:; GT

Printing and binding: Beltz Offsetdruck, Hemsbach/Bergstr.
2141/3140-543210

INTRODUCTION

Ce travail est consacré à généraliser, pour les p-groupes commutatifs finis localement libres et les groupes p-divisibles sur un schéma arbitraire de caractéristique $p > 0$, la classique "théorie de Dieudonné", définie lorsque le schéma de base est le spectre d'un corps parfait (voir par exemple [21], [2], [3], [39], [19], [45], [26]). L'idée de base de cette généralisation est la suivante : en utilisant les techniques cohomologiques fournies par la cohomologie cristalline, il est possible de définir globalement certains invariants généralisant le module de Dieudonné ; d'autre part, grâce à un théorème de Raynaud, on peut considérer, localement, un p-groupe fini localement libre comme étant le noyau d'une isogénie entre schémas abéliens, et l'étude des propriétés locales de ces invariants se ramène alors à celle de la cohomologie cristalline (ou de De Rham) des schémas abéliens.

L'idée que la cohomologie de De Rham des schémas abéliens puisse servir de point de départ pour une extension de la théorie de Dieudonné n'est pas nouvelle, et peut, dans une certaine mesure, être considérée comme un analogue en caractéristique p de la théorie de Hodge en géométrie algébrique complexe. Si A est une variété abélienne sur $k = \mathbb{C}$, l'espace vectoriel $H^1_{DR}(A/k)$ est muni d'une filtration à deux crans

(1) $$0 \longrightarrow H^o(A,\Omega^1_A) \longrightarrow H^1_{DR}(A/k) \longrightarrow H^1(A,\mathcal{O}_A) \longrightarrow 0 ,$$

dans laquelle les deux termes du gradué ont une interprétation au moyen des invariants différentiels associés aux groupes de Lie : l'espace $H^o(A,\Omega^1_A)$ des formes différentielles holomorphes sur A s'identifie à l'espace ω_A des formes différentielles invariantes par translation, tandis que $H^1(A,\mathcal{O}_A)$ s'identifie à l'algèbre de Lie (ici triviale) de la variété abélienne duale A. Rappelons d'autre part que la donnée du réseau $H^1(A,\mathbb{Z}) \subset H^1_{DR}(A/k)$ permet de reconstruire A comme duale du tore complexe $H^1(A,\mathcal{O}_A)/H^1(A,\mathbb{Z})$.

Si maintenant A est une variété abélienne définie sur un corps parfait k de caractéristique p, on ne dispose plus de la cohomologie entière, mais la suite exacte (1) et son interprétation différentielle restent valables, le terme $H^1(A,\mathcal{O}_A)$ pouvant alors être identifié, une fois muni de l'action de Frobenius, à la p-algèbre de Lie de $\hat{A}$; de plus, comme l'a montré Oda [45] en réponse à une question de Grothendieck [29], $H^1_{DR}(A/k)$ est canoniquement isomorphe au module de Dieudonné $M({}_pA)$ du noyau de la multiplication par p sur A. Grothendieck a alors observé [32 ; 40] que ce résultat pouvait s'étendre de la manière suivante : si G est le groupe p-divisible associé à A, et si $\tilde{A}$ est un relèvement de A en un schéma abélien sur l'anneau des vecteurs de Witt W(k), il existe un isomorphisme canonique entre le module de Dieudonné M(G) et le module de cohomologie $H^1_{DR}(\tilde{A}/W)$, compatible à l'action du Frobenius (et du décalage) fournie par l'isomorphisme $H^1_{DR}(\tilde{A}/W) \simeq H^1_{cris}(A/W)$ entre cohomologie de De Rham et cohomologie cristalline. On retrouve alors l'énoncé d'Oda par réduction modulo p.

Dans [31 ; 32], Grothendieck remarquait que cet isomorphisme fournit une indication sur la façon dont on peut étendre la théorie de Dieudonné au cas d'une base générale S de caractéristique p. Si $f : A \longrightarrow S$ est un schéma abélien de dimension relative g, il y a lieu de remplacer le module $H^1_{cris}(A/W)$ par le faisceau de cohomologie $R^1 f_{cris*}(\mathcal{O}_{A/\mathbb{Z}_p})$, qui est un cristal localement libre de rang 2g sur S. Le problème est alors de construire un "foncteur de Dieudonné", associant à certains faisceaux de groupes abéliens sur S un cristal, muni d'une action de F et de V, et reflétant aussi fidèlement que possible les propriétés de G. Dans le cas des groupes p-divisibles, une première construction de ce cristal a été obtenue par Messing [41], à partir de l'algèbre de Lie de l'extension universelle. Ce point de vue permet en particulier d'étudier les déformations de groupes p-divisibles : si $S \hookrightarrow T$ est une immersion fermée définie par un idéal à puissances divisées nilpotentes, le cristal $\mathbb{D}(G)$ associé à un groupe p-divisible G sur S définit un $\mathcal{O}_S$-module $\mathbb{D}(G)_S$ et un $\mathcal{O}_T$-module $\mathbb{D}(G)_T$, tous deux localement libres de rang fini, et un isomorphisme $\mathbb{D}(G)_T \otimes_{\mathcal{O}_T} \mathcal{O}_S \xrightarrow{\sim} \mathbb{D}(G)_S$; le module $\mathbb{D}(G)_S$ est muni d'une filtration de Hodge

$$(2) \qquad 0 \longrightarrow \omega_G \longrightarrow \mathbb{D}(G)_S \longrightarrow \mathcal{L}ie(G^*) \longrightarrow 0$$

(où G^* est le groupe p-divisible dual) analogue à (1), et les relèvements de G en un groupe p-divisible sur T sont classifiés par les relèvements de cette filtration à $\mathbb{D}(G)_T$. Une deuxième approche, développée par Mazur et Messing dans [40], est basée sur la notion de $\natural$-extension d'un groupe p-divisible par le groupe additif, et se prête mieux que la précédente à la comparaison avec la cohomologie de De Rham des schémas abéliens, ou avec le module de Dieudonné lorsque S est un corps parfait, du moins dans le cas unipotent.

Ces travaux laissent néanmoins ouvertes de nombreuses questions fondamentales de la théorie, telles que le problème de son extension aux p-groupes finis localement libres, la question de la pleine fidélité des "cristaux de Dieudonné" ainsi obtenus, la théorie de la dualité, etc. C'est pourquoi nous reprenons ici entièrement (et indépendamment de [41], [40]) la construction des cristaux de Dieudonné, par l'usage systématique de méthodes cohomologiques qui apportent à la théorie la souplesse nécéssaire pour de tels développements. Observons tout d'abord que le fait de pouvoir définir le cristal de Dieudonné, dans le cas d'un schéma abélien, par le faisceau de cohomologie cristalline $R^1 f_{cris*}(\mathcal{O}_{A/\mathbb{Z}_p})$ (cf. [40]), est tout à fait spécial au cas des schémas abéliens (et résulte en fait de ce que, dans ce cas, l'algèbre de cohomologie cristalline est isomorphe à l'algèbre extérieure sur sa composante de degré 1). Ainsi que l'on s'en convainc aisément à partir de la définition des faisceaux de $\natural$-extensions utilisés dans [40], il faut dans le cas général remplacer les faisceaux de cohomologie par des faisceaux d'extensions convenables. Indiquons comment procéder. Soient S un schéma sur lequel p est localement nilpotent, $\Sigma = \mathrm{Spec}(\mathbb{Z}_p)$. A tout faisceau abélien G sur S, on associe un faisceau abélien $\underline{G}$ sur le gros site cristallin $\mathrm{CRIS}(S/\Sigma)$ en posant, pour tout triple (U,T,δ) où U est un S-schéma, $U \hookrightarrow T$ une Σ-immersion de U dans un schéma T sur lequel p est localement nilpotent, et δ une PD-structure sur l'idéal de U dans T,

$$\underline{G}(U,T,\delta) = G(U) .$$

Si $\mathcal{O}_{S/\Sigma}$ est le faisceau structural de $\mathrm{CRIS}(S/\Sigma)$ (défini par $\Gamma((U,T,\delta),\mathcal{O}_{S/\Sigma}) = \Gamma(T,\mathcal{O}_T))$, l'objet que nous étudions ici (sous des hypothèses convenables sur G) est le faisceau

$$\mathbb{D}(G) = \mathcal{E}xt^1_{S/\Sigma}(\underline{G},\mathcal{O}_{S/\Sigma})$$

des extensions locales sur $\mathrm{CRIS}(S/\Sigma)$ de $\mathcal{O}_{S/\Sigma}$ par $\underline{G}$, muni de l'action de F et V induite par fonctorialité par le Frobenius et le décalage de G.

Nous nous limiterons à une description succinte du présent travail, qui a fait l'objet dans [8] d'une présentation plus détaillée. Notre but ici est de fournir un exposé systématique des résultats annoncés dans les paragraphes 2, 3 et 4 de loc. cit. Dans le premier chapitre, nous établissons les fondements de la théorie. Pour pouvoir travailler avec les schémas en groupes (vus comme faisceaux abéliens sur S), nous sommes amenés à utiliser d'une part le "gros" topos cristallin plutôt que le "petit" topos habituellement considéré, d'autre part d'autres topologies que la topologie de Zariski, et notamment la topologie fppf. Outre le formalisme général de ces topos, et quelques rappels sur la notion de cristal, ce chapitre introduit les faisceaux d'extensions mentionnés plus haut, et leurs propriétés formelles. La dernière section, qui n'est pas utilisée par la suite, fait le lien entre les faisceaux $\mathcal{E}xt^1_{S/\Sigma}(\underline{G},\mathcal{O}_{S/\Sigma})$ et les faisceaux de $\natural$-extensions de [40].

Dans le second chapitre, nous montrons comment calculer des faisceaux tels que $\mathcal{E}xt^1_{S/\Sigma}(\underline{G},\mathcal{O}_{S/\Sigma})$. Au moyen de résolutions $\mathbb{Z}$-plates appropriées de $\underline{G}$, on se ramène au calcul de groupes de cohomologie cristalline de puissances cartésiennes de G, ceux-ci s'effectuant par des calculs de cohomologie de De Rham lorsque G est plongé dans un S-schéma affine et lisse. A titre d'illustration, nous explicitons ce procédé lorsque $S = \mathrm{Spec}(k)$, où k est parfait, et G est un groupe fini connexe : supposant G plongé dans un groupe de Lie formel sur $W(k)$, on obtient une description de $\mathbb{D}(G)$ en termes de "presque-logarithmes", analogue aux résultats de Fontaine [24 ; 26]. Le calcul à partir de la cohomologie cristalline permet d'obtenir des propriétés de quasi-cohérence, ou de commutation aux morphismes plats, pour les faisceaux $\mathcal{E}xt^i_{S/\Sigma}(\underline{G},\mathcal{O}_{S/\Sigma})_{(U,T,\delta)}$. Ce chapitre se termine par des rappels sur les cohomologies de De Rham et cristalline des schémas abéliens (faute de références accessibles), d'où l'on conclut aisément que, lorsque A est un schéma abélien, $\mathbb{D}(A)$ coïncide avec $R^1 f_{cris*}(\mathcal{O}_{A/\Sigma})$.

Le troisième chapitre s'ouvre sur la démonstration de ce que, lorsque G est fini localement libre, $\mathbb{D}(G)$ est un cristal localement de présentation finie. Nous introduisons en fait un invariant plus subtil, appelé "complexe de Dieudonné de G", et défini par

$$\mathbb{\Delta}(G) = t_{1]}\mathbb{R}\mathcal{H}om_{S/\Sigma}(\underline{G}, \mathcal{O}_{S/\Sigma}) ,$$

dont $\mathbb{D}(G)$ est le faisceau de cohomologie de degré 1. Ce complexe est un complexe parfait d'amplitude 1, qui peut s'interpréter, lorsque G est le noyau d'une isogénie $u : A \longrightarrow B$ entre schémas abéliens, comme le complexe $\mathbb{D}(B) \longrightarrow \mathbb{D}(A)$ des cristaux de Dieudonné correspondants. On observera que la méthode de démonstration utilisée ici, et basée sur le théorème de Raynaud mentionné plus haut, diffère de la méthode esquissée dans [8] (et est considérablement plus simple). Nous étudions ensuite les relations entre $\mathbb{\Delta}(G)$, le complexe de co-Lie de G et le complexe de Lie de son dual de Cartier G^*, en prouvant l'existence d'un triangle distingué reliant ces trois complexes, analogue aux filtrations de Hodge (1) et (2). Dans la troisième section, nous montrons, par passage à la limite à partir du cas fini, que, pour un groupe p-divisible G de hauteur h, $\mathbb{D}(G)$ est localement libre de rang h ; ce résultat figurait déjà dans [40], mais la présente démonstration, ainsi que le reste de ce travail, n'utilise à aucun moment le théorème (non publié) de Grothendieck sur l'existence de relèvements infinitésimaux des groupes p-divisibles.

Le chapitre 4 est consacré à comparer, dans le cas où S est le spectre d'un corps parfait k, le module D(G) des sections globales du cristal $\mathbb{D}(G)$ (qui détermine celui-ci) au classique module de Dieudonné M(G). On construit à cet effet une extension de faisceaux abéliens

$$0 \longrightarrow \mathcal{O}_{S/\Sigma} \longrightarrow \mathcal{E}_{S/\Sigma} \longrightarrow CW_{S/\Sigma} \longrightarrow 0 , \tag{3}$$

où $CW_{S/\Sigma}$ est un faisceau défini en utilisant le groupe des covecteurs de Witt.

L'homomorphisme cobord

$$M(G) \simeq \mathrm{Hom}(\underline{G}, CW_{S/\Sigma}) \longrightarrow \mathrm{Ext}^1(\underline{G}, \mathcal{O}_{S/\Sigma}) \simeq \underline{D}(G)$$

est alors un isomorphisme semi-linéaire de $W(k)[F,V]$-modules lorsque G est fini ou p-divisible. Lorsque G est fini localement libre et annulé par V, nous montrons ensuite que ce résultat admet une généralisation naturelle au cas d'une base quelconque : le cristal $\mathbb{D}(G)$ peut être construit très simplement à partir de l'algèbre de Lie du groupe dual. De même, lorsque G est annulé par F, $\mathbb{D}(G)$ peut être construit à partir du faisceau ω_G des différentielles invariantes par translation.

Dans le dernier chapitre, nous établissons les théorèmes de dualité pour les cristaux de Dieudonné associés aux schémas abéliens, aux schémas en groupes finis localement libres, et aux groupes p-divisibles ; signalons que nous avons choisi de déduire chaque cas du précédent, mais qu'une présentation indépendante de chacun de ces énoncés aurait été possible. Dans le cas des schémas abéliens, cette dualité est essentiellement la dualité entre les H^1 de deux schémas abéliens duaux (induite, via la formule de Künneth, par la classe du diviseur de Poincaré) ; c'est un énoncé classique, dont nous avons inclus la démonstration faute de référence. L'homomorphisme de dualité dans le cas des groupes finis est déduit de l'accouplement de définition de la dualité de Cartier ; il induit un isomorphisme entre les complexes de Dieudonné

$$\mathbb{\Delta}(G)^{\vee}[-1] \xrightarrow{\sim} \mathbb{\Delta}(G^*) ,$$

qui trouvent sans doute ici la justification la plus frappante de leur introduction. La dualité dans le cas des groupes p-divisibles est déduite de l'énoncé précédent pour les noyaux de la multiplication par p^n, mais peut aussi être définie à partir de la biextension canonique d'un groupe p-divisible et de son dual par $\mathbb{G}_m$. Enfin, nous établissons les diverses compatibilités entre ces différents types de dualité, ainsi qu'avec les accouplements naturels sur les filtrations de Hodge. Bien que ces compatibilités soient conceptuellement simples, des complications assez sérieuses surgissent lorsqu'il s'agit de prêter attention aux questions de signe. Un soin particulier leur a été apporté, nous amenant notamment à la conclusion que le diagramme (2.3.10) de [SGA 7, VIII] est commutatif, et non anti-commutatif.

Nous n'abordons pas dans le présent travail les théorèmes de pleine fidélité annoncés dans [8], et dont les démonstrations, ainsi que diverses applications, seront l'objet de l'article [9]. Nous donnerons aussi dans [9] des indications sur la théorie multiplicative (obtenue en remplaçant $\mathcal{O}_{S/\Sigma}$ par $\mathcal{O}^*_{S/\Sigma}$ dans les faisceaux d'extensions utilisés), permettant notamment de comparer la théorie développée ici et celle de [41]. Il serait intéressant d'obtenir directement, à partir du formalisme du présent article, une démonstration du théorème de classification des déformations des groupes p-divisibles de [41] rappelé plus haut ; on en déduirait notamment une nouvelle démonstration du théorème de relèvement de Grothendieck, indépendante de la théorie des obstructions de [34]. Il serait également intéressant d'obtenir, à partir des invariants introduits ici, un théorème de classification analogue pour les déformations des groupes finis localement libres ; signalons à cet égard, lorsque $S = \mathrm{Spec}(k)$, une solution de ce problème déduite du cas des groupes p-divisibles [1], et redonnant en particulier dans le cas où $T = \mathrm{Spec}(W(k))$ la classification de Fontaine [25].

Nous remercions ici les Universités de Rennes et d'Irvine pour le soutien qu'elles nous ont apporté au cours de ces recherches, et Mme Y. Brunel pour le travail remarquable qu'elle a effectué en préparant ce manuscrit.

TABLE des MATIERES

0 - CONVENTIONS GÉNÉRALES

0.1. Les différentes sous-sections des chapitres 1 à 5 sont repérées par la donnée de trois nombres, le premier étant celui du chapitre. Dans chaque sous-section, les formules ou les diagrammes sont repérés par la donnée de quatre nombres entre parenthèses, les trois premiers étant ceux de la sous-section où ils se trouvent.

0.2. Pour faciliter le langage, nous commettrons systématiquement les abus terminologiques qui suivent :

(i) Un S-groupe, ou un groupe sur S, est un S-schéma en groupes.

(ii) Tous les schémas en groupes considérés sont supposés commutatifs.

(iii) Sauf mention explicite du contraire, tous les S-groupes finis localement libres considérés sont supposés de p-torsion, où p est un nombre premier fixé dans tout ce travail.

(iv) Nous dirons qu'un diagramme de morphismes de topos est commutatif s'il l'est à isomorphisme canonique près.

Par ailleurs, nous noterons G^* le dual de Cartier d'un S-groupe fini localement libre G. Si $H = \bigcup_n H(n)$ est un groupe p-divisible, avec $H(n) = \mathrm{Ker}(p^n_H)$, H^* sera le groupe p-divisible dual $\bigcup_n H(n)^*$.

0.3. Conventions de signe.

Nous emploierons les conventions suivantes.

0.3.1. Soient $\mathcal{A}$ une catégorie abélienne, $D(\mathcal{A})$ la catégorie dérivée correspondante. Si $K^\cdot$ est un complexe d'objets de $\mathcal{A}$, le translaté $K^\cdot[1]$ de $K^\cdot$ est le complexe défini par $(K^\cdot[1])^k = K^{k+1}$, $d^k_{K[1]} = - d^{k+1}_K$; si $f : K^\cdot \longrightarrow K'^\cdot$ est un morphisme de complexes, $f[1]$ est le morphisme égal à f^{k+1} en degré k . Ces définitions s'étendent à $D(\mathcal{A})$.

Un triangle de $D(\mathcal{A})$ est <u>distingué</u> s'il est isomorphe à un triangle de la forme

$$\begin{array}{ccc} & C^{\cdot}(u) & \\ {\scriptstyle -p}\swarrow{\scriptstyle +1} & & \nwarrow{\scriptstyle i} \\ X^{\cdot} & \xrightarrow{u} & Y^{\cdot} \end{array} ,$$

où $C^{\cdot}(u) = X^{\cdot}[1] \oplus Y^{\cdot}$ est le cône de u (dont la différentielle est $d^k = -d_X^{k+1} + u^{k+1} + d_Y^k$) , i l'inclusion de $Y^{\cdot}$ dans $C^{\cdot}(u)$, p la projection de $C^{\cdot}(u)$ sur $X^{\cdot}[1]$. La convention adoptée ici est donc celle de l'exposé de Verdier [SGA $4^{1/2}$, C.D., p. 6], et diffère par conséquent de celle de la version initiale de [C.D.] ou de [SGA 4, XVII, 1.1.1] par le signe affecté à la projection de $C^{\cdot}(u)$ sur $X^{\cdot}$ (voir 0.3.2. plus bas)[(1)].

Le triangle distingué <u>déduit par translation</u> d'un triangle distingué (X,Y,Z,u,v,w) est par définition le triangle $(X[1],Y[1],Z[1],u[1],v[1],-w[1])$.

0.3.2. Si l'on part d'une suite exacte de complexes

(0.3.2.1) $$0 \longrightarrow X^{\cdot} \xrightarrow{u} Y^{\cdot} \xrightarrow{v} Z^{\cdot} \longrightarrow 0 ,$$

on lui associe le triangle distingué

(0.3.2.2) $$\begin{array}{ccc} & Z^{\cdot} & \\ {\scriptstyle w}\swarrow{\scriptstyle +1} & & \nwarrow{\scriptstyle v} \\ X^{\cdot} & \xrightarrow{u} & Y^{\cdot} \end{array} ,$$

où w est défini comme le composé

----

(1) Ce travail ayant été rédigé avant la parution du traité d'Algèbre Homologique de N. Bourbaki, nous laissons au lecteur le soin d'établir le dictionnaire entre les deux systèmes de conventions.

(0.3.2.3) $$w : Z^{\cdot} \xleftarrow[\text{qis}]{q} C^{\cdot}(u) \xrightarrow{-p} X^{\cdot}[1] ,$$

q étant donné par v sur $Y^{\cdot}$ et 0 sur $X^{\cdot}[1]$. Rappelons que cette convention entraîne que l'homomorphisme cobord de la suite exacte de cohomologie associée au triangle (0.3.2.2) est celui que définit le diagramme du serpent associé à la suite exacte (0.3.2.1), ce qui motive le choix du signe affecté à p en 0.3.1.

Par définition, le morphisme $Z^{\cdot} \longrightarrow X^{\cdot}[1]$ défini par (0.3.2.1) est le morphisme w.

0.3.3. Les conventions de signes liées aux multi-foncteurs et aux foncteurs contravariants dans [SGA 4, XVII, 1.1] sont indépendantes du choix qui y est fait pour la notion de triangle distingué. Sauf mention explicite du contraire, ce sont ces conventions que nous suivrons ici.

Ainsi, si $(K^{n_1 \dots n_r}, d_1, \dots, d_r)$ est un complexe naïf r-uple au sens de [SGA 4, XVII, 0.4] (c'est-à-dire tel que les d_i commutent), le complexe simple associé K_s a pour terme de degré k

$$K_s^k = \prod_{\Sigma k_i = k} K^{k_1 \dots k_r} ,$$

la différentielle d^k étant définie par

(0.3.3.1) $$d^k = \sum_i (-1)^{\sum_{j<i} k_j} d_i .$$

Par exemple, lorsque $\mathcal{A}$ est la catégorie des A-modules d'un topos, nous considérerons, dans le bifoncteur $X \otimes_A Y$, que X est le premier argument et Y le second ; la différentielle du complexe simple associé au produit tensoriel $K^{\cdot} \otimes_A L^{\cdot}$ de deux complexes $K^{\cdot}$ et $L^{\cdot}$ est donc donnée sur le facteur $K^i \otimes_A L^j$ par

$$d(x \otimes y) = d_K^i(x) \otimes y + (-1)^i x \otimes d_L^j(y) .$$

Si F est un foncteur contravariant défini sur la catégorie abélienne $\mathcal{A}$, et $K^\cdot$ un complexe d'objets de $\mathcal{A}$, la différentielle de $F(K^\cdot)$ est donnée en degré k par

(0.3.3.2) $$d^k_{F(K^\cdot)} = (-1)^{k+1} F(d_K^{-k-1}) .$$

Dans le bifoncteur $\mathrm{Hom}_{\mathcal{A}}(X,Y)$ (resp. $\mathcal{H}om_A(X,Y)$), nous considérerons l'argument covariant Y comme le premier argument, et l'argument contravariant X comme le second argument. Si $K^\cdot$, $I^\cdot$ sont deux complexes d'objets de $\mathcal{A}$, le complexe simple associé au bicomplexe $\mathrm{Hom}^\cdot_{\mathcal{A}}(K^\cdot,I^\cdot)$ (resp. $\mathcal{H}om_A(K^\cdot,I^\cdot)$) est défini par les règles précédentes. Sur le facteur $\mathrm{Hom}_{\mathcal{A}}(K^j,I^i)$, sa différentielle est donc

$$d(u) = d_I^i \circ u + (-1)^{i+j+1} u \circ d_K^{j-1} .$$

Avec ces conventions, l'isomorphisme d'adjonction

$$\mathrm{Hom}_A(K^\cdot \otimes_A L^\cdot, I^\cdot) \xrightarrow{\sim} \mathrm{Hom}^\cdot_A(K^\cdot, \mathcal{H}om^\cdot_A(L^\cdot,I^\cdot)) ,$$

ne fait pas intervenir de signe.

0.3.4. Si F et G sont deux foncteurs contravariants, l'isomorphisme canonique

(0.3.4.1) $$F(G(K^\cdot)) \xrightarrow{\sim} (F\circ G)(K^\cdot)$$

est donné, avec la convention (0.3.3.2), par $(-1)^k$ en degré k. Lorsque $\mathcal{A}$ est la catégorie des A-modules d'un topos, nous appliquerons cette convention à l'homomorphisme de bidualité

(0.3.4.2) $$K^\cdot \xrightarrow{\sim} \mathcal{H}om^\cdot_A(\mathcal{H}om^\cdot_A(K^\cdot,I^\cdot),I^\cdot) ,$$

dans lequel le membre de droite est considéré comme l'itéré du foncteur contravariant $\mathcal{H}om^\cdot_A(-,I^\cdot)$; en degré k, (0.3.4.2) est donc déduit des morphismes canoniques

$$K^k \longrightarrow \mathcal{H}om_A(\mathcal{H}om_A(K^k,I^{k+i}),I^{k+i})$$

par multiplication par $(-1)^k$.

0.3.5. Lorsque F est covariant, l'isomorphisme de compatibilité aux translations $F(K^\cdot[1]) \xrightarrow{\sim} F(K^\cdot)[1]$ ne fait pas intervenir de signe. Lorsque F est contravariant, l'isomorphisme

$$F(K^\cdot[-1]) \simeq F(K^\cdot)[1] \tag{0.3.5.1}$$

est défini, conformément à [SGA 4, XVII, 1.1.5], par $(-1)^{k+1}\mathrm{Id}_{F(K^{-k-1})}$ en degré k. On en déduit les trois conventions suivantes :

(i) L'isomorphisme

$$F(K^\cdot) \simeq F(K^\cdot[1])[1] \tag{0.3.5.2}$$

est défini par $(-1)^{k+1}\mathrm{Id}_{F(K^{-k})}$ en degré k.

(ii) L'isomorphisme

$$F(K^\cdot[1]) \simeq F(K^\cdot)[-1] \tag{0.3.5.3}$$

est défini par $(-1)^{k}\mathrm{Id}_{F(K^{-k+1})}$ en degré k.

(iii) L'isomorphisme

$$F(K^\cdot) \simeq F(K^\cdot[-1])[-1] \tag{0.3.5.4}$$

est défini par $(-1)^{k}\mathrm{Id}_{F(K^{-k})}$ en degré k.

Enfin, si $(K^{n_1\ldots n_r}, d_1,\ldots,d_r)$ est un complexe naïf r-uple, le translaté $K[1_i]$ par rapport au i-ième exposant est défini par

$$(K[1_i])^{k_1\ldots k_i\ldots k_r} = K^{k_1\ldots k_i+1\ldots k_r},\ d_{K[1_i],j} = d_{K,j} \text{ pour } j\neq i,\ d_{K[1_i],i} = -d_{K,i}.$$

L'isomorphisme canonique

$$(K[1_i])_s \simeq K_s[1] \tag{0.3.5.5}$$

est défini par $(-1)^{\sum_{j<i} k_j}\mathrm{Id}_K$ sur le facteur $K^{k_1\ldots k_r}$ de $(K[1_i])_s$ (cf. [SGA 4, XVII,(1.1.4.5)]).

Les isomorphismes de compatibilité des multifoncteurs aux translations résultent de l'application des règles précédentes.

0.3.6. Les conventions qui précèdent définissent des conventions analogues dans la catégorie dérivée $D(\mathcal{A})$. Si (X,Y,Z,u,v,w) est un triangle distingué de $D(\mathcal{A})$, et F un foncteur contravariant exact sur $D(\mathcal{A})$, le triangle distingué qu'on en déduit par fonctorialité est $(F(Z),F(Y),F(X),F(v),F(u),w')$, où w' est le morphisme composé

$$F(X) \xrightarrow{\sim} F(X[1])[1] \xrightarrow{F(w)[1]} F(Z)[1] \quad ,$$

défini grâce à (0.3.5.2).

0.3.7. Supposons que $\mathcal{A}$ soit la catégorie des A-modules d'un topos. Soient $K^\cdot \in K^-(A)$, $R^\cdot \in K^+(A)$ deux complexes de A-modules, tels qu'il existe un entier $i \geq 0$ vérifiant :

$$\forall\, j \neq i \ , \quad \forall\, k \ , \quad \mathcal{E}xt^j_A(K^k,R^\cdot) = 0 \quad .$$

Nous utiliserons alors l'identification qui suit entre $\mathbb{R}\mathcal{H}om_A(K^\cdot,R^\cdot)$ et le complexe

$$C^\cdot : \ \ldots \longrightarrow \mathcal{E}xt^i_A(K^{-n+i},R^\cdot) \longrightarrow \mathcal{E}xt^i_A(K^{-n+i-1},R^\cdot) \longrightarrow \ \ldots \ ,$$

où $\mathcal{E}xt^i_A(K^{-n+i},R^\cdot)$ est placé en degré n , et où la différentielle en degré n est induite par fonctorialité par $(-1)^{n+1}\, d_K^{-n+i-1}$: si $I^\cdot$ est une résolution injective de $R^\cdot$, cette identification est donnée par les quasi-isomorphismes de complexes

$$(0.3.7.1) \quad \bigoplus_j \mathcal{H}om_A(K^{j-\cdot},I^j) \overset{qis}{\hookleftarrow} \Big(\bigoplus_{j<i} \mathcal{H}om_A(K^{j-\cdot},I^j)\Big) \oplus \mathcal{H}om_A(K^{i-\cdot},Z^i(I^\cdot)) \xrightarrow{qis} \mathcal{E}xt^i_A(K^{i-\cdot},R^\cdot),$$

les homomorphismes étant les homomorphismes naturels. Cette convention n'est du reste qu'un cas particulier de conventions générales (que nous laissons au lecteur le soin d'énoncer) s'appliquant, sous certaines conditions de convergence, aux bicomplexes dont l'une des suites spectrales est nulle en E_2 en dehors d'une ligne.

Nous utiliserons la même identification pour calculer le complexe tronqué

$t_{a]}\mathbb{R}\mathcal{H}om_A(K^\cdot,R^\cdot)$ (cf. 2.1.1) sous les hypothèses plus faibles suivantes (qui entraînent que les tronqués d'indice a dans (0.3.7.1) sont des quasi-isomorphismes) :

(i) il existe des entiers i,b , tels que $0 \leq i \leq b$, et que

$$\forall\ j \in [0,b]\ ,\ j \neq i,\ \ \forall\ k\ ,\ \ \mathcal{E}xt^j_A(K^k,R^\cdot) = 0\ ;$$

(ii) $K^k = 0$ si $k \notin [i-a,b-a]$.

On observera que, lorsque $K^\cdot$ est réduit à un seul objet K placé en degré 1, l'isomorphisme

$$\mathbb{R}\mathcal{H}om_A(K[-1],R^\cdot) \simeq \mathcal{E}xt^i_A(K,R^\cdot)[-i+1]$$

défini par (0.3.7.1) diffère par le signe $(-1)^i$ de celui qu'on obtient en appliquant (0.3.5.1), puis le translaté de (0.3.7.1) :

$$\mathbb{R}\mathcal{H}om_A(K[-1],R^\cdot) \simeq \mathbb{R}\mathcal{H}om_A(K,R^\cdot)[1] \simeq \mathcal{E}xt^i_A(K,R^\cdot)[-i+1]\ .$$

I - EXTENSIONS DE FAISCEAUX ABELIENS SUR LE SITE CRISTALLIN

Comme nous l'avons signalé dans l'introduction, ce chapitre est de nature préliminaire, et a pour but d'introduire les principales notions utilisées dans cet article, leur étude proprement dite ne commençant qu'au chapitre suivant. La première section est consacrée à un rappel (légèrement généralisé) du formalisme du topos cristallin ; les sections 1.1.11 à 1.1.16, plus techniques, peuvent n'être lues qu'au fur et à mesure des besoins. La seconde est consacrée à la notion de cristal en modules, explicitée en termes concrets dans diverses situations. Dans la troisième section sont définis les faisceaux $\mathcal{E}xt^{i}_{S/\Sigma}(\underline{G},.)$ dont l'étude constitue l'objet de ce travail ; pour $i = 1$, ils peuvent sous certaines hypothèses être comparés aux invariants définis par Mazur-Messing [40] , ce que nous faisons dans la dernière section.

Dans tout ce travail, p désigne un nombre premier fixé.

1.1. Sites cristallins d'un schéma.

Dans tout ce qui suit, nous considèrerons les schémas en groupes comme des faisceaux pour la topologie fppf. Ceci nous amènera à travailler non pas avec le site cristallin tel qu'il est défini d'ordinaire, mais plutôt avec le "gros site cristallin" [5, III § 4] . De plus, il nous faudra utiliser, au moins provisoirement, des topologies autres que la topologie de Zariski sur le site cristallin. Nous allons donc rappeler, en les généralisant, quelques définitions et résultats de [5] (voir aussi [10]).

1.1.1. Soient Σ un schéma, $(\mathcal{I},\gamma)$ un idéal à puissances divisées [5, I 1.1] quasi-cohérent de $\mathcal{O}_{\Sigma}$, S un Σ-schéma tel que

a) p est localement nilpotent sur S ;

b) les puissances divisées γ s'étendent à S .

Rappelons que cette dernière condition est toujours vérifiée si $\mathcal{J}$ est un idéal localement principal [5, I 2.1.1] ; ce sera donc le cas dans la situation "absolue", où $\Sigma = \mathrm{Spec}(\mathbb{Z}_p)$, $(\mathcal{J},\gamma)$ étant l'idéal engendré par p , muni de ses puissances divisées canoniques.

On note $\mathrm{CRIS}(S/\Sigma,\mathcal{J},\gamma)$, ou $\mathrm{CRIS}(S/\Sigma)$, la catégorie dont les objets sont les quadruples formés des données suivantes :

(i) un S-schéma U ;

(ii) un Σ-schéma T sur lequel p est localement nilpotent ;

(iii) une Σ-immersion fermée $i : U \hookrightarrow T$;

(iv) une structure d'idéal à puissances divisées δ sur l'idéal de $\mathcal{O}_T$ définissant l'immersion i , compatible aux puissances divisées γ [5, I 2.2.1] ; rappelons que l'existence de δ et la nilpotence de p entraînent que i est une nilimmersion.

Un tel objet sera noté (U,T,i,δ) , ou (U,T,δ) , ou (U,T) lorsqu'il n'y aura pas de confusion possible. On dira qu'il est <u>affine</u> si T est un schéma affine. Un morphisme de $\mathrm{CRIS}(S/\Sigma,\mathcal{J},\gamma)$ est un couple de morphismes $u : U' \longrightarrow U$, $v : T' \longrightarrow T$, tels que u soit un S-morphisme, v un Σ-morphisme commutant aux puissances divisées (i.e. un PD-morphisme), et $v \circ i' = i \circ u$. On dira qu'il est <u>cartésien</u> si le diagramme

$$\begin{array}{ccc} U' & \overset{i'}{\hookrightarrow} & T' \\ {\scriptstyle u}\downarrow & & \downarrow{\scriptstyle v} \\ U & \overset{i}{\hookrightarrow} & T \end{array}$$

est cartésien.

On désigne par $\mathcal{C}_i$, $1 \leqslant i \leqslant 4$, l'un des ensembles de morphismes de $\mathrm{CRIS}(S/\Sigma)$ satisfaisant les conditions suivantes :

a) (u,v) est un morphisme cartésien ;

b) v est une immersion ouverte (resp. un morphisme étale, un morphisme plat localement de présentation finie, un morphisme plat).

Lemme 1.1.2. *Tout morphisme* $(U',T',\delta') \longrightarrow (U,T,\delta)$ *de* $\mathcal{C}_i$ *est quarrable dans* $\mathrm{CRIS}(S/\Sigma,\mathfrak{J},\gamma)$ *, et, pour tout morphisme* $(U_1,T_1,\delta_1) \longrightarrow (U,T,\delta)$ *, le produit fibré* $(U_1,T_1,\delta_1) \times_{(U,T,\delta)} (U',T',\delta')$ *s'identifie canoniquement à*

$$U_1 \times_U U' \hookrightarrow T_1 \times_T T' .$$

Comme le morphisme $T_1 \times_T T' \longrightarrow T_1$ est plat, les puissances divisées δ_1 de l'idéal $\mathcal{J}_1$ de U_1 dans T_1 s'étendent d'après [5 , I 2.7.4] à l'idéal $\mathcal{J}_1 \cdot \mathcal{O}_{T_1 \times_T T'}$, qui est l'idéal définissant l'immersion $U_1 \times_U U' \longrightarrow T_1 \times_T T'$. Comme les puissances divisées ainsi obtenues sont compatibles à γ , puisque celles de $\mathcal{J}_1$ le sont, l'immersion $U_1 \times_U U' \longrightarrow T_1 \times_T T'$ est de la sorte un objet de $\mathrm{CRIS}(S/\Sigma,\mathfrak{J},\gamma)$, et les projections sont des morphismes de $\mathrm{CRIS}(S/\Sigma,\mathfrak{J},\gamma)$. La vérification de la propriété universelle du produit fibré est alors immédiate.

La topologie engendrée sur $\mathrm{CRIS}(S/\Sigma,\mathfrak{J},\gamma)$ par les familles surjectives de morphismes de $\mathcal{C}_1$ et les familles finies surjectives de morphismes de $\mathcal{C}_i$ dont le but et la source sont affines (cf. [SGA 3, IV 6.2.1]) sera respectivement appelée topologie de Zariski, topologie étale, topologie fppf, topologie fpqc, sur $\mathrm{CRIS}(S/\Sigma,\mathfrak{J},\gamma)$. Si τ est l'une de ces topologies, on notera $\mathrm{CRIS}(S/\Sigma,\mathfrak{J},\gamma)_\tau$ le site obtenu ; lorsqu'il n'y aura pas de confusion possible, on omettra l'indice τ . De même, on notera $(S/\Sigma,\mathfrak{J},\gamma)_{\mathrm{CRIS},\tau}$ le topos correspondant. Notons enfin qu'il existe des morphismes de topos évidents

$$(S/\Sigma)_{\mathrm{CRIS,fpqc}} \longrightarrow (S/\Sigma)_{\mathrm{CRIS,fppf}} \xrightarrow{\beta_{S/\Sigma}} (S/\Sigma)_{\mathrm{CRIS,\acute{e}t}} \xrightarrow{\alpha_{S/\Sigma}} (S/\Sigma)_{\mathrm{CRIS,Zar}} ,$$

pour lesquels le foncteur image inverse est le foncteur "faisceau associé".

1.1.3. Pour tout schéma T , soit T_{t_i} , $1 \leqslant i \leqslant 4$, le petit site de Zariski (resp. étale, fppf, fpqc) de T ; ses objets sont donc les immersions ouvertes (resp. les morphismes étales, les morphismes plats localement de présentation finie, les morphismes plats) de but T . Si $v : T' \longrightarrow T$ est un morphisme de schémas, il existe un foncteur image inverse v^{-1} de la catégorie des faisceaux sur T_{t_i} dans celle des faisceaux sur T'_{t_i} , possédant un adjoint à droite v_*[1]. Rappelons que si E est un faisceau sur T_{t_i} , $v^{-1}(E)$ est le faisceau associé au préfaisceau $v^{\cdot}(E)$ dont les sections sur un objet $T'_1 \longrightarrow T'$ de T'_{t_i} sont définies par

$$v^{\cdot}(E)(T'_1) = \varinjlim E(T_1) ,$$

la limite inductive étant prise sur l'ensemble des diagrammes commutatifs

$$\begin{array}{ccc} T'_1 & \longrightarrow & T_1 \\ \downarrow & & \downarrow \\ T' & \longrightarrow & T \end{array} .$$

La donnée d'un faisceau F sur $\mathrm{CRIS}(S/\Sigma)_\tau$ peut alors s'interpréter comme la donnée, pour tout objet (U,T,δ) de $\mathrm{CRIS}(S/\Sigma)$, d'un faisceau $F_{(U,T,\delta)}$ sur T_t, et pour tout morphisme $(u,v) : (U',T',\delta') \longrightarrow (U,T,\delta)$, d'un morphisme de faisceaux

$$\rho_{(u,v)} : v^{-1}(F_{(U,T,\delta)}) \longrightarrow F_{(U',T',\delta')} ,$$

où v^{-1} est le foncteur image inverse sur la catégorie des faisceaux d'ensembles, les morphismes $\rho_{(u,v)}$ étant astreints aux conditions :

a) $\rho_{(\mathrm{Id},\mathrm{Id})} = \mathrm{Id}$;

b) $\rho_{(u\circ u', v\circ v')} = \rho_{(u',v')} \circ v'^{-1}(\rho_{(u,v)})$;

c) si $(u,v) \in \mathcal{C}_i$, $\rho_{(u,v)}$ est un isomorphisme.

En effet, on définit $F_{(U,T,\delta)}$ en posant, lorsque $T_1 \longrightarrow T$ est un objet de T_t :

$$F_{(U,T,\delta)}(T_1) = F(U \times_T T_1, T_1, \bar{\delta}) ,$$

ce qui a un sens, car, T_1 étant plat sur T , δ s'étend en une structure d'idéal à puissances divisées $\bar{\delta}$ sur T_1 . De plus, un diagramme

---

(1) On vérifie que le foncteur v^{-1} conserve les produits finis, et par conséquent les structures algébriques telles que groupes, anneaux, torseurs... .

$$\begin{array}{ccccc} & & T'_1 & \longrightarrow & T_1 \\ & & \downarrow & & \downarrow \\ & & T' & \longrightarrow & T \\ & \nearrow & & \nearrow & \\ U' & \longrightarrow & U & & \end{array}$$

où les morphismes $T_1 \longrightarrow T$ et $T'_1 \longrightarrow T'$ appartiennent à T_t et T'_t , définit une application

$$F(U \times_T T_1, T_1, \overline{\delta}) \longrightarrow F(U' \times_{T'} T'_1, T'_1, \overline{\delta}') ,$$

ce qui définit les $\rho_{(u,v)}$.

Réciproquement, si on se donne la famille des faisceaux $F_{(U,T,\delta)}$ et des morphismes $\rho_{(u,v)}$, on définit F en posant

$$F(U,T,\delta) = F_{(U,T,\delta)}(T) ,$$

et pour $(u,v) : (U',T',\delta') \longrightarrow (U,T,\delta)$, les homomorphismes

$$F_{(U,T,\delta)}(T) \xrightarrow{\rho_{(u,v)}} F_{(U',T',\delta')}(T')$$

font de F un préfaisceau. Si de plus $(u,v) \in \mathcal{C}$, $F_{(U',T',\delta')}(T') = F_{(U,T,\delta)}(T')$, de sorte que F est bien un faisceau.

Nous commettrons parfois l'abus de notation consistant à noter F_T pour $F_{(U,T,\delta)}$, tout particulièrement lorsque $(U,T,\delta) = (S,S)$, avec l'immersion identique de S dans S .

<u>Exemples</u> :

(i) <u>Le faisceau structural</u> du topos cristallin, noté $\mathcal{O}_{S/\Sigma}$, est défini par

$$\Gamma((U,T,\delta),\mathcal{O}_{S/\Sigma}) = \Gamma(T,\mathcal{O}_T) ,$$

soit encore

$$(\mathcal{O}_{S/\Sigma})_{(U,T,\delta)} = \mathcal{O}_T .$$

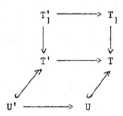

(ii) L'idéal à puissances divisées canonique de $\mathcal{O}_{S/\Sigma}$, noté $\mathcal{J}_{S/\Sigma}$, est défini par

$$\Gamma((U,T,\delta),\, \mathcal{J}_{S/\Sigma}) = \mathrm{Ker}[\Gamma(T,\mathcal{O}_T) \longrightarrow \Gamma(U,\mathcal{O}_U)] \quad .$$

(iii) Le faisceau $\mathcal{O}^*_{S/\Sigma}$ des éléments inversibles de $\mathcal{O}_{S/\Sigma}$ est défini par

$$\Gamma((U,T,\delta),\mathcal{O}^*_{S/\Sigma}) = \Gamma(T,\mathcal{O}_T)^* \ .$$

Remarque. D'après les définitions qui précèdent, une suite de faisceaux abéliens

$$E' \longrightarrow E \longrightarrow E''$$

est exacte si et seulement si pour tout (U,T,δ) la suite

$$E'_{(U,T,\delta)} \longrightarrow E_{(U,T,\delta)} \longrightarrow E''_{(U,T,\delta)}$$

est une suite exacte de faisceaux abéliens sur T_t .

1.1.4. Désignons encore par τ l'une des quatre topologies considérées précédemment sur la catégorie $\underline{\underline{\mathrm{Sch}}}_{/S}$ des S-schémas, et soit S_τ le topos correspondant ("gros topos" de S pour la topologie τ) . Nous noterons $\underline{\underline{\mathrm{Sch}}}_{/S,\gamma}$ la sous-catégorie pleine de $\underline{\underline{\mathrm{Sch}}}_{/S}$ ayant pour objets des S-schémas S' tels que les puissances divisées γ s'étendent à S' , et $S_{\gamma,\tau}$ le topos des faisceaux sur $\underline{\underline{\mathrm{Sch}}}_{/S,\gamma}$ pour la topologie τ . En pratique, la substitution du topos $S_{\gamma,\tau}$ au topos S est inoffensive, grâce aux remarques suivantes :

(i) D'après 1.1.1 b), S est un objet de $\underline{\underline{\mathrm{Sch}}}_{/S,\gamma}$.

(ii) Si S' est un objet de $\underline{\underline{\mathrm{Sch}}}_{/S,\gamma}$, et si $S'' \longrightarrow S'$ est un morphisme plat, S" est un objet de $\underline{\underline{\mathrm{Sch}}}_{/S,\gamma}$ [5 , I 2.7.4] .

(iii) Si $\mathfrak{I}.\mathcal{O}_S$ est localement principal (et en particulier si $\mathfrak{I}.\mathcal{O}_S = 0$) , alors $\underline{\underline{\mathrm{Sch}}}_{/S,\gamma} = \underline{\underline{\mathrm{Sch}}}_{/S}$, et $S_{\gamma,\tau} = S_\tau$ [5 , I 2.2.1] .

Dans le cas général, il existe un morphisme de topos $S_{\gamma,\tau} \longrightarrow S_\tau$, pour lequel le foncteur image inverse est la restriction à $\underline{\underline{\mathrm{Sch}}}_{/S,\gamma}$, exacte d'après (ii).

D'autre part, un rôle important sera joué par le morphisme de topos [1]

$$i_{S/\Sigma} : S_{\gamma,\tau} \longrightarrow (S/\Sigma, \mathcal{J}, \gamma)_{CRIS,\tau} ,$$

appelé <u>immersion du topos</u> $S_{\gamma,\tau}$ <u>dans le topos cristallin correspondant</u>, et que l'on définit en se donnant un couple de foncteurs adjoints $i^*_{S/\Sigma}$ et $i_{S/\Sigma *}$ comme suit :

a) Si U est un S-schéma, l'immersion identique de U dans U définit un objet (U,U) de CRIS(S/Σ) si et seulement si les puissances divisées triviales sur l'idéal 0 sont compatibles à γ , c'est-à-dire, par définition, si et seulement si les puissances divisées γ s'étendent à $\mathcal{O}_U$. Si F est un faisceau sur CRIS(S/Σ) , on peut donc définir un faisceau $i^*_{S/\Sigma}(F)$ sur $\underline{\underline{Sch}}_{/S,\gamma}$ en posant

(1.1.4.1) $$i^*_{S/\Sigma}(F)(U) = F(U,U) .$$

b) Si G est un faisceau sur $\underline{\underline{Sch}}_{/S,\gamma}$, on définit un faisceau $i_{S/\Sigma *}(G)$ sur CRIS(S/Σ) en posant

(1.1.4.2) $$i_{S/\Sigma *}(G)(U,T,\delta) = G(U) .$$

Comme le foncteur "sections sur (U,U)" commute aux limites projectives, il en est de même de $i^*_{S/\Sigma}$, de sorte que le couple de foncteurs adjoints $(i^*_{S/\Sigma} , i_{S/\Sigma *})$ définit bien un morphisme de topos. On observera que, pour tout faisceau G de $S_{\gamma,\tau}$, l'homomorphisme canonique

(1.1.4.3) $$i^*_{S/\Sigma}(i_{S/\Sigma *}(G)) \longrightarrow G$$

est un isomorphisme.

Plus généralement, si G est un faisceau de S_τ , nous noterons (par abus de langage) $i_{S/\Sigma *}(G)$ l'image par $i_{S/\Sigma *}$ de sa restriction à $\underline{\underline{Sch}}_{/S,\gamma}$.

----

(1) La définition de $i_{S/\Sigma}$ donnée ici remplace celle de [5 , III 4.4.7] , qui est erronée.

De manière similaire à 1.1.3, un faisceau G sur $\underline{\underline{\mathrm{Sch}}}_{/S,\gamma}$ peut être considéré comme une famille de faisceaux $G_{S'}$ sur les petits sites S'_t correspondants, pour tout $S' \longrightarrow S$, munie de morphismes de transition $u^{-1}(G_{S'}) \longrightarrow G_{S''}$ pour tout S-morphisme $u : S'' \longrightarrow S'$. Si (U,T,δ) est un objet de $\mathrm{CRIS}(S/\Sigma)$, avec $j : U \hookrightarrow T$, on voit que

(1.1.4.4) $$i_{S/\Sigma *}(G)_{(U,T,\delta)} = j_*(G_U) .$$

Par ailleurs, il est clair que le diagramme de morphismes de topos

$$\begin{array}{ccccccc} S_{\gamma,\mathrm{fpqc}} & \longrightarrow & S_{\gamma,\mathrm{fppf}} & \longrightarrow & S_{\gamma,\text{ét}} & \longrightarrow & S_{\gamma,\mathrm{Zar}} \\ \downarrow{\scriptstyle i_{S/\Sigma}} & & \downarrow{\scriptstyle i_{S/\Sigma}} & & \downarrow{\scriptstyle i_{S/\Sigma}} & & \downarrow{\scriptstyle i_{S/\Sigma}} \\ (S/\Sigma)_{\mathrm{CRIS,fpqc}} & \longrightarrow & (S/\Sigma)_{\mathrm{CRIS,fppf}} & \longrightarrow & (S/\Sigma)_{\mathrm{CRIS,\acute{e}t}} & \longrightarrow & (S/\Sigma)_{\mathrm{CRIS,Zar}} \end{array} ,$$

correspondant aux changements de topologie, est commutatif.

Exemple : Soit X un S-schéma. Alors X définit un faisceau, encore noté X, sur $S_{\gamma,\tau}$, d'où un faisceau $i_{S/\Sigma *}(X)$, que nous noterons $\underline{X}$, sur $\mathrm{CRIS}(S/\Sigma)$, défini par

(1.1.4.5) $$\underline{X}(U,T,\delta) = X(U) = \mathrm{Hom}_S(U,X) .$$

Pour simplifier l'écriture, nous adopterons souvent la notation $\underline{X}$ au lieu de $i_{S/\Sigma *}(X)$ même lorsque X n'est pas représentable.

Proposition 1.1.5. *Si* τ *est la topologie de Zariski ou la topologie étale, le foncteur* $i_{S/\Sigma *}$ *est exact sur la catégorie des faisceaux abéliens sur* $S_{\gamma,\tau}$.

Soit $E \longrightarrow E'$ un épimorphisme de faisceaux étales (resp. de Zariski) sur S. Pour tout S-schéma U, et tout $x \in E'(U)$, il existe un morphisme surjectif $U' \longrightarrow U$ étale (resp. localement une immersion ouverte), et un élément $y \in E(U')$ relevant l'image de x dans $E'(U')$. Soit alors (U,T,δ) un objet de $\mathrm{CRIS}(S/\Sigma)$. Comme l'immersion $U \hookrightarrow T$ est une nilimmersion, il existe un morphisme $T' \longrightarrow T$ couvrant pour la topologie étale (resp. de Zariski) tel que $T' \times_T U \simeq U'$; le morphisme $(U',T',\delta') \longrightarrow (U,T,\delta)$, où δ' est la structure d'idéal à puissances divisées obtenue par extension de δ , est alors couvrant pour la topologie étale (resp. de Zariski) dans $CRIS(S/\Sigma)$. Comme $i_{S/\Sigma*}(E)(U',T',\delta') = E(U')$, l'homomorphisme $i_{S/\Sigma*}(E) \longrightarrow i_{S/\Sigma*}(E')$ est un épimorphisme.

Dans le cas de la topologie fppf, ou fpqc, on ignore si le foncteur $i_{S/\Sigma*}$ est encore exact. Nous tournerons cette difficulté grâce aux deux résultats suivants, où nous nous limitons au cas de la topologie fppf, suffisant pour la suite.

Proposition 1.1.6. *Soit* G *un faisceau abélien sur* S *pour la topologie* fppf . *On suppose que, pour tout* S*-schéma* U *, l'homomorphisme canonique*

$$H^i(U_{\text{ét}},\beta_*(G)) \longrightarrow H^i(U_{\text{fppf}},G)$$

(où $\beta : U_{\text{fppf}} \longrightarrow U_{\text{ét}}$ *est le morphisme correspondant au changement de topologie) est un isomorphisme pour tout* i *. Alors, pour tout* $k \geq 1$

$$R^k i_{S/\Sigma*}(G) = 0 .$$

On notera que l'hypothèse est en particulier vérifiée si G est un $\mathcal{O}_S$-module quasi-cohérent, ou si G est représentable par un S-schéma en groupes lisse [30 , théorème 11.7] .

Les $R^k i_{S/\Sigma*}(G)$ sont les faisceaux sur $CRIS(S/\Sigma)_{\text{fppf}}$ associés aux préfaisceaux $(U,T,\delta) \longmapsto H^k(i^*_{S/\Sigma}(U,T,\delta),G)$. Or, d'après (1.1.4.1), $i^*_{S/\Sigma}(U,T,\delta)$ est le faisceau représenté par U , et il résulte de 1.1.4 (ii) que les petits sites fppf de U sont les mêmes dans $\underline{\underline{Sch}}_{/S,\gamma}$ et $\underline{\underline{Sch}}_{/S}$. Compte tenu de l'hypothèse faite sur G , et de [SGA 4, IV 4.10.6] , il faut donc vérifier que le faisceau sur $CRIS(S/\Sigma)_{\text{fppf}}$ associé au préfaisceau $(U,T,\delta) \longmapsto H^k(U_{\text{ét}},\beta_*(G))$ est nul. Or d'après 1.1.5 il en est déjà ainsi pour le faisceau associé sur $CRIS(S/\Sigma)_{\text{ét}}$, d'où l'assertion.

Proposition 1.1.7. *Soit*

$$0 \longrightarrow G' \longrightarrow G \longrightarrow G'' \longrightarrow 0$$

une suite exacte de faisceaux abéliens sur S_γ *pour la topologie* fppf . *On suppose que* $G' = \varinjlim_{\lambda \in L} G'_\lambda$, *où* L *est un ensemble ordonné filtrant, et chaque* G'_λ *un sous-faisceau abélien de* G' , *représentable par un schéma en groupes affine plat de présentation finie sur* S . *Alors la suite de faisceaux abéliens sur* $\mathrm{CRIS}(S/\Sigma)_{\mathrm{fppf}}$

$$0 \longrightarrow \underline{G}' \longrightarrow \underline{G} \longrightarrow \underline{G}'' \longrightarrow 0$$

est exacte, soit encore :

$$R^1 i_{S/\Sigma *}(G') = 0 .$$

On observera qu'en particulier, pour tout groupe p-divisible G sur S , la multiplication par p est un épimorphisme sur $\underline{G}$.

Corollaire 1.1.8. *Soit* G *un schéma en groupes commutatif fini localement libre sur* S . *Alors pour tout* $k \geqslant 1$,

$$R^k i_{S/\Sigma *}(G) = 0 .$$

On sait que pour tout schéma en groupes commutatif, fini localement libre G , il existe une suite exacte

$$0 \longrightarrow G \longrightarrow L^0 \longrightarrow L^1 \longrightarrow 0 ,$$

où L^0 et L^1 sont des S-schémas en groupes commutatifs lisses [41 , II 3.2] . Le corollaire résulte donc de 1.1.6 et 1.1.7.

Prouvons 1.1.7. D'après la remarque de 1.1.3, il suffit de prouver que, pour tout objet (U,T,δ) de $\mathrm{CRIS}(S/\Sigma)$, la suite de faisceaux fppf sur T

$$0 \longrightarrow \underline{G}'_{(U,T,\delta)} \longrightarrow \underline{G}_{(U,T,\delta)} \longrightarrow \underline{G}''_{(U,T,\delta)} \longrightarrow 0$$

est exacte. Comme, pour tout groupe G , on a $\underline{G}_{(U,T,\delta)} = i_{U/\Sigma *}(G \times_S U)_{(U,T,\delta)}$, on peut supposer U = S . De plus, l'assertion étant locale sur T pour la topologie de Zariski, on peut supposer T affine. Les topologies de T et de U sont alors définies par des familles couvrantes finies. Comme les limites inductives filtrantes commutent aux limites projectives finies, les faisceaux G' et G'' sont respectivement limites inductives des faisceaux G'_λ et G/G'_λ dans la catégorie des préfaisceaux sur S , et par suite

$$\varinjlim i_{S/\Sigma *}(G'_\lambda) \xrightarrow{\sim} i_{S/\Sigma *}(G') \ , \ \varinjlim i_{S/\Sigma *}(G/G'_\lambda) \xrightarrow{\sim} i_{S/\Sigma *}(G'') \ .$$

Il suffit donc de prouver la proposition lorsque G' est un schéma en groupes affine, plat de présentation finie sur S .

Soit $x \in G''(U)$; x définit un morphisme $U \longrightarrow G''$ dans la catégorie des faisceaux fppf . Considérons le produit fibré

$$\begin{array}{ccc} U' = G \times_{G''} U & \xrightarrow{p'} & U \\ {\scriptstyle y}\downarrow & & \downarrow{\scriptstyle x} \\ G & \xrightarrow{p} & G'' \end{array} \ .$$

Comme G est un torseur de groupe G' sur G'' , U' est un torseur de groupe G' sur U . En particulier, U' est représentable, et fidèlement plat de présentation finie sur U ; de plus, $p'(x) \in G''(U')$ se relève en $y \in G(U')$. Il suffit alors pour achever la démonstration de montrer que U' possède un recouvrement fini dont les ouverts peuvent se relever en des schémas plats de présentation finie sur T , ce qui fournira un recouvrement de (U,T,δ) dans $CRIS(S/\Sigma)_{fppf}$ au-dessus duquel la section $x \in G''(U) = \underline{G}''(U,T,\delta)$ se relève en une section de $\underline{G}$. Mais, puisque G' est plat de présentation finie sur S , il est d'intersection complète relative sur S , d'après le théorème de structure locale des schémas en groupes algébriques sur un corps [20 , III § 3, 6.1] . Il en est donc de même du G'-torseur U' sur U . L'assertion résulte alors du lemme suivant :

<u>Lemme</u> 1.1.9. *Soient* $U' \longrightarrow U$ *un morphisme plat d'intersection complète relative,* $U \hookrightarrow T$ *une nilimmersion. Alors tout point de* U' *possède un voisinage qui se relève en un* T*-schéma plat d'intersection complète relative sur* T .

L'assertion étant locale, on peut supposer que $U = \mathrm{Spec}(A)$, $U' = \mathrm{Spec}(A')$,

$T = \mathrm{Spec}(B)$, A' étant une A-algèbre de présentation finie, plate et d'intersection complète relative ; soit $I = \mathrm{Ker}(B \longrightarrow A)$. Ecrivant $B = \varinjlim B_\lambda$, où les B_λ sont les sous $\mathbb{Z}$-algèbres de type fini de B , on obtient $A = \varinjlim A_\lambda$, avec $A_\lambda = B_\lambda/I \cap B_\lambda$. Comme A' est de présentation finie sur A , A' se redescend en une algèbre A'_λ de présentation finie sur un des A_λ ; de plus, on peut supposer A'_λ plat sur A_λ [EGA, IV 11.2.6] . Quitte à changer λ , on peut enfin supposer A'_λ d'intersection complète relative sur A_λ [EGA, IV 17.7.8 et 19.8.2] . Comme B_λ est noethérien, $I_\lambda = B_\lambda \cap I$ est nilpotent, et on peut supposer qu'il est de carré nul. Si $L^\cdot_{A'_\lambda/A_\lambda}$ est le complexe cotangent relatif de A'_λ sur A_λ , l'obstruction à relever A'_λ en une B_λ-algèbre plate est alors un élément du groupe

$$\mathbb{E}\mathrm{xt}^2_{A'_\lambda}(L^\cdot_{A'_\lambda/A_\lambda} , I_\lambda \otimes_{A_\lambda} A'_\lambda)$$

qui est nul, car, A'_λ étant d'intersection complète relative sur A_λ , $L^\cdot_{A'_\lambda/A_\lambda}$ est un complexe parfait, d'amplitude parfaite contenue dans $[-1,0]$ [34 , III, 3.2.6] . Donc A'_λ peut se relever en une B_λ-algèbre plate, nécéssairement de présentation finie, donc d'intersection complète relative, et par suite A' peut de même se relever sur B .

1.1.10. Le topos $(S/\Sigma,\mathfrak{I},\gamma)_{\mathrm{CRIS},\tau}$ est fonctoriel par rapport à S et $(\Sigma,\mathfrak{I},\gamma)$. Soit en effet un diagramme commutatif

(1.1.10.1)
$$\begin{array}{ccc} S' & \xrightarrow{\ f\ } & S \\ {\scriptstyle \pi'}\downarrow & & \downarrow{\scriptstyle \pi} \\ (\Sigma',\mathfrak{I}',\gamma') & \xrightarrow{\ u\ } & (\Sigma,\mathfrak{I},\gamma) \end{array} ,$$

où u est un PD-morphisme. Il existe alors un morphisme de topos, appelé <u>morphisme de fonctorialité</u> [5 , III 4.2.1]

(1.1.10.2)
$$f_{\mathrm{CRIS}} : (S'/\Sigma', \mathfrak{I}',\gamma')_{\mathrm{CRIS},\tau} \longrightarrow (S/\Sigma,\mathfrak{I},\gamma)_{\mathrm{CRIS},\tau}$$

pour lequel le foncteur image inverse possède la description très simple suivante. Soient E un faisceau sur $\mathrm{CRIS}(S/\Sigma)$, (U',T',δ') un objet de $\mathrm{CRIS}(S'/\Sigma')$. Par composition, U' peut être considéré comme un S-schéma, T' comme un Σ-schéma, et

(U',T',δ') comme un objet de $\mathrm{CRIS}(S/\Sigma)$, noté $f_!(U',T',\delta')$. Le faisceau $f^*_{\mathrm{CRIS}}(E)$ est alors défini par

$$\Gamma((U',T',\delta'),f^*_{\mathrm{CRIS}}(E)) = \Gamma(f_!(U',T',\delta'),E) \,, \tag{1.1.10.3}$$

soit encore, en utilisant la description 1.1.3,

$$f^*_{\mathrm{CRIS}}(E)_{(U',T',\delta')} = E_{f_!(U',T',\delta')} \,. \tag{1.1.10.4}$$

En particulier

$$f^*_{\mathrm{CRIS}}(\mathcal{O}_{S/\Sigma}) = \mathcal{O}_{S'/\Sigma'} \,,$$

de sorte que le morphisme de topos f_{CRIS} est de manière évidente un morphisme de topos annelés, le foncteur image inverse sur la catégorie des $\mathcal{O}_{S/\Sigma}$-modules étant alors un foncteur exact.

Le morphisme f_{CRIS} est transitif en f : si

$$\begin{array}{ccc} S'' & \xrightarrow{f'} & S' \\ {\scriptstyle \pi''}\downarrow & & \downarrow{\scriptstyle \pi'} \\ (\Sigma'',\mathfrak{I}'',\gamma'') & \longrightarrow & (\Sigma',\mathfrak{I}',\gamma') \end{array} \tag{1.1.10.5}$$

est un second carré commutatif du type précédent, alors

$$(f\circ f')_{\mathrm{CRIS}} = f_{\mathrm{CRIS}} \circ f'_{\mathrm{CRIS}} \,.$$

Dans certains cas (les plus fréquents en pratique), le morphisme f_{CRIS} peut s'interpréter comme un morphisme de localisation dans le topos $(S/\Sigma,\mathfrak{I},\gamma)_{\mathrm{CRIS}}$. Considérons en effet la condition suivante sur le diagramme (1.1.10.1) :

(*) Soient (U,T,δ) un objet de $\mathrm{CRIS}(S/\Sigma)$, et

$$\begin{array}{ccc} U & \hookrightarrow & T \\ \downarrow & & \downarrow \\ S' & \longrightarrow & (\Sigma',\mathfrak{I}',\gamma') \end{array} \tag{1.1.10.6}$$

un diagramme commutatif au-dessus de $S \longrightarrow (\Sigma,\mathfrak{I},\gamma)$; si les puissances divisées γ' s'étendent à T et sont compatibles à δ , alors, pour tout morphisme

$(U_1,T_1,\delta_1) \longrightarrow (U,T,\delta)$ de $\mathrm{CRIS}(S/\Sigma)$, les puissances divisées γ' s'étendent à T_1 et sont compatibles à δ_1 .

La condition (*) signifie donc que l'ensemble des diagrammes (1.1.10.6) relatifs à (U,T,δ) qui satisfont la condition sur l'extension de γ' à T , est fonctoriel en (U,T,δ) lorsque celui-ci varie dans $\mathrm{CRIS}(S/\Sigma,\mathcal{J},\gamma)$. Lorsqu'elle est vérifiée, on obtient ainsi un faisceau d'ensembles sur $\mathrm{CRIS}(S/\Sigma,\mathcal{J},\gamma)$, que nous noterons $(S',\Sigma')^\sim$. Si les deux diagrammes (1.1.10.1) et (1.1.10.5) vérifient (*) , on voit immédiatement qu'il en est de même du diagramme composé ; on obtient alors un morphisme de faisceaux sur $\mathrm{CRIS}(S/\Sigma)$

$$(S'',\Sigma'')^\sim \longrightarrow (S',\Sigma')^\sim .$$

Rappelons d'autre part qu'on note habituellement $\mathcal{C}/X$ le localisé d'un topos $\mathcal{C}$ au-dessus d'un objet X . L'identification de f_{CRIS} à un morphisme de localisation, lorsqu'elle est possible, résulte de la proposition suivante :

<u>Proposition</u> 1.1.11. *Supposons que le diagramme* (1.1.10.1) *vérifie la condition (*). Alors il existe une équivalence de topos naturelle*

(1.1.11.1) $$(S'/\Sigma',\mathcal{J}',\gamma')_{\mathrm{CRIS},\tau} \xrightarrow{\sim} (S/\Sigma,\mathcal{J},\gamma)_{\mathrm{CRIS},\tau}/(S',\Sigma')^\sim$$

qui rende commutatif le diagramme

$$\begin{array}{ccc} (S'/\Sigma',\mathcal{J}',\gamma')_{\mathrm{CRIS},\tau} & \xrightarrow{\quad\sim\quad} & (S/\Sigma,\mathcal{J},\gamma)_{\mathrm{CRIS},\tau}/(S',\Sigma')^\sim \\ & {\scriptstyle f_{\mathrm{CRIS}}}\searrow \qquad \swarrow{\scriptstyle j_{(S',\Sigma')}} & \\ & (S/\Sigma,\mathcal{J},\gamma)_{\mathrm{CRIS},\tau} & \end{array}$$

où $j_{(S',\Sigma')}$ *est le morphisme de localisation* [SGA 4, IV, 5.2].

D'après [SGA 4, III 5.4] il existe une équivalence de topos

$$(S/\Sigma,\mathcal{J},\gamma)_{\mathrm{CRIS},\tau}/(S',\Sigma')^\sim \xrightarrow{\sim} (\mathrm{CRIS}(S/\Sigma,\mathcal{J},\gamma)_\tau/(S',\Sigma')^\sim)^\sim ,$$

où le second membre est le topos des faisceaux sur le site des objets de $\mathrm{CRIS}(S/\Sigma)$

munis d'un morphisme (dans la catégorie des faisceaux sur $CRIS(S/\Sigma)$) de but $(S',\Sigma')^{\sim}$. Or un morphisme de (U,T,δ) dans $(S',\Sigma')^{\sim}$ est la donnée d'un élément de $(S',\Sigma')^{\sim}(U,T,\delta)$, c'est-à-dire d'un diagramme (1.1.10.6) vérifiant la condition sur l'extension des puissances divisées γ' ; un morphisme $(U,T,\delta) \longrightarrow (S',\Sigma')^{\sim}$ s'identifie donc à un objet de $CRIS(S'/\Sigma', \mathfrak{I}',\gamma')$, et réciproquement. On obtient ainsi un isomorphisme de sites

$$CRIS(S/\Sigma, \mathfrak{I},\gamma)_{\tau}/(S',\Sigma')^{\sim} \xrightarrow{\sim} CRIS(S'/\Sigma', \mathfrak{I}',\gamma')_{\tau}$$

donnant l'équivalence de topos cherchée. La commutativité du triangle se voit alors comme en [5 , III 4.3.1] .

<u>Remarque</u> : Supposons que $\mathfrak{I}' = \mathfrak{I}\mathcal{O}_{\Sigma'}$, et considérons un diagramme (1.1.10.6) . Alors $\mathfrak{I}'\mathcal{O}_T = \mathfrak{I}\mathcal{O}_T$, de sorte que γ' s'étend en des puissances divisées sur $\mathcal{O}_T$ compatibles à δ si et seulement s'il en est de même pour γ , ce qui est le cas par hypothèse. La condition (*) est donc automatiquement vérifiée, et le faisceau $(S',\Sigma')^{\sim}$ a donc pour sections au-dessus de (U,T,δ) l'ensemble des diagrammes (1.1.10.6) au-dessus de $S \longrightarrow (\Sigma,\mathfrak{I},\gamma)$.

Nous utiliserons systématiquement les cas particuliers suivants de l'équivalence (1.1.11.1) :

1.1.12. Supposons que Σ' soit un sous-schéma de Σ , tel que $(\mathfrak{I}',\gamma')$ soit induit comme PD-idéal par $(\mathfrak{I},\gamma)$, de sorte que la condition (*) est vérifiée d'après la remarque précédente ; supposons en outre que $S' = S$. Alors le site $CRIS(S/\Sigma,\mathfrak{I},\gamma)/(S',\Sigma')^{\sim}$ s'identifie au sous-site de $CRIS(S/\Sigma,\mathfrak{I},\gamma)$ formé des objets (U,T,δ) tels que le morphisme $T \longrightarrow \Sigma$ se factorise par Σ' , et le morphisme de topos

$$(S/\Sigma', \mathfrak{I}',\gamma')_{CRIS,\tau} \longrightarrow (S/\Sigma,\mathfrak{I},\gamma)_{CRIS,\tau}$$

est induit par cette inclusion de sites.

En particulier, soient $\Sigma = Spec(\mathbf{Z}_p)$, muni du PD-idéal $\mathfrak{I} = (p)$, $\Sigma_n = Spec(\mathbf{Z}/p^n)$, muni du PD-idéal défini par (p) par passage au quotient. Alors tout objet du site CRIS(S/Σ) possède un recouvrement par des objets de la réunion des sous-sites CRIS(S/Σ_n), et un faisceau E sur CRIS(S/Σ) s'identifie à une famille de faisceaux E_n sur les sites CRIS(S/Σ_n), munie pour tout n d'un isomorphisme entre E_n et la restriction de E_{n+1} à CRIS(S/Σ_n).

1.1.13. Soit $f : S \longrightarrow \mathrm{Spec}(R)$, où R est un anneau parfait de caractéristique p. Posons $\Sigma = \mathrm{Spec}(\mathbb{Z}_p)$, avec $\mathfrak{J} = (p)$ muni de ses puissances divisées canoniques, $\Sigma' = \mathrm{Spec}(W(R))$, avec $\mathfrak{J}' = (p)$, également muni des puissances divisées canoniques, et $S' = S$. Alors la condition (*) est satisfaite, et le faisceau $(S,\Sigma')^{\sim}$ est ici égal à l'objet final de $(S/\Sigma)_{\mathrm{CRIS}}$: en effet, pour tout objet (U,T,δ) de CRIS(S/Σ), il existe un unique morphisme $T \longrightarrow \Sigma'$ tel que le diagramme

$$\begin{array}{ccc} U & \hookrightarrow & T \\ \downarrow & & \vdots \\ S & & \vdots \\ {\scriptstyle f}\downarrow & & \downarrow \\ \mathrm{Spec}(R) & \longrightarrow & \Sigma' \end{array}$$

commute [6 , démonstration de 4.2.2] , et la condition sur l'extension des puissances divisées est automatiquement satisfaite d'après la remarque de 1.1.11. La donnée de f permet donc de considérer, d'une manière unique, (U,T,δ) comme un objet de CRIS(S/Σ'). L'équivalence (1.1.11.1) résulte donc ici d'un isomorphisme de sites

(1.1.13.1) $$\mathrm{CRIS}(S/\mathbb{Z}_p,(p)) \simeq \mathrm{CRIS}(S/W(R),(p)) .$$

1.1.14. Supposons maintenant que $(\Sigma', \mathfrak{J}',\gamma') = (\Sigma,\mathfrak{J},\gamma)$, u étant l'application identique ; la condition (*) est donc encore satisfaite. Alors le faisceau $(S',\Sigma')^{\sim}$ n'est autre que le faisceau $\underline{S}'$ défini en 1.1.4. On obtient donc une équivalence de topos

$$(S/\Sigma,\mathfrak{J},\gamma)_{\mathrm{CRIS},\tau}/\underline{S}' \xrightarrow{\sim} (S'/\Sigma,\mathfrak{J},\gamma)_{\mathrm{CRIS},\tau} .$$

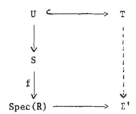

En prenant les sections d'un faisceau E de $(S/\Sigma)_{\mathrm{CRIS}}$, celle-ci induit donc un isomorphisme canonique

$$(1.1.14.1) \qquad \Gamma(\underline{S}',E) \simeq \Gamma(S'/\Sigma, f^{*}_{\mathrm{CRIS}}(E)) \ ,$$

où $\Gamma(S/\Sigma,.)$ désigne le foncteur "sections globales sur $\mathrm{CRIS}(S/\Sigma)$". Comme le morphisme f_{CRIS} s'identifie, dans l'équivalence précédente, au morphisme de localisation par rapport à $\underline{S}'$, on obtient également la variante locale de (1.1.14.1)

$$(1.1.14.2) \qquad \mathcal{H}om(\underline{S}',E) \simeq f_{\mathrm{CRIS}*}(f^{*}_{\mathrm{CRIS}}(E)) \ .$$

1.1.15. Soient enfin (U,T,δ) un objet de $\mathrm{CRIS}(S/\Sigma, \mathfrak{I},\gamma)$, $\mathfrak{J}$ l'idéal de U dans T , $\mathfrak{J}' = \mathfrak{J} + \mathfrak{I}\mathcal{O}_T$. La condition de compatibilité de γ et δ signifie qu'il existe sur $\mathfrak{J}'$ une structure de PD-idéal δ' prolongeant δ , et telle que $(T, \mathfrak{J}',\delta') \longrightarrow (\Sigma, \mathfrak{I},\gamma)$ soit un PD-morphisme. Alors le diagramme

$$\begin{array}{ccc} U & \longrightarrow & S \\ \downarrow & & \downarrow \\ (T, \mathfrak{J}',\delta') & \longrightarrow & (\Sigma, \mathfrak{I},\gamma) \end{array}$$

vérifie la condition (*). En effet, soient (U_1,T_1,δ_1) un objet de $\mathrm{CRIS}(S/\Sigma, \mathfrak{I},\gamma)$, $\mathfrak{J}_1$ l'idéal de U_1 dans T_1 . Si

$$\begin{array}{ccc} U_1 & \longrightarrow & T_1 \\ {\scriptstyle\varphi}\downarrow & & \downarrow{\scriptstyle\psi} \\ U & \longrightarrow & (T, \mathfrak{J}',\delta') \end{array}$$

est un carré commutatif au-dessus de $S \longrightarrow (\Sigma, \mathfrak{I},\gamma)$, on a $\mathfrak{I}\mathcal{O}_{T_1} \subset \mathfrak{J}_1$, et il est clair que δ' s'étend à T_1 et est compatible à δ_1 si et seulement si $\psi : (T_1, \mathfrak{J}_1,\delta_1) \longrightarrow (T,\mathfrak{J},\delta)$ est un PD-morphisme, c'est-à-dire si et seulement si (φ,ψ) est un morphisme de $\mathrm{CRIS}(S/\Sigma,\mathfrak{I},\gamma)$; d'où (*). De plus, le faisceau noté $(U , T)^{\sim}$ en 1.1.10 n'est donc autre que le faisceau représenté par (U,T,δ) sur $\mathrm{CRIS}(S/\Sigma, \mathfrak{I},\gamma)$. On obtient donc l'équivalence de topos

$$(1.1.15.1) \qquad (S/\Sigma, \mathfrak{I},\gamma)_{\mathrm{CRIS},\tau}/(U,T,\delta) \xrightarrow{\sim} (U/T, \mathfrak{J}',\delta')_{\mathrm{CRIS},\tau} \ .$$

1.1.16. Si $\pi : S \longrightarrow \Sigma$ est le morphisme structural, on définit, pour chacune des topologies considérées, un morphisme de topos appelé <u>morphisme de projection</u>

$$\pi_{S/\Sigma} : (S/\Sigma, \mathcal{I}, \gamma)_{\mathrm{CRIS},\tau} \longrightarrow \Sigma_\tau ,$$

de la manière suivante.

a) Si E est un faisceau de Σ_τ, $\pi^*_{S/\Sigma}(E)$ est défini par

(1.1.16.1) $$\Gamma((U,T,\delta),\pi^*_{S/\Sigma}(E)) = \Gamma(T,E) .$$

b) Si G est un faisceau sur $\mathrm{CRIS}(S/\Sigma)_\tau$, $\pi_{S/\Sigma *}(G)$ est défini en posant, pour tout Σ-schéma V,

(1.1.16.2) $$\Gamma(V,\pi_{S/\Sigma *}(G)) = \mathrm{Hom}(\tilde{V},G) ,$$

où $\tilde{V} = \pi^*_{S/\Sigma}(V)$ est le faisceau sur $\mathrm{CRIS}(S/\Sigma)_\tau$ défini par

$$\Gamma((U,T,\delta),\tilde{V}) = \mathrm{Hom}_\Sigma(T,V) .$$

Lorsque V est plat sur Σ, les puissances divisées γ s'étendent à V ; si $S_V = S \times_\Sigma V$, le carré cartésien

$$\begin{array}{ccc} S_V & \longrightarrow & S \\ \downarrow & & \downarrow \\ (V,\mathcal{I}\mathcal{O}_V,\gamma) & \longrightarrow & (\Sigma,\mathcal{I},\gamma) \end{array}$$

vérifie la condition (*) d'après la remarque de 1.1.11, et le faisceau $(S_V,V)^\sim$ n'est autre que $\tilde{V}$. On obtient donc par 1.1.11 une équivalence de topos

$$(S/\Sigma,\mathcal{I},\gamma)_{\mathrm{CRIS},\tau}/\tilde{V} \simeq (S_V/V, \mathcal{I}\mathcal{O}_V,\gamma)_{\mathrm{CRIS},\tau} ,$$

si bien que la relation (1.1.16.2) s'écrit alors, avec la notation de 1.1.14,

(1.1.16.3) $$\Gamma(V,\pi_{S/\Sigma *}(G)) = \Gamma(S_V/V , G|_{(S_V/V)_{\mathrm{CRIS}}})$$

("sections globales de G au-dessus de V"), où $G|_{(S_V/V)_{\mathrm{CRIS}}}$ désigne l'image inverse de G pour le morphisme naturel $(S_V/V)_{\mathrm{CRIS}} \longrightarrow (S/\Sigma)_{\mathrm{CRIS}}$.

La relation (1.1.16.3) entraîne l'isomorphisme suivant, qui sera fréquemment utilisé dans la suite. Soient $f : S' \longrightarrow S$, E un faisceau sur $CRIS(S'/\Sigma, \mathfrak{J}, \gamma)$, (U,T,δ) un objet de $CRIS(S/\Sigma)$, $\mathfrak{I}$ l'idéal de U dans T , $\mathfrak{I}' = \mathfrak{I} + \mathfrak{J}\mathcal{O}_T$, δ' les puissances divisées sur $\mathfrak{I}$ prolongeant γ et δ ; notons $S'_U = S' \times_S U$, $f_{S'_U/T}$ le morphisme de projection défini plus haut, relatif à $(S'_U/T, \mathfrak{I}', \delta')_{CRIS,\tau}$. Il existe alors un isomorphisme de faisceaux sur le petit site T_t :

$$(1.1.16.4) \qquad f_{CRIS*}(E)_{(U,T,\delta)} \simeq f_{S'_U/T*}(E|_{(S'_U/T)_{CRIS}}) ,$$

où, par abus de notation, le terme de droite désigne encore la restriction au petit site T_t de $f_{S'_U/T*}(E|_{(S'_U/T)_{CRIS}})$. En effet, si $T' \to T$ est plat, et $U' = U \times_T T'$, on obtient d'après (1.1.16.3)

$$\begin{aligned}\Gamma(T', f_{S'_U/T*}(E|_{(S'_U/T)_{CRIS}})) &\simeq \Gamma(S'_U \times_T T'/T', E|_{(S'_U \times_T T'/T')_{CRIS}}) \\ &\simeq \Gamma(S'_{U'}/T', E|_{(S'_{U'}/T')_{CRIS}}) ,\end{aligned}$$

tandis que par ailleurs

$$\begin{aligned}\Gamma(T', f_{CRIS*}(E)_{(U,T,\delta)}) &= \Gamma((U',T',\delta'), f_{CRIS*}(E)) \\ &\simeq \Gamma((S'/\Sigma)_{CRIS}/f^*_{CRIS}(U',T',\delta'), E) ;\end{aligned}$$

mais, d'après 1.1.14, $(S'/\Sigma)_{CRIS}$ s'identifie au localisé de $(S/\Sigma)_{CRIS}$ par rapport à $\underline{S}'$, et $f^*_{CRIS}(U',T',\delta')$ s'identifie alors à $\underline{S}' \times (U',T',\delta')$, vu comme faisceau au-dessus de $\underline{S}'$ par la projection ; comme on vérifie immédiatement que $\underline{S}' \times (U',T',\delta')$ est isomorphe au faisceau $(S'_{U'},T')^\sim$ associé au diagramme du type (1.1.10.1)

$$\begin{array}{ccc} S'_{U'} & \longrightarrow & S \\ \downarrow & & \downarrow \\ (T', \mathfrak{I}'\mathcal{O}_{T'}, \delta') & \longrightarrow & (\Sigma, \mathfrak{J}, \delta) \end{array}$$

$((S'_{U'},T')^\sim$ étant muni du morphisme évident dans $\underline{S}')$, on déduit de 1.1.11 que

$$\Gamma(T', f_{CRIS*}(E)_{(U,T,\delta)}) \simeq \Gamma(S'_{U'}/T', E|_{(S'_{U'}/T')_{CRIS}}) ,$$

d'où l'assertion.

Notons enfin que, pour tout $f : S' \longrightarrow S$, le diagramme de morphismes de topos

$$\begin{array}{ccc} (S'/\Sigma)_{CRIS} & \xrightarrow{f_{CRIS}} & (S/\Sigma)_{CRIS} \\ & {\scriptstyle \pi_{S'/\Sigma}'} \searrow \quad \swarrow {\scriptstyle \pi_{S/\Sigma}} & \\ & \Sigma & \end{array}$$

est commutatif.

1.1.17. Partant d'un carré commutatif (1.1.10.1), on obtient un diagramme de morphismes de topos

$$\begin{array}{ccc} S'_{\gamma',\tau} & \xrightarrow{\quad f \quad} & S_{\gamma,\tau} \\ {\scriptstyle i_{S'/\Sigma'}} \downarrow & & \downarrow {\scriptstyle i_{S/\Sigma}} \\ (S'/\Sigma', \mathcal{J}',\gamma')_{CRIS} & \xrightarrow{f_{CRIS}} & (S/\Sigma, \mathcal{J},\gamma)_{CRIS} \end{array} ,$$

où f est le morphisme de topos pour lequel le foncteur image inverse est la restriction d'un faisceau sur $\underline{\underline{Sch}}_{/S,\gamma}$ à $\underline{\underline{Sch}}_{/S',\gamma'}$. On vérifie immédiatement, en utilisant la description des foncteurs image inverse donnée plus haut, que ce diagramme est commutatif.

Il existe d'autre part un isomorphisme de foncteurs

$$(1.1.17.1) \qquad f^*_{CRIS} \circ i_{S/\Sigma *} \simeq i_{S'/\Sigma' *} \circ f^* .$$

En effet, si (U',T',δ') est un objet de $CRIS(S'/\Sigma')$, et E un faisceau sur $S_{\gamma,\tau}$, on a d'après (1.1.10.3)

$$\begin{aligned} \Gamma((U',T',\delta'),f^*_{CRIS} \circ i_{S/\Sigma *}(E)) &= \Gamma(f_!(U',T',\delta') , i_{S/\Sigma *}(E)) , \\ &= \Gamma(U',E) \\ &= \Gamma(U',f^*(E)) \\ &= \Gamma((U',T',\delta') , i_{S'/\Sigma' *} \circ f^*(E)) . \end{aligned}$$

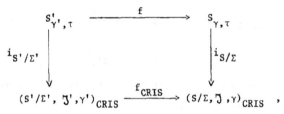

En particulier, si X est un S-schéma, et si $X' = X \times_S S'$, on obtient un isomorphisme canonique (avec la notation de (1.1.4.5))

(1.1.17.2) $$f^*_{CRIS}(\underline{X}) \simeq \underline{X}' .$$

1.1.18. Soient i , j deux entiers tels que $1 \leqslant i \leqslant j \leqslant 4$, τ_i et τ_j les topologies définies en 1.1.2 sur $CRIS(S/\Sigma, \mathfrak{I}, \gamma)$. Si on note

$$\alpha : (S/\Sigma)_{CRIS,\tau_j} \longrightarrow (S/\Sigma)_{CRIS,\tau_i}$$

le morphisme naturel de topos, et si E est un faisceau sur $CRIS(S/\Sigma)_{\tau_i}$, alors $\alpha^*(E)$ est par définition le faisceau pour la topologie τ_j associé à E considéré comme préfaisceau. Par suite, pour tout objet (U,T,δ) de $CRIS(S/\Sigma)$, le faisceau $(\alpha^*(E))_{(U,T,\delta)}$ sur T_{t_j} est le faisceau associé au préfaisceau

$$T' \longmapsto \Gamma((U',T',\delta'), \; E_{(U',T',\delta')})$$

où $U' = U\times_T T'$. En particulier, supposons que E soit un $\mathcal{O}_{S/\Sigma}$-module vérifiant les conditions suivantes :

(i) pour tout (U,T,δ) , le faisceau zariskien $E_{(U,T,\delta)}$ est un $\mathcal{O}_T$-module quasi-cohérent ;

(ii) pour tout morphisme $(u,v) : (U',T',\delta') \longrightarrow (U,T,\delta)$ de $\mathcal{C}_4$, l'homomorphisme de $\mathcal{O}_{T'}$-modules zariskiens

$$v^*(E_{(U,T,\delta)}) \longrightarrow E_{(U',T',\delta')}$$

est un isomorphisme.

Alors E est un faisceau pour τ_j ; en particulier, les préfaisceaux sous-jacents à $\alpha^*(E)$ et à E sont égaux.

<u>Proposition</u> 1.1.19. *Soit* E *un* $\mathcal{O}_{S/\Sigma}$*-module vérifiant les conditions* (i) *et* (ii) *de* 1.1.18. *Alors, pour tout* $i > 0$,

$$R^i\alpha_*(E) = 0 .$$

Le faisceau $R^i\alpha_*(E)$ est le faisceau associé au préfaisceau

$$(U,T,\delta) \longmapsto H^i((S/\Sigma)_{CRIS,\tau_j}/\tilde{T},E)$$

où $\tilde{T}$ est le faisceau représenté par (U,T,δ) . Il suffit donc de montrer que ce groupe de cohomologie est nul lorsque T est affine, les (U,T,δ) où T est affine formant une famille génératrice du topos $(S/\Sigma)_{CRIS,\tau_i}$. D'après [SGA 4, V 4.3 et III 4.1], on peut remplacer $CRIS(S/\Sigma)$ par la sous-catégorie pleine formée des objets affines, et il suffit alors de montrer que pour un tel objet (U,T,δ) , les groupes de cohomologie de Čech $\check{H}^i((S/\Sigma)_{CRIS,\tau_j}/\tilde{T},E)$ sont nuls. Or, pour tout morphisme couvrant $(U',T',\delta') \longrightarrow (U,T,\delta)$ de $\mathcal{C}_j$, le complexe de cochaînes correspondant est égal au complexe de cochaînes du recouvrement $T' \longrightarrow T$ dans T_{t_j} , à coefficients dans $E_{(U,T,\delta)}$, et les groupes $H^i(T'/T,E_{(U,T,\delta)})$ sont nuls par descente fidèlement plate d'après les hypothèses faites sur E .

1.2. Cristaux en modules.

Soit $S \longrightarrow (\Sigma,\mathfrak{I},\gamma)$ vérifiant les hypothèses de 1.1.1. Si $\underline{C}$ est un champ au-dessus de $CRIS(S/\Sigma,\mathfrak{I},\gamma)_\tau$, on peut définir la notion de cristal en objets de $\underline{C}$ sur $CRIS(S/\Sigma,\mathfrak{I},\gamma)_\tau$ [5 , IV 1.1.1] . Nous nous limiterons ici à quelques rappels sur les cristaux en modules, et nous reviendrons ultérieurement sur les cristaux en torseurs sous un groupe.

Définition 1.2.1. *Un* cristal en $\mathcal{O}_{S/\Sigma}$-modules *(ou encore* cristal en modules sur S relativement à Σ *) est un $\mathcal{O}_{S/\Sigma}$-module E pour la topologie de Zariski, tel que pour tout morphisme* $(u,v) : (U',T',\delta') \longrightarrow (U,T,\delta)$ *de* $CRIS(S/\Sigma,\mathfrak{I},\gamma)$, *l'homomorphisme canonique de $\mathcal{O}_{T'}$-modules zariskiens (où* $\rho_{(u,v)}$ *est défini en* 1.1.3*)*

$$(1.2.1.1) \qquad \rho_{(u,v)} \otimes 1 : v^*(E_{(U,T,\delta)}) = E_{(U,T,\delta)} \otimes_{\mathcal{O}_T} \mathcal{O}_{T'} \longrightarrow E_{(U',T',\delta')}$$

soit un isomorphisme.

Les morphismes de cristaux sont les morphismes de $\mathcal{O}_{S/\Sigma}$-modules.

Nous dirons qu'un cristal est <u>quasi-cohérent</u> (resp. <u>de type fini</u>, <u>de présentation finie</u>, <u>localement libre de type fini</u>) si, pour tout (U,T,δ) , le $\mathcal{O}_T$-module zariskien $E_{(U,T,\delta)}$ vérifie cette propriété (cf. [5 , IV 1.1.3]) . Si E est un cristal quasi-cohérent, il vérifie en particulier les conditions (i) et (ii) de 1.1.18, et est par conséquent un faisceau pour la topologie fpqc sur $\mathrm{CRIS}(S/\Sigma)$.

Considérons un diagramme commutatif

$$\begin{array}{ccc} S' & \xrightarrow{\ f\ } & S \\ \downarrow & & \downarrow \\ (\Sigma', \mathfrak{J}', \gamma') & \xrightarrow{\ u\ } & (\Sigma, \mathfrak{J}, \gamma) \end{array}$$

où u est un PD-morphisme. D'après (1.1.10.4), l'image inverse par f_{CRIS} d'un $\mathcal{O}_{S/\Sigma}$-module E est définie par

$$(f^*_{\mathrm{CRIS}}(E))_{(U',T',\delta')} = E_{f_!(U',T',\delta')}$$

pour tout $(U',T',\delta') \in \mathrm{CRIS}(S'/\Sigma')$. Par suite, si E est un cristal en $\mathcal{O}_{S/\Sigma}$-modules, son image inverse $f^*_{\mathrm{CRIS}}(E)$ est un cristal en $\mathcal{O}_{S'/\Sigma'}$-modules. La catégorie des cristaux est de la sorte fonctorielle par rapport à $(S/\Sigma, \mathfrak{J}, \gamma)$.

En particulier, supposons que $(\Sigma', \mathfrak{J}', \gamma') = (\Sigma, \mathfrak{J}, \gamma)$, et que S' soit la réduction de S modulo un sous-PD-idéal de $(\mathfrak{J}, \gamma)$; alors le foncteur f^*_{CRIS} est une équivalence de catégories [5 , IV 1.4.1] .

1.2.2. Pour éclairer la notion de cristal, il est commode d'interpréter la catégorie des cristaux comme une catégorie de modules sur un anneau convenable, munis d'une structure supplémentaire. Localement sur S , une telle interprétation est toujours possible par la méthode rappelée ci-dessous [5 , IV 1.6] .

Un morphisme de schémas $Y \longrightarrow \Sigma$ est dit quasi-lisse s'il existe un recouvrement ouvert Y_i de Y, tel que, pour toute Σ-immersion $U \hookrightarrow T$, avec T affine, et tout Σ-morphisme $g : U \longrightarrow Y_i$, il existe un Σ-morphisme $\bar{g} : T \longrightarrow Y_i$ prolongeant g . Un

Σ-schéma lisse, le spectre d'une $\mathcal{O}_\Sigma$-algèbre de polynômes en une famille quelconque d'indéterminées, sont des Σ-schémas quasi-lisses [5 , IV 1.5] . En particulier, tout Σ-schéma est, localement, un sous-schéma fermé d'un Σ-schéma quasi-lisse.

Supposons alors donnée une Σ-immersion fermée $S \longrightarrow Y$, où Y est quasi-lisse sur Σ . Supposons que p soit nilpotent sur Σ , donc sur Y , et, pour tout n , soient $D_S(Y^n)$ le voisinage à puissances divisées (compatibles à γ) de S dans $Y^n = Y \times_\Sigma \dots \times_\Sigma Y$ [5 , I 4.1] , $\mathcal{D}_S(Y^n)$ son algèbre affine sur Y^n ; les immersions $S \hookrightarrow D_S(Y^n)$, munies de leurs puissances divisées canoniques, sont des objets de $CRIS(S/\Sigma, \mathfrak{I}, \gamma)$, et les projections $Y^n \longrightarrow Y^m$ induisent des morphismes $(S, D_S(Y^n)) \longrightarrow (S, D_S(Y^m))$ de $CRIS(S/\Sigma, \mathfrak{I}, \gamma)$. Si E est un cristal en $\mathcal{O}_{S/\Sigma}$-modules, et si $p_i : D_S(Y^2) \longrightarrow D_S(Y)$, $i = 1,2$, sont les projections, les isomorphismes (1.2.1.1)

$$p_2^*(E_{(S,D_S(Y))}) \xrightarrow{\sim} E_{(S,D_S(Y^2))} \xleftarrow{\sim} p_1^*(E_{(S,D_S(Y))})$$

définissent, en posant $\mathcal{E} = E_{(S,D_S(Y))}$, un isomorphisme

(1.2.2.1) $$\varepsilon : p_2^*(\mathcal{E}) \xrightarrow{\sim} p_1^*(\mathcal{E}) .$$

Si $q_{ij} : D_S(Y^3) \longrightarrow D_S(Y^2)$ et $\delta : D_S(Y) \longrightarrow D_S(Y^2)$ sont les PD-morphismes induits repectivement par les projections de Y^3 sur Y^2 et l'immersion diagonale de Y dans Y^2 , l'isomorphisme ε vérifie

(1.2.2.2) $$\delta^*(\varepsilon) = \mathrm{Id}_{\mathcal{E}} ,$$

(1.2.2.3) $$q_{12}^*(\varepsilon) \circ q_{23}^*(\varepsilon) = q_{13}^*(\varepsilon) .$$

On obtient alors :

<u>Proposition</u> 1.2.3 [5 , IV 1.6.3] . *Le foncteur qui à un cristal en* $\mathcal{O}_{S/\Sigma}$*-modules* E *associe le* $\mathcal{D}_S(Y)$*-module* $\mathcal{E} = E_{D_S(Y)}$, *muni de l'isomorphisme* $\varepsilon : p_2^*(\mathcal{E}) \xrightarrow{\sim} p_1^*(\mathcal{E})$, *est une équivalence de catégories entre la catégorie des cristaux en* $\mathcal{O}_{S/\Sigma}$*-modules, et la catégorie des* $\mathcal{D}_S(Y)$*-modules* $\mathcal{E}$ *munis d'un isomorphisme* $\varepsilon : p_2^*(\mathcal{E}) \xrightarrow{\sim} p_1^*(\mathcal{E})$ *vérifiant les relations* (1.2.2.2) *et* (1.2.2.3).

Un foncteur quasi-inverse peut être construit comme suit. Si (U,T,δ) est un objet de $CRIS(S/\Sigma)$, l'hypothèse de quasi-lissité sur Y entraîne qu'il existe localement sur U un Σ-morphisme $h : T \longrightarrow Y$ prolongeant $U \longrightarrow S \hookrightarrow Y$. D'après la propriété universelle des voisinages à puissances divisées, h se factorise en $T \xrightarrow{\overline{h}} D_S(Y) \longrightarrow Y$. On pose alors $E_{(U,T,\delta)} = \overline{h}^*(\mathcal{E})$, et, grâce à la donnée de ε, le faisceau ainsi obtenu ne dépend pas, à isomorphisme canonique près, du choix de h (ce qui permet en particulier le recollement sur T lorsque h n'existe pas globalement) ; de plus, pour tout morphisme $(u,v) : (U',T',\delta') \longrightarrow (U,T,\delta)$, on déduit de ε un isomorphisme $\rho_{(u,v)} : v^*(E_{(U,T,\delta)}) \xrightarrow{\sim} E_{(U',T',\delta')}$, vérifiant les conditions de transitivité qui font de la famille des $E_{(U,T,\delta)}$ un cristal en $\mathcal{O}_{S/\Sigma}$-modules.

Si Y est lisse sur Σ (resp. si Y est le spectre de l'algèbre symétrique d'un module libre L non nécéssairement de type fini), et si $(x_i)_{i=1,\dots,n}$ est une famille de coordonnées locales sur Y (resp. $(x_i)_{i \in I}$ une base de L), les dérivations $\partial/\partial x_i$ opèrent sur $\mathcal{D}_S(Y)$ de façon naturelle [5 , IV 1.3.5] : si y est une section de l'idéal de S dans Y, et $y^{[q]}$ la q-ième puissance divisée de y, alors $\partial/\partial x_i(y^{[q]}) = y^{[q-1]}\partial/\partial x_i(y)$. La donnée d'un isomorphisme ε vérifiant (1.2.2.2) et (1.2.2.3) peut alors s'interpréter [5 , IV 1.6.4, et II 4.3.11, qui s'étend au cas où $Y = \mathrm{Spec}(\mathbf{S}(L))$] comme la donnée d'une famille $\nabla(\partial/\partial x_i)$ de $\partial/\partial x_i$-dérivations(1) du $\mathcal{D}_S(Y)$-module $\mathcal{E}$, vérifiant les conditions :

(a) $\forall\, i,j$, $\nabla(\partial/\partial x_i) \circ \nabla(\partial/\partial x_j) = \nabla(\partial/\partial x_j) \circ \nabla(\partial/\partial x_i)$;

(b) pour tout multi-indice $\underline{q} = (q_i)$, où les q_i sont nuls sauf un nombre fini, soit

$$\nabla(\partial/\partial x)^{\underline{q}} = \prod_{i \in I} \nabla(\partial/\partial x_i)^{q_i} ,$$

----

(1) Rappelons que si A est un anneau, X une dérivation de A, M un A-module, une X-dérivation de M est un endomorphisme additif D de M tel que $\forall\, a \in A$, $\forall\, m \in M$, $D(am) = aD(m) + X(a)m$.

ce qui a un sens grâce à (a) ; alors, pour toute section locale m de $\mathcal{E}$, les $\nabla(\partial/\partial\underline{x})^{\underline{q}}(m)$ sont nuls, sauf pour un nombre fini de multi-indices $\underline{q}$.

Une telle structure est une <u>connexion intégrable et quasi-nilpotente</u> sur le $\mathcal{O}_Y$-module $\mathcal{E}$, relativement à Σ, compatible à la connexion naturelle de $\mathcal{D}_S(Y)$. Donc :

<u>Théorème</u> 1.2.4. *Sous les hypothèses de* 1.2.2, *la catégorie des cristaux en* $\mathcal{O}_{S/\Sigma}$-*modules est équivalente à la catégorie des* $\mathcal{D}_S(Y)$-*modules munis, en tant que* $\mathcal{O}_Y$-*modules, d'une connexion intégrable et quasi-nilpotente relativement à* Σ, *compatible à la connexion naturelle de* $\mathcal{D}_S(Y)$.

1.2.5. Les cristaux que nous rencontrerons seront en fait des cristaux absolus sur S, i.e. relatifs à $\Sigma = \mathrm{Spec}(\mathbf{Z}_p)$, $\mathfrak{I} = p\mathbf{Z}_p$, de sorte que p n'est plus nilpotent sur Σ. Pour obtenir dans ce cas une description analogue à la précédente, observons tout d'abord que, d'après la remarque faite à la fin de 1.2.1, on peut supposer S de caractéristique p ; d'autre part, si S est un R-schéma, où R est un anneau parfait de caractéristique p, on peut d'après 1.1.13 remplacer dans la description qui suit Σ par $\Sigma' = \mathrm{Spec}(W(R))$, et Y par un Σ'-schéma quasi-lisse Y'.

Posons $\Sigma_n = \mathrm{Spec}(\mathbf{Z}/p^n\mathbf{Z})$, $Y_n = Y \times \Sigma_n$, et, pour $m \leqslant n$, soit

$$i_{n,m\,\mathrm{CRIS}} : (S/\Sigma_m)_{\mathrm{CRIS}} \longrightarrow (S/\Sigma_n)_{\mathrm{CRIS}}$$

le morphisme de topos induit par $\Sigma_m \hookrightarrow \Sigma_n$. Compte tenu de 1.1.12, un cristal en $\mathcal{O}_{S/\Sigma}$-modules peut encore être décrit comme la donnée, pour tout n, d'un cristal en $\mathcal{O}_{S/\Sigma_n}$-modules E_n, et d'une famille transitive d'isomorphismes de cristaux

$$\eta_{n,m} : i^*_{n,m\,\mathrm{CRIS}}(E_n) \simeq E_m .$$

Supposons pour simplifier Y et S affines. Comme les puissances divisées de $\mathcal{D}_S(Y)$ sont compatibles à celles de p par construction, $p^n\mathcal{D}_S(Y)$ est un sous-PD-idéal de l'idéal à puissances divisées canoniques de $\mathcal{D}_S(Y)$; par suite, il existe pour tout n un isomorphisme

(1.2.5.1) $$\mathcal{D}_S(Y) \otimes \mathbf{Z}/p^n \xrightarrow{\sim} \mathcal{D}_S(Y_n) ,$$

de sorte que l'anneau à puissances divisées $\hat{\mathcal{D}}_S(Y) = \varprojlim_n \mathcal{D}_S(Y_n)$ s'identifie au complété p-adique de $\mathcal{D}_S(Y)$. Soit alors E un cristal en $\mathcal{O}_{S/\Sigma}$-modules quasi-cohérent ; et soit

$$M_n = \Gamma(D_S(Y_n) , E_{D_S(Y_n)}) ;$$

la structure de cristal de E définit sur chaque M_n une connexion intégrable et quasi-nilpotente ∇_n , et un système transitif d'isomorphismes horizontaux (c'est-à-dire compatibles aux connexions)

$$M_n \otimes_{\mathcal{D}_S(Y_n)} \mathcal{D}_S(Y_m) \xrightarrow{\sim} M_m ,$$

ou encore d'après (1.2.5.1)

$$M_n \otimes_{\mathbf{Z}/p^n} \mathbf{Z}/p^m \xrightarrow{\sim} M_m .$$

Posons alors

$$M = \varprojlim_n M_n ;$$

on peut reconstruire le système projectif des M_n à partir de M , grâce au lemme élémentaire suivant (laissé en exercice au lecteur) :

<u>Lemme</u> 1.2.6. *Soient* A *un anneau (non nécéssairement commutatif),* $t \in A$ *un élément tel que* tA *soit un idéal bilatère,* $A_n = A/t^nA$, $(M_n)_{n \geq 1}$ *un système projectif de* A_n*-modules à gauche tels que*

$$M_{n+1} \otimes_{A_{n+1}} A_n \xrightarrow{\sim} M_n ,$$

$M = \varprojlim M_n$. *Alors, pour tout* n ,

$$M/t^nM \xrightarrow{\sim} M_n .$$

Les endomorphismes $\nabla_n(\partial/\partial x_i)$ définissent par passage à la limite une famille d'endomorphismes $\nabla(\partial/\partial x_i)$ de M . Ceux-ci vérifient encore (a) , et compte-tenu du lemme précédent, ils vérifient la condition

(b') $\forall\, m \in M$, $\forall\, n \in \mathbb{N}$, $\nabla(\partial/\partial \underline{x})^{\underline{q}}(m) \in p^nM$ sauf pour un nombre fini de $\underline{q}$.

Nous traduirons cette dernière condition en disant que la connexion intégrable ∇ est topologiquement quasi-nilpotente.

En conclusion :

Théorème 1.2.7. *Sous les hypothèses qui précèdent, la catégorie des cristaux en modules quasi-cohérents sur* S *relativement à* $\mathbb{Z}_p$ *est équivalente à la catégorie des* $\hat{\mathcal{D}}_S(Y)$*-modules séparés et complets pour la topologie* p*-adique, munis, en tant que* $\mathcal{O}_Y$*-modules, d'une connexion intégrable et topologiquement quasi-nilpotente (compatible à la connexion naturelle de* $\hat{\mathcal{D}}_S(Y)$*)* .

L'énoncé qui précède présente l'inconvénient de reposer sur la considération de l'anneau $\hat{\mathcal{D}}_S(Y)$, dont la structure est en général très mal connue. Lorsque S possède une p-base, les résultats suivants fournissent une description plus satisfaisante de la catégorie des cristaux.

Proposition 1.2.8. *Soit* A *un anneau de caractéristique* p *possédant une* p*-base* $(x_i)_{i \in I}$.

(i) *Il existe une* $\mathbb{Z}_p$*-algèbre* A_∞*, séparée et complète pour la topologie* p*-adique, sans* p*-torsion, et un isomorphisme*

$$A_\infty \otimes \mathbb{Z}/p \xrightarrow{\sim} A ,$$

uniques à isomorphisme près.

(ii) *Soit* $A_n = A_\infty \otimes Z/p^n$. *Pour tout* n *, le module* $\Omega^1_{A_n}$ *des différentielles (absolues) de* A_n *est un* A_n*-module libre de base* $(dx_i^!)_{i \in I}$ *, où les* $x_i^!$ *sont des relèvements des* x_i .

On notera $\partial/\partial x_i^!$ la dérivation de A_n définie par la projection de $\Omega^1_{A_n}$ sur le facteur $A_n dx_i^!$. Par passage à la limite, on obtient donc des dérivations $\partial/\partial x_i^!$ de A_∞ , ce qui donne un sens à l'énoncé suivant :

Théorème 1.2.9. *Soient* A *un anneau de caractéristique* p *possédant une* p*-base*

$(x_i)_{i \in I}$, $S = \mathrm{Spec}(A)$. *La catégorie des cristaux en* $\mathcal{O}_{S/\Sigma}$*-modules quasi-cohérents est équivalente à la catégorie des* A_∞*-modules séparés et complets pour la topologie p-adique, munis d'une connexion intégrable et topologiquement quasi-nilpotente.*

Nous n'utiliserons pas 1.2.8 et 1.2.9 dans la suite, et nous en donnerons la démonstration dans un article ultérieur. Notons simplement les cas particuliers suivants :

(i) Si A est un anneau parfait, la catégorie des cristaux en modules quasi-cohérents sur A est équivalente à la catégorie des $W(A)$-modules séparés et complets (cf. [32, IV § 4] , ou [6 , 4.2.2]) .

(ii) Si $A = k[[t]]$, où k est un corps parfait, on peut prendre $A_\infty = W[[t]]$; le théorème 1.2.9 est alors prouvé en [6 , 4.2.3] , et la démonstration de 1.2.9 n'est du reste qu'une généralisation sans difficulté de celle de loc. cit.

(iii) Si A est un corps k , A_∞ est alors un anneau de Cohen de k .

(iv) Si A est une algèbre lisse sur un anneau parfait R , on peut la relever en une algèbre lisse A_n sur $W_n(R)$, et l'anneau $A_\infty = \varprojlim_n A_n$ vérifie les conditions de 1.2.8 (i). On observera que, dans ce cas, A possède une p-base (x_i) si et seulement si les x_i définissent un morphisme étale de l'algèbre de polynômes $R[x_i]$ dans A , les dx_i formant une base de $\Omega^1_{A/R}$.

Observons pour finir que l'immersion de $S = \mathrm{Spec}(A)$ dans $Y_n = \mathrm{Spec}(A_n)$ est définie par l'idéal pA_n , muni de ses puissances divisées canoniques, si bien que $\mathcal{D}_S(Y_n) = A_n$ (les puissances divisées de $\mathcal{D}_S(Y_n)$ étant compatibles à celles de p); via l'isomorphisme de sites (1.1.13.1) , les énoncés 1.2.7 et 1.2.9 sont donc équivalents.

1.3. Extensions de faisceaux abéliens.

1.3.1. Conservons les notations de 1.1.1, et fixons une topologie τ sur $\mathrm{CRIS}(S/\Sigma)$.

Soit $\underline{\underline{Ab}}_{S/\Sigma}$ la catégorie des faisceaux abéliens sur $CRIS(S/\Sigma)$. Si E , E' sont des objets de $\underline{\underline{Ab}}_{S/\Sigma}$, nous noterons $Hom_{S/\Sigma}(E',E)$ le groupe des homomorphismes de E' dans E dans $\underline{\underline{Ab}}_{S/\Sigma}$, et $\mathcal{H}om_{S/\Sigma}$ le faisceau des homomorphismes locaux de E' dans E sur $CRIS(S/\Sigma)$, qui est donc un objet de $\underline{\underline{Ab}}_{S/\Sigma}$. Par passage à la catégorie dérivée, on obtient les foncteurs dérivés

$$\mathbb{R}Hom_{S/\Sigma}(.,.) : D^-(\underline{\underline{Ab}}_{S/\Sigma})^o \times D^+(\underline{\underline{Ab}}_{S/\Sigma}) \longrightarrow D^+(\underline{\underline{Ab}}) ,$$

$$\mathbb{R}\mathcal{H}om_{S/\Sigma}(.,.) : D^-(\underline{\underline{Ab}}_{S/\Sigma})^o \times D^+(\underline{\underline{Ab}}_{S/\Sigma}) \longrightarrow D^+(\underline{\underline{Ab}}_{S/\Sigma}) .$$

Leurs objets de cohomologie seront notés respectivement $Ext^i_{S/\Sigma}(.,.)$ et $\mathcal{E}xt^i_{S/\Sigma}(.,.)$. Lorsqu'il y a lieu, nous préciserons la topologie τ considérée par un indice.

Si on note $\Gamma(S/\Sigma,.)$ le foncteur sections globales sur le topos cristallin, et $H^i(S/\Sigma,.)$ ses dérivés, les invariants locaux et globaux sont reliés par l'isomorphisme

$$\mathbb{R}\Gamma(S/\Sigma, \mathbb{R}\mathcal{H}om_{S/\Sigma}(E'^{\cdot},E^{\cdot})) \simeq \mathbb{R}Hom_{S/\Sigma}(E'^{\cdot},E^{\cdot}) ,$$

donnant la suite spectrale de passage du local au global

$$E_2^{p,q} = H^p(S/\Sigma, \mathcal{E}xt^q_{S/\Sigma}(E'^{\cdot},E^{\cdot})) \Longrightarrow Ext^n_{S/\Sigma}(E'^{\cdot},E^{\cdot}) .$$

Soit G un faisceau abélien sur $S_{Y,\tau}$. On peut, par le procédé explicité en (1.1.4.5), associer à G un faisceau abélien $\underline{G}$ sur le site $CRIS(S/\Sigma)_\tau$, et notre but est ici d'étudier les invariants $\mathbb{R}\mathcal{H}om_{S/\Sigma}(\underline{G},E)$, $\mathcal{E}xt^i_{S/\Sigma}(\underline{G},E)$, etc., pour divers faisceaux E . De fait, nous nous intéresserons essentiellement au cas où G est un schéma en groupes plat de présentation finie sur S , ou un groupe p-divisible. Le faisceau E sera alors le plus souvent le faisceau abélien sous-jacent à un $\mathcal{O}_{S/\Sigma}$-module, le cas fondamental étant celui où $E = \mathcal{O}_{S/\Sigma}$; il résulte alors de la formule d'adjonction

$$\mathbb{R}\mathcal{H}om_{\mathcal{O}_{S/\Sigma}}(\underline{G} \overset{\mathbb{L}}{\otimes} \mathcal{O}_{S/\Sigma} , E) \simeq \mathbb{R}\mathcal{H}om_{S/\Sigma}(\underline{G},E)$$

que $\mathbb{R}\mathcal{H}om_{S/\Sigma}(\underline{G},E)$ peut être considéré comme un objet de $D^+(\mathcal{O}_{S/\Sigma})$; les $\mathcal{E}xt^i_{S/\Sigma}(\underline{G},E)$ sont en particulier munis d'une structure de $\mathcal{O}_{S/\Sigma}$-module.

Lorsque la topologie τ est la topologie de Zariski ou la topologie étale, la proposition 1.1.5 montre que ces foncteurs sont des foncteurs cohomologiques en G. Si τ est la topologie fppf, la proposition 1.1.7 entraîne le résultat suivant, ainsi que son analogue global :

<u>Proposition</u> 1.3.2. *Soit*

$$0 \longrightarrow G' \longrightarrow G \longrightarrow G'' \longrightarrow 0$$

une suite exacte de faisceaux abéliens sur $S_{\gamma,\text{fppf}}$, *telle que* G' *vérifie les hypothèses de* 1.1.7. *Alors, pour tout faisceau abélien* E , *le triangle*

$$\begin{array}{ccc} & \mathbb{R}\mathcal{H}om_{S/\Sigma}(\underline{G}',E) & \\ {}^{+1}\swarrow & & \nwarrow \\ \mathbb{R}\mathcal{H}om_{S/\Sigma}(\underline{G}'',E) & \longrightarrow & \mathbb{R}\mathcal{H}om_{S/\Sigma}(\underline{G},E) \end{array}$$

est distingué, et donne naissance à la suite exacte de cohomologie usuelle des $\mathcal{E}xt^i_{S/\Sigma}(\cdot,E)$.

1.3.3. Considérons un diagramme commutatif du type (1.1.10.1)

$$\begin{array}{ccc} S' & \xrightarrow{\;f\;} & S \\ \downarrow & & \downarrow \\ (\Sigma', \mathfrak{J}', \gamma') & \xrightarrow{\;u\;} & (\Sigma, \mathfrak{J}, \gamma) \end{array} \quad ,$$

où u est un PD-morphisme. Soient G un faisceau abélien sur S_τ , d'image inverse G' sur S'_τ , E un faisceau abélien sur $\mathrm{CRIS}(S/\Sigma)_\tau$, $E' = f^*_{\mathrm{CRIS}}(E)$. Comme f^*_{CRIS} est exact, d'après 1.1.10, on obtient par fonctorialité des homomorphismes canoniques

(1.3.3.1) $\qquad f^*_{\mathrm{CRIS}}(\mathbb{R}\mathcal{H}om_{S/\Sigma}(\underline{G},E)) \longrightarrow \mathbb{R}\mathcal{H}om_{S'/\Sigma'}(\underline{G}',E')$,

(1.3.3.2) $\qquad f^*_{\mathrm{CRIS}}(\mathcal{E}xt^i_{S/\Sigma}(\underline{G},E)) \longrightarrow \mathcal{E}xt^i_{S'/\Sigma'}(\underline{G}',E')$,

compte tenu de (1.1.17.1) ; si (U',T',δ') est un objet de $\mathrm{CRIS}(S'/\Sigma')$, les homomorphismes précédents fournissent des homomorphismes de (complexes de) faisceaux sur T' (avec les notations de 1.1.10)

(1.3.3.3) $$\mathbb{R}\mathcal{H}om_{S/\Sigma}(\underline{G},E)_{f_!(U',T',\delta')} \longrightarrow \mathbb{R}\mathcal{H}om_{S'/\Sigma'}(\underline{G}',E')_{(U',T',\delta')} ,$$

(1.3.3.4) $$\mathcal{E}xt^i_{S/\Sigma}(\underline{G},E)_{f_!(U',T',\delta')} \longrightarrow \mathcal{E}xt^i_{S'/\Sigma'}(\underline{G}',E')_{(U',T',\delta')} .$$

Si maintenant on suppose que le diagramme vérifie la condition (*) de 1.1.10, le morphisme f_{CRIS} s'identifie grâce à 1.1.11 à un morphisme de localisation, et les homomorphismes précédents sont des isomorphismes [SGA 4, V 6.1] ; c'est donc en particulier vrai si $\mathfrak{J}' = \mathfrak{J}\mathcal{O}_{\Sigma'}$, ainsi que dans les cas considérés en 1.1.12 - 1.1.15.

Dans le cas général, on obtient de même des homomorphismes canoniques

(1.3.3.5) $$\mathbb{R}\mathrm{Hom}_{S/\Sigma}(\underline{G},E) \longrightarrow \mathbb{R}\mathrm{Hom}_{S'/\Sigma'}(\underline{G}',E') ,$$

(1.3.3.6) $$\mathrm{Ext}^i_{S/\Sigma}(\underline{G},E) \longrightarrow \mathrm{Ext}^i_{S'/\Sigma'}(\underline{G}',E') .$$

En particulier, plaçons-nous dans la situation étudiée en 1.1.15 ; si, pour tout objet (U,T,δ) de $CRIS(S/\Sigma)$, on identifie le site localisé $CRIS(S/\Sigma) / (U,T,\delta)$ au site $CRIS(U/T, \mathfrak{J}',\delta')$, et si G_U est l'image inverse de G sur U , E_U celle de E sur $CRIS(U/T, \mathfrak{J}',\delta')$, on voit que les faisceaux $\mathcal{E}xt^i_{S/\Sigma}(\underline{G},E)$ sont les faisceaux associés aux préfaisceaux

$$(U,T,\delta) \longmapsto \mathrm{Ext}^i_{U/T}(\underline{G}_U,E_U) ,$$

grâce à l'équivalence (1.1.15.1). Notons enfin les isomorphismes canoniques qui en résultent :

(1.3.3.7) $$\mathbb{R}\mathcal{H}om_{S/\Sigma}(\underline{G},E)_{(U,T,\delta)} \xrightarrow{\sim} \mathbb{R}\mathcal{H}om_{U/T}(\underline{G}_U,E_U)_{(U,T,\delta)} ,$$

(1.3.3.8) $$\mathcal{E}xt^i_{S/\Sigma}(\underline{G},E)_{(U,T,\delta)} \xrightarrow{\sim} \mathcal{E}xt^i_{U/T}(\underline{G}_U,E_U)_{(U,T,\delta)} ;$$

ce sont aussi des cas particuliers de (1.3.3.3) et (1.3.3.4).

Si A est un faisceau d'ensembles sur $CRIS(S/\Sigma)$; nous noterons $\mathbb{Z}[A]$ le faisceau abélien libre engendré par A . La proposition suivante nous permettra de remener bien des propriétés des $\mathcal{E}xt^i_{S/\Sigma}(\underline{G},.)$ à celles de la cohomologie cristalline.

Proposition 1.3.4. *Soient* $f : X \longrightarrow S$ *un morphisme de schémas (tel que* γ *s'étende à* X*)* , E *un faisceau abélien sur* CRIS(S/Σ) . *Il existe des isomorphismes canoniques*

$$\mathbb{R}\mathrm{Hom}_{S/\Sigma}(\mathbb{Z}[\underline{X}],E) \simeq \mathbb{R}\Gamma(S/\Sigma,f^*_{CRIS}(E)) \quad , \quad \mathrm{Ext}^i_{S/\Sigma}(\mathbb{Z}[\underline{X}],E) \simeq H^i(S/\Sigma,f^*_{CRIS}(E)) \ ;$$

$$\mathbb{R}\mathcal{H}om_{S/\Sigma}(\mathbb{Z}[\underline{X}],E) \simeq \mathbb{R}f_{CRIS*}(f^*_{CRIS}(E)) \quad , \quad \mathcal{E}xt^i_{S/\Sigma}(\mathbb{Z}[\underline{X}],E) \simeq R^if_{CRIS*}(f^*_{CRIS}(E)) \ .$$

En effet, on a par définition, pour tout faisceau abélien E ,

$$\begin{aligned}\mathrm{Hom}_{S/\Sigma}(\mathbb{Z}[\underline{X}],E) &= \Gamma(\underline{X},E)\\ &= \Gamma(S/\Sigma,f^*_{CRIS}(E))\end{aligned}$$

d'après (1.1.14.1). De même, la relation (1.1.14.2) fournit un isomorphisme

(1.3.4.1) $$\mathcal{H}om_{S/\Sigma}(\mathbb{Z}[\underline{X}],E) \simeq f_{CRIS*}(f^*_{CRIS}(E)) \ .$$

La proposition en résulte aussitôt. En particulier, avec les notations de 1.1.16, on obtient pour tout objet (U,T,δ) de CRIS(S/Σ) :

(1.3.4.2) $$\mathbb{R}\mathcal{H}om_{S/\Sigma}(\mathbb{Z}[\underline{X}],E)_{(U,T,\delta)} \simeq \mathbb{R}f_{X_U/T*}(E|_{(X_U/T)_{CRIS}}) \ ,$$

$$\mathcal{E}xt^i_{S/\Sigma}(\mathbb{Z}[\underline{X}],E)_{(U,T,\delta)} \simeq R^if_{X_U/T*}(E|_{(X_U/T)_{CRIS}}) \ .$$

1.3.5. Supposons que Σ soit $\mathrm{Spec}(\mathbb{Z}_p)$ ou $\mathrm{Spec}(\mathbb{Z}/p^n)$, et soient S un schéma de caractéristique p , G un faisceau abélien sur S . On notera $\underline{f}_S$ l'endomorphisme de Frobenius de S , et $G^{(p/S)}$, ou $G^{(p)}$ lorsqu'aucune confusion ne sera possible, le faisceau $\underline{f}^*_S(G)$.

L'endomorphisme $\underline{f}_S$ définit un endomorphisme $\underline{f}_{S\ CRIS}$ du topos $(S/\Sigma)_{CRIS}$. Si E est un faisceau sur CRIS(S/Σ) , $\underline{f}^*_{S\ CRIS}(E)$ est le faisceau défini par

$$\Gamma((U,T,\delta),\underline{f}^*_{S\ CRIS}(E)) = \Gamma(\underline{f}_{S!}(U,T,\delta),E) \ ,$$

où on note $\underline{f}_{S!}(U,T,\delta)$ l'objet de $\mathrm{CRIS}(S/\Sigma)$ obtenu en considérant U comme S-schéma par le morphisme $U \longrightarrow S \xrightarrow{\underline{f}_S} S$. On posera souvent $\underline{f}^*_{S\ \mathrm{CRIS}}(E) = E^{\sigma}$; lorsque $\Sigma = \mathrm{Spec}(\mathbb{F}_p)$, on emploiera aussi la notation $E^{(p)}$. Si (U,T,δ) est tel qu'il existe un PD-morphisme $\sigma : T \longrightarrow T$ relevant $\underline{f}_U$, le couple $(\underline{f}_U,\sigma)$ définit un morphisme $\underline{f}_{S!}(U,T,\delta) \longrightarrow (U,T,\delta)$ de $\mathrm{CRIS}(S/\Sigma)$. Par suite, si E est un cristal en $\mathcal{O}_{S/\Sigma}$-modules, il existe un isomorphisme naturel

$$\sigma^*(E_{(U,T,\delta)}) \xrightarrow{\sim} (E^{\sigma})_{(U,T,\delta)} ,$$

d'où la notation E^{σ}.

Puisque la formation de $\mathbb{R}\mathcal{H}om_{S/\Sigma}$ commute à la localisation, on obtient par 1.1.14, en localisant au-dessus du faisceau $\underline{S}$ défini par S considéré comme S-schéma par $\underline{f}_S$,

$$\mathbb{R}\mathcal{H}om_{S/\Sigma}(\underline{G},E)^{\sigma} \simeq \mathbb{R}\mathcal{H}om_{S/\Sigma}(\underline{G}^{(p)},E^{\sigma}) ,$$

$$\mathcal{E}xt^i_{S/\Sigma}(\underline{G},E)^{\sigma} \simeq \mathcal{E}xt^i_{S/\Sigma}(\underline{G}^{(p)},E^{\sigma}) ,$$

la notation $\underline{G}^{(p)}$ étant sans ambiguité d'après (1.1.17.1). Comme tout faisceau abélien G sur S est muni d'un homomorphisme de Frobenius $F : G \longrightarrow G^{(p)}$, on obtient par fonctorialité des homomorphismes

$$F : \mathbb{R}\mathcal{H}om_{S/\Sigma}(\underline{G},E)^{\sigma} \longrightarrow \mathbb{R}\mathcal{H}om_{S/\Sigma}(\underline{G},E^{\sigma}) ,$$

$$F : \mathcal{E}xt^i_{S/\Sigma}(\underline{G},E)^{\sigma} \longrightarrow \mathcal{E}xt^i_{S/\Sigma}(\underline{G},E^{\sigma}) .$$

Si G est un schéma en groupes commutatif et plat sur S, ou un groupe p-divisible, il possède un Verschiebung $V : G^{(p)} \longrightarrow G$, qui donne des homomorphismes

$$V : \mathbb{R}\mathcal{H}om_{S/\Sigma}(\underline{G},E^{\sigma}) \longrightarrow \mathbb{R}\mathcal{H}om_{S/\Sigma}(\underline{G},E)^{\sigma} ,$$

$$V : \mathcal{E}xt^i_{S/\Sigma}(\underline{G},E^{\sigma}) \longrightarrow \mathcal{E}xt^i_{S/\Sigma}(\underline{G},E)^{\sigma} .$$

On observera que pour des faisceaux tels que $\mathcal{O}_{S/\Sigma}$, $\mathcal{J}_{S/\Sigma}$, $i_{S/\Sigma *}(\mathcal{O}_S) = \mathbb{G}_a$ qui sont la restriction au-dessus de S de faisceaux définis sur $\mathrm{CRIS}(\mathbb{F}_p/\mathbb{Z}_p)$, on a en fait $E^{\sigma} = E$. Les homomorphismes F et V vérifient les relations $F \circ V = p$,

$V\circ F = p$, et sont fonctoriels en G et en E ; en particulier, si E est un $\mathcal{O}_{S/\Sigma}$-module, ils sont $\mathcal{O}_{S/\Sigma}$-linéaires.

Examinons enfin l'effet d'un changement de topologie. Reprenons alors les notations de 1.1.18, et soient τ_i et τ_j , $1 \leq i \leq j \leq 4$, deux topologies sur $\mathrm{CRIS}(S/\Sigma)$.

Proposition 1.3.6. *Soient* G *un faisceau abélien sur* S_{τ_j} , E *un* $\mathcal{O}_{S/\Sigma}$*-module vérifiant les conditions* (i) *et* (ii) *de* 1.1.18. *Il existe des isomorphismes canoniques*

$$\mathbb{R}\mathrm{Hom}_{S/\Sigma,\tau_i}(\underline{G},E) \simeq \mathbb{R}\mathrm{Hom}_{S/\Sigma,\tau_j}(\underline{G},E) ,$$

$$\alpha^*(\mathbb{R}\mathcal{H}om_{S/\Sigma,\tau_i}(\underline{G},E)) \simeq \mathbb{R}\mathcal{H}om_{S/\Sigma,\tau_j}(\underline{G},E) ,$$

$$\mathrm{Ext}^q_{S/\Sigma,\tau_i}(\underline{G},E) \simeq \mathrm{Ext}^q_{S/\Sigma,\tau_j}(\underline{G},E) , \quad \alpha^*(\mathcal{E}xt^q_{S/\Sigma,\tau_i}(\underline{G},E)) \simeq \mathcal{E}xt^q_{S/\Sigma,\tau_j}(\underline{G},E) .$$

Le premier isomorphisme résulte de l'isomorphisme de foncteur

$$\mathrm{Hom}_{S/\Sigma,\tau_j}(\alpha^*(\underline{G}),.) \simeq \mathrm{Hom}_{S/\Sigma,\tau_i}(\underline{G},\alpha_*(.)) ,$$

et de ce que d'une part $\alpha^*(\underline{G}) = \underline{G}$ puisque $\underline{G}$ est un faisceau sur $\mathrm{CRIS}(S/\Sigma)_{\tau_j}$, d'autre part $E \xrightarrow{\sim} \mathbb{R}\alpha_*(E)$ d'après 1.1.19.

De l'isomorphisme

$$\alpha_*(\mathcal{H}om_{S/\Sigma,\tau_j}(\alpha^*(\underline{G}),.)) \simeq \mathcal{H}om_{S/\Sigma,\tau_i}(\underline{G},\alpha_*(.))$$

on déduit, puisque $\alpha^*\alpha_* = \mathrm{Id}$,

$$\mathcal{H}om_{S/\Sigma,\tau_j}(\underline{G},.) \simeq \alpha^*(\mathcal{H}om_{S/\Sigma,\tau_i}(\underline{G},\alpha_*(.))) ,$$

qui donne comme précédemment le deuxième isomorphisme.

Remarque : Nous montrerons plus bas que, lorsque G est un S-groupe plat de présentation finie, ou un groupe p-divisible, les $\mathcal{E}xt^i_{S/\Sigma,\mathrm{Zar}}(\underline{G},\mathcal{O}_{S/\Sigma})$ vérifient les conditions (i) et (ii) de 1.1.18, donc sont en fait des faisceaux pour la topologie fpqc. Par suite, les $\mathcal{E}xt^{i}_{S/\Sigma,\tau}(\underline{G},\mathcal{O}_{S/\Sigma})$ sont dans ce cas, en tant que préfaisceaux, indépendants de la topologie considérée.

1.4. Relations entre extensions cristallines et torseurs.

Nous commençons ici à interpréter en termes géométriques les groupes $\mathrm{Ext}^{1}_{S/\Sigma}(\underline{G},\mathcal{O}_{S/\Sigma})$, faisant de la sorte le lien entre la construction des cristaux de Dieudonné développée ici, et celle de Mazur-Messing pour les groupes p-divisibles [40] ; cette section ne sera pas utilisée par la suite, sauf en 2.3.13 et 3.2.14, où nous établirons la relation analogue pour les groupes finis. On observera que les résultats de cette section montrent, grâce à [40] , que $\mathcal{E}xt^{1}_{S/\Sigma}(\underline{G},\mathcal{O}_{S/\Sigma})$ est un cristal localement libre de rang fini lorsque G est un groupe p-divisible ; nous en donnerons une autre démonstration, indépendante de [40] , en 3.3.

Les sections 1.4.1 à 1.4.4 résument pour la commodité du lecteur quelques définitions et résultats de [40] .

1.4.1. Soient T un schéma, X un T-schéma, H un schéma en groupes commutatif et lisse sur T , $H_X = H \times_T X$. On note $p_i^{(1)} : \Delta^1_{X/T} \longrightarrow X$ les deux projections sur X du premier voisinage infinitésimal $\Delta^1_{X/T}$ de la diagonale dans $X \times_T X$. Si P est un torseur sur X , de groupe H_X , une <u>connexion sur</u> P est un isomorphisme de torseurs sur $\Delta^1_{X/T}$:

$$\varepsilon^1 : p_2^{(1)*}(P) \xrightarrow{\sim} p_1^{(1)*}(P) , \tag{1.4.1.1}$$

induisant Id_P sur X . On peut alors définir la <u>courbure</u> de la connexion, qui est une section de $\Omega^2_{X/T} \otimes \mathrm{Lie}(H)$ [40 , I 3.1.4] , et la connexion est dite <u>intégrable</u> si sa courbure est nulle. Par définition, un <u>$\natural$-torseur</u> sur X , de groupe H_X , est un torseur sous H_X muni d'une connexion intégrable.

Si l'on prend par exemple $H = \mathbb{G}_a$, la donnée d'un torseur P de groupe $\mathbb{G}_a$

sur X équivaut à la donnée d'une extension de $\mathcal{O}_X$-modules

$$0 \longrightarrow \mathcal{O}_X \longrightarrow \mathcal{E} \longrightarrow \mathcal{O}_X \longrightarrow 0 ,$$

et la donnée d'une connexion intégrable sur P équivaut à celle d'une connexion intégrable sur $\mathcal{E}$, induisant la connexion triviale sur $\mathcal{O}_X \subset \mathcal{E}$, et sur $\mathcal{O}_X = \mathcal{E}/\mathcal{O}_X$. Supposons que X soit lisse sur T, et que p soit localement nilpotent sur T. Comme la connexion triviale sur $\mathcal{O}_X$ est nilpotente, la connexion donnée sur $\mathcal{E}$ l'est aussi. Si $D_{X/T}(1)$ est le voisinage à puissances divisées de la diagonale dans $X \times_T X$, et $p_i : D_{X/T}(1) \longrightarrow X$ les deux projections, il résulte de [5, II 4.3.11] que la connexion sur $\mathcal{E}$ se prolonge, et définit par suite un isomorphisme de $\mathbb{G}_a$-torseurs sur $D_{X/T}(1)$

(1.4.1.2) $$\varepsilon : p_2^*(P) \xrightarrow{\sim} p_1^*(P)$$

vérifiant les conditions (1.2.2.2) et (1.2.2.3).

Soient maintenant G un schéma en groupes commutatif sur T, P un H_G-torseur sur G. On note $\pi_i : G \times G \longrightarrow G$ les projections, $m : G \times G \longrightarrow G$ l'addition. On sait [SGA 7, VII 1.1, 1.2] que la donnée d'une structure de groupe commutatif sur P, faisant de P une extension de G par H, équivaut à la donnée d'un isomorphisme de torseurs

(1.4.1.3) $$\beta : \pi_1^*(P) \overset{H}{\wedge} \pi_2^*(P) \xrightarrow{\sim} m^*(P)$$

vérifiant certaines relations d'associativité et de commutativité. On appelle alors <u>$\natural$-extension de</u> G <u>par</u> H [40, I 3.1.10] la donnée dun $\natural$-torseur (P,ε^1) sur G, de groupe H, et d'un isomorphisme $\beta : \pi_1^*(P) \overset{H}{\wedge} \pi_2^*(P) \xrightarrow{\sim} m^*(P)$, compatible à la connexion ε^1, et faisant de P une extension de G par H. On notera que, sous les hypothèses de l'alinéa précédent, β est automatiquement compatible à l'isomorphisme ε.

La catégorie des $\natural$-extensions de G par H sera notée $EXT^{\natural}(G,H)$, et l'ensemble des classes d'isomorphisme de $\natural$-extensions, $Ext^{\natural}(G,H)$. La somme de Baer des $\natural$-extensions munit l'ensemble $Ext^{\natural}(G,H)$ d'une structure de groupe abélien.

On observera que si $H = \mathbb{G}_a$ ou $\mathbb{G}_m$, le groupe ainsi obtenu est indépendant du choix de la topologie sur T . D'autre part, en passant au faisceau associé pour la topologie considérée, on obtient un faisceau abélien $\mathcal{E}xt^{\natural}(G,H)$ sur T . Ces constructions sont de façon évidente contravariantes en G , et covariantes en H ; en particulier, $\mathcal{E}xt^{\natural}(G,\mathbb{G}_a)$ est canoniquement muni d'une structure de $\mathcal{O}_T$-module.

Si G est un groupe p-divisible sur T , et $G(n)$ le noyau de la multiplication par p^n sur G , on note

$$\mathrm{EXT}^{\natural}(G,H) = \varprojlim_n \mathrm{EXT}^{\natural}(G(n),H)$$

la catégorie dont les objets sont les systèmes de $\natural$-extensions $P(n)$ de $G(n)$ par H , munies d'isomorphismes de $\natural$-extensions

$$i_n^*(P(n+1)) \xrightarrow{\sim} P(n) ,$$

où i_n est l'inclusion de $G(n)$ dans $G(n+1)$. La définition de $\mathrm{Ext}^{\natural}(G,H)$ et $\mathcal{E}xt^{\natural}(G,H)$ en découle comme précédemment.

1.4.2. Soient $(T,\mathcal{J},\delta)$ un schéma muni d'un PD-idéal quasi-cohérent, et $U \hookrightarrow T$ une immersion fermée définie par un sous-PD-idéal de $\mathcal{J}$; on suppose p localement nilpotent sur T . Si H est un schéma en groupes commutatif et lisse sur T , on lui associe le faisceau abélien $\underline{\underline{H}} = \pi_{U/T}^*(H)$ sur $\mathrm{CRIS}(U/T,\mathcal{J},\delta)$ (avec les notations de 1.1.15). Dans le cas particulier où $H = \mathbb{G}_a$, on obtient alors pour $\underline{\underline{H}}$ le faisceau structural $\mathcal{O}_{U/T}$ de $\mathrm{CRIS}(U/T)$.

Fixons l'une des topologies habituelles, et soit G un faisceau abélien sur le gros site de U . Généralisant l'équivalence de topos 1.1.14 , nous noterons $\mathrm{CRIS}(G/T,\mathcal{J},\delta)$ le site dont les objets sont constitués par la donnée d'un objet (U',T',δ') de $\mathrm{CRIS}(U/T)$, et d'un élément de $G(U')$; si $(G/T,\mathcal{J},\delta)_{\mathrm{CRIS}}$ est le topos associé, on a donc par construction

$$(G/T,\mathcal{J},\delta)_{\mathrm{CRIS}} \simeq (U/T,\mathcal{J},\delta)_{\mathrm{CRIS}}/\underline{G} .$$

Le topos $(G/T,\mathcal{J},\delta)_{\mathrm{CRIS}}$ est de manière évidente fonctoriel en G . Soient en particulier $\pi_{i\ \mathrm{CRIS}}$, $i = 1,2$, et m_{CRIS} , les morphismes de topos définis par π_i , $m : G\times G \longrightarrow G$.

Par définition [40 , II 6.7] , une extension cristalline de G par H consiste en la donnée d'un torseur Q , de groupe $\underline{\underline{H}}$, dans $(G/T,\mathfrak{J},\delta)_{\mathrm{CRIS}}$, et d'un isomorphisme de torseurs

$$(1.4.2.1) \qquad \pi^*_{1\ \mathrm{CRIS}}(Q) \overset{\underline{\underline{H}}}{\wedge} \pi^*_{2\ \mathrm{CRIS}}(Q) \xrightarrow{\sim} m^*_{\mathrm{CRIS}}(Q)$$

satisfaisant les conditions habituelles [SGA 7,VII] . On laissera au lecteur le soin de vérifier que, suivant la méthode de 1.1.3, un torseur de groupe $\underline{\underline{H}}$ sur CRIS(G/T) peut encore être décrit comme la donnée d'une famille de torseurs $Q_{(U',T',\delta')}$ de groupes $\underline{\underline{H}}_{(U',T',\delta')} = H \times_T T'$ sur T' , munis pour $(U'',T'',\delta'') \longrightarrow (U',T',\delta')$ d'isomorphismes de torseurs

$$v^*(Q_{(U',T',\delta')}) = v^{-1}(Q_{(U',T',\delta')}) \overset{v^{-1}(H_{(U',T',\delta')})}{\wedge} \underline{\underline{H}}_{(U'',T'',\delta'')} \xrightarrow{\sim} Q_{(U'',T'',\delta'')}$$

analogues à (1.2.1.1), c'est-à-dire comme un cristal en H-torseurs sur $\mathrm{CRIS}(G/T,\mathfrak{J},\delta)$ [40 , II 6.8 ; SGA 4, IV 4.10.6, I 5.13.3] .

On notera $\mathrm{EXT}^{\mathrm{cris}/T}(G,H)$ la catégorie des extensions cristallines de G par H , $\mathrm{Ext}^{\mathrm{cris}/T}(G,H)$ l'ensemble des classes d'isomorphisme d'objets de $\mathrm{EXT}^{\mathrm{cris}/T}(G,H)$, qui est encore muni d'une structure de groupe abélien par le produit contracté des torseurs. On notera de nouveau que si $H = \mathbb{G}_a$ ou $\mathbb{G}_m$, la description précédente montre que ces définitions sont indépendantes du choix de la topologie. Si T' est plat sur T , les puissances divisées δ s'étendent à T' ; posons $U' = U\times_T T'$, $G' = G\times_U U'$, $H' = H\times_T T'$. Le faisceau abélien sur T , pour la topologie considérée, associé à $T' \longmapsto \mathrm{Ext}^{\mathrm{cris}/T'}(G',H')$ sera noté $\mathcal{E}xt^{\mathrm{cris}/T}(G,H)$. Toutes ces constructions sont encore fonctorielles en G et H , et $\mathcal{E}xt^{\mathrm{cris}/T}(G,\mathbb{G}_a)$ est un $\mathcal{O}_T$-module.

Dans le cas particulier où G est un groupe p-divisible, $G = \bigcup_n G(n)$, de sorte que si U' est quasi-compact, $G(U') = \bigcup_n G(n)(U')$. Il en résulte que les sites $CRIS(G/T)$ et $\bigcup_n CRIS(G(n)/T)$ définissent le même topos ; on en déduit immédiatement une équivalence de catégories

$$EXT^{cris/T}(G,H) \overset{\sim}{\approx} \varprojlim_n EXT^{cris/T}(G(n),H) ,$$

ce qui montre que la définition adoptée ici pour $EXT^{cris/T}(G,H)$ coïncide avec celle de [40 , II 7.9] .

1.4.3. Conservant les hypothèses précédentes, supposons maintenant qu'il existe un schéma en groupes $\tilde{G}$, commutatif et plat sur T (resp. un groupe p-divisible), tel que $\tilde{G} \times_T U$ représente le faisceau abélien G , qu'on identifie donc à $\tilde{G} \times_T U$. L'immersion $G \hookrightarrow \tilde{G}$ est de façon évidente un objet de $CRIS(G/T)$, et l'immersion $G \times G \hookrightarrow \tilde{G} \times \tilde{G}$ un objet de $CRIS(G \times G/T)$ (resp. les immersions $G(n) \hookrightarrow \tilde{G}(n)$, etc...). Si Q est une extension cristalline de G par H , $P = Q_{(G,\tilde{G})}$ est alors un H-torseur sur $\tilde{G}$. On voit alors comme en 1.2.2. que Q , étant un cristal en torseurs, définit une structure de $\natural$-torseur sur P . De plus (cf [5 , IV 1.2.1]) , on a, pour tout $f : G \times G \longrightarrow G$, relevé en $\tilde{f} : \tilde{G} \times \tilde{G} \longrightarrow \tilde{G}$,

$$f^*_{CRIS}(Q)_{(G\times G,\tilde{G}\times\tilde{G})} \simeq \tilde{f}^*(Q_{(G,\tilde{G})}) ,$$

de sorte que la structure d'extension cristalline de Q munit P d'une structure de $\natural$-extension de $\tilde{G}$ par H . On définit donc ainsi un foncteur

(1.4.3.1) $$EXT^{cris/T}(G,H) \longrightarrow EXT^{\natural}(\tilde{G},H) .$$

<u>Théorème</u> 1.4.4. *Si* $H = \mathbb{G}_a$, *et si* $\tilde{G}$ *est un schéma en groupes lisses sur* T , *ou un groupe* p-*divisible, le foncteur précédent est une équivalence de catégories, induisant les isomorphismes*

(1.4.4.1) $$Ext^{cris/T}(G,\mathbb{G}_a) \xrightarrow{\sim} Ext^{\natural}(\tilde{G},\mathbb{G}_a) ,$$

(1.4.4.2) $$\mathcal{E}xt^{cris/T}(G,\mathbb{G}_a) \xrightarrow{\sim} \mathcal{E}xt^{\natural}(G,\mathbb{G}_a) .$$

Lorsque $\tilde{G}$ est lisse, la connexion donnée ε^1 sur un $\natural$-torseur sous $\mathbb{G}_a$ se prolonge en un isomorphisme ε (1.4.1.2), et l'assertion se vérifie facilement par le même argument que la proposition 1.2.3. Lorsque $\tilde{G}$ est un groupe p-divisible, le résultat est plus délicat et est prouvé par Mazur-Messing [40 , II 7.2] , en se ramenant au cas $U = T$ grâce à l'équivalence de catégories

$$\mathrm{EXT}^{\mathrm{cris}/T}(G,H) \overset{\sim}{\sim} \mathrm{EXT}^{\mathrm{cris}/T}(\tilde{G},H)$$

qui résulte des propriétés générales des cristaux [5 , IV 1.4.1] .

1.4.5. Reprenons maintenant les notations de 1.1.1, et soient H un schéma en groupes commutatif et lisse sur Σ , G un faisceau abélien sur S . Pour tout objet (U,T,δ) de $\mathrm{CRIS}(S/\Sigma,\mathfrak{I},\gamma)$, soient G_U , H_T les images inverses sur U et T de G et H . Lorsque (U,T,δ) varie, les groupes $\mathrm{Ext}^{\mathrm{cris}/T}(G_U,H_T)$ définissent (par localisation des torseurs) un préfaisceau sur $\mathrm{CRIS}(S/\Sigma)$. Une topologie étant fixée, soit $\mathcal{E}xt^{\mathrm{cris}/\Sigma}(G,H)$ le faisceau associé ; par définition de la topologie de $\mathrm{CRIS}(S/\Sigma)$, on a pour tout (U,T,δ)

$$\mathcal{E}xt^{\mathrm{cris}/\Sigma}(G,H)_{(U,T,\delta)} = \mathcal{E}xt^{\mathrm{cris}/T}(G_U,H_T) \; .$$

<u>Proposition</u> 1.4.6. *Il existe un isomorphisme canonique*

(1.4.6.1) $$\mathcal{E}xt^{\mathrm{cris}/\Sigma}(G,H) \xrightarrow{\sim} \mathcal{E}xt^1_{S/\Sigma}(\underline{G},\underline{\underline{H}}) \; .$$

Compte tenu de 1.3.3, il suffit de montrer qu'il existe pour tout (U,T,δ) un isomorphisme fonctoriel en (U,T,δ)

(1.4.6.2) $$\mathrm{Ext}^{\mathrm{cris}/T}(G_U,H_T) \xrightarrow{\sim} \mathrm{Ext}^1_{U/T}(\underline{G}_U,\underline{\underline{H}}_T) \; .$$

Mais, d'après la définition de $\mathrm{Ext}^{\mathrm{cris}/T}(G_U,H_T)$ et l'équivalence de 1.4.2

$$(G_U/T)_{\mathrm{CRIS}} \simeq (U/T)_{\mathrm{CRIS}}/\underline{G}_U \; ,$$

cet énoncé n'est autre que la description habituelle (valable pour toute paire A , B de groupes abéliens d'un topos $\mathcal{C}$) des extensions de A par B comme B-torseurs sur A munis d'une structure additionnelle du type (1.4.1.3), dans le cas où $\mathcal{C} = (U/T)_{CRIS}$, $A = \underline{G}_U$ et $B = \underline{\underline{H}}_T$ [SGA 7, VII 1].

Remarque : Si G_U est la restriction à U d'un groupe lisse ou d'un groupe p-divisible $\tilde{G}$ sur T, on déduit donc de 1.4.4 et 1.4.6 l'isomorphisme canonique

(1.4.6.3) $$\mathcal{E}xt^1_{S/\Sigma}(\underline{G}, \mathcal{O}_{S/\Sigma})_{(U,T,\delta)} \xrightarrow{\sim} \mathcal{E}xt^{\natural}(\tilde{G}, \mathbb{G}_a) .$$

Ce résultat possède un analogue multiplicatif : si on remplace la catégorie des $\natural$-extensions par la sous-catégorie de celles dont la connexion sous-jacente est nilpotente, on déduit de [40 , II 7.6] et 1.4.6 l'isomorphisme

(1.4.6.4) $$\mathcal{E}xt^1_{S/\Sigma}(\underline{G}, \mathcal{O}^*_{S/\Sigma})_{(U,T,\delta)} \xrightarrow{\sim} \mathcal{E}xt^{\text{nil-}\natural}(\tilde{G}, \mathbb{G}_m) ;$$

une autre variante consiste à ne pas imposer de condition de nilpotence aux connexions, mais à remplacer le site CRIS(S/Σ) par le site cristallin nilpotent, dont les objets sont les (U,T,δ) de CRIS(S/Σ) tels que l'idéal de U dans T soit PD-nilpotent :

(1.4.6.5) $$\mathcal{E}xt^1_{(S/\Sigma)_{\text{nil-CRIS}}}(\underline{G}, \mathcal{O}^*_{S/\Sigma})_{(U,T,\delta)} \xrightarrow{\sim} \mathcal{E}xt^{\natural}(\tilde{G}, \mathbb{G}_m) .$$

Corollaire 1.4.7. *Soit* G *un groupe* p*-divisible sur* S *, de hauteur* h *. Alors* $\mathcal{E}xt^1_{S/\Sigma}(\underline{G}, \mathcal{O}_{S/\Sigma})$ *est un cristal en* $\mathcal{O}_{S/\Sigma}$*-modules localement libre de rang* h .

D'après ce qui précède, il existe un isomorphisme canonique de $\mathcal{O}_{S/\Sigma}$-modules

$$\mathcal{E}xt^1_{S/\Sigma}(\underline{G}, \mathcal{O}_{S/\Sigma}) \xrightarrow{\sim} \mathcal{E}xt^{\text{cris}/\Sigma}(G, \mathbb{G}_a) ,$$

et l'assertion est connue pour ce dernier. Rappelons le principe de la démonstration : si (U,T,δ) est un objet de CRIS(S/Σ), et si T est affine, il existe, d'après un théorème non publié de Grothendieck, un groupe p-divisible $\tilde{G}$ sur T dont la réduction sur U est isomorphe à G_U ; on montre alors [40 , II 7.13] qu'il existe une suite exacte compatible aux changements de base (U',T',δ')→(U,T,δ)

$$0 \longrightarrow \omega_{\tilde{G}} \longrightarrow \mathcal{E}xt^{\text{cris}/T}(G, \mathbb{G}_a) \longrightarrow \mathcal{L}ie(\tilde{G}^*) \longrightarrow 0 ,$$

d'où le résultat, puisque $\omega_{\tilde{G}}$ et $\mathcal{L}ie(\tilde{G}^*)$ sont des $\mathcal{O}_T$-modules localement libres de rang n et h-n (où $n = \dim(\tilde{G})$) , dont la formation commute aux changements de base. Nous donnerons en 3.3 une construction cohomologique de cette suite exacte, et une démonstration de 1.4.7 ne reposant ni sur le théorème de Grothendieck, ni sur les résultats de [40] .

1.4.8. Pour finir, indiquons brièvement quelle est la généralisation des résultats précédents au cas des $\natural$-biextensions introduites dans [18 , 10.2.7.2] .

Rappelons que, si A et B sont des T-groupes commutatifs, on appelle $\natural$-biextension de A , B par un T-groupe lisse commutatif H la donnée d'un H-torseur P sur $A \times B$, muni d'une connexion intégrable $\varepsilon^1 : p_2^{(1)*}(P) \xrightarrow{\sim} p_1^{(1)*}(P)$, et de morphismes

$$v_1 : p_{13}^*(P) \wedge p_{23}^*(P) \longrightarrow (m_A \times Id_B)^*(P) ,$$

$$v_2 : p_{12}^*(P) \wedge p_{13}^*(P) \longrightarrow (Id_A \times m_B)^*(P)$$

sur $A \times A \times B$ et $A \times B \times B$ respectivement, horizontaux par rapport à la connexion, et qui définissent sur P une structure de biextension de A , B par H , au sens de [SGA 7 , VII 2.1] . Nous noterons $BIEXT^{\natural}(A,B;H)$ la catégorie des $\natural$-biextensions de A , B par H , et $Biext^{\natural}(A,B;H)$ le groupe des classes d'isomorphismes d'objets.

Reprenons maintenant les notations et les hypothèses de 1.4.2. Si A et B sont deux faisceaux abéliens sur le gros site de U (pour l'une des topologies τ), un élément de la catégorie $BIEXT^{cris/T}(A,B;H)$ des biextensions cristallines de A , B par H est un $\underline{\underline{H}}$-torseur Q de $(A\times B/T,\mathcal{J},\delta)_{CRIS}$ muni d'isomorphismes de $\underline{\underline{H}}$-torseurs

$$\tilde{v}_1 : p_{13\,CRIS}^*(Q) \wedge p_{23\,CRIS}^*(Q) \xrightarrow{\sim} (m_A \times Id_B)_{CRIS}^*(Q) ,$$

$$\tilde{v}_2 : p_{12\,CRIS}^*(Q) \wedge p_{23\,CRIS}^*(Q) \xrightarrow{\sim} (Id_A \times m_B)_{CRIS}^*(Q) ,$$

satisfaisant les conditions usuelles [SGA 7, VII 2.1.1] . Lorsque A et B sont des groupes p-divisibles sur U , on a comme précédemment une équivalence de catégories

$$\mathrm{BIEXT}^{\mathrm{cris}/T}(A,B;H) \xrightarrow{\sim} \varprojlim \mathrm{BIEXT}^{\mathrm{cris}/T}(A(n),B(n);H) \ .$$

Nous emploierons la notation $\mathrm{Biext}^{\mathrm{cris}/T}(A,B;H)$ pour le groupe des classes d'isomorphisme d'objets.

Par ailleurs, si l'on suppose comme en 1.4.3 qu'il existe des T-groupes plats $\tilde{A}$, $\tilde{B}$ dont les réductions sur U représentent A et B , l'immersion $A\times B \hookrightarrow \tilde{A}\times\tilde{B}$ est un objet de $\mathrm{CRIS}(A\times B/T)$, et une biextension cristalline Q de A , B par H définit donc un H-torseur P sur $\tilde{A}\times\tilde{B}$, muni d'une structure de $\natural$-biextension de $\tilde{A}$, $\tilde{B}$ par H . Ainsi, on a défini un foncteur

$$\mathrm{BIEXT}^{\mathrm{cris}/T}(A,B;H) \longrightarrow \mathrm{BIEXT}^{\natural}(\tilde{A},\tilde{B};H) \ , \tag{1.4.8.1}$$

et cette définition s'étend au cas où $\tilde{A}$ et $\tilde{B}$ sont p-divisibles. En outre, si $H = \mathbb{G}_a$, le raisonnement de 1.4.4 demeure valable, et le foncteur (1.4.8.1) est une équivalence de catégories, d'où notamment, lorsque A et B sont lisses (resp. p-divisibles), des isomorphismes

$$(1.4.8.2) \qquad \begin{aligned} \mathrm{Biext}^{\mathrm{cris}/T}(A,B;\mathbb{G}_a) &\xrightarrow{\sim} \mathrm{Biext}^{\natural}(\tilde{A},\tilde{B};\mathbb{G}_a) \ , \\ \mathcal{B}iext^{\mathrm{cris}/T}(A,B;\mathbb{G}_a) &\xrightarrow{\sim} \mathcal{B}iext^{\natural}(\tilde{A},\tilde{B};\mathbb{G}_a) \ , \end{aligned}$$

où $\mathcal{B}iext$ désigne le faisceau associé. On obtient des énoncés analogues pour $H = \mathbb{G}_m$, à condition d'imposer l'une des conditions de nilpotence introduites dans la remarque de 1.4.6.

Finalement, la description cohomologique générale d'une biextension dans un topos [SGA 7, VII 3.6.5] donne, avec les notations de 1.4.5, un isomorphisme fonctoriel

$$\mathrm{Biext}^{\mathrm{cris}/T}(A_U,B_U;H_T) \xrightarrow{\sim} \mathrm{Ext}^1_{U/T}(\underline{A}_U \overset{\mathbb{L}}{\otimes} \underline{B}_U, \underline{\underline{H}}_T)$$

pour tout objet (U,T,δ) de $\mathrm{CRIS}(S/\Sigma)$; on en déduit un isomorphisme

$$\mathcal{B}iext^{\mathrm{cris}/\Sigma}(A,B;H) \xrightarrow{\sim} \mathcal{E}xt^1_{S/\Sigma}(\underline{A} \overset{\mathbb{L}}{\otimes} \underline{B} \ , \ \underline{\underline{H}}) \tag{1.4.8.3}$$

qui, en conjonction avec (1.4.8.1), fournit lorsque $H = \mathbb{G}_a$ (resp. $H = \mathbb{G}_m$ si l'on introduit les conditions de nilpotence nécessaires) une interprétation cohomologique des $\natural$-biextensions de $\tilde{A}$, $\tilde{B}$ par H .

2 - CALCULS DE FAISCEAUX D'EXTENSIONS

Le résultat principal de ce chapitre est le théorème 2.1.8 qui permet de calculer sous certaines hypothèses, lorsque $i \leq 2$, les faisceaux $\mathcal{E}xt^i_{S/\Sigma}(\underline{G},E)$ introduits en 1.3. Après avoir examiné quelques variantes de cet énoncé, on montrera que les faisceaux en question ont, sous des hypothèses assez faibles sur G, diverses propriétés agréables (quasi-cohérence, indépendance du choix de la topologie, etc.). Enfin, on a rassemblé dans une dernière section, pour la commodité du lecteur, diverses assertions concernant la cohomologie des schémas abéliens. Celles-ci nous permettront notamment d'étudier les faisceaux $\mathcal{E}xt^i_{S/\Sigma}(\underline{G},E)$ lorsque G est un S-schéma abélien.

2.1. Résolutions canoniques d'un groupe abélien et cohomologique cristalline.

2.1.1. Rappelons que l'on note $t_{n]}E$ (resp. $t_{[n}E$) le tronqué à droite (resp. à gauche) en dimension n d'un complexe E dans une catégorie abélienne $\mathcal{A}$; c'est le sous-complexe (resp. la complexe quotient) de E défini par

$$\ldots \longrightarrow E^{n-2} \longrightarrow E^{n-1} \longrightarrow \ker(d^n) \longrightarrow 0 \longrightarrow \ldots$$

$$(\text{resp.} \quad \ldots \longrightarrow 0 \longrightarrow \operatorname{coker}(d^{n-1}) \longrightarrow E^{n+1} \longrightarrow E^{n+2} \longrightarrow \ldots) .$$

Ainsi $H^i(t_{n]}E) = 0$ pour $i > n$, $H^i(t_{[n}E) = 0$ pour $i < n$ et l'inclusion canonique $t_{n]}E \longrightarrow E$ (resp. la projection canonique $E \longrightarrow t_{[n}E$) induit un isomorphisme sur les H^i pour $i \leq n$ (resp. $i \geq n$). Les foncteurs troncation $t_{n]}$ et $t_{[n}$ préservent les homotopies et gardent un sens dans la catégorie dérivée de $\mathcal{A}$. Il importe de ne pas confondre ces foncteurs avec les foncteurs "tronqué bête" $\sigma_{n]}$ et $\sigma_{[n}$ définis respectivement par

$$(\sigma_{n]}E)^i = \begin{cases} E^i, & i \leqslant n , \\ 0 , & i > n , \end{cases} \qquad (\sigma_{[n}E)^i = \begin{cases} E^i, & i \geqslant n , \\ 0 , & i < n . \end{cases}$$

On prendra garde que les foncteurs σ ne passent pas à la catégorie dérivée.

Les foncteurs $t_{n]}$ ne préservent pas en général les triangles distingués. On peut néanmoins comparer le triangle type $E \xrightarrow{u} F \xrightarrow{v} C(u) \xrightarrow{w} E[1]$ associé à un morphisme u au triangle type associé à $t_{n]}u : t_{n]}E \longrightarrow t_{n]}F$, au moyen du diagramme commutatif suivant, dans lequel α et β désignent des injections naturelles

$$\begin{array}{ccccccc}
t_{n]}E & \xrightarrow{t_{n]}u} & t_{n]}F & \longrightarrow & C(t_{n]}u) & \longrightarrow & (t_{n]}E)[1] \\
 & & & \searrow^{t_{n]}v} & \downarrow{\scriptstyle\alpha} & & \downarrow{\scriptstyle\beta} \\
\downarrow & & \downarrow & & t_{n]}C(u) & \xrightarrow{t_{n]}w} & t_{n]}(E[1]) \\
 & & & & \downarrow & & \downarrow \\
E & \xrightarrow{u} & F & \xrightarrow{v} & C(u) & \xrightarrow{w} & E[1]
\end{array} .$$

Supposons maintenant que la flèche $H^n(v) : H^n(F) \longrightarrow H^n(C(u))$ soit surjective. On vérifie dans ce cas que α est un quasi-isomorphisme, d'où une flèche $t_{n]}C(u) \longrightarrow (t_{n]}E)[1]$ dans la catégorie dérivée de $\mathcal{A}$, induite par w. Comme $\mathrm{Hom}_{K(\mathcal{A})}(t_{n]}G,(t_{n]}E)[1]) \hookrightarrow \mathrm{Hom}_{K(\mathcal{A})}(t_{n]}G, E[1])$, on en déduit le résultat suivant :

<u>Proposition</u> 1.2.1 : *Soit* $E \xrightarrow{u} F \xrightarrow{v} G \xrightarrow{w} E[1]$ *un triangle distingué dans la catégorie dérivée de* $\mathcal{A}$, *pour lequel* $H^n(v)$ *est surjective. Il existe alors un unique morphisme* $t_{n]}G \longrightarrow (t_{n]}E)[1]$ *tel que le triangle*

$$t_{n]}E \xrightarrow{t_{n]}u} T_{n]}F \xrightarrow{t_{n]}v} t_{n]}G \longrightarrow (t_{n]}E)[1]$$

soit distingué, et que l'inclusion de ce triangle dans le précédent soit un morphisme de triangles.

2.1.3. Soient G, H des groupes abéliens d'un topos T. Les faiceaux d'extensions

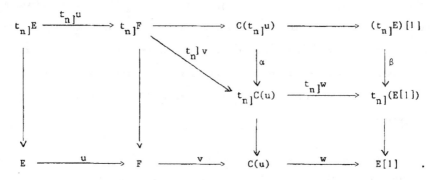

$\mathcal{E}xt^i(G,H)$ se calculent au moyen d'une résolution $C(G) \longrightarrow G$ de G par un complexe de groupes abéliens de T, dont chaque composante est un produit fini de groupes abéliens libres $\mathbb{Z}[X_j]$ de T, engendrés par des objets X_j de T de type particulier (voir notamment [SGA 7], [11]). Si l'on ne s'intéresse aux faisceaux $\mathcal{E}xt^i$ que pour $i < n$, il suffit de considérer une résolution partielle $\varepsilon : C^{(n)}(G) \longrightarrow G$ de longueur n de G :

Proposition 2.1.4. *La flèche* $t_{n-1]}\, \mathbb{R}\mathcal{H}om(G,H) \longrightarrow t_{n-1]}\, \mathbb{R}\mathcal{H}om(C^{(n)}(G),H)$ *induite par* ε *est un isomorphisme de* $D(Ab)$.

En effet, le triangle distingué défini par la suite exacte de complexes $0 \longrightarrow \ker(\varepsilon) \longrightarrow C^{(n)}(G) \longrightarrow G \longrightarrow 0$ est isomorphe dans la catégorie dérivée de T à un triangle distingué $N[n] \xrightarrow{i} C^{(n)}(G) \xrightarrow{\varepsilon} G \longrightarrow N[n+1]$ où i est la flèche induite par l'inclusion de $N = \ker(C_n^{(n)}(G) \longrightarrow C_{n-1}^{(n)}(G))$ dans $C_n^{(n)}(G)$. Pour conclure, on applique $\mathbb{R}\mathcal{H}om(-,H)$ à ce dernier triangle et l'on observe que $\mathbb{R}\mathcal{H}om(N[n],H) \simeq \mathbb{R}\mathcal{H}om(N,H)[-n]$ est un objet dont la cohomologie est concentrée en degré $\geqslant n$.

2.1.5. Explicitons une telle résolution partielle $C^{(n)}(G)$ de G pour $n = 3$: c'est le complexe

$$(2.1.5.1) \quad \mathbb{Z}[G^4]\times\mathbb{Z}[G^3]\times\mathbb{Z}[G^3]\times\mathbb{Z}[G^2]\times\mathbb{Z}[G] \xrightarrow{\partial_3} \mathbb{Z}[G^3]\times\mathbb{Z}[G^2] \xrightarrow{\partial_2} \mathbb{Z}[G^2] \xrightarrow{\partial_1} \mathbb{Z}[G]$$

augmenté vers G (concentré en degré 0) par l'homomorphisme canonique $\varepsilon : \mathbb{Z}[G] \to G$. On emploie la notation ensembliste $[x_1,\dots,x_r]$ pour désigner un générateur du facteur $\mathbb{Z}[G^r]$ approprié de la composante de $C^{(3)}(G)$ considérée, notation qui ne prête pas à confusion sauf pour les deux facteurs $\mathbb{Z}[G^3]$ de $C_3^{(3)}(G)$; les formules suivantes définissent alors les différentielles de $C^{(3)}(G)$:

$$(2.1.5.2) \quad \partial_1[x,y] = -[y] + [x+y] - [x] ,$$

$$\partial_2[x,y,z] = -[y,z] + [x+y,z] - [x,y+z] + [x,y] ,$$

$$\partial_2[x,y] = [x,y] - [y,x] ,$$

$$\partial_3[x,y,z,w] = -[y,z,w] + [x+y,z,w] - [x,y+z,w] + [x,y,z+w] - [x,y,z] \ ,$$

$$\partial_3[x,y,z] = -[y,z] + [x+y,z] - [x,z] - [x,y,z] + [x,z,y] - [z,x,y]$$

pour le premier facteur $\mathbb{Z}[G^3]$,

$$\partial_3[x,y,z] = -[x,z] + [x,y+z] - [x,y] + [x,y,z] - [y,x,z] + [y,z,x]$$

pour le second facteur $\mathbb{Z}[G^3]$,

$$\partial_3[x,y] = [x,y] + [y,x] \ ,$$

$$\partial_3[x] = [x,x] \ .$$

Soit $A^{(3)}(G)$ le sous-complexe de $C^{(3)}(G)$ qui coïncide avec celui-ci en degré (homologique) $\leqslant 2$, et dont le terme de degré 3 est l'ensemble des éléments de $C_3^{(3)}(G)$ de projection nulle sur le facteur $\mathbb{Z}[G]$. On observera que

(2.1.5.3) $$A^{(3)}(G) \simeq (\sigma_{[-4} A(G))[-1] \ ,$$

où $A(G)$ est le complexe attaché par Eilenberg et Mac Lane en [23 , p. 49] dans le cas ensembliste au groupe abélien G . Il est clair que l'augmentation $\varepsilon : A^{(3)}(G) \longrightarrow G$ induit un isomorphisme $H_o(A^{(3)}(G)) \simeq G$, et l'on sait par ailleurs (voir [23 , théorèmes 20.5 et 23.1 ; SGA 7 , VII, proposition 3.5.3]) que $H_1(A^{(3)}(G)) = 0$ et que la flèche $H_2(u)$ est un épimorphisme, où

$$u : \mathbb{Z}[G][2] \longrightarrow A^{(3)}(G)$$

est le morphisme défini par $u[g] = [g,g]$. Mais, puisque $C^{(3)}(G) = C(u)$, ceci implique que la flèche $t_{[-2} C^{(3)}(G) \longrightarrow G$ induite par ε est un quasi-isomorphisme, autrement dit que $C^{(3)}(G)$ est une résolution partielle de longueur 3 de G . On réservera dorénavant la notation $C^{(3)}(G)$ pour le complexe qui vient d'être décrit[1].

----

(1) Signalons à ce propos une erreur de signe dans la formule qui correspond à $\partial_2[x,y]$ dans [12].

<u>Remarque</u> : Pour une présentation plus sophistiquée de $A^{(3)}(G)$, voir [34 , chapitre VI] où l'objet correspondant est un tronqué du complexe noté $\mathbb{Z}^{st}(G)$, et [13] . On trouvera par ailleurs dans [38] une construction de style cubique d'une résolution canonique de longueur infinie de G , dont chaque composante est une somme de termes de la forme $\mathbb{Z}[G^i \times \mathbb{Z}^j]$, construction reprise dans le cadre simplicial dans [34 , VI 1.1.4] et [13] . Il est plus délicat de construire une résolution C(G) de G dont chaque composante est une somme finie de termes de type $\mathbb{Z}[G^i]$. L'existence d'une telle résolution est due à Deligne (non publié).

2.1.6. Nous abordons maintenant le calcul des faisceaux d'extensions annoncé. Soient S , $(\Sigma, \mathfrak{J}, \gamma)$ vérifiant les hypothèses de 1.1.1. On a associé en (1.1.4.5) à tout S-groupe G un faisceau abélien $\underline{G}$ sur le site $\mathrm{CRIS}(S/\Sigma)_\tau$, auquel correspond un complexe de longueur 3 de faisceaux sur ce site, noté $C^{(3)}(\underline{G})$. La proposition 2.1.4 montre (avec la notation introduite en 1.3.1) que, pour tout objet F de la catégorie $\underline{\underline{\mathrm{Ab}}}_{S/\Sigma}$, on a un isomorphisme canonique

$$(2.1.6.1) \qquad t_{2]}\,\mathbb{R}\mathcal{H}om_{S/\Sigma}(\underline{G},F) \simeq t_{2]}\,\mathbb{R}\mathcal{H}om_{S/\Sigma}(C^{(3)}(\underline{G}),F) \ .$$

Le but de la discussion suivante est de décrire explicitement le terme de droite de (2.1.6.1) lorsque $F = \mathcal{J}^{[k]}_{S/\Sigma}E$, où E est un cristal en $\mathcal{O}_{S/\Sigma}$-modules quasi-cohérent et $\mathcal{J}^{[k]}_{S/\Sigma}$ désigne la k-ième puissance divisée de l'idéal d'augmentation $\mathcal{J}_{S/\Sigma}$ défini en 1.1.3 ; pour simplifier, on supposera en outre que les puissances divisées γ s'étendent aux produits finis G^n .

Soient I une petite catégorie et X un diagramme de topos indexé par I (on dit également un topos fibré au-dessus de I, voir [34 , VI 5.1]) . Un faisceau M sur le diagramme X (appelé généralement un objet du topos total Top(X) associé au diagramme X) consiste en la donnée, pour tout sommet X_i de X , d'un objet M_i du topos X_i , et pour toute flèche $g : X_i \longrightarrow X_j$ du diagramme X , d'une flèche $E_g : g^*(M_j) \longrightarrow M_i$ dans X_i , les E_g satisfaisant à la condition de compatibilité $E_{hg} = E_g \circ g^*(E_h)$ pour toute paire (h,g) de flèches composables de X .

Nous associons au S-groupe G un diagramme de topos $(G^{\cdot}/\Sigma)_{CRIS,\tau}$ (que l'on notera également $(G^{\cdot}/\Sigma)$) de la manière suivante : à chacun des facteurs $\mathbb{Z}[G^{n_\alpha}]_i$ de la i-ième composante $C_i^{(3)}(G)$ du complexe $C^{(3)}(G)$ introduit en 2.1.5 (où α est un entier variant de 1 au nombre de facteurs figurant dans $C_i^{(3)}(G)$), on associe le sommet $(G^{n_\alpha}/\Sigma)_{CRIS,\tau}$ du diagramme $(G^{\cdot}/\Sigma)$, en l'affectant du bi-indice (i,α) ; à chacun des termes $[x_1,\dots x_n]$ ou $[x_1,\dots,x_i+x_{i+1},\dots,x_n]$ qui intervient dans la définition de la restriction à $\mathbb{Z}[G^{n_\alpha}]_i$ de la différentielle ∂_i de $C^{(3)}(G)$, on associe, comme flèche du diagramme $(G^{\cdot}/\Sigma)$, le morphisme de topos $(G^{n_\alpha}/\Sigma)_{CRIS,\tau} \longrightarrow (G^{n_\beta}/\Sigma)_{CRIS,\tau}$ correspondant, entre les sommets de premier indice i et $i-1$ (avec $n_\beta = n_\alpha$ ou $n_\alpha \pm 1$). On considérera en outre que chacune des flèches est munie d'un signe, qui est celui du terme correspondant apparaissant dans le membre de droite des égalités (2.1.5.2). Ainsi la partie de $(G^{\cdot}/\Sigma)$ correspondant au tronqué bête $\sigma_{[-2}C^{(3)}(G)$ est le diagramme de topos

(2.1.6.2)
$$\begin{array}{ccccc} (G^3/\Sigma)_{CRIS,\tau} & \begin{matrix}\searrow\\[-6pt]\searrow\\[-6pt]\searrow\\[-6pt]\searrow\end{matrix} & & & \\ & & (G^2/\Sigma)_{CRIS,\tau} & \begin{matrix}\rightrightarrows\\[-6pt]\rightarrow\end{matrix} & (G/\Sigma)_{CRIS,\tau} \\ (G^2/\Sigma)_{CRIS,\tau} & \begin{matrix}\nearrow\\[-6pt]\nearrow\end{matrix} & & & \end{array}$$

auquel il convient d'ajouter 5 sommets et 20 flèches sur la gauche pour obtenir le diagramme complet $(G^{\cdot}/\Sigma)$. On définira de même un diagramme de topos $G^{\cdot}_{\gamma,\tau}$ de sommet les topos $G^{n_\alpha}_{\gamma,\tau}$ (avec la notation 1.1.4), les flèches étant définies comme ci-dessus.

Soit E un faisceau abélien de $(S/\Sigma)_{CRIS,\tau}$; on lui associe un faisceau $\pi^*(E)$ sur $(G^{\cdot}/\Sigma)$, de valeur $f^*_{n_\alpha\,CRIS}(E)$ sur $(G^{n_\alpha}/\Sigma)_{CRIS,\tau}$, où $f_{n_\alpha\,CRIS} : (G^{n_\alpha}/\Sigma)_{CRIS,\tau} \longrightarrow (S/\Sigma)_{CRIS,\tau}$ est la flèche induite par le morphisme structural de G^{n_α}. Le foncteur π^* commute aux limites inductives et aux limites projectives finies, il peut donc être considéré comme foncteur image inverse d'un morphisme de topos

(2.1.6.3) $$\pi : (G^{\cdot}/\Sigma)_{CRIS,\tau} \longrightarrow (S/\Sigma)_{CRIS,\tau} .$$

Exemple : Le faisceau structural $\mathcal{O}_{G^{\cdot}/\Sigma}$ (resp. la k-ième puissance divisée $\mathcal{J}^{[k]}_{S/\Sigma}$ de l'idéal d'augmentation $\mathcal{J}_{G^{\cdot}/\Sigma}$) est le faisceau sur $(G^{\cdot}/\Sigma)$ de valeur $\mathcal{O}_{G^{n_\alpha}/\Sigma}$ (resp. $\mathcal{J}^{[k]}_{G^{n_\alpha}/\Sigma}$) sur $(G^{n_\alpha}/\Sigma)_{CRIS}$. Puisque $f^*_{n_\alpha\, CRIS}(\mathcal{O}_{S/\Sigma}) = \mathcal{O}_{G^{n_\alpha}/\Sigma}$ (resp. $f^*_{n_\alpha\, CRIS}(\mathcal{J}^{[k]}_{S/\Sigma}) = \mathcal{J}^{[k]}_{G^{n_\alpha}/\Sigma}$) par (1.1.10.4) , on a

$$\pi^*(\mathcal{O}_{S/\Sigma}) = \mathcal{O}_{G^{\cdot}/\Sigma} ,$$

$$\pi^*(\mathcal{J}^{[k]}_{S/\Sigma}) = \mathcal{J}^{[k]}_{G^{\cdot}/\Sigma} .$$

2.1.7. Soient M un faisceau abélien sur $(G^{\cdot}/\Sigma)$, et $M_{(i,\alpha)}$ sa composante sur le sommet $(G^{n_\alpha}/\Sigma)_{CRIS}$ de bi-indice (i,α) . On définit de la manière suivante un complexe $K^{\cdot}(M)$ sur Σ , de longueur 3 : on pose

(2.1.7.1) $$K^i(M) = \bigoplus_\alpha f_{G^{n_\alpha}/\Sigma *}(M_{(i,\alpha)}) ,$$

où $f_{G^{n_\alpha}/\Sigma} : (G^{n_\alpha}/\Sigma)_{CRIS,\tau} \longrightarrow \Sigma_\tau$ est le morphisme de topos défini en 1.1.16 ; si, pour toute flèche $g : (G^{n_\beta}/\Sigma)_{CRIS,\tau} \longrightarrow (G^{n_\alpha}/\Sigma)_{CRIS,\tau}$ du diagramme $(G^{\cdot}/\Sigma)$, on note g^* la flèche composée

$$f_{G^{n_\alpha}/\Sigma *}(M_{(i,\alpha)}) \longrightarrow f_{G^{n_\beta}/\Sigma *}(g^*(M_{(i,\alpha)})) \xrightarrow{f_{G^{n_\beta}/\Sigma *}(E_g)} f_{G^{n_\beta}/\Sigma *}(M_{(i+1,\beta)}) ,$$

la restriction de la différentielle $\partial^i : K^i(M) \longrightarrow K^{i+1}(M)$ à une composante $f_{G^{n_\alpha}/\Sigma *}(M_{(i,\alpha)})$ est définie par la formule

$$\partial^i = (-1)^{i+1} (\sum_g \text{signe}(g)\, g^*) ,$$

où g parcourt les flèches du diagramme de but le sommet d'indice (i,α) et de source un sommet adjacent à celui-ci. On vérifie alors formellement à partir des formules (2.1.5.2) que $K^{\bullet}(M)$ est un complexe. Nous utiliserons aussi cette construction, et la notation $K^{\bullet}(\ )$, pour associer un complexe sur Σ_{τ} à un faisceau abélien sur un diagramme tel que $G^{\bullet}_{\gamma,\tau}$.

Soient maintenant (U,T,δ) un objet de $CRIS(S/\Sigma)$, et $G_U = G\times_S U$. Supposons qu'il existe un T-groupe H, de réduction H_U sur U, et un plongement $i : G_U \hookrightarrow H_U$; pour tout n, G^n_U s'identifie alors à un sous-groupe de H^n_U par le plongement produit, et on notera $\mathcal{D}_{G^n}(H^n)$ l'enveloppe à puissances divisées (compatibles à γ et δ) de l'idéal de G^n_U dans H^n. Pour (i,α) variable, les $\mathcal{D}_{G^{n_\alpha}}(H^{n_\alpha})$ forment de façon évidente un faisceau sur le diagramme $H^{\bullet}_{\gamma,\tau}$ défini en 2.1.6.

On suppose dorénavant que l'on fixe pour topologie τ la topologie de Zariski. On peut alors définir des faisceaux sur $H^{\bullet}_{Zar}$ en prenant sur le sommet H^{n_α} du diagramme le faisceau $\Omega^q_{H^{n_\alpha}/T}$, avec les flèches de transition évidentes correspondant aux flèches entre sommets. Soient enfin E un cristal en $\mathcal{O}_{S/\Sigma}$-modules quasi-cohérent sur $CRIS(S/\Sigma)$, et $\mathcal{E} = E_{(U,T,\delta)}$; si g_{n_α} est la projection de H^{n_α} sur T, on a donc un isomorphisme canonique

$$(2.1.7.2)\qquad \begin{aligned} E_{(G_U^{n_\alpha}, D_{G^{n_\alpha}}(H^{n_\alpha}))} &\simeq g^*_{n_\alpha}(\mathcal{E}) \otimes_{\mathcal{O}_{H^{n_\alpha}}} \mathcal{D}_{G^{n_\alpha}}(H^{n_\alpha}) \\ &\simeq \mathcal{E} \otimes_{\mathcal{O}_T} \mathcal{D}_{G^{n_\alpha}}(H^{n_\alpha}) \ . \end{aligned}$$

Appliquant le foncteur $K^{\bullet}$ défini précédemment ($(G^{\bullet}/\Sigma)$ étant ici remplacé par $H^{\bullet}_{zar}$, et Σ par T), on obtient un complexe de $\mathcal{O}_T$-modules

$$K^{\bullet}(\mathcal{E} \otimes_{\mathcal{O}_T} \mathcal{D}_{G^{\bullet}}(H^{\bullet}) \otimes_{\mathcal{O}_{H^{\bullet}}} \Omega^q_{H^{\bullet}/T}) \ ;$$

pour q variable, on obtient grâce à la différentielle du complexe de de Rham (et à la connexion naturelle de $\mathcal{E} \otimes \mathcal{D}_{G^{\bullet}}(H^{\bullet})$) un bicomplexe

$$K^{\cdot}(\mathcal{E} \otimes_{\mathcal{O}_T} \mathcal{D}_{G^{\cdot}}(H^{\cdot}) \otimes_{\mathcal{O}_{H^{\cdot}}} \Omega^{\cdot}_{H^{\cdot}/T}) ,$$

dans lequel nous considèrerons le degré en $\Omega^{\cdot}$ comme premier degré, et le degré en $K^{\cdot}$ comme second degré. Enfin, on définit une filtration $F^k K^{\cdot}(\mathcal{E}\otimes\mathcal{D}_{G^{\cdot}}(H^{\cdot})\otimes\Omega^{\cdot}_{H^{\cdot}/T})$ en posant

$$F^k(g_{n_\alpha *}(\mathcal{E}\otimes\mathcal{D}_{G^{n_\alpha}}(H^{n_\alpha})\otimes\Omega^q_{H^{n_\alpha}/T})) = g_{n_\alpha *}(\mathcal{J}^{[k-q]}(\mathcal{E}\otimes\mathcal{D}_{G^{n_\alpha}}(H^{n_\alpha})\otimes\Omega^q_{H^{n_\alpha}/T})) ,$$

où $\mathcal{J}$ est l'idéal à puissances divisées canonique de $\mathcal{D}_{G^{n_\alpha}}(H^{n_\alpha})$.

Le calcul des faisceaux d'extensions peut alors s'effectuer grâce au théorème suivant, dont nous expliciterons plus bas quelques cas particuliers. L'indice s désigne le complexe simple associé à un bicomplexe.

Théorème 2.1.8. *Sous les hypothèses de 2.1.7, supposons que* H *soit affine et lisse sur* T . *Il existe alors dans* $D(\mathcal{O}_T)$ *un isomorphisme canonique*

$$t_{2]} F^k K^{\cdot}(\mathcal{E}\otimes_{\mathcal{O}_T} \mathcal{D}_{G^{\cdot}}(H^{\cdot})\otimes_{\mathcal{O}_{H^{\cdot}}} \Omega^{\cdot}_{H^{\cdot}/T})_s \xrightarrow{\sim} t_{2]}\, \mathbb{R}\mathcal{H}om_{S/\Sigma}(\underline{G},\mathcal{J}^{[k]}_{S/\Sigma}\, E)_{(U,T,\delta)} . \tag{2.1.8.1}$$

Quitte à localiser sur CRIS(S/Σ) , on peut d'après 1.1.15 supposer que S=U , Σ=T .

Soit $I^{\cdot}$ une résolution injective de $\mathcal{J}^{[k]}_{U/T}E$ sur CRIS(U/T) ; appliquant le foncteur π^* défini en (2.1.6.3), on obtient une résolution $\pi^*(I)$ de $\pi^*(\mathcal{J}^{[k]}_{U/T}E)$. D'après (2.1.6.1), on peut écrire

$$\begin{aligned} t_{2]}\, \mathbb{R}\mathcal{H}om_{U/T}(\underline{G},\mathcal{J}^{[k]}_{U/T}E)_{(U,T,\delta)} &\simeq t_{2]}\, \mathbb{R}\mathcal{H}om_{U/T}(C^{(3)}(\underline{G}),\mathcal{J}^{[k]}_{U/T}E)_{(U,T,\delta)} \\ &\simeq t_{2]}\, (\mathcal{H}om_{U/T}(C^{(3)}(\underline{G}),I^{\cdot})_{(U,T,\delta)})_s \\ &\simeq t_{2]}\, (K^{\cdot}(\pi^*(I^{\cdot})))_s , \end{aligned} \tag{2.1.8.2}$$

compte tenu de la définition de $K^{\cdot}(.)$, et de la fonctorialité des isomorphismes

(1.3.4.2)

$$\mathcal{H}om_{U/T}(\mathbb{Z}[\underline{G}^{n_\alpha}], I^\cdot)_{(U,T,\delta)} \simeq f_{G^{n_\alpha}/T*}(I^\cdot|_{(G^{n_\alpha}/T)_{CRIS}})$$

par rapport aux $\underline{G}^{n_\alpha}$.

Par ailleurs, d'après les résultats généraux sur les diagrammes de topos [5 , V 3.4.4] , il existe une résolution injective $J^\cdot$ de $\pi^*(\mathcal{J}^{[k]}_{U/T}E)$ dans $(G^\cdot/T)$, dont la restriction à chaque sommet $(G^{n_\alpha}/T)_{CRIS}$ soit une résolution injective de $f^*_{n_\alpha,CRIS}(\mathcal{J}^{[k]}_{U/T}E)$. On peut donc trouver un quasi-isomorphisme $\pi^*(I^\cdot) \longrightarrow J^\cdot$ induisant l'identité sur $\pi^*(\mathcal{J}^{[k]}_{U/T}E)$. Il induit alors un morphisme de bicomplexes $K^\cdot(\pi^*(I^\cdot)) \longrightarrow K^\cdot(J^\cdot)$, tel que, pour tout bi-indice (i,α) , le morphisme

$$f_{G^{n_\alpha}/T*}(f^*_{n_\alpha,CRIS}(I^\cdot)) \longrightarrow f_{G^{n_\alpha}/T*}(J^\cdot|_{(G^{n_\alpha}/T)_{CRIS}})$$

induit sur le facteur correspondant de la i-ième ligne soit un quasi-isomorphisme, les complexes $f^*_{n_\alpha,CRIS}(I^\cdot)$ et $J^\cdot|_{(G^{n_\alpha}/T)_{CRIS}}$ étant tous deux à termes injectifs sur $(G^{n_\alpha}/T)_{CRIS}$. Par suite, le morphisme de complexes simples

(2.1.8.3) $$K^\cdot(\pi^*(I^\cdot))_s \longrightarrow K^\cdot(J^\cdot)_s$$

est un quasi-isomorphisme.

Enfin, pour tout (i,α) , le foncteur linéarisation associé à la T-immersion $G^{n_\alpha} \hookrightarrow H^{n_\alpha}$ [cf. 5 , IV 3.1, ou 10 , 6.9] permet d'associer au complexe d'opérateurs différentiels $\mathcal{E} \otimes \mathcal{D}_{G^{n_\alpha}}(H^{n_\alpha}) \otimes \Omega^\cdot_{H^{n_\alpha}/T}$ un complexe d'opérateurs linéaires $L(\mathcal{E}\otimes\mathcal{D}_{G^{n_\alpha}}(H^{n_\alpha})\otimes\Omega^\cdot_{H^{n_\alpha}/T})$ sur $CRIS(G^{n_\alpha}/T)$. D'après le lemme de Poincaré cristallin [5 , V 2.1.5, ou 10 , 6.14] , celui-ci est une résolution de E . Plus généralement, il existe sur le complexe linéarisé une filtration canonique $F^kL(\mathcal{E}\otimes\mathcal{D}_{G^{n_\alpha}}(H^{n_\alpha})\otimes\Omega^\cdot_{H^{n_\alpha}/T})$ [5 , V 2.1.4] , donnant une résolution de $\mathcal{J}^{[k]}_{G^{n_\alpha}/T}E$: on définit pour cela un PD-idéal canonique $\mathcal{K}_{n_\alpha}$ de $L(\mathcal{O}_{H^{n_\alpha}})$, on pose, pour tout $\mathcal{O}_{H^{n_\alpha}}$-module $\mathcal{F}$, $F^kL(\mathcal{F}) = \mathcal{K}_{n_\alpha}^{[k]}L(\mathcal{F})$, et on filtre le complexe linéarisé par F^{k-i} en degré i . La fonctorialité de cette construction [5 , IV 3.1.5] entraîne que pour (i,α) variable, ces complexes linéarisés forment un complexe $F^kL(\mathcal{E}\otimes \mathcal{D}_{G^\cdot}(H^\cdot)\otimes \Omega^\cdot_{H^\cdot/T})$ dans $(G^\cdot/T)$, fournissant encore une résolution de $\pi^*(\mathcal{J}^{[k]}_{U/T}E)$. Il existe donc comme plus haut un quasi-isomorphsime

$$F^kL(\mathcal{E}\otimes \mathcal{D}_{G^\cdot}(H^\cdot)\otimes\Omega^\cdot_{H^\cdot/T}) \longrightarrow J^\cdot \ ,$$

induisant un morphisme de bicomplexes après application du foncteur $K^\cdot$. Mais, pour tout (i,α) , et tout $\mathcal{O}_{H^{n_\alpha}}$-module $\mathcal{F}$, $F^kL(\mathcal{F})$ est acyclique pour la projection $u_{G^{n_\alpha}/T}$ du topos cristallin $(G^{n_\alpha}/T)_{CRIS}$ sur le topos zariskien de G^{n_α} , tandis que $u_{G^{n_\alpha}/T*}(F^kL(\mathcal{F})) = \mathcal{J}^{[k]}(\mathcal{D}_{G^{n_\alpha}}(H^{n_\alpha})\otimes\mathcal{F})$ [5 , V 1.2.5 et 2.2.2] ; comme $f_{G^{n_\alpha}/T*} = f_{n_\alpha *}\circ u_{G^{n_\alpha}/T*} = g_{n_\alpha *}\circ u_{G^{n_\alpha}/T*}$ (en identifiant un faisceau sur G^{n_α} à un faisceau sur H^{n_α}) , et que g_{n_α} est un morphisme affine, on voit que, pour $\mathcal{F}$ quasi-cohérent, $F^kL(\mathcal{F})$ est un faisceau $f_{G^{n_\alpha}/T*}$-acyclique. On en conclut comme plus haut que le morphisme de complexes simples

$$(2.1.8.4) \qquad K^\cdot(F^kL(\mathcal{E}\otimes \mathcal{D}_{G^\cdot}(H^\cdot)\otimes\Omega^\cdot_{H^\cdot/T}))_s \longrightarrow K^\cdot(J^\cdot)_s$$

est un quasi-isomorphisme ; comme

$$K^\cdot(F^kL(\mathcal{E}\otimes \mathcal{D}_{G^\cdot}(H^\cdot)\otimes\Omega^\cdot_{H^\cdot/T}))_s \simeq F^kK^\cdot(\mathcal{E}\otimes \mathcal{D}_{G^\cdot}(H^\cdot)\otimes\Omega^\cdot_{H^\cdot/T})_s \ ,$$

le théorème résulte des quasi-isomorphismes (2.1.8.2), (2.1.8.3), (2.1.8.4).

<u>Remarque</u> : Si G est un S-groupe fini localement libre, et si U et T sont affines, il existe toujours un T-groupe affine et lisse H, et un plongement $G_U \hookrightarrow H_U$. En effet, si G^* est le dual de Cartier de G , $G = \mathcal{H}om_S(G^*,\mathbb{G}_m)$ est plongé dans le faisceau $\mathcal{M}or_S(G^*,\mathbb{G}_m)$ des morphismes de schémas de G^* dans $\mathbb{G}_m$, qui est

représentable par un schéma en groupes affine et lisse L [41 , II 3.2] . Mais, comme G_U^* est d'intersection complète relative sur U , il peut se relever en un schéma fini localement libre sur T , qui définit de même un T-groupe affine et lisse relevant L_U .

<u>Exemple</u> 2.1.9. Explicitons le terme de droite de (2.1.8.1) dans le cas où E est le cristal $\mathcal{O}_{S/\Sigma}$, et où $k=0$, i.e. où l'on veut calculer $t_{2]}\mathbb{R}\mathcal{H}om_{S/\Sigma}(\underline{G},\mathcal{O}_{S/\Sigma})_{(U,T,\delta)}$. C'est donc par définition le complexe simple associé au bicomplexe suivant, où le premier degré est le degré en $\Omega^\cdot$, et le terme $\mathcal{D}_G(H)$ est placé en bidegré (0,0) (on omet ici la notation $g_{n_\alpha *}$, H étant affine sur T) :

$$(2.1.9.1)\quad \begin{array}{ccccccc}
\mathcal{D}_G(H) & \longrightarrow & \mathcal{D}_G(H)\otimes\Omega^1_{H/T} & \longrightarrow & \mathcal{D}_G(H)\otimes\Omega^2_{H/T} & \longrightarrow & \cdots \\
\downarrow & & \downarrow & & \downarrow & & \\
\mathcal{D}_{G^2}(H^2) & \longrightarrow & \mathcal{D}_{G^2}(H^2)\otimes\Omega^1_{H^2/T} & \longrightarrow & \mathcal{D}_{G^2}(H^2)\otimes\Omega^2_{H/T} & \longrightarrow & \cdots \\
\downarrow & & \downarrow & & \downarrow & & \\
\mathcal{D}_{G^3}(H^3)\oplus\mathcal{D}_{G^2}(H^2) & - & (\mathcal{D}_{G^3}(H^3)\otimes\Omega^1_{H^3/T})\oplus(\mathcal{D}_{G^2}(H^2)\otimes\Omega^1_{H^2/T}) & \longrightarrow & \cdots & \longrightarrow & \cdots \\
\downarrow & & \downarrow & & \downarrow & & \\
\mathcal{D}_{G^4}(H^4)\oplus\mathcal{D}_{G^3}(H^3)\oplus\mathcal{D}_{G^3}(H^3)\oplus\mathcal{D}_{G^2}(H^2)\oplus\mathcal{D}_G(H) & \longrightarrow \cdots & & \longrightarrow & \cdots & \longrightarrow & \cdots .
\end{array}$$

Chaque facteur d'une ligne horizontale est l'image par $g_{n_\alpha *}$ du complexe de de Rham $\mathcal{D}_{G^{n_\alpha}}(H^{n_\alpha})\otimes\Omega^\cdot_{H^{n_\alpha}/T}$ correspondant, et les flèches verticales sont décrites par les formules (2.1.5.2).

Dans le cas particulier où G_U est la réduction à U de H (et donc est notamment lisse sur U) , la situation est plus simple : en effet, l'idéal de G_U^i dans H^i est l'idéal $\mathcal{J}\mathcal{O}_{H^i}$, qui est canoniquement muni de puissances divisées compatibles à δ, car H est plat sur T , de sorte que les puissances divisées γ et δ s'étendent à H^i . Ainsi, l'homomorphisme canonique $\mathcal{O}_{H^{n_\alpha}} \longrightarrow \mathcal{D}_{G^{n_\alpha}}(H^{n_\alpha})$

est un isomorphisme, de sorte que le terme de droite de (2.1.8.1) est simplement $t_{2]}\, F^kK^\cdot(\mathcal{E}\otimes \Omega^\cdot_{H^\cdot/T})_s$. En particulier, pour $E = \mathcal{O}_{S/\Sigma}$, le bicomplexe 2.1.9.1 se réécrit alors

(2.1.9.2)
$$\begin{array}{ccccccc}
\mathcal{O}_H & \longrightarrow & \Omega^1_{H/T} & \longrightarrow & \Omega^2_{H/T} & \longrightarrow & \cdots \\
\downarrow & & \downarrow & & \downarrow & & \\
\mathcal{O}_{H^2} & \longrightarrow & \Omega^1_{H^2/T} & \longrightarrow & \Omega^2_{H^2/T} & \longrightarrow & \cdots \\
\downarrow & & \downarrow & & \downarrow & & \\
\mathcal{O}_{H^3}\oplus\mathcal{O}_{H^2} & \longrightarrow & \Omega^1_{H^3/T}\oplus\Omega^1_{H^2/T} & \longrightarrow & \cdots & \longrightarrow & \cdots \\
\downarrow & & \downarrow & & \downarrow & & \\
\mathcal{O}_{H^4}\oplus\mathcal{O}_{H^3}\oplus\mathcal{O}_{H^3}\oplus\mathcal{O}_{H^2}\oplus\mathcal{O}_H & \longrightarrow & \cdots & \longrightarrow & \cdots & \longrightarrow & \cdots .
\end{array}$$

Les faisceaux $\mathcal{E}xt^i_{S/\Sigma}(\underline{G},\mathcal{O}_{S/\Sigma})_{(U,T,\delta)}$ sont, pour $i \leqslant 2$, les faisceaux de cohomologie du complexe simple associé à ce bicomplexe. Nous adopterons, pour les décrire, la notation ensembliste suivante : pour toute section f (resp. ω) du faisceau $\mathcal{O}_H$ (resp. $\Omega^i_{H/T}$), on désigne par $f(x+y)$[(1)] (resp. $\omega(x+y)$) l'image de f (resp. de ω) par la flèche $\mathcal{O}_H \longrightarrow \mathcal{O}_{H\times H}$ (resp. $\Omega^i_{H/T} \longrightarrow \Omega^i_{H^2/T}$) induite par la loi de groupe de H. Une notation semblable sera utilisée pour décrire les flèches induites par les morphismes de projection $H^n \longrightarrow H^{n-1}$ (resp. par l'application diagonale $H \longrightarrow H\times H$, resp. par les morphismes $H^n \longrightarrow H^n$ qui permutent les facteurs).

Avec ces conventions, le faisceau $\mathcal{H}om_{S/\Sigma}(\underline{G},\mathcal{O}_{S/\Sigma})_{(U,T,\delta)}$ a pour sections les sections f de $\mathcal{O}_H$ telles que

(i) $f(x) + f(y) = f(x+y)$

(c'est-à-dire que f définit un T-homomorphisme de H vers le groupe additif $\mathbb{G}_a$),

----

(1) On peut préférer la notation $f(x\underset{H}{+}y)$ puisqu'il s'agit de la loi de groupe de H.

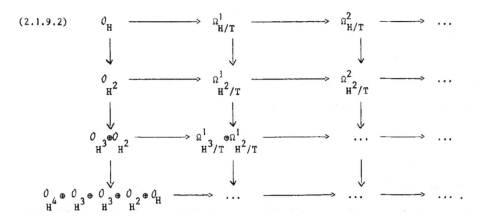

(ii) $df = 0$.

De même $\mathcal{E}xt^1_{S/\Sigma}(\underline{G},\mathcal{O}_{S/\Sigma})_{(U,T,\delta)}$ est le faisceau quotient du faisceau dont les sections sont les paires (f,ω) de sections de $\mathcal{O}_{H^2} \oplus \Omega^1_{H/T}$ telles que

(i) $-f(y,z) + f(x+y,z) - f(x,y+z) + f(x,y) = 0$,

(ii) $f(x,y) = f(y,x)$

(autrement dit f est un 2-cocycle symétrique de H à valeurs dans $\mathbb{G}_a$, et définit donc une extension de H par $\mathbb{G}_a$) ,

(iii) $df = \omega(y) - \omega(x+y) + \omega(x)$,

(iv) $d\omega = 0$.

On quotiente par le sous-faisceau dont les sections sont les paires (f,ω) qui s'écrivent localement sous la forme $f(x,y) = g(y) - g(x+y) + g(x)$, $\omega = dg$, pour une section g de $\mathcal{O}_H$.

Explicitons enfin, bien que nous n'en aurons guère besoin, la description analogue du faisceau $\mathcal{E}xt^2_{S/\Sigma}(\underline{G},\mathcal{O}_{S/\Sigma})_{(U,T,\delta)}$. C'est le quotient du faisceau dont les sections sont les quadruples (f,g,ω,η) de sections de $\mathcal{O}_{H^3} \oplus \mathcal{O}_{H^2} \oplus \Omega^1_{H^2/T} \oplus \Omega^2_{H/T}$ telles que

(i) $d\eta = 0$,

(ii) $\eta(x+y) - \eta(x) - \eta(y) = d\omega$,

(iii) $- \omega(y,z) + \omega(x+y,z) - \omega(x,y+z) + \omega(x,y) = df(x,y,z)$,

(iv) $\omega(x,y) - \omega(y,x) = dg(x,y)$,

(v) la paire (f,g) satisfait aux cinq relations définies par les cinq dernières formules de (2.1.5.2) (l'analogue multiplicatif de quatre de ces relations est explicité en [12 , p. 1252] ; quant à la dernière, c'est la relation $g(x,x)=0$ induite par la dernière relation de 2.1.5.2).

Le faisceau $\mathcal{E}xt^2_{S/\Sigma}(\underline{G},\mathcal{O}_{S/\Sigma})_{(U,T,\delta)}$ est le faisceau quotient de ce faisceau par le sous-faisceau dont les sections sont les quadruples (f,g,ω,η) qui s'écrivent localement sous la forme suivante, où (h, ζ) est une section de $\mathcal{O}_{H^2} \oplus \Omega^1_{H/T}$:

(i) $f(x,y,z) = - h(y,z) + h(x+y,z) - h(x,y+z) + h(x,y)$,

(ii) $g(x,y) = h(x,y) - h(y,x)$,

(iii) $\omega(x,y) = dh(x,y) - \zeta(y) + \zeta(x+y) - \zeta(x)$,

(iv) $\eta = d\zeta$.

<u>Exemple</u> 2.1.10. Supposons à nouveau que $E = \mathcal{O}_{S/\Sigma}$, mais que $k = 1$. Dans ce cas, le complexe $t_{2]} F^1K^{\cdot}(\mathcal{D}_{G^{\cdot}}(H^{\cdot}) \otimes \Omega^{\cdot}_{H^{\cdot}/T})_s$ qui calcule $t_{2]} \mathbb{R}\mathcal{H}om_{S/\Sigma}(\underline{G}, \mathcal{J}_{S/\Sigma})_{(U,T,\delta)}$ est le complexe simple associé au bicomplexe obtenu à partir du bicomplexe (2.1.9.1) en remplaçant la première colonne par le complexe

$$0 \longrightarrow \mathcal{J}\mathcal{D}_G(H) \longrightarrow \mathcal{J}\mathcal{D}_{G^2}(H^2) \longrightarrow \mathcal{J}\mathcal{D}_{G^3}(H^3) \oplus \mathcal{J}\mathcal{D}_{G^2}(H^2)$$

où $\mathcal{J}\mathcal{D}_{G^i}(H^i)$ désigne l'idéal à puissances divisées canoniques dans l'enveloppe à puissances divisées $\mathcal{D}_{G^i}(H^i)$ de G^i dans H^i . En particulier, lorsque $U = T$ et $G_U = H$ (de sorte que G_U est lisse sur U) , cet idéal est nul et le complexe permettant de calculer $t_{2]} \mathbb{R}\mathcal{H}om_{S/\Sigma}(\underline{G}, \mathcal{J}_{S/\Sigma})_{(U,U)}$ est celui qu'on associe au bicomplexe obtenu à partir de (2.1.9.1) en supprimant la première colonne.

Autrement dit,

(2.1.10.1) $$\mathcal{H}om_{S/\Sigma}(\underline{G}, \mathcal{J}_{S/\Sigma})_{(U,U)} = 0 ,$$

(2.1.10.2) $$\mathcal{E}xt^1_{S/\Sigma}(\underline{G}, \mathcal{J}_{S/\Sigma})_{(U,U)} = \ker(\Omega^1_{G_U/U, d=0} \xrightarrow{\partial} \Omega^1_{G_U^2/U}) ,$$

la flèche $\partial : \Omega^1_{G_U/U} \longrightarrow \Omega^1_{G_U^2/U}$ étant définie par

$$\partial\omega(x,y) = \omega(x+y) - \omega(x) - \omega(y) .$$

Ainsi $\mathcal{E}xt^1_{S/\Sigma}(\underline{G}, \mathcal{J}_{S/\Sigma})_{(U,U)}$ s'identifie au faisceau ω_{G_U} des formes différentielles invariantes par translation de G_U . Nous étendrons plus loin ce résultat au cas de groupes lisses non nécessairement affines. Enfin $\mathcal{E}xt^2_{S/\Sigma}(\underline{G}, \mathcal{J}_{S/\Sigma})_{(U,U)}$ s'explicite tout comme $\mathcal{E}xt^2_{S/\Sigma}(\underline{G}, \mathcal{O}_{S/\Sigma})_{(U,T,\delta)}$ en 2.1.9 mais avec les conditions supplémentaires $f = g = h = 0$. Celles-ci en rendent la description bien plus aisée.

<u>Remarque</u> : Alors que le terme de droite de (2.1.8.1) dépend apparamment du choix d'un T-groupe H et d'un plongement $i : G_U \longrightarrow H$, il n'en est pas de même du terme de gauche. Ainsi, les différents complexes $t_{2]}F^kK^{\cdot}(\mathcal{E}\otimes\mathcal{D}_{G^{\cdot}}(H^{\cdot})\otimes\Omega^{\cdot}_{H^{\cdot}/T})_s$ obtenus en faisant varier cette immersion sont quasi-isomorphes, par un morphisme qui se réalise de manière évidente comme morphisme de complexes, chaque fois qu'on dispose d'un homomorphisme de T-groupes u rendant commutatif le diagramme

$$\begin{array}{ccc} & & H_1 \\ & \overset{i_1}{\nearrow} & \\ G_U & & \downarrow u \\ & \underset{i_2}{\searrow} & \\ & & H_2 \end{array} .$$

2.2. <u>Variantes</u>.

2.2.1. Nous utiliserons plus tard la généralisation suivante du théorème 2.1.8. Soit $G^{\cdot} : G^o \longrightarrow G^1$ un complexe de longueur 1 de groupes abéliens d'un topos. Par fonctorialité, il correspond à $G^{\cdot}$ un bicomplexe $C^{(3)}(G^o) \longrightarrow C^{(3)}(G^1)$ (avec $C^{(3)}_*(G^i)$ placé en bidegré $(i,-*)$) . Le complexe simple de celui-ci, qui sera noté $C^{(3)}(G^{\cdot})$, est concentré en degrés $[-3,1]$. Plaçons-nous maintenant dans la situation examinée en 2.1.7 ; un homomorphisme $d : G^o \longrightarrow G^1$ de S-groupes commutatifs définit, pour tout objet (U,T,δ) de $CRIS(S/\Sigma)$, un morphisme de diagrammes de topos $(G^{o\cdot}_{U/T}) \longrightarrow (G^{1\cdot}_{U/T})$, c'est-à-dire un diagramme de topos de type plus compliqué, qu'on notera $(G^{\cdot\cdot}_{U/T})$. Supposons maintenant donné un diagramme commutatif de groupes

$$\begin{array}{ccc} G^o_U & \xrightarrow{j_o} & H^o \\ {\scriptstyle d_U}\downarrow & & \downarrow \\ G^1_U & \xrightarrow{j_1} & H^1 \end{array}$$

où j_i est une immersion de G^i_U dans un T-groupe commutatif affine et lisse H^i , compatible aux lois de groupes. Les raisonnements de 2.1.8, appliqués au diagramme

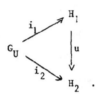

$(G^{\cdot\cdot}_{U/T})$, montrent alors que l'on a un isomorphisme dans $D(\mathcal{O}_T)$.

$$(2.2.1.1) \qquad t_{1]}\, \mathbb{R}\mathcal{H}om_{S/\Sigma}(\underline{G}^{\cdot}, \mathcal{J}^{[k]}_{S/\Sigma}E)_{(U,T,\delta)} \simeq t_{1]}\, F^k K^{\cdot}(\mathcal{E} \otimes \mathcal{D}_{G^{\cdot\cdot}}(H^{\cdot\cdot}) \otimes \Omega^{\cdot}_{H^{\cdot\cdot}/T})_s$$

où $F^k K^{\cdot}(\ )_s$ désigne le complexe simple associé au tricomplexe défini par le morphisme de bicomplexes

$$F^k K^{\cdot}(\mathcal{E} \otimes \mathcal{D}_{G^{1\cdot}}(H^{1\cdot}) \otimes \Omega^{\cdot}_{H^{1\cdot}/T}) \longrightarrow F^k K^{\cdot}(\mathcal{E} \otimes \mathcal{D}_{G^{0\cdot}}(H^{0\cdot}) \otimes \Omega^{\cdot}_{H^{0\cdot}/T}) ,$$

les indices étant, dans l'ordre, l'indice de $\Omega^{\cdot}$, celui de $(G^{\cdot},H^{\cdot})$, et celui de $K^{\cdot}$ (les termes du bicomplexe source seront donc de tri-degré $(*,-1,*)$) .

<u>Remarque</u>. Si G est un groupe fini localement libre sur S , et si G_U se relève en un groupe fini localement libre G' sur T (par exemple si $U = T$!) , alors tout plongement $G' \hookrightarrow L^0$ dans un T-groupe affine et lisse, avec pour quotient L^1 (qui est donc affine et lisse également), fournit plusieurs complexes permettant de calculer $t_{1]}\, \mathbb{R}\mathcal{H}om_{S/\Sigma}(\underline{G}, \mathcal{J}^{[k]}_{S/\Sigma}E)_{(U,T,\delta)}$:

a) le complexe $t_{1]} F^k K^{\cdot}(\mathcal{E} \otimes_{\mathcal{O}_T} \mathcal{D}_{G^{\cdot}}(L^{0\cdot}) \otimes_{\mathcal{O}_{L^{0\cdot}}} \Omega^{\cdot}_{L^{0\cdot}/T})_s$ introduit en 2.1.8 ;

b) utilisant le quasi-isomorphisme $G \simeq \{L^0_U \longrightarrow L^1_U\}$, il peut aussi être calculé par le complexe $t_{1]} F^k K^{\cdot}(\mathcal{E} \otimes \Omega^{\cdot}_{L^{\cdot\cdot}/T})_s$, d'après (2.2.1.1) ;

c) en posant $G^0 = G$, $G^1 = 0$, le diagramme

$$\begin{array}{ccc} G & \hookrightarrow & L^0 \\ \downarrow & & \downarrow \\ 0 & \hookrightarrow & L^1 \end{array}$$

fournit par la méthode de 2.2.1 un calcul au moyen du complexe $t_{1]} F^k K^{\cdot}(\mathcal{E} \otimes \mathcal{D}_{G^{\cdot\cdot}}(L^{\cdot\cdot}) \otimes \Omega^{\cdot}_{L^{\cdot\cdot}/T})_s$.

Pour comparer ces trois constructions (la troisième n'étant introduite que pour servir de lien entre les deux premières), le lecteur pourra se reporter à la démonstration de 3.2.4.

2.2.2. Si on ne fait plus en 2.1.8 l'hypothèse que le T-groupe lisse H soit affine sur T , les faisceaux $\mathcal{E}\otimes\mathcal{D}_{G^{n_\alpha}}(H^{n_\alpha})\otimes\Omega^{i}_{H^{n_\alpha}/T}$ considérés ne sont plus $g_{n_\alpha *}$-acycliques, et la flèche (2.1.8.1) n'est en général plus un isomorphisme. On dispose cependant, pour un S-groupe commutatif quelconque G , du procédé suivant pour calculer les groupes $\mathcal{E}xt^{n}_{S/\Sigma}(\underline{G},F)$ pour $n \leqslant 2$, F étant un objet de $\underline{\mathrm{Ab}}_{S/\Sigma}$: par (2.1.6.1), un tel groupe est isomorphe à $\mathcal{E}xt^{n}_{S/\Sigma}(C^{(3)}(\underline{G}),F)$ et le dévissage de $C^{(3)}(\underline{G})$ fournit une suite spectrale

$$E_1^{p,q} = \mathcal{E}xt^{q}_{S/\Sigma}(C_p^{(3)}(\underline{G}),F) \Longrightarrow \mathcal{E}xt^{n}_{S/\Sigma}(C^{(3)}(\underline{G}),F) .$$

Puisque $C_p^{(3)}(\underline{G})$ est une somme de facteurs $\mathbb{Z}[\underline{G}^{n_\alpha}]$, et que, par 1.3.4, $\mathcal{E}xt^{q}_{S/\Sigma}(\mathbb{Z}[G^{n_\alpha}],F)$ est isomorphe à $R^q f_{n_\alpha\, \mathrm{CRIS}*}(f^*_{n_\alpha\, \mathrm{CRIS}}(F))$ (où $f_{n_\alpha} : G^{n_\alpha} \longrightarrow S$ est le morphisme structural), cette suite spectrale se réécrit

$$(2.2.2.1) \qquad E_1^{p,q} = \bigoplus_{\alpha} R^q f_{n_\alpha\, \mathrm{CRIS}*}(f^*_{n_\alpha\, \mathrm{CRIS}}(F)) \Longrightarrow \mathcal{E}xt^{n}_{S/\Sigma}(C^{(3)}(\underline{G}),F) .$$

Supposons maintenant que $F = \mathcal{J}^{[k]}_{S/\Sigma}E$, E étant un cristal en $\mathcal{O}_{S/\Sigma}$-modules, et que, pour un objet fixé (U,T,δ) de $\mathrm{CRIS}(S/\Sigma)$, il existe un T-groupe commutatif H de réduction H_U sur U , et un plongement $i : G_U \hookrightarrow H_U$. Dans ce cas, on observe, en utilisant les plongements induits $G_U^{n_\alpha} \hookrightarrow H_U^{n_\alpha}$ pour n_α variable, que chacun des facteurs $R^q f_{n_\alpha\, \mathrm{CRIS}*}(f^*_{n_\alpha\, \mathrm{CRIS}}(\mathcal{J}^{[k]}_{S/\Sigma}E))_{(U,T,\delta)}$ du faisceau sur T associé à $E_1^{p,q}$ est isomorphe, avec la notation de 2.1.7 étendue au cas où G n'est plus affine, au groupe d'hypercohomologie de de Rham $\mathbb{R}^q g_{n_\alpha *}(\mathcal{J}^{[k-\cdot]}(\mathcal{E}\otimes\mathcal{D}_{G^{n_\alpha}}(H^{n_\alpha})\otimes\Omega^{\cdot}_{H^{\alpha}/T}))$.

Lorsque l'immersion i est un homomorphisme, la restriction à chacun des facteurs de $E_1^{p,q}$ de la différentielle $d_1^{p,q} : E_1^{p,q} \longrightarrow E_1^{p+1,q}$ est la flèche définie en hypercohomologie de de Rham de H^{n_α} à partir du terme correspondant à la différentielle $C^{(3)}_{p+1}(\underline{G}) \longrightarrow C^{(3)}_{p}(\underline{G})$ par le même procédé qu'en 2.1.7. Ceci fournit, pour $n \leqslant 2$, un procédé de calcul de $\mathcal{E}xt^{n}_{S/\Sigma}(\underline{G},\mathcal{J}^{[k]}_{S/\Sigma}E)$ dans le cas non affine tout à fait similaire à (2.1.8.1), à ceci près qu'il faut considérer l'hypercohomologie plutôt que la cohomologie de de Rham.

Ces considérations nous permettent d'étendre (2.1.10.1) au cas où le S-groupe G est lisse, mais non plus affine, sur S. Pour tout S-schéma U, on dispose d'une suite spectrale (2.2.2.1) dont l'aboutissement coïncide, pour $n \leqslant 2$ et $k \geqslant 0$, avec $\mathcal{E}xt^n_{S/\Sigma}(\underline{G},\mathcal{J}^{[k]}_{S/\Sigma})_{(U,U)}$ et dont les termes initiaux sont de la forme $E_1^{p,q} = \bigoplus_\alpha \mathbb{R}^q f_{n_\alpha *}(\sigma_{[k}\,\Omega^{\cdot}_{G_U^{n_\alpha}/U})$. En particulier, pour tout $p \geqslant 0$ et pour tout $q < k$, $E_1^{p,q} = 0$ puisque $\sigma_{[k}\,\Omega^{\cdot}_{G_U^{n_\alpha}/U}$ est concentré en degré $\geqslant k$. Ainsi, lorsque $k > 1$, les termes initiaux de degré total $\leqslant 1$ sont tous nuls, et donc

$$\mathcal{H}om_{S/\Sigma}(\underline{G},\mathcal{J}^{[k]}_{S/\Sigma})_{(U,U)} = \mathcal{E}xt^1_{S/\Sigma}(\underline{G},\mathcal{J}^{[k]}_{S/\Sigma})_{(U,U)} = 0 .$$

Supposons maintenant que $k = 1$. Les considérations précédentes montrent que $E_1^{0,0} = H^0 = 0$, et par ailleurs, puisque $\sigma_{[1}\,\Omega^{\cdot}_{G_U/U}$ est concentré en degré $\geqslant 1$, $E_1^{0,1} = \mathbb{R}^1 f_*(\sigma_{[1}\,\Omega^{\cdot}_{G_U/U})$ s'identifie à l'image directe par f du faisceau $\Omega^1_{G_U/U,d=0}$ des formes différentielles fermées sur G_U (resp. $E_1^{1,1} = f_{2*}(\Omega^1_{G_U^2/U,d=0})$). La différentielle $d_1^{0,1} : E_1^{0,1} \to E_1^{1,1}$ est la restriction à $E_1^{0,1}$ de la flèche définie en (2.1.10.2) ; son noyau est donc le faisceau des différentielles invariantes par translation sur G_U, de sorte que $\mathcal{E}xt^1_{S/\Sigma}(\underline{G},\mathcal{J}_{S/\Sigma})_{(U,U)} \simeq E_2^{0,1} \simeq \omega_{G_U}$. En résumé :

<u>Proposition</u> 2.2.3. *Soit* G *un* S-*groupe lisse. Alors, pour tout* S-*schéma* U,

(i) $\mathcal{H}om_{S/\Sigma}(\underline{G},\mathcal{J}^{[k]}_{S/\Sigma})_{(U,U)} = 0$ *pour* $k \geqslant 1$.

(ii) *Il existe un isomorphisme canonique* $\omega_{G_U} \xrightarrow{\sim} \mathcal{E}xt^1_{S/\Sigma}(\underline{G},\mathcal{J}_{S/\Sigma})_{(U,U)}$, *où* ω_{G_U} *est le faisceau des formes différentielles sur* G_U *invariantes par translation.*

(iii) $\mathcal{E}xt^1_{S/\Sigma}(\underline{G},\mathcal{J}^{[k]}_{S/\Sigma})_{(U,U)} = 0$ *pour* $k > 1$.

2.2.4. Le théorème 2.1.8 repose en définitive sur l'existence d'un lemme de Poincaré cristallin et sur la possibilité qui en découle de ramener le calcul de la cohomologie cristalline d'un schéma X plongé dans un Σ-schéma lisse Y à un calcul de cohomologie de de Rham sur Y . Il existe d'autres situations dans lesquelles on dispose d'un énoncé similaire, et pour lesquelles on peut en déduire une variante du théorème 2.1.8 :

(i) Remplaçons $\mathrm{CRIS}(S/\Sigma)_{\mathrm{Zar}}$ par le site cristallin nilpotent $\text{Nil-CRIS}(S/\Sigma)_{\mathrm{Zar}}$ pour lequel les objets sont les Σ-immersions $U \hookrightarrow T$ définies par un idéal PD-nilpotent. On dispose alors, pour toute T-immersion $X \hookrightarrow Y$ d'un U-schéma X dans un T-schéma lisse Y , d'une résolution

$$\mathcal{O}^*_{X/T} \longrightarrow \hat{L}(\Omega^{\cdot}_{Y/T})^{\times}$$

du faisceau $\mathcal{O}^*_{X/T}$ défini en 1.1.3, exemple (iii), où $\hat{L}$ désigne l'analogue pour le site nilpotent du foncteur linéarisation, et $\hat{L}(\Omega_{Y/T})^{\times}$ le complexe de De Rham linéarisé multiplicatif

$$\hat{L}(\Omega^{\cdot}_{Y/T})^{\times} : \hat{L}(\mathcal{O}_Y)^* \xrightarrow{\ \mathrm{dlog}\ } \hat{L}(\Omega^1_{Y/T}) \xrightarrow{\ d\ } \hat{L}(\Omega^2_{Y/T}) \longrightarrow \dots .$$

Sous les hypothèses de 2.1.8, on obtient par le même argument un isomorphisme

$$t_{2]}\,\mathbb{R}\mathcal{H}om_{S/\Sigma}(\underline{G},\mathcal{O}^*_{S/\Sigma})_{(U,T,\delta)} \simeq t_{2]}K^{\cdot}((\hat{\mathcal{D}}_{G^{\cdot}}(H^{\cdot})\otimes\Omega^{\cdot}_{H^{\cdot}/T})^{\times})_s ,$$

où $\hat{\mathcal{D}}$ est le séparé complété de $\mathcal{D}$ pour la topologie $\mathcal{J}$-PD-adique, et

$$(\hat{\mathcal{D}}_{G^{\cdot}}(H^{\cdot})\otimes\Omega^{\cdot}_{H^{\cdot}/T})^{\times} : \hat{\mathcal{D}}_{G^{\cdot}}(H^{\cdot})^* \xrightarrow{\ \mathrm{dlog}\ } \hat{\mathcal{D}}_{G^{\cdot}}(H^{\cdot})\otimes\Omega^1_{H^{\cdot}/T} \xrightarrow{\ d\ } \dots .$$

Les $\mathcal{E}xt^i_{S/\Sigma}(\underline{G},\mathcal{O}^*_{S/\Sigma})$ s'explicitent donc comme en 2.1.9 , à condition de remplacer partout $\mathcal{D}_{G^{\cdot}}(H^{\cdot})\otimes\Omega^{\cdot}_{H^{\cdot}/T}$ par $(\hat{\mathcal{D}}_{G^{\cdot}}(H^{\cdot})\otimes\Omega^{\cdot}_{H^{\cdot}/T})^{\times}$.

(ii) Soient (A,I,γ) un PD-anneau noethérien et P un sous-PD-idéal de I tel que A soit séparé et complet pour la topologie P-adique et que $p \in P$. Posons $\Sigma = \mathrm{Spec}(A)$, et prenons $S = \mathrm{Spec}(A/P)$. La cohomologie cristalline relativement à Σ d'un S-schéma X plongé dans un Σ-schéma lisse Y se calcule comme cohomologie de Y à valeurs dans un complexe de de Rham complété (voir [10 , théorème 7.23]) . On peut en déduire une variante de 2.1.8 pour le calcul de $t_{2]}\,\mathbb{R}\mathrm{Hom}_{S/\Sigma}(\underline{G},\mathcal{O}_{S/\Sigma})$ et des Ext globaux correspondants. Plutôt que d'expliciter celle-ci, nous allons maintenant examiner plus en détail une situation qui s'en rapproche, celle où X est plongé dans un Σ-schéma formel lisse Y.

2.2.5. On se limitera dans la discussion suivante, pour simplifier, à une situation bien moins générale que ci-dessus, celle où $S = \mathrm{Spec}(k)$, k étant un corps parfait, et $\Sigma = \mathrm{Spec}(W(k))$. Par ailleurs, on se place dans le cas similaire à 2.1.9, c'est-à-dire que l'on considère seulement la cohomologie cristalline à valeurs dans le faisceau structural. Enfin, on se restreint au cas absolu, et on va donc considérer des groupes de cohomologie cristalline, plutôt que des faisceaux images directes supérieures.

Le but de cette section est de démontrer une variante absolue de (2.1.8.1) , sous les hypothèses que l'on vient de mentionner, lorsque l'on suppose que G est un S-groupe commutatif fini connexe plongé par une immersion compatible aux lois de groupes dans un Σ-groupe de Lie formel commutatif H . Il nous faut commencer par démontrer un énoncé du type de ceux mentionnés plus haut, qui permette de réduire le calcul des groupes de cohomologie cristalline de G relativement à Σ à celui des groupes de cohomologie d'un complexe de de Rham convenablement complété. Les résultats de 2.2.5 - 2.2.11 ne seront pas utilisés dans la suite de cet article, et sont donnés à titre d'illustration de nos méthodes.

Soient $W = W(k)$, $A = W[[T_1,\dots,T_d]]$, $A_n = A/p^nA$ pour $n \geq 1$, et B un quotient de A_1 . Posons $X = \mathrm{Spec}(B)$, $Y_n = \mathrm{Spec}(A_n)$ et $Y = \mathrm{Spec}(A)$. On désigne par $\hat{\Omega}^1_A$ le séparé complété de Ω^1_A pour la topologie p-adique, et l'on appelle complexe de de Rham complété le complexe $\hat{\Omega}^{\bullet}_A = \Lambda(\hat{\Omega}^1_A)$ (avec la différentielle habituelle). Par 1.2.8 (ii), $\hat{\Omega}^1_A$ est un A-module libre de base les dT_i . Soient J_n (resp. J) le noyau de $A_n \longrightarrow B$ (resp. $A \longrightarrow B$) et $\widehat{D_A(J)}$ le séparé complété, pour la topologie p-adique, de l'enveloppe à puissances divisées de J dans A . Enonçons le théorème de comparaison de la cohomologie cristalline d'un k-schéma X plongé dans le spectre Y d'un anneau de séries formelles sur W à la cohomologie de de Rham de Y ; c'est l'analogue des théorèmes 7.2 et 7.23 de [10] , où X

était plongé dans un W-schéma lisse.

<u>Proposition</u> 2.2.6. *Sous les hypothèses précédentes,*

$$R\Gamma(X/W_n, \mathcal{O}_{X/W_n}) \simeq \mathcal{D}_{A_n}(J_n) \otimes_{A_n} \Omega^{\bullet}_{A_n} ,$$

$$R\Gamma(X/W, \mathcal{O}_{X/W}) \simeq \widehat{\mathcal{D}_{A}(J)} \mathbin{\hat{\otimes}_{A}} \hat{\Omega}^{\bullet}_{A} .$$

Il suffit de démontrer l'énoncé relatif à W_n , le passage à la limite s'effectuant comme dans loc. cit. Pour la démonstration du lemme suivant, voir [6, démonstration de 4.2.3].

<u>Lemme</u> 2.2.7. *Pour tout* $(U,T,\delta) \in \mathrm{CRIS}(X/W_n)$, *il existe localement sur* T *un morphisme* $h : T \longrightarrow Y$ *tel que le diagramme*

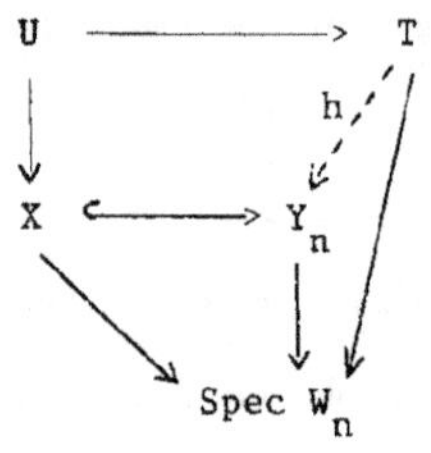

soit commutatif.

Par suite, le linéarisé $\mathcal{L}_{Y_n}(\Omega^{\bullet}_{Y_n/W_n})$ du complexe de de Rham de Y_n [10 , 6.9] définit un complexe de cristaux $L(\Omega^{\bullet}_{Y_n/W_n})$ sur $\mathrm{CRIS}(X/W_n)$, par

$$L(\Omega^{\bullet}_{Y_n/W_n})_{(U,T,\delta)} = h^{*}(\mathcal{L}_{Y}(\Omega^{\bullet}_{Y_n/W_n})) ,$$

ce dernier ne dépendant pas, à isomorphisme canonique près, du choix de h grâce à l'hyper-PD-stratification de $\mathcal{L}_{Y}(\Omega^{\bullet}_{Y_n/W_n})$.

Observons alors que, comme dans le cas lisse, $L(\Omega^{\bullet}_{Y_n/W_n})$ est une résolution de $\mathcal{O}_{X/W_n}$. En effet, soit $A'_n \subset A_n$ la sous-W_n-algèbre engendrée par les éléments de la forme $p^{n-i}x^{p^i}$; tout diagramme commutatif

$$\begin{array}{ccccccc} W_n & \longrightarrow & A'_n & \longrightarrow & A_n & \overset{h}{\dashrightarrow} & C \\ \downarrow & & & & \downarrow & & \downarrow \\ k & & \longrightarrow & & A_1 & \longrightarrow & C_1 \end{array},$$

où C est une W_n-algèbre telle que le noyau de $C \longrightarrow C_1$ soit muni de puissances divisées, peut être complété par $h : A_n \longrightarrow C$, et la restriction de h à A'_n est déterminée de manière unique [6 , démonstration de 4.2.3]. En particulier, les deux homomorphismes composés

$$A'_n \rightrightarrows A_n \otimes_{W_n} A_n \longrightarrow \mathcal{D}_{A_n/W_n}(1)$$

sont égaux ($\mathcal{D}_{./.}(1)$ désignant l'enveloppe à puissances divisées de l'idéal d'augmentation), puisqu'il en est ainsi après composition avec l'augmentation $\mathcal{D}_{A_n/W_n}(1) \longrightarrow A_1$. Les propriétés universelles du produit tensoriel et de l'enveloppe à puissances divisées entraînent alors l'existence d'un homomorphisme canonique $\mathcal{D}_{A_n/A'_n}(1) \longrightarrow \mathcal{D}_{A_n/W_n}(1)$, dont on vérifie aisément qu'il est inverse de l'homomorphisme canonique $\mathcal{D}_{A_n/W_n}(1) \longrightarrow \mathcal{D}_{A_n/A'_n}(1)$. Or ce dernier est, pour ses deux structures de A_n-algèbre, isomorphe à l'algèbre de polynômes à puissances divisées $A_n\langle X_1,\dots,X_d\rangle$, avec $X_i = 1\otimes T_i - T_i\otimes 1$ [6 , loc. cit.] . Il en résulte que pour tout (U,T,δ), $L(\Omega^{\cdot}_{A_n/W_n})_{(U,T,\delta)}$ est localement isomorphe au complexe

$$\mathcal{O}_T\langle X_1,\dots,X_d\rangle \otimes_{\mathcal{O}_T[X_1,\dots,X_d]} \Omega^{\cdot}_{\mathcal{O}_T[X_1,\dots,X_d]/\mathcal{O}_T},$$

qui est une résolution de $\mathcal{O}_T$ d'après le lemme de Poincaré [10 , 6.11 et 6.12] .

Il suffit pour achever la démonstration de la proposition 2.2.6 d'observer que les $L(\Omega^i_{Y_n/W_n})$ sont acycliques pour le foncteur image directe associé à la projection u_{X/W_n} de $(X/W_n)_{CRIS,Zar}$ sur X_{Zar} [10 , 6.10 et 5.27] , et que

$$u_{X/W_n *}(L(\Omega^i_{Y_n/W_n})) \simeq \mathcal{D}_X(Y_n) \otimes_{\mathcal{O}_{Y_n}} \Omega^i_{Y_n/W_n}$$

d'après [10 , 6.10], compte tenu de ce que Y_n est affine sur W_n .

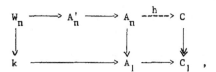

En utilisant le lemme 2.2.7, on peut alors reprendre le raisonnement de 2.1.8, et en déduire sans difficulté la variante suivante.

Proposition 2.2.8. *Soient* H *un groupe de Lie formel commutatif sur* W_n *(resp.* W*) et* G *un sous-groupe de sa réduction* H_o *sur* k *. Il existe un isomorphisme canonique dans* $D(W_n)$ *(resp.* D(W)*)* .

$$t_{2]}\,\mathbb{R}\mathrm{Hom}_{k/W_n}(\underline{G},\mathcal{O}_{k/W_n}) \simeq t_{2]}K^{\bullet}(\mathcal{D}_{G^{\bullet}}(H^{\bullet}) \otimes \Omega^{\bullet}_{H^{\bullet}/W_n})_s$$

(resp.

$$t_{2]}\,\mathbb{R}\mathrm{Hom}_{k/W}(\underline{G},\mathcal{O}_{k/W}) \simeq t_{2]}K^{\bullet}(\widehat{\mathcal{D}_{G^{\bullet}}(H^{\bullet})} \otimes \hat{\Omega}^{\bullet}_{H^{\bullet}/W}))_s \text{)},$$

où le membre de droite est défini comme en 2.1.7.

Ainsi les groupes $\mathrm{Ext}^i_{k/W}(\underline{G},\mathcal{O}_{k/W})$ admettent pour $i \leq 2$ une description tout à fait similaire à celle donnée en 2.1.9. En particulier, $\mathrm{Ext}^1_{k/W}(\underline{G},\mathcal{O}_{k/W})$ s'identifie au groupe des paires (f,ω) , telles que $f \in \widehat{\mathcal{D}_{G^2}(H^2)}$ et $\omega \in \widehat{\mathcal{D}_G(H)} \otimes \hat{\Omega}^1_{H/W}$ satisfassent aux quatre conditions similaires à celles qu'on a données en 2.1.9 , modulo les paires de la forme $(dg,-\mu^*g+p_1^*g+p_2^*g)$ pour un $g \in \widehat{\mathcal{D}_G(H)}$, μ (resp. p_i) désignant la flèche induite par les lois de groupes de G et de H (resp. par les projections de G^2 sur G et H^2 sur H) .

2.2.9. Supposons maintenant que G soit la réduction à k d'un W-groupe de Lie formel commutatif $H = \mathrm{Spf}(A)$, avec $A = W[[T_1,\ldots,T_d]]$. Comme on l'a dit en 2.1.9 dans une situation analogue, $\widehat{\mathcal{D}_G(H)}$ est maintenant isomorphe à A . Le bicomplexe $K^{\bullet}(\widehat{\mathcal{D}_{G^{\bullet}}(H^{\bullet})} \otimes \hat{\Omega}_{H^{\bullet}/W})$ est donc de la forme suivante (ce diagramme est similaire à (2.1.9.2)) :

(2.2.9.1)

$$\begin{array}{ccccc}
W[[T]] & \longrightarrow & \hat{\Omega}^1_{W[[T]]/W} & \longrightarrow & \hat{\Omega}^2_{W[[T]]/W} \\
\downarrow & & \downarrow & & \downarrow \\
W[[T_1,T_2]] & \longrightarrow & \hat{\Omega}^1_{W[[T_1,T_2]]/W} & \longrightarrow & \cdots \\
\downarrow & & \downarrow & & \\
W[[T_1,T_2,T_3]] \oplus W[[T_4,T_5]] & \longrightarrow & \cdots & & \\
\downarrow & & & & \\
\cdots & & & &
\end{array}$$

avec $T_i = (T_{i,1},\dots,T_{i,d})$ pour tout i . Notons $C_W^{\cdot}(H,\mathcal{O})$ le complexe simple associé à ce bicomplexe.

N. Katz a considéré en [36 , V] la cohomologie du complexe de de Rham formel de H , et notamment la partie primitive du H^1 ; il a en particulier explicité le lien avec les "presque-logarithmes" du groupe de Lie formel H . Revenons maintenant brièvement sur cette discussion, dans notre contexte. Le but en est de fournir une autre description du groupe $\mathrm{Ext}^1_{k/W}(\underline{G},\mathcal{O}_{k/W}) = H^1(C_W^{\cdot}(H,\mathcal{O}))$.

On observe que chacune des composantes de $C_W^{\cdot}(H,\mathcal{O})$ est un W-module sans torsion, et le complexe $C_W^{\cdot}(H,\mathcal{O})$ s'injecte donc dans le complexe similaire $C_K^{\cdot}(H,\mathcal{O})$ construit à partir de la "fibre générique" $H \underset{\mathrm{Spec}(W)}{\times} \mathrm{Spec}(K) = \mathrm{Spf}(K[[T]])$ de H , complexe simple associé au bicomplexe

(2.2.9.2)
$$\begin{array}{ccccc}
K[[T]] & \longrightarrow & \hat{\Omega}^1_{K[[T]]/K} & \longrightarrow & \cdots \\
\downarrow & & \downarrow & & \\
K[[T_1,T_2]] & \longrightarrow & \hat{\Omega}^1_{K[[T_1,T_2]]/K} & \longrightarrow & \cdots \\
\downarrow & & \downarrow & & \\
K[[T_1,T_2,T_3]]\oplus K[[T_4,T_5]] & \longrightarrow & \cdots & \longrightarrow & \cdots \\
\downarrow & & & & \\
\cdots & & & &
\end{array}$$

Puisque $K[[T_1,\dots,T_r]]$ est une $\mathbb{Q}$-algèbre, chacune des lignes horizontales de ce bicomplexe est, par le lemme de Poincaré formel, une résolution de K . On voit donc, en examinant la définition des flèches verticales que l'on a un quasi-isomorphisme de complexes

$$\varepsilon : \tilde{K} \longrightarrow C_K^{\cdot}(H,\mathcal{O}) ,$$

où $\tilde{K}$ est le complexe

$$\tilde{K} : K \xrightarrow{\ id_K\ } K \xrightarrow{\ o\ } K^2 \longrightarrow K^5 ,$$

pour une différentielle $K^2 \longrightarrow K^5$ qu'il n'y a pas lieu d'expliciter ici. En particulier, $t_{1]}\tilde{K}$ est acyclique, et donc également $t_{1]}C_K^{\cdot}(H,\mathcal{O})$. On déduit de l'injectivité de $C_W^{\cdot}(H,\mathcal{O}) \longrightarrow C_K^{\cdot}(H,\mathcal{O})$ que $H^o(C_W^{\cdot}(H,\mathcal{O})) = 0$, c'est-à-dire que

(2.2.9.3) $$\mathrm{Hom}_{k/W}(G,\mathcal{O}_{k/W}) = 0$$

(résultat qui sera généralisé en 4.2.6).

Soit $C_{K/W}^{\cdot}$ le complexe défini par la suite exacte

(2.2.9.4) $$0 \longrightarrow C_W^{\cdot}(H,\mathcal{O}) \longrightarrow C_K^{\cdot}(H,\mathcal{O}) \longrightarrow C_{K/W}^{\cdot}(H,\mathcal{O}) \longrightarrow 0 .$$

A la 1-acyclicité de $C_K^{\cdot}(H,\mathcal{O})$ correspond un isomorphisme

(2.2.9.5) $$H^o(C_{K/W}^{\cdot}(H,\mathcal{O})) \xrightarrow{\sim} H^1(C_W(H,\mathcal{O})) \simeq \mathrm{Ext}^1_{k/W}(\underline{G},\mathcal{O}_{k/W})$$

qui fournit la description de $\mathrm{Ext}^1_{k/W}(\underline{G},\mathcal{O}_{k/W})$ annoncée. Le terme de gauche de 2.2.9.5 s'identifie en effet à l'ensemble des éléments $f \in K[[T]]$, considérés modulo $W[[T]]$, qui satisfont aux relations suivantes

(2.2.9.6) $$f(T_1) + f(T_2) - f(T_1+T_2) \in W[[T_1,T_2]] ,$$

$$df \in \hat{\Omega}^1_{W[[T]]/W} .$$

On retrouve bien là les conditions décrivant le module $\mathbb{D}(G/W)$ de [loc. cit. théorème 5.1.6] (la condition inessentielle de normalisation $f(0) = 0$ résultant de la première des relations 2.2.9.6 puisqu'on travaille modulo $W[[T]]$) . Enfin, on renvoie à loc. cit. pour une discussion de la relation entre les "presque-logarithmes" $f \in K[[T]]$ au sens de (2.2.9.6) et les objets similaires (mais néanmoins distincts) étudiés par Fontaine [24, 26] .

2.2.10. Revenons au cas d'un k-groupe commutatif connexe fini G plongé dans un W-groupe de Lie formel H. On peut encore donner une description de style (2.2.9.6) du groupe $\mathrm{Ext}^1_{k/W}(\underline{G},\mathcal{O}_{k/W})$.

Pour cela, il nous faudra d'abord montrer que $\widehat{\mathcal{D}_G(H)}$ peut être plongé comme sous-anneau dans $K[[\underline{T}]] = K[[T_1,\ldots,T_d]]$. Plaçons-nous en fait dans une situation un peu plus générale, et soient R une k-algèbre finie locale, intersection complète relative sur k, et $\pi_o : k[T_1,\dots,T_d] \longrightarrow R$ (resp. $k[[T_1,\dots,T_d]]$) un homomorphisme surjectif, dont le noyau J_o est contenu dans l'idéal $(T_1,\dots,T_d)$. On observera que les hypothèses faites sur R entraînent dans les deux cas que J_o contient une puissance de l'idéal $(T_1,\dots,T_d)$; la donnée de π_o équivaut donc à la donnée d'un homomorphisme surjectif $k[T_1,\dots,T_d]/(T_1,\dots,T_d)^N \longrightarrow R$, pour N assez grand ; de plus, si $J_o = \mathrm{Ker}(k[\underline{T}] \longrightarrow R)$, on a $\mathrm{Ker}(k[[\underline{T}]] \to R) = J_o.k[[T]]$. Posons $A = W[\underline{T}]$ (resp. $W[[\underline{T}]]$), et soient J le noyau de l'homomorphisme composé $\pi : A \to R$, et $\widehat{\mathcal{D}_A(J)}$ le séparé complété de $\mathcal{D}_A(J)$ pour la topologie p-adique. On suppose qu'il existe une suite d'éléments $f_1,\dots,f_d \in W[[\underline{T}]]$ relevant une suite de générateurs de J_o, telle que $f_i(0) = 0$ et que l'idéal $(f_1,\dots,f_d)$ de $W[[T]]$ contienne une puissance de l'idéal $(T_1,\dots,T_d)$. Cette hypothèse est toujours vérifiée dans le cas particulier qui nous occupe, car, d'après le théorème de structure des schémas en groupes de présentation finie [20 , III, § 3, 6.1], il existe une suite régulière de paramètres de $k[[T_1,\dots,T_d]]$, soit $\varphi_1,\dots,\varphi_d$, telle que J_o soit engendré par une suite de la forme $\varphi_1^{p^{\alpha_1}},\dots\varphi_d^{p^{\alpha_d}}$. Soient enfin $g_1,\dots,g_m \in W[\underline{T}]$ des éléments relevant une base de R sur k.

Lemme 2.2.11. *Sous les hypothèses précédentes, il existe une injection canonique*

$$\widehat{\mathcal{D}_A(J)} \hookrightarrow K[[T_1,\dots,T_d]] , \tag{2.2.11.1}$$

identifiant $\widehat{\mathcal{D}_A(J)}$ *à l'ensemble des séries qui peuvent s'écrire sous la forme*

$$\varphi(\underline{T}) = \sum_{\underline{q}} h_{\underline{q}}(\underline{T})\underline{f}(\underline{T})^{\underline{q}}/\underline{q}! , \tag{2.2.11.2}$$

où les $h_{\underline{q}}$ *sont des combinaisons linéaires à coefficients dans* W *de* $g_1,\dots,g_m$, *tendant vers* 0 *pour la topologie* p-*adique de* $W[\underline{T}]$ *lorsque* $|\underline{q}| \to +\infty$.

Observons tout d'abord que les énoncés relatifs à $W[T]$ et $W[[T]]$ sont équivalents. En effet, si $\overline{J}$ est le PD-idéal engendré par J dans $\mathcal{D}_A(J)$, la compatibilité des puissances divisées de $\overline{J}$ à celles de p entraîne que $p^n \mathcal{D}_A(J)$ est un sous-

PD-idéal de $\bar{J}$. Par suite, l'image de $\bar{J}$ dans $\mathcal{D}_A(J)/p^n\mathcal{D}_A(J)$ est munie de puissances divisées par passage au quotient, de sorte que l'homomorphisme canonique

$$\mathcal{D}_A(J)/p^n\mathcal{D}_A(J) \longrightarrow \mathcal{D}_{A_n}(JA_n) ,$$

où $A_n = W_n[\underline{T}]$ (resp. $W_n[[\underline{T}]]$) , possède un inverse, et est un isomorphisme . Comme $p^n = 0$ dans A_n , une puissance de J , donc de $(T_1,\ldots,T_d)$, est d'image nulle dans $\mathcal{D}_{A_n}(JA_n)$, d'où un isomorphisme

$$\mathcal{D}_A(J)/p^n\mathcal{D}_A(J) \xrightarrow{\sim} \mathcal{D}_{A_n/(T_1,\ldots,T_d)^{N'}}(J.A_n/(T_1,\ldots,T_d)^{N'})$$

pour N' assez grand. L'homomorphisme canonique

$$\mathcal{D}_{W[\underline{T}]}(J)^{\wedge} \longrightarrow \mathcal{D}_{W[[\underline{T}]]}(J.W[[\underline{T}]])^{\wedge}$$

est donc un isomorphisme.

Nous voulons maintenant étendre l'homomorphisme canonique

(2.2.11.3) $$\mathcal{D}_A(J) \longrightarrow K[[T_1,\ldots,T_d]]$$

défini par l'existence de puissances divisées sur l'anneau $K[[\underline{T}]]$ (de caractéristique 0) , en un homomorphisme

$$\widehat{\mathcal{D}_A}(J) \longrightarrow K[[\underline{T}]] .$$

Considérons d'abord le cas particulier $R = k$, de sorte que $J = (p,T_1,\ldots,T_d)$. Alors $\mathcal{D}_A(J)$ est l'anneau de polynômes à puissances divisées $W\langle T_1,\ldots,T_d\rangle$ (resp. le produit tensoriel $W\langle\underline{T}\rangle\otimes_{W[\underline{T}]}W[[\underline{T}]]$, par platitude de $W[[\underline{T}]]$ sur $W[\underline{T}]$) ; c'est un anneau sans p-torsion, qui s'identifie par (2.2.11.3) au sous-W-module libre de $K[[\underline{T}]]$ de base les $\underline{T}^{\underline{q}}/\underline{q}!$ (resp. ...). Son complété $\widehat{\mathcal{D}_A}(J)$ s'identifie alors à l'anneau des séries formelles de la forme

$$\varphi(\underline{T}) = \sum_{\underline{q}} a_{\underline{q}}\, \underline{T}^{\underline{q}}/\underline{q}! ,$$

où les $a_{\underline{q}} \in W$ tendent vers zéro pour la topologie p-adique, et ceci établit le lemme dans ce cas particulier.

Dans le cas général, soit $f_1,\ldots,f_d$ une suite d'éléments de $W[[\underline{T}]]$ ayant les propriétés requises en 2.2.10. Alors $J = (p,f_1,\dots,f_d)$ et la suite $p,f_1,\dots,f_d$ est régulière. Comme $f_i(0) = 0$, il existe un homomorphisme $u : W[[\underline{T}]] \longrightarrow W[[\underline{T}]]$ tel que $u(T_i) = f_i$; posons $I = (p,T_1,\dots,T_d) \subset W[[\underline{T}]]$. Sur $W[[\underline{T}]]$, les topologies I-adique et J-adique coïncident, et u fait de $W[[\underline{T}]]$ un $W[[\underline{T}]]$-module séparé et complet pour la topologie I-adique ; puisque R est finie sur k , u fait donc de $W[[\underline{T}]]$ un $W[[\underline{T}]]$-module de type fini, engendré par $g_1,\dots,g_m$. Par ailleurs, u transforme la suite régulière $p,T_1,\dots,T_d$ en la suite régulière $p,f_1,\dots,f_d$, de sorte que $\mathrm{Tor}_1^{W[[\underline{T}]]}(W[[\underline{T}]],k) = 0$; u est donc un homomorphisme plat [15 , chapitre 3, § 5, théorème 1] , et fait de $W[[\underline{T}]]$ un $W[[\underline{T}]]$-module libre de base $g_1,\dots,g_m$.

Définissons maintenant (2.2.11.1) par passage à la complétion de (2.2.11.3). Pour cela, nous munirons $K[[\underline{T}]]$ de la topologie de la convergence p-adique coefficient par coefficient (i.e. la topologie produit sur $K^{\mathbb{N}^d}$, K étant muni de la topologie p-adique) : il est clair que c'est alors un espace séparé et complet. Il faut vérifier que (2.2.11.3) est continu pour la topologie p-adique de $\mathcal{D}_A(J)$, i.e. que pour tout multi-indice $\underline{q}$, les coefficients de $\underline{T}^{\underline{q}}$ dans les séries images d'éléments de $\mathcal{D}_A(J)$ forment un ensemble borné pour la métrique p-adique. Or, comme u est plat, et $J = I.W[[\underline{T}]]$,

$$\mathcal{D}_A(J) \simeq (W\langle\underline{T}\rangle \otimes_{W[\underline{T}]} W[[\underline{T}]]) \otimes_{W[[\underline{T}]]} W[[\underline{T}]] ,$$

où la dernière extension des scalaires est faite par u . Une telle série s'écrit donc

$$\sum_{j=1}^{m} (\sum_i p_i(f_1,\dots,f_d) q_i(f_1,\dots,f_d)) g_j(T_1,\dots,T_d) ,$$

avec $p_i \in W\langle\underline{T}\rangle$, $q_i \in W[[\underline{T}]]$; comme les f_i sont sans terme constant, on voit aisément que le coefficient de $\underline{T}^{\underline{q}}$ est de valuation $\geq -v(q_1!)\dots-v(q_d!)$, donc est borné sur $\mathcal{D}_A(J)$, ce qui établit la continuité de (2.2.11.3) et l'existence d'un unique homomorphisme continu (2.2.11.1) le prolongeant.

Pour montrer son injectivité, on considère le diagramme commutatif

$$\begin{array}{ccccccc} W[[\underline{T}]] & \longrightarrow & \mathcal{D}_A(J) & \longrightarrow & \widehat{\mathcal{D}_A(J)} & \xrightarrow{(2.2.11.1)} & K[[T]] \\ {\scriptstyle u}\uparrow & & \uparrow & & \uparrow & & {\scriptstyle u}\uparrow \\ W[[T]] & \longrightarrow & \mathcal{D}_A(I) & \longrightarrow & \widehat{\mathcal{D}_A(I)} & \longrightarrow & K[[T]] . \end{array}$$

Le carré de gauche est cartésien par platitude de u , celui du milieu parce que $\mathcal{D}_A(J)$ est alors libre de type fini sur $\mathcal{D}_A(I)$, de sorte que $\mathcal{D}_A(J) \otimes_{\mathcal{D}_A(I)} \widehat{\mathcal{D}_A(I)}$ est complet pour la topologie p-adique, et s'identifie à $\widehat{\mathcal{D}_A(J)}$. Le carré composé est aussi cartésien : $K[[T]]$ est le séparé complété de $K \otimes_W W[[\underline{T}]]$ pour la topologie $(T_1,\dots,T_d)$-adique, de sorte que le carré

$$\begin{array}{ccc} K\otimes_W W[[\underline{T}]] & \longrightarrow & K\otimes_W W[[\underline{T}]]^{\wedge} \\ {\scriptstyle u}\uparrow & & {\scriptstyle u}\uparrow \\ K\otimes_W W[[\underline{T}]] & \longrightarrow & K[[T]] \end{array} ,$$

où $K\otimes_W W[[\underline{T}]]^{\wedge}$ est le séparé complété pour la topologie $(f_1,\dots,f_d)$-adique, est cartésien puisque u est fini et libre ; mais par hypothèse les topologies $(T_1,\dots,T_d)$ et $(f_1,\dots,f_d)$-adiques coïncident sur $K\otimes_W W[[\underline{T}]]$, si bien que $K\otimes_W W[[\underline{T}]]^{\wedge} \xrightarrow{\sim} K[[\underline{T}]]$. L'injectivité de (2.2.11.1) résulte donc par platitude de celle de $\widehat{\mathcal{D}_A(I)} \hookrightarrow K[[T]]$. Enfin, on a

$$\widehat{\mathcal{D}_A(J)} \simeq W[[\underline{T}]] \otimes_{W[[\underline{T}]]} \widehat{\mathcal{D}_A(I)} ,$$

l'extension des scalaires étant faite par u , d'où résulte aussitôt la caractérisation (2.2.11.2) de son image par (2.2.11.1).

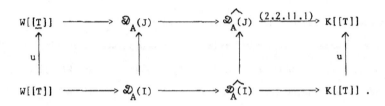

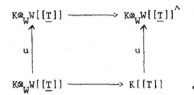

Puisque l'injectivité de (2.2.11.1) est maintenant démontrée, nous pouvons reprendre le raisonnement de (2.2.9) dans le cas où G est un k-groupe commutatif connexe fini plongé dans un W-groupe de Lie formel H . Désignons par $C^{\cdot}_W(H,\mathcal{O})$ le complexe $t_{1]}K^{\cdot}(\widehat{\mathcal{D}_{G^{\cdot}}(H^{\cdot})} \otimes \hat{\Omega}_{H^{\cdot}/W})_s$ introduit dans le calcul de $\mathrm{Ext}^1_{k/W}(\underline{G},\mathcal{O}_{k/W})$ (proposition 2.2.8). Ce complexe ne coïncide pas en général avec le complexe de même nom introduit en 2.2.9, mais joue un rôle identique dans le cas présent, où G est fini plutôt que formel lisse sur k. On prendra garde que $C^{\cdot}_{W}(H,\mathcal{O})$ dépend de l'immersion $G \hookrightarrow H$, ce qui n'apparaît pas dans la notation adoptée.

L'injectivité de (2.2.11.1) (et des morphismes analogues construits à partir des immersions $G^n \hookrightarrow H^n$ pour les différents entiers n) implique celle du morphisme de complexes correspondant

(2.2.11.4) $$C^{\cdot}_{W}(H,\mathcal{O}) \longrightarrow C^{\cdot}_{K}(H,\mathcal{O})$$

($C^{\cdot}_{K}(H,\mathcal{O})$ étant le complexe défini en 2.2.9). On définit comme en (2.2.9.4) un complexe quotient $C^{\cdot}_{K/W}(H,\mathcal{O})$. La 1-acyclicité de $C^{\cdot}_{K}(H,\mathcal{O})$ fournit à nouveau la relation (2.2.9.3) :

$$\mathrm{Hom}_{k/W}(G,\mathcal{O}_{k/W}) = 0$$

et un isomorphisme comparable à (2.2.9.4) :

(2.2.11.5) $$H^{0}(C^{\cdot}_{K/W}(H,\mathcal{O})) \xrightarrow{\sim} H^{1}(C^{\cdot}_{W}(H,\mathcal{O})) \simeq \mathrm{Ext}^{1}_{k/W}(\underline{G},\mathcal{O}_{k/W}) .$$

Le terme de gauche de (2.2.11.5) s'explicite ainsi : c'est l'ensemble des $f \in K[[T]]$, considérés modulo le sous-groupe $\widehat{\mathcal{D}_{G}(H)}$, tels que f satisfasse aux deux relations suivantes, que l'on comparera à (2.2.9.6) :

$$f(T_1) + f(T_2) - f(T_1+T_2) \in \widehat{\mathcal{D}_{G^2}(H^2)} ,$$

$$df \in \widehat{\mathcal{D}_{G}(H)} \otimes \hat{\Omega}^{1}_{W[[T]]/W} .$$

<u>Exemple</u> : Considérons, pour $n > 0$, le k-groupe fini α_{p^n}, plongé dans le W-groupe formel additif $\mathbb{G}_{a,W}$ par l'immersion (compatible aux lois de groupes) définie par l'idéal $J = (p,T^{p^n})$ de $W[[T]]$. L'enveloppe à puissances divisées complétée $\widehat{\mathcal{D}_{A}(J)}$ s'identifie à son image par la flèche (2.2.11.1) dans $B = K[[T]]$. D'après le lemme 2.2.11, cette image est la sous-$W[[T]]$-algèbre de $K[[T]]$ formée par les séries de la forme $\sum_m a_m T^m/q!$, où $m = p^n q + r$, $0 \leqslant r < p^n$, telles que le terme a_m de W tende vers 0 pour la topologie p-adique lorsque m tend vers l'infini.

A titre d'exercice, le lecteur pourra vérifier à partir des relations (2.2.9.6) qu'une base du k-espace vectoriel $\mathrm{Ext}^1_{k/W}(\underline{\alpha}_{p^n}, \mathcal{O}_{k/W})$ est fournie par les classes des éléments T^{p^j}/p pour $1 \leq j \leq n$.

2.3. Quelques conséquences.

Les résultats de ce paragraphe concernant les faisceaux $\mathcal{E}xt^j_{S/\Sigma}$ sont valables pour tout $j \leq i$, dès qu'on dispose d'une résolution partielle de longueur $i+1$ d'un groupe abélien G d'un topos T, dont chaque composante est un produit fini de groupes de type $\mathbb{Z}[G^n]$. Comme nous avons explicité une telle résolution pour $i \leq 2$, les propriétés qui suivent sont énoncées sous cette hypothèse supplémentaire. En vertu des résultats de Deligne mentionnés dans la remarque de 2.1.5, elles sont néanmoins valables pour tout i .

Proposition 2.3.1. *Soient* G *un* S*-groupe quasi-compact et quasi-séparé et* E *un cristal quasi-cohérent sur* $\mathcal{O}_{S/\Sigma}$. *Alors les faisceaux* $\mathcal{E}xt^i_{S/\Sigma}(\underline{G}, \mathcal{J}^{[k]}_{S/\Sigma}E)_{(U,T,\delta)}$ *de* T_{Zar} *sont, pour* $i \leq 2$, *des* $\mathcal{O}_T$*-modules quasi-cohérents, pour tout objet* (U,T,δ) *de* $\mathrm{CRIS}(S/\Sigma)_{Zar}$.

En effet, compte tenu de l'isomorphisme (2.1.6.1) et de la suite spectrale (2.2.2.1), il suffit (avec la notation de 2.2.2) de vérifier la quasi-cohérence des faisceaux $R^q f_{n_\alpha\,\mathrm{CRIS}*}(f^*_{n_\alpha\,\mathrm{CRIS}}(\mathcal{J}^{[k]}_{S/\Sigma}E))_{(U,T,\delta)}$. Mais celle-ci résulte (vu l'isomorphisme qu'on obtient en dérivant (1.1.16.4)) de [10 , théorème 7.6], dont la démonstration demeure valable pour $k > 0$.

Le procédé de dévissage qu'on vient d'employer pour ramener un énoncé sur les faisceaux $\mathcal{E}xt^i$ à l'énoncé similaire pour les faisceaux image directe $R^i f_*$ (f étant le morphisme structural d'un objet du topos considéré) est valable dans bien d'autres situations. Voici une propriété analogue à 2.3.1 (et d'ailleurs plus élémentaire) dans le topos S_τ . Pour tout objet F de ce topos, et tout S-schéma U on désigne par F_U le faisceau sur le petit site de U (pour la topologie τ) obtenu par restriction à partir de F .

Proposition 2.3.2. *Soient* G *un* S*-groupe quasi-compact et quasi-séparé et* M *un* $\mathcal{O}_S$*-module quasi-cohérent de* S_τ *. Alors, pour tout* S*-schéma* U *, le* $\mathcal{O}_U$*-module* $\mathcal{E}xt^i_{S_\tau}(G,M)_U$ *est quasi-cohérent lorsque* $i \leqslant 2$.

C'est, par l'argument de dévissage précédent, une conséquence de la proposition 2.1.4 et du fait que $R^j f_*(f^*M)$ est quasi-cohérent pour tout j (en notant $f : G^n \longrightarrow S$, pour n variable, le morphisme structural de G^n) .

Nous démontrons maintenant, en employant à nouveau l'argument de dévissage, des théorèmes du type "changement de base" pour les faisceaux $\mathcal{E}xt^i_{S/\Sigma}(\underline{G},\mathcal{J}^{[k]}_{S/\Sigma}E)$; ceux-ci s'appuient sur une généralisation du théorème de changement de base en cohomologie cristalline [5 , V 3.5.2] .

Lemme 2.3.3. *Soient* S *un schéma de torsion et* $f : X \longrightarrow S$ *un morphisme plat d'intersection complète relative. On considère une factorisation*

(2.3.3.1)

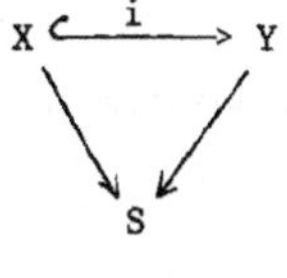

de f *, où* i *est une immersion fermée (nécessairement régulière* [SGA 6, VIII 1.2]) *de* X *dans un* S*-schéma lisse* Y *. Alors l'enveloppe à puissances divisées* $\mathcal{D}_X(Y)$ *de* X *dans* Y *est plate sur* S *et sa formation commute aux changements de base* $S' \longrightarrow S$.

Puisque l'assertion est locale sur Y , on peut supposer que les sommets du triangle sont affines et que X est défini par une suite régulière $t_1,\dots,t_r$. Le diagramme (2.3.3.1) se complète donc en un carré cartésien

$$\begin{array}{ccc} X & \overset{i}{\hookrightarrow} & Y \\ {\scriptstyle f}\downarrow & \swarrow{\scriptstyle g} & \downarrow{\scriptstyle g_o} \\ S & \hookrightarrow & S[t_1,\dots,t_r]=Y_o \end{array} .$$

Par ailleurs, comme les enveloppes à puissances divisées commutent aux limites inductives, on peut supposer S noethérien.

La suite $t_1,\dots,t_r$ étant régulière, S et Y sont tor-indépendants sur Y_o et la platitude de X sur S entraîne celle de Y sur Y_o aux points de X [15 , chapitre 3 § 5]. Puisque S est de torsion, on sait (cf. 1.1.1) que $\mathcal{D}_X(Y)$ est à support dans X . La platitude de Y sur Y_o aux seuls points de X entraîne par [5 , I 2.7.1] que

$$\mathcal{D}_X(Y) \simeq \mathcal{D}_S(Y_o) \otimes_{\mathcal{O}_{Y_o}} \mathcal{O}_Y$$

et donc que $\mathcal{D}_X(Y)$ est plat sur $\mathcal{D}_S(Y_o)$. Mais $\mathcal{D}_S(Y_o)$ est la S-algèbre à puissances divisées $\mathcal{O}_S\langle t_1,\dots,t_r\rangle$ engendrée par les t_i , elle est donc plate sur S et il en est donc de même de $\mathcal{D}_X(Y)$. La dernière assertion du lemme est immédiate, toute la situation étant préservée par changement de base.

Corollaire 2.3.4. *Sous les hypothèses précédentes, soit* $(\mathfrak{I},\gamma)$ *un* PD-*idéal de* S . *Alors* $\mathcal{D}_{X,\gamma}(Y) \xrightarrow{\sim} \mathcal{D}_X(Y)$.

En effet, la platitude de $\mathcal{D}_X(Y)$ sur S entraîne que les puissances divisées γ s'étendent à $\mathcal{D}_X(Y)$. De plus, si $\bar{\mathcal{J}}$ est l'idéal de X dans $\mathcal{D}_X(Y)$, la platitude de X sur S entraîne que $\bar{\mathcal{J}} \cap \mathfrak{I}\,\mathcal{D}_X(Y) = \mathfrak{I} . \bar{\mathcal{J}}$, de sorte que les puissances divisées de $\mathcal{D}_X(Y)$ sont compatibles à γ [5 , I 1.6.1] .

Le cas (i) de la proposition suivante est la généralisation au cas des morphismes d'intersection complète relative du théorème de changement de base en cohomologie cristalline pour les morphismes lisses [10 , théorème 7.8] .

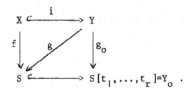

Proposition 2.3.5. *Soit*

$$
(2.3.5.1)\qquad
\begin{array}{ccc}
X' & \xrightarrow{g} & X \\
{\scriptstyle f'}\downarrow & & \downarrow{\scriptstyle f} \\
U' & \xrightarrow{u} & U \\
\cap\!\downarrow & & \downarrow\!\cap \\
T' & \xrightarrow{v} & T
\end{array}
$$

un diagramme commutatif de schémas, où f *est quasi-compact et quasi-séparé, et* $X' = X\times_U U'$. *On suppose* T *et* T' *munis de* PD-*idéaux quasi-cohérents* $(\mathcal{J},\delta)$ *et* $(\mathcal{J}',\delta')$, *tels que* v *soit un* PD-*morphisme, et* U , U' *définis par des sous*-PD-*idéaux de* $\mathcal{J}$, $\mathcal{J}'$. *Soient* E *un cristal quasi-cohérent sur* $\mathcal{O}_{X/T}$, $E' = g^*_{CRIS}(E)$. *Il existe un morphisme de changement de base*

$$
(2.3.5.2)\qquad \mathbb{L}v^*(\mathbb{R}f_{X/T*}(\mathcal{J}^{[k]}_{X/T}E)) \longrightarrow \mathbb{R}f_{X'/T'*}(\mathcal{J}^{[k]}_{X'/T'}E')\ ,
$$

et c'est un isomorphisme dans chacun des cas suivants :

(i) *le morphisme* f *est plat d'intersection complète relative,* E *est plat sur* $\mathcal{O}_{X/T}$, *et* $k = 0$;

(ii) *le morphisme* f *est plat d'intersection complète relative,* v *est plat, et* $U' \xrightarrow{\sim} U\times_T T'$;

(iii) v *est plat,* $\mathcal{J}' = \mathcal{J}\mathcal{O}_{T'}$, *et* $U' \xrightarrow{\sim} U\times_T T'$.

D'après (1.1.10.4), $g^*_{CRIS}(\mathcal{J}^{[k]}_{X/T}E) = \mathcal{J}^{[k]}_{X'/T'}E'$, d'où un morphisme $\mathcal{J}^{[k]}_{X/T}E \longrightarrow \mathbb{R}g_{CRIS*}(\mathcal{J}^{[k]}_{X'/T'}E')$ défini par adjonction. Celui-ci induit un morphisme

$$
\mathbb{R}f_{X/T*}(\mathcal{J}^{[k]}_{X/T}E) \longrightarrow \mathbb{R}f_{X/T*}\circ\mathbb{R}g_{CRIS*}(\mathcal{J}^{[k]}_{X'/T'}E)
$$

à partir duquel le morphisme (2.3.5.2) s'obtient par adjonction (voir [5 , V 3.5.2], ou [10 , p. 7.11]). Pour montrer que (2.3.5.2) est un isomorphisme, on se ramène par un argument de descente cohomologique (voir [5 , p. 344-348], ou [10 , p. 7.13-7.15]) au cas où les sommets du diagramme (2.3.5.1) sont des schémas affines.

Supposons d'abord que f soit un morphisme plat d'intersection complète relative. On peut alors supposer que X se relève en un schéma X_1 plat d'intersection complète relative sur T, plongé dans un schéma Y affine et lisse sur T. D'après [5 , V 2.3.2 et pp. 322-323] , ou [10, théorème 7.2], il existe donc dans $D(\mathcal{O}_T)$ un isomorphisme

(2.3.5.3) $$\mathbb{R}f_{X/T*}(\mathcal{J}_{X/T}^{[k]}E) \simeq f_*(F^k(\mathcal{E}\otimes\Omega^{\cdot}_{Y/T})) ,$$

où $\mathcal{E} = E_{(X,D_X(Y))}$ est le $\mathcal{D}_X(Y)$-module HPD-stratifié correspondant à E. On sait [10, 3.20.1] que l'on a un isomorphisme de $\mathcal{O}_Y$-modules $\mathcal{D}_{X,\delta}(Y) \simeq \mathcal{D}_{X_1,\delta}(Y)$, et, puisque T est de torsion, le lemme 2.3.3 et son corollaire entraînent que $\mathcal{D}_{X_1,\delta}(Y) \simeq \mathcal{D}_{X_1}(Y)$, est plat sur T, et commute au changement de base. Puisque la formation de $\Omega^{\cdot}_{Y/T}$ a également ces propriétés, le terme de droite de (2.3.5.3) est plat sur T et commute au changement de base, lorsque $k = 0$ et que E est plat sur $\mathcal{O}_{X/T}$ (donc que $\mathcal{E}$ l'est sur $\mathcal{D}_X(Y)$) : ceci entraîne l'assertion dans le cas (i) .

Dans le cas (ii), il reste seulement à vérifier que la formation de la filtration F^k commute au changement de base. Si $\mathcal{K}$ est l'idéal de X dans Y, $\overline{\mathcal{K}}$ le PD-idéal qu'il engendre dans $\mathcal{D}_X(Y)$, alors

$$F^k(\mathcal{E}\otimes\Omega^i_{Y/T}) = \overline{\mathcal{K}}^{[k-i]}\mathcal{E}\otimes\Omega^i_{Y/T} ,$$

et comme $X' \xrightarrow{\sim} X\times_T T'$, et que v est plat, la formation de ce module commute au changement de base par v , d'où le cas (ii).

Enfin, sous les hypothèses de (iii), la platitude de v entraîne que $v^*(\mathcal{D}_{X,\delta}(Y)) \xrightarrow{\sim} \mathcal{D}_{X',\delta'}(Y')$, où $Y' = Y\times_T T'$ [5 , I 2.7.1]. La formation des $\overline{\mathcal{K}}^{[k-i]}\mathcal{E}\otimes\Omega^i_{Y/T}$ commute donc encore au changement de base par v , ce qui achève la démonstration.

Nous déduisons d'abord de 2.3.5 un théorème de commutation des $\mathcal{E}xt^i_{S/\Sigma}(\underline{G},\mathcal{J}^{[k]}_{S/\Sigma}E)$ aux images inverses.

<u>Proposition</u> 2.3.6. *Soit*

$$\begin{array}{ccc} S' & \xrightarrow{u} & S \\ \downarrow & & \downarrow \\ (\Sigma',\mathcal{J}',\gamma') & \xrightarrow{v} & (\Sigma,\mathcal{J},\gamma) \end{array}$$

un diagramme commutatif du type (1.1.10.1), *où* v *est un* PD-*morphisme. Soient* G *un* S-*groupe plat et de présentation finie,* E *un cristal quasi cohérent sur* $\mathcal{O}_{S/\Sigma}$, $G' = G\times_S S'$, $E' = f^*_{CRIS}(E)$. *Pour tout* $k \geq 0$, *et tout* $i \leq 2$, *les morphismes canoniques* (1.3.3.1) *et* (1.3.3.2)

(2.3.6.1) $$u^*_{CRIS}(t_{i]}\,\mathbb{R}\mathcal{H}om_{S/\Sigma}(\underline{G},\mathcal{J}^{[k]}_{S/\Sigma}E)) \longrightarrow t_{i]}\,\mathbb{R}\mathcal{H}om_{S'/\Sigma'}(\underline{G}',\mathcal{J}^{[k]}_{S'/\Sigma'}E') ,$$

(2.3.6.2) $$u^*_{CRIS}(\mathcal{E}xt^i_{S/\Sigma}(\underline{G},\mathcal{J}^{[k]}_{S/\Sigma}E)) \longrightarrow \mathcal{E}xt^i_{S'/\Sigma'}(\underline{G}',\mathcal{J}^{[k]}_{S'/\Sigma'}E')$$

sont des isomorphismes.

Rappelons que le foncteur u^*_{CRIS} est exact, de sorte qu'il commute à la troncation, et que les deux assertions sont équivalentes. Il suffit donc de prouver que pour tout objet (U',T',δ') de $CRIS(S'/\Sigma',\mathcal{J}',\gamma')$, le morphisme canonique déduit de (1.3.3.3)

$$t_{2]}\,\mathbb{R}\mathcal{H}om_{S/\Sigma}(\underline{G},\mathcal{J}^{[k]}_{S/\Sigma}E)_{f_!(U',T',\delta')} \longrightarrow t_{2]}\,\mathbb{R}\mathcal{H}om_{S'/\Sigma'}(\underline{G}',\mathcal{J}^{[k]}_{S'/\Sigma'}E')_{(U',T',\delta')}$$

est un isomorphisme.

Notons $\mathcal{I}'$ l'idéal de U' dans T', et posons $\mathcal{K} = \mathcal{I}' + \mathcal{J}\mathcal{O}_{T'}$, $\mathcal{K}' = \mathcal{I}' + \mathcal{J}'\mathcal{O}_{T'}$; munissons $\mathcal{K}$ des puissances divisées $\bar{\delta}$ prolongeant δ' et γ , $\mathcal{K}'$ des puissances divisées $\bar{\delta}'$ prolongeant δ' et γ' , de sorte que $\mathcal{K}$ est un sous-PD-idéal de $\mathcal{K}'$. Grâce à (1.3.3.7), il suffit de prouver que le morphisme canonique

$$t_{2]}\,\mathbb{R}\mathcal{H}om_{U'/T',\mathcal{K},\bar{\delta}}(\underline{G}_{U'},\mathcal{J}^{[k]}_{U'/T'}E') \longrightarrow t_{2]}\,\mathbb{R}\mathcal{H}om_{U'/T',\mathcal{K}',\bar{\delta}'}(\underline{G}_{U'},\mathcal{J}^{[k]}_{U'/T'}E')$$

est un isomorphisme. Remplaçant $\underline{G}_{U'}$ par $C^{(3)}(\underline{G}_{U'})$ grâce à (2.1.6.1), la suite spectrale (2.2.2.1) et la proposition 1.3.4 montrent alors qu'il suffit de prouver que les morphismes canoniques

$$\mathbb{R}f_{G^n_{U'}/T',\mathcal{K},\bar\delta *}(\mathcal{J}^{[k]}_{G^n_{U'}/T'}E') \longrightarrow \mathbb{R}f_{G^n_{U'}/T',\mathcal{K}',\bar\delta' *}(\mathcal{J}^{[k]}_{G^n_{U'}/T'}E')$$

sont des isomorphismes, et cela résulte de 2.3.5 (ii) appliqué à $v = \mathrm{Id}_{T'} : (T',\mathcal{K}',\bar\delta') \longrightarrow (T',\mathcal{K},\bar\delta)$.

Dans le même esprit, observons que, en pratique, les $\mathcal{E}xt^i_{S_{\gamma,\tau}}(G,E)$ seront les restrictions à $\underline{\mathrm{Sch}}_{/S,\gamma}$ des $\mathcal{E}xt^i_{S_\tau}(G,E)$ usuels :

<u>Proposition</u> 2.3.7. *Soient* $(S,\mathcal{J},\gamma)$ *un schéma muni d'un PD-idéal quasi-cohérent,* G *un S-groupe tel que, pour tout objet* S' *de* $\underline{\mathrm{Sch}}_{/S,\gamma}$ *, les puissances divisées* γ *s'étendent à* $G^n\times_S S'$ *pour tout* n *,* E *un faisceau abélien de* S_τ *, de restriction* E' *à* $S_{\gamma,\tau}$ *. Alors l'homomorphisme*

$$j^*(\mathcal{E}xt^i_{S_\tau}(G,E)) \longrightarrow \mathcal{E}xt^i_{S_{\gamma,\tau}}(G,E') ,$$

où $j : S_{\gamma,\tau} \longrightarrow S_\tau$ *est le morphisme canonique, est un isomorphisme pour* $i \leq 2$.

Par (2.1.6.1), on peut remplacer G par la résolution $C^{(3)}(G)$. L'hypothèse faite sur G étant conservée par les changements de base par un morphisme de $\underline{\mathrm{Sch}}_{/S,\gamma}$, il suffit donc de montrer que les homomorphismes

$$H^i(S_\tau/G^n,E) \longrightarrow H^i(S_{\gamma,\tau}/G^n,E')$$

sont des isomorphismes. Or l'hypothèse faite sur les G^n signifie que ce sont des objets de $\underline{\mathrm{Sch}}_{/S,\gamma}$, de sorte que les homomorphismes considérés s'écrivent

$$H^i(G^n_\tau,E) \longrightarrow H^i((G^n)_{\gamma,\tau},E') .$$

Compte tenu de [SGA 4 , IV 4.10.6, 6)] , on peut remplacer des deux côtés les gros topos par les petits topos, et ceux-ci sont égaux d'après 1.1.4 (ii).

Une autre conséquence importante de 2.3.5 est la commutation des faisceaux $\mathcal{E}xt^i_{S/\Sigma}(\underline{G},\mathcal{J}^{[k]}_{S/\Sigma}E)_{(U,T,\delta)}$ aux changements de base plats dans $\mathrm{CRIS}(S/\Sigma)$.

<u>Proposition</u> 2.3.8. *Soit* G *un* S*-groupe quasi-compact et quasi-séparé. Alors, pour tout morphisme cartésien de* $\mathrm{CRIS}(S/\Sigma)$

$$\begin{array}{ccc} U' & \hookrightarrow & T' \\ {\scriptstyle u}\downarrow & & \downarrow{\scriptstyle v} \\ U & \hookrightarrow & T \end{array}$$

où v *est plat, et tout cristal* E *quasi-cohérent sur* $\mathcal{O}_{S/\Sigma}$ *, on a un isomorphisme canonique dans* $D(\mathcal{O}_T)$

$$(2.3.8.1) \qquad v^*(t_{2]}\,\mathbb{R}\mathcal{H}om_{S/\Sigma}(\underline{G},\mathcal{J}^{[k]}_{S/\Sigma}E)_{(U,T,\delta)}) \simeq t_{2]}\,\mathbb{R}\mathcal{H}om_{S/\Sigma}(\underline{G},\mathcal{J}^{[k]}_{S/\Sigma}E)_{(U',T',\delta')}\ .$$

On peut encore remplacer $\underline{G}$ par $C^{(3)}(\underline{G})$ de part et d'autre de (2.3.8.1) . Par platitude de v , le terme de gauche de 2.3.8.1 est isomorphe à $t_{2]}\,v^*(\mathbb{R}\mathcal{H}om_{S/\Sigma}(C^{(3)}(\underline{G}),\mathcal{J}^{[k]}_{S/\Sigma}E)_{(U,T,\delta)})$. Il suffit donc de vérifier que

$$v^*(\mathbb{R}\mathcal{H}om_{S/\Sigma}(C^{(3)}(\underline{G}),\mathcal{J}^{[k]}_{S/\Sigma}E)_{(U,T,\delta)}) \simeq \mathbb{R}\mathcal{H}om_{S/\Sigma}(C^{(3)}(\underline{G}),\mathcal{J}^{[k]}_{S/\Sigma}E)_{(U',T',\delta')}\ .$$

La suite spectrale (2.2.2.1) permet à nouveau de se ramener à montrer que les flèches de changement de base

$$v^*(\mathbb{R}f_{G^n_U/T*}(\mathcal{J}^{[k]}_{G^n_U/T}E)) \longrightarrow \mathbb{R}f_{G^n_{U'}/T'*}(\mathcal{J}^{[k]}_{G^n_{U'}/T'}E|_{G^n_{U'}/T'})$$

sont des isomorphismes, pour G^n_U/T parcourant les sommets du diagramme $(G^{\cdot}_U/T)$ considéré en 2.1.6. Mais ceci résulte de la proposition 2.3.5 (iii).

Par passage à la cohomologie, la proposition 2.3.8 implique le corollaire suivant.

<u>Corollaire</u> 2.3.9. *Sous les hypothèses de la proposition* 2.3.8, *on a pour tout* $i \leq 2$, *un isomorphisme*

$$v^*(\mathcal{E}xt^i_{S/\Sigma}(\underline{G},\mathcal{J}^{[k]}_{S/\Sigma}E)_{(U,T,\delta)}) \simeq \mathcal{E}xt^i_{S/\Sigma}(\underline{G},\mathcal{J}^{[k]}_{S/\Sigma}E)_{(U',T',\delta')}\ .$$

2.3.10. Soit E un cristal quasi-cohérent sur $\mathcal{O}_{S/\Sigma}$. Les faisceaux $\mathcal{J}^{[k]}_{S/\Sigma}E$ vérifient alors les conditions (i) et (ii) de 1.1.18, ce qui entraîne par 1.3.6 que les groupes $\mathrm{Ext}^i_{S/\Sigma,\tau}(\underline{G},\mathcal{J}^{[k]}_{S/\Sigma}E)$ coïncident pour les différentes topologies τ considérées ici ; on les notera donc $\mathrm{Ext}^i_{S/\Sigma}(\underline{G},\mathcal{J}^{[k]}_{S/\Sigma}E)$. On sait que le faisceau $\mathcal{E}xt^i_{S/\Sigma,\mathrm{Zar}}(\underline{G},\mathcal{J}^{[k]}_{S/\Sigma}E)$ est le faisceau associé, pour la topologie de Zariski, au préfaisceau $(U,T,\delta)\longmapsto \mathrm{Ext}^i_{U/T}(\underline{G}_U,\mathcal{J}^{[k]}_{U/T}E_U)$ (voir 1.3.3). Puisque les $\mathrm{Ext}^i_{U/T,\tau}(\underline{G}_U,\mathcal{J}^{[k]}_{U/T}E_U)$ coïncident pour les différentes topologies τ, $\mathcal{E}xt^i_{S/\Sigma,\tau}(\underline{G},\mathcal{J}^{[k]}_{S/\Sigma}E)$ est le faisceau associé pour la topologie τ au préfaisceau sous-jacent au faisceau zariskien $\mathcal{E}xt^i_{S/\Sigma,\mathrm{Zar}}(\underline{G},\mathcal{J}^{[k]}_{S/\Sigma}E)$. En fait, un énoncé plus fort est vrai : la proposition 2.3.1 et le corollaire 2.3.9 montrent respectivement que chacun des faisceaux $\mathcal{E}xt^i_{S/\Sigma,\mathrm{Zar}}(\underline{G},\mathcal{J}^{[k]}_{S/\Sigma}E)_{(U,T,\delta)}$ satisfait aux conditions (i) et (ii) de 1.1.18, et est donc un faisceau pour toutes les topologies considérées. On obtient donc

<u>Corollaire</u> 2.3.11. *Soient* E *un cristal quasi-cohérent sur* $\mathcal{O}_{S/\Sigma}$, *et* G *un* S-*groupe quasi-compact et quasi-séparé. Alors :*

(i) *pour* $i \leqslant 2$, *les préfaisceaux sous-jacents aux* $\mathcal{E}xt^i_{S/\Sigma,\tau}(\underline{G},\mathcal{J}^{[k]}_{S/\Sigma}E)$ *coïncident pour toutes les topologies considérées ;*

(ii) *pour deux topologies* τ, τ', *telles que* τ' *soit plus fine que* τ, *l'homomorphisme canonique*

$$(2.3.11.1)\qquad t_{i]}\,\mathbb{R}\mathcal{H}om_{S/\Sigma,\tau}(\underline{G},\mathcal{J}^{[k]}_{S/\Sigma}E)\longrightarrow \mathbb{R}\alpha_*(t_{i]}\,\mathbb{R}\mathcal{H}om_{S/\Sigma,\tau'}(\underline{G},\mathcal{J}^{[k]}_{S/\Sigma}E))$$

est un isomorphisme pour tout $i \leqslant 2$.

La deuxième assertion résulte en effet de la suite spectrale

$$E_2^{p,q} = R^p\alpha_*(\mathcal{E}xt^q_{S/\Sigma,\tau'}(\underline{G},\mathcal{J}^{[k]}_{S/\Sigma}E)) \longrightarrow \mathcal{E}xt^{p+q}_{S/\Sigma,\tau}(\underline{G},\mathcal{J}^{[k]}_{S/\Sigma}E)\ ,$$

puisque $R^p\alpha_*(\mathcal{E}xt^q_{S/\Sigma,\tau'}(\underline{G},\mathcal{J}^{[k]}_{S/\Sigma}E)) = 0$ pour $q \leqslant 2$ et $p \geqslant 1$ d'après 1.1.19.

<u>Remarque</u>. En vertu de ce qui précède (et de l'énoncé analogue 2.4.5 pour les groupes p-divisibles), nous pourrons en pratique nous dispenser de préciser la topologie

pour laquelle nous calculerons les $\mathcal{E}xt^i_{S/\Sigma}(\underline{G},\mathcal{J}^{[k]}_{S/\Sigma}E)$ ou les $t_{i]}\mathbb{R}\mathcal{H}om_{S/\Sigma}(\underline{G},\mathcal{J}^{[k]}_{S/\Sigma}E)$. Sauf mention expresse du contraire, nous les considèrerons donc comme des faisceaux zariskiens. Grâce aux énoncés 1.1.5 à 1.1.8, toutes les suites exactes de groupes (pour la topologie fppf en général) rencontrées dans cet article nous fourniront des suites exactes (pour la topologie de Zariski) de faisceaux $\mathcal{E}xt^i_{S/\Sigma}$.

Remarquons enfin que la discussion de 2.3.10 s'applique, de façon plus élémentaire, aux $\mathcal{E}xt^i_{S_{Zar}}(G,M)$, lorsque M est un module quasi-cohérent de S_{Zar} : pour tout S-schéma U, les $\mathcal{E}xt^i_{S_{Zar}}(G,M)_U$ commutent au changement de base plat, et sont égaux aux $\mathcal{E}xt^i$ calculés pour les autres topologies. On en déduit en particulier la conséquence suivante, pour chacune des topologies considérées :

<u>Proposition</u> 2.3.12. *Soit* G *un* S-*groupe quasi-compact et quasi-séparé. Il existe pour* $i \leqslant 2$ *un isomorphisme canonique*

(2.3.12.1) $$\mathcal{E}xt^i_{S/\Sigma,\tau}(\underline{G},\underline{\mathbb{G}}_a) \simeq i_{S/\Sigma *}(\mathcal{E}xt^i_{S_{\gamma,\tau}}(G,\mathbb{G}_a)) .$$

En vertu de ce qui précède et de 1.3.6, on peut supposer que la topologie τ est la topologie de Zariski, de sorte que $\mathbb{R}i_{S/\Sigma *} = i_{S/\Sigma *}$ d'après 1.1.5. Comme $i^*_{S/\Sigma}(\underline{G}) = G$ d'après (1.1.4.3), l'isomorphisme d'adjonction entre $i^*_{S/\Sigma}$ et $i_{S/\Sigma *}$ se réduit à

(2.3.12.2) $$i_{S/\Sigma *}(\mathbb{R}\mathcal{H}om_{S_{\gamma,Zar}}(G,\mathbb{G}_a)) \simeq \mathbb{R}\mathcal{H}om_{S/\Sigma}(\underline{G},\underline{\mathbb{G}}_a) ,$$

ce qui donne (2.3.12.1) par passage à la cohomologie.

Dans le même ordre d'idées, signalons le résultat suivant (voir aussi 5.2.3) :

<u>Proposition</u> 2.3.13. *Soit* G *un* S-*groupe fini localement libre. Alors*

(2.3.13.1) $$\mathcal{E}xt^1_{S/\Sigma,fppf}(\underline{G},\underline{\mathbb{G}}_m) = 0 .$$

Puisque $\mathbb{G}_m$ est lisse, $\mathbb{R}i_{S/\Sigma *}(\mathbb{G}_m) = \underline{\mathbb{G}}_m$ d'après 1.1.6. On obtient donc une suite spectrale

$$E_2^{p,q} = R^p i_{S/\Sigma *}(\mathcal{E}xt^q_{S,\mathrm{fppf}}(G,\mathbb{G}_m)) \Longrightarrow \mathcal{E}xt^n_{S/\Sigma,\mathrm{fppf}}(\underline{G},\underline{\mathbb{G}}_m) .$$

Comme $R^1 i_{S/\Sigma *}(\mathcal{H}om_S(G,\mathbb{G}_m)) = R^1 i_{S/\Sigma *}(G^*) = 0$ d'après 1.1.8, et que $\mathcal{E}xt^1_{S,\mathrm{fppf}}(G,\mathbb{G}_m) = 0$, le résultat annoncé en découle.

2.4. Généralisation aux groupes p-divisibles.

Nous allons maintenant montrer que certaines propriétés obtenues en 2.3 pour les faisceaux $\mathcal{E}xt^i_{S/\Sigma}(\underline{G},\mathcal{J}^{[k]}_{S/\Sigma}E)$ s'étendent au cas où G est un groupe p-divisible sur S. Cela nécessitera l'utilisation des deux lemmes qui suivent ; pour la démonstration du premier (dans le cas où le topos est défini par un espace topologique), voir [10 , lemme 7.20].

Lemme 2.4.1. *Soient* T *un topos,* $F.$ *un système projectif de groupes abéliens de* T *, indexé par* $\mathbb{N}$ *. On suppose que pour tout objet* X *de* T *, il existe une famille couvrante* $\{Y_\alpha \longrightarrow X\}$ *de morphismes de* T *, telle que pour tout* α *:*

(i) *Le système projectif de groupes abéliens* $F.(Y_\alpha)$ *vérifie la condition de Mittag-Leffler.*

ii) *Pour tout* $q > 0$ *et tout* $n \in \mathbb{N}$, $H^q(Y_\alpha, F_n) = 0$.

Alors $F.$ *est* $\varprojlim$*-acyclique.*

Soit S un schéma. Supposons maintenant que $\mathcal{F}.$ soit un système projectif, indexé par $\mathbb{N}$, de $\mathcal{O}_S$-modules quasi-cohérents.

Lemme 2.4.2.

(i) $R^i \varprojlim \mathcal{F}. = 0$ *pour* $i \geqslant 2$.

(ii) *Si* $\mathcal{F}.$ *satisfait localement à la condition de Mittag-Leffler, alors* $\mathcal{F}.$ *est* $\varprojlim$*-acyclique.*

Les faisceaux injectifs restent injectifs après localisation, on peut donc supposer que S est affine ; soit $S = \mathrm{Spec}(A)$. Posons $F. = \Gamma(S, \mathcal{F}.)$. On peut plonger le système projectif de A-modules F. dans un système projectif de A-modules I. à morphismes de transition surjectifs, et le système projectif quotient $J. = I./F.$ est aussi à morphismes de transition surjectifs. Par passage aux $\mathcal{O}_S$-modules quasi-cohérents associés, on a donc une suite exacte de systèmes projectifs

$$0 \longrightarrow \mathcal{F}. \longrightarrow \tilde{I}. \longrightarrow \tilde{J}. \longrightarrow 0$$

qui est par 2.4.1 une résolution $\varprojlim$-acyclique de longueur 1 de $\mathcal{F}.$, d'où (i) . Par ailleurs, sous les hypothèses de (ii), $\mathcal{F}.$ lui-même satisfait aux conditions du lemme 2.4.1, en prenant pour familles couvrantes les familles surjectives d'inclusions d'ouverts affines de S .

Soit à nouveau (S,Σ) une paire de schémas satisfaisant aux conditions de 1.1.1. Considérons un groupe p-divisible G sur S et notons G(n) le S-groupe fini localement libre, noyau de p^n_G .

Proposition 2.4.3. *Fixons des entiers* $k \geqslant 1$, $q \geqslant 0$ *et désignons par* τ *l'une des deux topologies* fppf *ou* fpqc. *Pour tout faisceau abélien* E *de* $(S/\Sigma)_{\mathrm{CRIS},\tau}$ *annulé par* p^k *, le système projectif* $\mathcal{E}xt^q_{S/\Sigma,\tau}(\underline{G}(n),E)_{n \in \mathbb{N}}$ *vérifie la condition de Mittag-Leffler.*

La suite exacte de groupes abéliens de $(S/\Sigma)_{\mathrm{CRIS},\tau}$

$$0 \longrightarrow \underline{G}(n) \longrightarrow \underline{G} \xrightarrow{p^n} \underline{G} \longrightarrow 0 ,$$

induite, compte tenu de 1.1.7, par la suite correspondante dans $S_{\gamma,\tau}$, définit une suite exacte longue

$$\longrightarrow \mathcal{E}xt^q_{S/\Sigma,\tau}(\underline{G},E) \xrightarrow{p^n} \mathcal{E}xt^q_{S/\Sigma,\tau}(\underline{G},E) \longrightarrow \mathcal{E}xt^q_{S/\Sigma,\tau}(\underline{G}(n),E) \longrightarrow \mathcal{E}xt^{q+1}_{S/\Sigma,\tau}(\underline{G},E) \xrightarrow{p^n} \dots$$

et la flèche $p^n : \mathcal{E}xt^q_{S/\Sigma,\tau}(\underline{G},E) \longrightarrow \mathcal{E}xt^q_{S/\Sigma,\tau}(\underline{G},E)$ est nulle pour tout $n \geqslant k$ puisque E est annulé par p^k . On a donc pour $m,n \geqslant k$ un diagramme de suites exactes

(2.4.3.1)

$$\begin{array}{ccccccccc}
0 & \longrightarrow & \mathcal{E}xt^q_{S/\Sigma,\tau}(\underline{G},E) & \longrightarrow & \mathcal{E}xt^q_{S/\Sigma,\tau}(\underline{G}(n+m),E) & \longrightarrow & \mathcal{E}xt^{q+1}_{S/\Sigma,\tau}(\underline{G},E) & \longrightarrow & 0 \\
 & & \| & & \downarrow & & \downarrow{\scriptstyle p^m=0} & & \\
0 & \longrightarrow & \mathcal{E}xt^q_{S/\Sigma,\tau}(\underline{G},E) & \longrightarrow & \mathcal{E}xt^q_{S/\Sigma,\tau}(\underline{G}(n),E) & \longrightarrow & \mathcal{E}xt^{q+1}_{S/\Sigma,\tau}(\underline{G},E) & \longrightarrow & 0 ,
\end{array}$$

induit par le diagramme

$$\begin{array}{ccccccccc}
0 & \longrightarrow & G(n) & \longrightarrow & \underline{G} & \xrightarrow{p^n} & \underline{G} & \longrightarrow & 0 \\
 & & \downarrow & & \| & & \downarrow{\scriptstyle p^m} & & \\
0 & \longrightarrow & G(n+m) & \longrightarrow & \underline{G} & \xrightarrow{p^{n+m}} & \underline{G} & \longrightarrow & 0 .
\end{array}$$

Ainsi, pour $n \geqslant k$, l'image de $\mathcal{E}xt^q_{S/\Sigma,\tau}(\underline{G}(n+m),E)$ dans $\mathcal{E}xt^q_{S/\Sigma,\tau}(\underline{G}(n),E)$ est-elle constante pour $m \geqslant k$, de valeur $\mathcal{E}xt^q_{S/\Sigma,\tau}(\underline{G},E)$.

Corollaire 2.4.4. *Soit* E *un cristal quasi-cohérent sur* $\mathcal{O}_{S/\Sigma}$. *Pour* $q \leqslant 2$, *le système projectif des* $\mathcal{E}xt^q_{S/\Sigma,\tau}(\underline{G}(n),\mathcal{J}^{[k]}_{S/\Sigma}E)$ *vérifie la condition de Mittag-Leffler localement sur* $\mathrm{CRIS}(S/\Sigma)_\tau$ *pour toutes les topologies* τ *introduites en* 1.1.

L'assertion étant locale, on peut supposer Σ, et donc E, annulé par une puissance de p. D'après 2.4.3, l'assertion est vraie lorsque τ est la topologie fppf ou fpqc ; d'autre part, les $\mathcal{E}xt^q_{S/\Sigma,\tau}(\underline{G}(n),\mathcal{J}^{[k]}_{S/\Sigma}E)$ sont indépendants du choix de τ d'après 2.3.11. Il suffit donc de montrer que l'image de

$$\mathcal{E}xt^q_{S/\Sigma}(\underline{G}(n+m),\mathcal{J}^{[k]}_{S/\Sigma}E) \longrightarrow \mathcal{E}xt^q_{S/\Sigma}(\underline{G}(n),\mathcal{J}^{[k]}_{S/\Sigma}E)$$

est indépendante (en tant que préfaisceau) de la topologie considérée ; soit $F_{m,n}$ cette image, calculée dans la catégorie des faisceaux pour la topologie de Zariski. D'après 2.3.1, les $\mathcal{E}xt^q_{S/\Sigma}(\underline{G}(n),\mathcal{J}^{[k]}_{S/\Sigma}E)_{(U,T,\delta)}$ sont des $\mathcal{O}_T$-modules quasi-cohérents pour tout (U,T,δ) ; il en est donc de même de $F_{m,n}$. D'après 2.3.9, ils commutent aux changements de base plats, et donc $F_{m,n}$ aussi. Par conséquent, $F_{m,n}$ est un faisceau pour toutes les topologies considérées, et est égal à l'image pour chacune de ces topologies.

La proposition suivante rassemble, dans le cas des groupes p-divisibles, la plupart des propriétés démontrées en 2.3 pour les S-groupes quasi-compacts et quasi-séparés.

<u>Proposition</u> 2.4.5. *Soient* E *un cristal quasi-cohérent sur* $\mathcal{O}_{S/\Sigma}$ *et* G *un groupe* p-*divisible sur* S . *Alors, pour tout* $q \leqslant 2$:

(i) *Les préfaisceaux sous-jacents aux faisceaux* $\mathcal{E}xt^q_{S/\Sigma,\tau}(\underline{G},\mathcal{J}^{[k]}_{S/\Sigma}E)$ *sont indépendants de la topologie* τ .

(ii) $\mathcal{E}xt^q_{S/\Sigma}(\underline{G},\mathcal{J}^{[k]}_{S/\Sigma}E) = \varprojlim_n \mathcal{E}xt^q_{S/\Sigma}(\underline{G}(n),\mathcal{J}^{[k]}_{S/\Sigma}E)$.

(iii) *Les* $\mathcal{O}_T$*-modules* $\mathcal{E}xt^q_{S/\Sigma}(\underline{G},\mathcal{J}^{[k]}_{S/\Sigma}E)_{(U,T,\delta)}$ *sont quasi-cohérents, pour tout* $(U,T,\delta) \in \mathrm{CRIS}(S/\Sigma)$.

Observons d'abord que, pour tout faisceau abélien injectif J , le système projectif $\mathcal{H}om_{S/\Sigma,\tau}(\underline{G}(n),J)$ est $\varprojlim$-acyclique d'après 2.4.1. En effet, les injections $\underline{G}(n) \hookrightarrow \underline{G}(n+1)$ induisent des surjections $\mathcal{H}om_{S/\Sigma,\tau}(\underline{G}(n+1),J) \longrightarrow \mathcal{H}om_{S/\Sigma,\tau}(\underline{G}(n),J)$, de noyau $\mathcal{H}om_{S/\Sigma,\tau}(C_n,J)$, où C_n est le quotient $\underline{G}(n+1)/\underline{G}(n)$ pour la topologie τ . Comme tout faisceau de la forme $\mathcal{H}om_{S/\Sigma,\tau}(.,J)$ est acyclique pour les foncteurs sections, les conditions de 2.4.1 sont satisfaites, et l'on dispose d'une suite spectrale de foncteurs composés

$$(2.4.5.1) \qquad E_2^{p,q} = R^p\varprojlim \mathcal{E}xt^q_{S/\Sigma,\tau}(\underline{G}(n),\mathcal{J}^{[k]}_{S/\Sigma}E) \Longrightarrow \mathcal{E}xt^{p+q}_{S/\Sigma,\tau}(\underline{G},\mathcal{J}^{[k]}_{S/\Sigma}E)$$

pour toute topologie τ . Or, par 2.4.4 et 2.4.2 (ii), le système projectif de $\mathcal{O}_T$-modules $\mathcal{E}xt^q_{S/\Sigma,\tau}(\underline{G}(n),\mathcal{J}^{[k]}_{S/\Sigma}E)_{(U,T,\delta)}$ est $\varprojlim$-acyclique. C'est également le cas du système projectif $\mathcal{E}xt^q_{S/\Sigma,\tau}(\underline{G}(n),\mathcal{J}^{[k]}_{S/\Sigma}E)$ de groupes abéliens de $(S/\Sigma)_{\mathrm{CRIS},\tau}$, car on déduit de 2.4.1 que pour tout système projectif F. de groupes abéliens de ce topos, on a pour tout j un isomorphisme de $\mathcal{O}_T$-modules

$$(R^j\varprojlim F.)_{(U,T,\delta)} \simeq R^j\varprojlim(F._{(U,T,\delta)}) \ .$$

La suite spectrale (2.4.5.1) se réduit donc pour $q \leqslant 2$ à l'isomorphisme 2.4.5 (ii) et 2.4.5 (i) résulte alors de 2.3.11 . Enfin 2.4.5 (iii) est une conséquence de

2.3.1, puisque $\mathcal{E}xt^q_{S/\Sigma}(\underline{G},\mathcal{J}^{[k]}_{S/\Sigma}E)_{(U,T,\delta)}$ coïncide, pour n et m suffisamment grands, avec l'image de $\mathcal{E}xt^q_{S/\Sigma}(\underline{G}(n+m),\mathcal{J}^{[k]}_{S/\Sigma}E)_{(U,T,\delta)}$ dans $\mathcal{E}xt^q_{S/\Sigma}(\underline{G}(n),\mathcal{J}^{[k]}_{S/\Sigma}E)_{(U,T,\delta)}$ (voir la preuve de 2.4.3).

Remarque 2.4.6. On démontre en considérant la suite spectrale

$$E_2^{p,q} = R^p\varprojlim \mathcal{E}xt^q_{S_{\gamma,\tau}}(G(n),\mathbb{G}_{aS}) \Longrightarrow \mathcal{E}xt^{p+q}_{S_{\gamma,\tau}}(G,\mathbb{G}_{aS})$$

construite comme en (2.4.5.1), mais dans le topos $S_{\gamma,\tau}$, que pour tout S-groupe p-divisible G,

(2.4.6.1) $$\mathcal{E}xt^q_{S_{\gamma,\tau}}(G,\mathbb{G}_a) \simeq \varprojlim \mathcal{E}xt^q_{S_{\gamma,\tau}}(G(n),\mathbb{G}_a) .$$

Il existe donc un isomorphisme canonique (2.3.12.1) pour G p-divisible, comme on le voit en passant à la limite à partir de 2.3.12. Nous donnerons en 3.3.2 un énoncé plus précis.

2.5. Le cristal de Dieudonné d'un schéma abélien.

2.5.1. Soit $f : X \longrightarrow S$ un morphisme de schémas. On note $\mathcal{H}^i_{DR}(X/S)$ le ième faisceau de cohomologie de de Rham relative $\mathbb{R}^i f_*(\Omega^\bullet_{X/S})$, et $\mathcal{H}^i_{Hdg}(X/S)$ le ième faisceau de cohomologie relative, somme directe des faisceaux $R^q f_*(\Omega^p_{X/S})$ pour tous les entiers p,q tels que $p+q = i$. Le produit extérieur sur $\Omega^\bullet_{X/S}$ induit une structure d'algèbre graduée anti-commutative sur $\mathcal{H}^*_{DR}(X/S)$ et sur $\mathcal{H}^*_{Hdg}(X/S)$. On utilisera la notation $\mathcal{H}^*(X/S)$ pour des énoncés communs à ces deux algèbres.

Nous allons maintenant étudier $\mathcal{H}^*(X/S)$ lorsque $X = A$ est un S-schéma abélien de dimension relative n. On verra notamment en 2.5.2 (i) que $\mathcal{H}^*(A/S)$ est plat sur S ; ceci a pour conséquence (compte tenu de la formule de Künneth pour $\mathcal{H}^*(A\times A/S)$) que la loi de groupe de A induit sur l'algèbre $\mathcal{H}^*(A/S)$ une comultiplication qui en fait une bigèbre graduée. Par ailleurs on désigne dans ce qui suit par $\Lambda(M)$, pour tout R-module M, la bigèbre d'algèbre sous-jacente l'algèbre extérieure de M , dans laquelle les éléments de degré 1 sont primitifs pour la comultiplication. La description suivante de $\mathcal{H}^*(A/S)$ est bien connue lorsque $S = \mathrm{Spec}(k)$, où k est un corps [49, VII, théorème 10 ; 45, proposition 5.1] .

Proposition 2.5.2.

(i) *Pour tout* $i \geq 0$ *(resp.* $p,q \geq 0$*), les faisceaux* $\mathcal{H}^i_{DR}(A/S)$ *(resp.* $R^q f_*(\Omega^p_{A/S})$*) sont localement libres sur* S *et leur formation commute au changement de base.*

(ii) *L'algèbre* $\mathcal{H}^*(A/S)$ *est alternée, et le morphisme canonique d'algèbres*

$$\wedge \mathcal{H}^1(A/S) \longrightarrow \mathcal{H}^*(A/S) \quad ,$$

défini par la structure multiplicative de $\mathcal{H}^*(A/S)$ *, est un isomorphisme, compatible aux structures de bigèbre.*

(iii) *La suite spectrale de Hodge-de Rham*

$$E_1^{p,q} = R^q f_*(\Omega^p_{A/S}) \Longrightarrow \mathcal{H}^{p+q}_{DR}(A/S)$$

dégénère en E_1 .

Commençons par expliciter 2.5.2 pour $i = 1$; on pose $\omega_A = e^*(\Omega^1_{A/S})$, où $e : S \longrightarrow A$ est la section unité de A .

Lemme 2.5.3. *La suite exacte de complexes*

$$0 \longrightarrow \sigma_{[1}\, \Omega^{\cdot}_{A/S} \longrightarrow \Omega^{\cdot}_{A/S} \longrightarrow \mathcal{O}_A \longrightarrow 0$$

induit une suite exacte de modules localement libres sur S

$$(2.5.3.1) \qquad 0 \longrightarrow \omega_A \longrightarrow \mathcal{H}^1_{DR}(A/S) \xrightarrow{\beta} R^1 f_* \mathcal{O}_A \longrightarrow 0$$

dont la formation commute au changement de base.

Un raisonnement standard (voir par exemple [17 , preuve de 5.5]) permet de supposer que $S = \mathrm{Spec}(R)$, où R est un anneau local artinien. Comme A est lisse sur S , ω_A est localement libre de rang n , et commute aux changements de base.

D'autre part, si $\hat{A}$ est le schéma abélien dual de A (dont l'existence résulte entre autres de [28 , 3.7]) , le faisceau $R^1f_*(\mathcal{O}_A)$ s'identifie à son faisceau tangent le long de la section nulle, de sorte qu'il est localement libre de rang n , et commute aux changements de base.

Comme f est propre, lisse et à fibres géométriquement connexes, $f_*(\mathcal{O}_A) \simeq \mathcal{O}_S$. Puisque $\Omega^1_{A/S} \simeq f^*(\omega_A)$, on en déduit pour tous $p,q \geqslant 0$:

$$E_1^{p,q} = R^qf_*(\Omega^p_{A/S}) \simeq R^qf_*(f^*(\overset{p}{\Lambda}\omega_A)) \simeq R^qf_*(\mathcal{O}_A) \otimes (\overset{p}{\Lambda}\omega_A) ,$$

et $d_1^{p,q}$ s'identifie à

$$1\otimes d : R^qf_*(\mathcal{O}_A) \otimes (\overset{p}{\Lambda}\omega_A) \longrightarrow R^qf_*(\mathcal{O}_A) \otimes (\overset{p+1}{\Lambda}\omega_A) .$$

Comme les différentielles invariantes sont fermées, $d_1^{p,q}$ est donc nul pour tous p,q , et $E_1^{p,q} \simeq E_2^{p,q}$. En particulier,

$$F^1\mathcal{H}^1_{DR}(A/S) \simeq E_2^{1,o} \simeq E_1^{1,o} \simeq \omega_A ,$$

$$E_2^{o,1} \simeq E_1^{o,1} \simeq R^1f_*(\mathcal{O}_A) .$$

Il suffit donc, pour achever la démonstration du lemme, de prouver la surjectivité de β . Soit ZAR(A/S) le site dont les objets sont les couples (S',U) où S' est un S-schéma, et U un ouvert de $A' = A\times_S S'$, la topologie de ZAR(A/S) étant la topologie de Zariski en un sens évident ; on notera encore $\Omega^i_{A/S}$ le faisceau défini par $\Gamma((S',U),\Omega^i_{A/S}) = \Gamma(U,\Omega^i_{A'/S'})$, et f le morphisme du topos des faisceaux sur ZAR(A/S) dans S_{ZAR} tel que pour tout faisceau E sur ZAR(A/S) , et tout S' , $\Gamma(S',f_*(E)) = \Gamma(A',E)$. Le complexe de de Rham multiplicatif sur ZAR(A/S) donne une suite exacte de complexes

$$0 \longrightarrow \sigma_{[1}\,\Omega^{\cdot}_{A/S} \longrightarrow \Omega^{\times}_{A/S} \longrightarrow \mathbb{G}_m \longrightarrow 0 ,$$

d'où une suite exacte de faisceaux sur le gros site zariskien de S :

$$0 \longrightarrow \omega_A \xrightarrow{\alpha^\times} \mathbb{R}^1f_*(\Omega^{\times}_{A/S}) \xrightarrow{\beta^\times} \underline{\mathrm{Pic}}_{A/S} \xrightarrow{\partial} \mathbb{R}^2f_*(\sigma_{[1}\,\Omega^{\cdot}_{A/S}) .$$

On observe que ∂ est nul sur le schéma abélien $\hat{A} = \underline{\mathrm{Pic}}^{o}_{A/S}$ dual de A . En effet, par platitude de $\hat{A}$ sur S , la flèche composée $\hat{A} \hookleftarrow \underline{\mathrm{Pic}}_{A/S} \xrightarrow{\partial} \mathbb{R}^2 f_*(\sigma_{[1}\ \Omega^{\cdot}_{A/S})$ est déterminée par sa restriction au sous-site formé des S-schémas plats, et, sur celui-ci, le faisceau $\mathbb{R}^2 f_*(\sigma_{[1}\ \Omega^{\cdot}_{A/S})$ est un $\mathcal{O}_S$-module quasi-cohérent. La nullité de la flèche considérée résulte donc de [40, lemme p. 9]. On obtient finalement une suite exacte

$$(2.5.3.2) \qquad 0 \longrightarrow \omega_A \longrightarrow \mathbb{R}^1 f_*(\Omega^{\times}_{A/S}) \times_{\underline{\mathrm{Pic}}_{A/S}} \hat{A} \xrightarrow{\beta'} \hat{A} \longrightarrow 0 ,$$

qui est une suite exacte de groupes lisses, la représentabilité du terme central résultant de celle de $\hat{A}$, puisque ω_A est un groupe vectoriel. Le faisceau tangent à l'origine au terme central s'identifie à $\mathbb{R}^1 f_*(\Omega^{\cdot}_{A/S})$ [40, II (4.1.4) et (4.1.7)] et la surjectivité de β résulte alors de celle de β' par passage aux faisceaux tangents.

Démontrons maintenant 2.5.2 (i) . On se ramène, comme dans le preuve du lemme 2.5.3, au cas où S est le spectre d'un anneau artinien. On vient par ailleurs de montrer que toutes les différentielles d_1 de la suite spectrale de Hodge-de Rham sont nulles et donc

$$\mathcal{H}^{2n}_{DR}(A/S) \simeq E_2^{n,n} \simeq E_1^{n,n} \simeq R^n f_*(\Omega^n_{A/S}) ,$$

où n est la dimension relative du S-schéma abélien A . Puisque A est propre, lisse, à fibres géométriquement connexes sur S , le morphisme trace en cohomologie cohérente $R^n f_*(\Omega^n_{A/S}) \longrightarrow \mathcal{O}_S$ est un isomorphisme. Enfin, la formation de $R^n f_*(\Omega^n_{A/S})$ commute au changement de base puisque $R^{n+1} f_*(\Omega^n_{A/S}) = 0$. La proposition 2.5.2 (i) est donc vraie pour $i = 2n$ (resp. $p+q = 2n$) .

Démontrons 2.5.2 (i), pour i (resp. p,q) quelconque, par récurrence descendante sur i (resp. p+q) . Par hypothèse de récurrence, $\mathcal{H}^{i+1}(A/S)$ est libre et la formation de $\mathcal{H}^i(A/S)$ commute donc au changement de base. D'autre part, le choix d'une section σ du morphisme canonique $\overset{2n-i}{\otimes}\ \mathcal{H}^1(A/S) \longrightarrow \overset{2n-i}{\wedge}\ \mathcal{H}^1(A/S)$ (de but localement libre par 2.5.3) permet de définir un morphisme

$$\left(\overset{2n-i}{\wedge}\mathcal{H}^1(A/S)\right)\otimes\mathcal{H}^i(A/S)\xrightarrow{\sigma\times 1}\left(\overset{2n-i}{\otimes}\mathcal{H}^1(A/S)\right)\otimes\mathcal{H}^i(A/S)\xrightarrow{\mu}\mathcal{H}^{2n}(A/S)\simeq\mathcal{O}_S$$

(où μ est la multiplication dans $\mathcal{H}^*(A/S)$) , et donc une flèche

$$\mathcal{H}^i(A/S)\longrightarrow\left(\overset{2n-i}{\wedge}(\mathcal{H}^1(A/S))\right)^\vee . \tag{2.5.3.3}$$

Sa formation commute au changement de base, et son but est, par le lemme 2.5.3, localement libre et isomorphe à $\overset{i}{\wedge}\mathcal{H}^1(A/S)$ (on sait en effet par (2.5.3.1) que $\mathcal{H}^1(A/S)$ est de rang $2n$) . Par le lemme de Nakayama, pour montrer que cette flèche est un isomorphisme (et donc que 2.5.2 (i) est vraie pour $\mathcal{H}^i(A/S)$) , il suffit de le vérifier lorsque la base est un corps, et dans ce cas la proposition 2.5.2 est bien connue [49 , 45] .

Fixons localement une base $e_1,\dots,e_{2n}$ de $\mathcal{H}^1(A/S)$. Lorsque S est sans 2-torsion, la structure d'algèbre alternée de $\mathcal{H}^*(A/S)$ résulte de sa structure d'algèbre graduée anticommutative. Dans le cas général, il suffit, compte tenu de ce qui précède, de vérifier que tout élément e_j de cette base est de carré nul. Or, l'élément $e_1\dots e_j^2\dots e_{2n}$ de $\mathcal{H}^*(A/S)$ est nul puisqu'il est de degré $> 2n$, il en est donc de même de son image par comultiplication itérée dans $\mathcal{H}^*(A/S)^{\otimes 2n}$. En particulier, le terme $e_1\otimes\dots\otimes e_j^2\otimes\dots\otimes e_{2n}$ est nul et donc également e_j^2 . La partie (ii) de 2.5.2 est maintenant démontrée : en effet le morphisme $\wedge\mathcal{H}^1(A/S)\longrightarrow\mathcal{H}^*(A/S)$ défini par la structure d'algèbre alternée de $\mathcal{H}^*(A/S)$ est un isomorphisme puisque (2.5.3.3) en est un pour tout i et la compatibilité de ce morphisme à la comultiplication est immédiate puisque les éléments de $\mathcal{H}^1(A/S)$, générateurs de l'algèbre $\mathcal{H}^*(A/S)$, sont primitifs pour la comultiplication.

L'assertion 2.5.2 (iii) est une conséquence des précédentes. On sait en effet que le produit extérieur sur $\Omega^{\cdot}_{A/S}$ induit une structure multiplicative sur la suite spectrale de Hodge-de Rham, qui coïncide sur le terme initial (resp. sur l'aboutissement) avec la structure multiplicative sur $\mathcal{H}^*_{Hdg}(A/S)$ (resp. $\mathcal{H}^*_{DR}(A/S)$) précédemment envisagée, et pour laquelle les différentielles sont des antidérivations (voir [45, p. 118]). On a vu en 2.5.3 que $E_1^{p,q}\simeq E_2^{p,q}$, et l'on démontre par récurrence sur $r \geq 2$ que $d_r = 0$: on sait que d_r est nulle sur les termes $E_r^{p,q}$ tels que $p+q = 1$ (la seule assertion non formelle étant la nullité de $d_2 : E_2^{o,1} \longrightarrow E_2^{2,o}$, équivalente à la surjectivité de la flèche β de (2.5.3.1)) . Mais l'algèbre $E_r^{*,*}$ est engendrée par de tels termes, et d_r est donc nulle sur $E_r^{*,*}$ tout entier.

2.5.4. Passons maintenant à la cohomologie cristalline. Soient S et $(\Sigma, \mathfrak{J}, \gamma)$ vérifiant les hypothèses de 1.1.1 [(1)] et à nouveau A un S-schéma abélien de morphisme structural f et de dimension relative n . Le cup-produit munit le $\mathcal{O}_{S/\Sigma}$-module gradué $R^*f_{CRIS*}(\mathcal{O}_{A/\Sigma}) = \bigoplus_{i \geq 0} R^i f_{CRIS*}(\mathcal{O}_{A/\Sigma})$ d'une structure de $\mathcal{O}_{S/\Sigma}$-algèbre graduée anticommutative.

<u>Corollaire</u> 2.5.5. *Sous les hypothèses précédentes,* $R^1 f_{CRIS*}(\mathcal{O}_{A/\Sigma})$ *est un cristal en* $\mathcal{O}_{S/\Sigma}$*-modules, localement libre de rang* $2n$. *De plus, l'algèbre* $R^* f_{CRIS*}(\mathcal{O}_{A/\Sigma})$ *est alternée et l'homomorphisme canonique d'algèbres*

$$\Lambda R^1 f_{CRIS*}(\mathcal{O}_{A/\Sigma}) \longrightarrow R^* f_{CRIS*}(\mathcal{O}_{A/\Sigma}) \qquad (2.5.5.1)$$

défini par la structure multiplicative de $R^* f_{CRIS*}(\mathcal{O}_{A/\Sigma})$ *est un isomorphisme. Enfin, la structure de* S*-groupe de* A *définit sur* $R^* f_{CRIS*}(\mathcal{O}_{A/\Sigma})$ *une structure de bigèbre graduée, pour laquelle* (2.5.5.1) *est un isomorphisme de bigèbres.*

Il suffit de démontrer l'assertion pour les faisceaux zariskiens correspondants sur tout objet (U,T,δ) de $CRIS(S/\Sigma)$, et on peut de plus supposer T affine . D'après (1.1.16.4) ,

$$R^* f_{CRIS*}(\mathcal{O}_{A/\Sigma})_{(U,T,\delta)} \simeq R^* f_{A_U/T*}(\mathcal{O}_{A_U/T}) ,$$

où $A_U = A \times_S U$. Comme $U \longrightarrow T$ est une nilimmersion, et T affine, il existe un

----

(1) Ces résultats peuvent s'étendre sans supposer p localement nilpotent sur S , en adoptant la définition de la cohomologie cristalline proposée en [5 , Appendice] .

schéma abélien A' sur T relevant A_U (le cas d'une nilimmersion se déduisant du cas classique [28,47] d'une immersion nilpotente par passage à la limite inductive), d'où un isomorphisme canonique

$$R^*f_{A_U/T*}(\mathcal{O}_{A_U/T}) \simeq \mathbb{R}^*f'_*(\Omega^{\cdot}_{A'/T}) \; ; \tag{2.5.5.2}$$

ces isomorphismes étant fonctoriels et compatibles aux cup-produits, on est ramené à la proposition 2.5.2.

Le corollaire 2.5.5 permet alors de calculer les faisceaux $\mathcal{E}xt^i_{S/\Sigma}(\underline{A},\mathcal{O}_{S/\Sigma})$ pour $i \leqslant 2$.

<u>Théorème</u> 2.5.6. *Soit* $f : A \longrightarrow S$ *un schéma abélien, de dimension relative* n. *Alors :*

(i) $\mathcal{H}om_{S/\Sigma}(\underline{A},\mathcal{O}_{S/\Sigma}) = 0$;

(ii) $\mathcal{E}xt^1_{S/\Sigma}(\underline{A},\mathcal{O}_{S/\Sigma}) \simeq R^1f_{CRIS*}(\mathcal{O}_{A/\Sigma})$, *et est donc un cristal en* $\mathcal{O}_{S/\Sigma}$*-modules localement libre de rang* $2n$;

(iii) $\mathcal{E}xt^2_{S/\Sigma}(\underline{A},\mathcal{O}_{S/\Sigma}) = 0$.

Puisque $R^0f_{CRIS*}(\mathcal{O}_{A/\Sigma}) \simeq \mathcal{O}_{S/\Sigma}$, le complexe $(E_1^{\cdot,0},d_1^{\cdot,0})$ de la suite spectrale (2.2.2.1) est le suivant, tout à fait analogue au complexe $\tilde{K}$ examiné en 2.2.9 dans un contexte similaire :

$$\mathcal{O}_{S/\Sigma} \xrightarrow{\text{Id}} \mathcal{O}_{S/\Sigma} \longrightarrow (\mathcal{O}_{S/\Sigma})^2 \xrightarrow{\partial} (\mathcal{O}_{S/\Sigma})^5 ,$$

∂ étant défini par $\partial(f,g) = (f,f+g,-f+g,-2g,-g)$. Ce complexe est 2-acyclique, et $E_2^{p,0} = 0$ pour $p \leqslant 2$.

De même, la formule de Künneth entraîne que

$$R^1f_{n_\alpha\, CRIS*}(\mathcal{O}_{A^{n_\alpha}/\Sigma}) \simeq \bigoplus_{n_\alpha} R^1f_{CRIS*}(\mathcal{O}_{A/\Sigma}) ,$$

et la loi de groupe induit l'application diagonale sur $M = R^1f_{CRIS*}(\mathcal{O}_{A/\Sigma})$. Le complexe $(E_1^{\cdot,1}, d_1^{\cdot,1})$ s'écrit donc

$$M \xrightarrow{0} M^2 \xrightarrow{(\partial^1,\partial^2)} M^3 \oplus M^2 \longrightarrow \dots ,$$

où $\partial^1 : M^2 \longrightarrow M^3$ est défini par $\partial^1(m_1,m_2) = (-m_1,0,m_2)$, comme l'indiquent les formules (2.1.5.2). Ainsi, $E_2^{o,1}$ et $E_2^{1,1} = 0$.

Enfin, $d_1^{o,2}$ est la flèche $p_1^* + p_2^* - \mu^* : R^2 f_{CRIS*}(\mathcal{O}_{A/\Sigma}) \longrightarrow R^2 f_{CRIS*}(\mathcal{O}_{A^2/\Sigma})$ où μ (resp. p_i) : $A^2 \longrightarrow A$ désigne la loi de groupe de A (resp. la projection sur le ième facteur), de sorte que $E_2^{o,2} = 0$ puisque les seuls éléments primitifs de $\Lambda(M)$ sont en degré 1 . Le théorème en résulte.

Définition 2.5.7. *Soient* S *un schéma de caractéristique* p, $\Sigma = \mathrm{Spec}(\mathbb{Z}_p)$, $\mathfrak{J} = p.\mathcal{O}_\Sigma$, *muni de ses puissances divisées canoniques. Si* A *est un* S*-schéma abélien, le cristal en* $\mathcal{O}_{S/\Sigma}$*-modules* $\mathcal{E}xt^1_{S/\Sigma}(\underline{A},\mathcal{O}_{S/\Sigma})$ *sera noté* $\mathbb{D}(A)$. *Muni des homomorphismes* $F : \mathbb{D}(A)^\sigma \longrightarrow \mathbb{D}(A)$, *et* $V : \mathbb{D}(A) \longrightarrow \mathbb{D}(A)^\sigma$ *définis en* 1.3.5, $\mathbb{D}(A)$ *est appelé* cristal de Dieudonné de A .

Il est possible d'étendre cette définition au cas où l'on suppose seulement p nilpotent sur S , de la manière suivante. Soit $S_o = S \times \mathrm{Spec}(\mathbb{F}_p)$. Ainsi que l'on a observé en 1.2.1 , le foncteur image inverse associé à l'immersion $i : S_o \hookrightarrow S$ définit une équivalence de la catégorie des cristaux sur S relativement à Σ sur celle des cristaux sur S_o relativement à Σ . Pour tout cristal M sur S , cette équivalence permet de donner un sens au cristal M^σ , même si l'endomorphisme de Frobenius de S_o ne se relève pas à S ; lorsqu'il se relève en un endomorphisme σ de S , M^σ est alors l'image inverse de M par σ au sens ordinaire. De même, en observant que $i^*_{CRIS}(\mathcal{E}xt^1_{S/\Sigma}(\underline{A},\mathcal{O}_{S/\Sigma})) = \mathcal{E}xt^1_{S_o/\Sigma}(\underline{A}_o,\mathcal{O}_{S_o/\Sigma})$, avec $A_o = A \times_S S_o$, cette équivalence de catégories permet de définir des homomorphismes

$$F : \mathcal{E}xt^1_{S/\Sigma}(\underline{A},\mathcal{O}_{S/\Sigma})^\sigma \longrightarrow \mathcal{E}xt^1_{S/\Sigma}(\underline{A},\mathcal{O}_{S/\Sigma})$$

$$V : \mathcal{E}xt^1_{S/\Sigma}(\underline{A},\mathcal{O}_{S/\Sigma}) \longrightarrow \mathcal{E}xt^1_{S/\Sigma}(\underline{A},\mathcal{O}_{S/\Sigma})^\sigma \quad .$$

Par abus de langage, nous appellerons encore $\mathcal{E}xt^1_{S/\Sigma}(\underline{A},\mathcal{O}_{S/\Sigma})$ le cristal de Dieudonné de A , et nous utiliserons encore la notation $\mathbb{D}(A)$.

Observons enfin le fait suivant. Pour tout carré commutatif (1.1.10.1)

$$\begin{array}{ccc} S' & \xrightarrow{f} & S \\ \downarrow & & \downarrow \\ (\Sigma', \mathfrak{I}', \gamma') & \xrightarrow{u} & (\Sigma, \mathfrak{I}, \gamma) \end{array}$$

où u est un PD-morphisme, le morphisme

$$f^*_{CRIS}(\mathcal{E}xt^1_{S/\Sigma}(\underline{A},\mathcal{O}_{S/\Sigma})) \longrightarrow \mathcal{E}xt^1_{S'/\Sigma'}(\underline{A}',\mathcal{O}_{S'/\Sigma'})$$

est un isomorphisme d'après 2.3.6. Cela entraîne les deux remarques suivantes :

(i) En prenant $S = S'$, et en posant $\Sigma = \Sigma' = \mathrm{Spec}(\mathbb{Z}_p)$, $\mathfrak{I} = 0$, muni des puissances divisées triviales, $\mathfrak{I}' = p.\mathcal{O}_\Sigma$, muni des puissances divisées canoniques, on voit que $\mathbb{D}(A)$ est la restriction à $\mathrm{CRIS}(S/\mathbb{Z}_p, p\mathbb{Z}_p, \gamma)$ du cristal $\mathcal{E}xt^1_{S/\Sigma,0}(A,\mathcal{O}_{S/\Sigma})$. Cette restriction, introduite principalement pour faire le lien avec la théorie classique des modules de Dieudonné, n'est par contre pas nécéssaire pour la validité des résultats des chapitres 3 et 5, qui n'utilisent pas l'hypothèse de compatibilité aux puissances divisées canoniques de p .

(ii) Pour S , $(\Sigma, \mathfrak{I}, \gamma)$ vérifiant les hypothèses de (1.1.1) (resp. tels que de plus γ soit compatible aux puissances divisées naturelles de p) , le cristal $\mathcal{E}xt^1_{S/\Sigma}(\underline{A},\mathcal{O}_{S/\Sigma})$ est simplement la restriction à $\mathrm{CRIS}(S/\Sigma, \mathfrak{I}, \gamma)$ du cristal $\mathcal{E}xt^1_{S/\mathbb{Z}_p,0}(\underline{A},\mathcal{O}_{S/\mathbb{Z}_p})$ (resp. du cristal $\mathbb{D}(A)$) .

Passons maintenant à l'étude de la filtration de Hodge.

<u>Proposition</u> 2.5.8. *Soit* $f : A \longrightarrow S$ *un schéma abélien. Alors :*

(i) $\mathcal{E}xt^i_{S/\Sigma}(\underline{A},\mathcal{J}_{S/\Sigma}) = \mathcal{E}xt^i_{S/\Sigma}(\underline{A},\underline{\mathbb{G}}_a) = 0$ *pour* $i = 0$ *ou* 2 ;

(ii) *la suite exacte*

$$0 \longrightarrow \mathcal{J}_{S/\Sigma} \longrightarrow \mathcal{O}_{S/\Sigma} \longrightarrow \underline{\mathbb{G}}_a \longrightarrow 0$$

donne un diagramme commutatif à lignes exactes

$$\begin{array}{ccccccccc}
0 & \longrightarrow & \mathcal{E}xt^1_{S/\Sigma}(\underline{A},\mathcal{J}_{S/\Sigma})_S & \longrightarrow & \mathcal{E}xt^1_{S/\Sigma}(\underline{A},\mathcal{O}_{S/\Sigma})_S & \longrightarrow & \mathcal{E}xt^1_{S/\Sigma}(\underline{A},\underline{\mathbb{G}}_a)_S & \longrightarrow & 0 \\
 & & \downarrow\wr & & \downarrow\wr & & \downarrow\wr & & \\
0 & \longrightarrow & R^1 f_{\mathrm{CRIS}*}(\mathcal{J}_{A/\Sigma})_S & \longrightarrow & R^1 f_{\mathrm{CRIS}*}(\mathcal{O}_{A/\Sigma})_S & \longrightarrow & R^1 f_{\mathrm{CRIS}*}(\underline{\mathbb{G}}_{a\,A})_S & \longrightarrow & 0 \\
 & & \wr\uparrow & & \wr\uparrow & & \wr\uparrow & & \\
0 & \longrightarrow & \omega_A & \longrightarrow & \mathcal{H}^1_{DR}(A/S) & \longrightarrow & R^1 f_*(\mathcal{O}_A) & \longrightarrow & 0
\end{array},$$

où la ligne du bas est la suite exacte (2.5.3.1).

Compte tenu de l'identification de $R^1 f_*(\mathcal{O}_A)$ au faisceau tangent à $\hat{A}$ le long de la section nulle (cf. 5.1.1), cette suite exacte peut encore s'écrire

(2.5.8.1) $$0 \longrightarrow \omega_A \longrightarrow \mathbb{D}(A)_S \longrightarrow \mathcal{L}ie(\hat{A}) \longrightarrow 0 .$$

On remarquera que la proposition 2.5.2, dans le cas de la cohomologie de Hodge, montre en particulier que $\oplus R^i f_*(\mathcal{O}_A)$ s'identifie à $\Lambda(R^1 f_*(\mathcal{O}_A))$. Ceci permet de démontrer pour les $\mathcal{E}xt^i_S(A,\mathbb{G}_a)$ les analogues des assertions de 2.5.6, par la même démonstration. Comme les $\mathcal{E}xt^i_S(A,\mathbb{G}_a)_S$ (resp. $R^i f_*(\mathcal{O}_A)$) sont égaux aux $\mathcal{E}xt^i_{S_{\gamma,\tau}}(A,\mathbb{G}_a)_S$ (resp. $R^i f_*(\mathcal{O}_A)_S$, pour $f : A_{\gamma,\tau} \longrightarrow S_{\gamma,\tau}$) d'après 2.3.7, on déduit de 2.3.12 la nullité des $\mathcal{E}xt^i_{S/\Sigma}(\underline{A},\underline{\mathbb{G}}_a)$ pour $i = 0$ ou 2 , et les isomorphismes

$$\mathcal{E}xt^1_{S/\Sigma}(\underline{A},\underline{\mathbb{G}}_a)_S \xrightarrow{\sim} R^1 f_{\mathrm{CRIS}*}(\underline{\mathbb{G}}_{a\,A})_S \xleftarrow{\sim} R^1 f_*(\mathcal{O}_A) .$$

La commutativité du diagramme entraîne alors, d'après 2.5.6 (ii) , que $\mathcal{E}xt^1_{S/\Sigma}(\underline{A},\mathcal{J}_{S/\Sigma})_S \xrightarrow{\sim} R^1 f_{\mathrm{CRIS}*}(\mathcal{J}_{A/\Sigma})_S$, et l'isomorphisme

$$\omega_A \xrightarrow{\sim} \mathcal{E}xt^1_{S/\Sigma}(\underline{A},\mathcal{J}_{S/\Sigma})_S$$

a été prouvé en 2.2.2. La nullité de $\mathcal{H}om_{S/\Sigma}(\underline{A},\mathcal{J}_{S/\Sigma})$ étant claire, il reste à prouver celle de $\mathcal{E}xt^2_{S/\Sigma}(\underline{A},\mathcal{J}_{S/\Sigma})$. Dans le carré commutatif

$$\begin{array}{ccc}
\mathcal{E}xt^1_{S/\Sigma}(\underline{A},\mathcal{O}_{S/\Sigma})(U,T,\delta) & \longrightarrow & \mathcal{E}xt^1_{S/\Sigma}(\underline{A},\underline{\mathbb{G}_a})(U,T,\delta) \\
\downarrow\!\!\downarrow & & \downarrow \wr \\
\mathcal{E}xt^1_{S/\Sigma}(\underline{A},\mathcal{O}_{S/\Sigma})(U,U) & \longrightarrow\!\!\!\!\rightarrow & \mathcal{E}xt^1_{S/\Sigma}(\underline{A},\underline{\mathbb{G}_a})(U,U)
\end{array},$$

la flèche verticale de gauche est surjective parce que $\mathcal{E}xt^1_{S/\Sigma}(\underline{A},\mathcal{O}_{S/\Sigma})$ est un cristal, et la flèche du bas d'après l'exactitude de (2.3.5.1) ; l'isomorphisme de droite résulte de 2.3.12, et la flèche du haut est donc surjective pour tout (U,T,δ), ce qui entraîne la nullité de $\mathcal{E}xt^2_{S/\Sigma}(\underline{A},\mathcal{J}_{S/\Sigma})$ grâce à 2.5.6 (iii).

<u>Remarque</u> 2.5.9. L'utilisation de méthodes simpliciales permet de renforcer l'énoncé du théorème 2.5.6. On peut en effet déduire de 2.5.5 que, pour tout schéma abélien A sur une base S de caractéristique p ,

$$\mathcal{E}xt^i_{S/\Sigma}(\underline{A},\mathcal{O}_{S/\Sigma})_S = 0$$

pour $1 < i < 2p-1$. Signalons également que pour tout S-groupe affine et lisse G ,

$$\mathcal{E}xt^2_{S/\Sigma}(\underline{G},\mathcal{J}_{S/\Sigma})_S = 0 . \qquad (2.5.9.1)$$

Par contre, supposons que k soit un corps de caractéristique 2, et S = Spec(k). Alors

$$\mathcal{E}xt^2_{S/\Sigma}(\alpha_2,\mathcal{O}_{S/\Sigma})_S \neq 0 ,$$

$$\mathcal{E}xt^2_{S/\Sigma}(\alpha_2,\mathcal{J}_{S/\Sigma})_S \neq 0 .$$

En effet, en utilisant le plongement $\alpha_2 \subset \mathbb{G}_a$, on peut calculer ces faisceaux en utilisant le bicomplexe (2.1.9.1) (resp. son analogue explicité en 2.1.10) ; on a alors

$$\mathcal{D}_G(H) = \mathcal{D}_{k[X]}(X^2) , \quad \mathcal{D}_{G^2}(H^2) = \mathcal{D}_{k[X,Y]}(X^2,Y^2) ,\ldots,$$

et l'on vérifie facilement à partir des formules (2.1.5.2) que l'élément $((0,X^2Y^2),0,0)$ est un 2-cocycle, mais n'est pas un cobord. Les suites exactes

$$0 \longrightarrow \alpha_2 \longrightarrow \mathbb{G}_a \xrightarrow{F} \mathbb{G}_a \longrightarrow 0 \quad ,$$

$$0 \longrightarrow \alpha_2 \longrightarrow E \xrightarrow{F} E^{(p)} \longrightarrow 0 \quad ,$$

où E est une courbe elliptique supersingulière, montrent alors, compte tenu respectivement de (2.5.9.1) et de la proposition 2.5.8 (i), que

$$\mathcal{E}xt^3_{S/\Sigma}(\underline{G}_a, \mathcal{J}_{S/\Sigma}) \neq 0 \quad ,$$

$$\mathcal{E}xt^3_{S/\Sigma}(E, \mathcal{J}_{S/\Sigma}) \neq 0 \quad ,$$

$$\mathcal{E}xt^3_{S/\Sigma}(E, \mathcal{O}_{S/\Sigma}) \neq 0 \quad .$$

3 - CRISTAUX DE DIEUDONNÉ

Nous abordons ici l'étude des cristaux de Dieudonné associés aux groupes finis localement libres, et aux groupes p-divisibles. Outre diverses propriétés de finitude et d'exactitude, nous nous attacherons plus particulièrement à l'étude des relations entre ces cristaux, et les invariants différentiels usuels des schémas en groupes : module des différentielles invariantes, algèbre de Lie, complexes de Lie et de co-Lie ; ces relations, complétées par celles qui seront établies en 4.3, sont en effet le point de départ de nombreux dévissages.

Etant données les hypothèses faites sur les groupes étudiés dans ce qui suit, nous pourrons adopter les conventions de 2.3.11, remarque, qui nous permettront de ne plus mentionner explicitement les topologies utilisées.

3.1. Le cristal de Dieudonné d'un groupe fini.

Les propriétés de finitude du cristal de Dieudonné d'un groupe fini localement libre sont une conséquence facile des résultats de 2.5 sur les schémas abéliens, grâce au théorème de plongement suivant, dû à Michel Raynaud.

Théorème 3.1.1 (Raynaud). *Soient* S *un schéma,* G *un* S*-groupe fini localement libre (de rang quelconque). Localement sur* S *pour la topologie de Zariski, il existe un schéma abélien projectif* A *, et une* S*-immersion fermée* $G \hookrightarrow A$.

Les schémas considérés étant de présentation finie sur S , on peut supposer que S est le spectre d'un anneau local noethérien, de corps résiduel k . Soit G^* le dual de Cartier de G .

Rappelons [48 , 4.2.2] qu'il existe un $\mathcal{O}_S$-module libre de type fini $\mathcal{E}$, et une représentation linéaire de G^* dans $\mathcal{E}$, tels que sur le fibré projectif

$P = \mathbb{P}(\mathcal{E})$, G^* agisse librement en dehors d'un fermé Z , de codimension ≥ 2 sur chaque fibre. Soient $m : G^* \times_S P \longrightarrow P$ l'action de G^*, $p : G^* \times_S P \longrightarrow P$ la projection, Q le schéma quotient de P par l'action de G^* , $\pi : P \longrightarrow Q$ le morphisme de passage au quotient, qui est un morphisme fini, et $\pi' = \pi \circ p = \pi \circ m$. Notons $Z' = p^{-1}(Z) = m^{-1}(Z)$, $F = \pi(Z)$, $U = P - Z$, $U' = p^{-1}(U) = m^{-1}(U)$, $V = \pi(U)$; F est un fermé de Q , de codimension ≥ 2 sur chaque fibre. Comme G^* agit librement sur U , la restriction de π à U est un morphisme fini localement libre, faisant de U un torseur sur V de groupe G^* .

Pour tout faisceau inversible $\mathcal{L}$ sur P , on peut définir la norme $N_{P/Q}(\mathcal{L})$, qui est un faisceau inversible sur Q . Considérons en effet, pour tout ouvert $W \subset Q$, le diagramme commutatif

$$\begin{array}{ccccc}
\Gamma(W,\mathcal{O}_Q) & \longrightarrow & \Gamma(\pi^{-1}(W),\mathcal{O}_P) & \rightrightarrows & \Gamma(\pi'^{-1}(W),\mathcal{O}_{G^*\times P}) \\
\downarrow & & \downarrow & & \downarrow \\
\Gamma(W\cap V,\mathcal{O}_Q) & \longrightarrow & \Gamma(\pi^{-1}(W)\cap U,\mathcal{O}_P) & \rightrightarrows & \Gamma(\pi'^{-1}(W)\cap U',\mathcal{O}_{G^*\times P})
\end{array}$$

défini par la suite exacte

$$0 \longrightarrow \mathcal{O}_Q \longrightarrow \pi_*(\mathcal{O}_P) \underset{p^*}{\overset{m^*}{\rightrightarrows}} \pi'_*(\mathcal{O}_Q) .$$

Comme P est lisse sur S , $p : G^* \times_S P \longrightarrow P$ plat, et Z de codimension ≥ 2 sur chaque fibre, les fibres de P (resp. $G^* \times P$) sont de profondeur ≥ 2 aux points de Z (resp. Z') , et les deux flèches verticales de droite sont des isomorphismes d'après [EGA, IV 19.9.8] ; il en est donc de même de celle de gauche. Comme S est local, G est de rang constant, et la restriction de π à U également. L'homomorphisme de norme $\pi_*(\mathcal{O}_P) \rightarrow \mathcal{O}_Q$ est donc défini au-dessus de V , et il s'étend à Q grâce aux isomorphismes précédents. La norme d'un faisceau inversible s'en déduit comme dans le cas classique [EGA, II 6.5] . En particulier, prenant $\mathcal{L} = \mathcal{O}_P(1)$, on voit comme en [EGA, II 6.6.1] que le faisceau $\mathcal{L}' = N_{P/Q}(\mathcal{O}_P(1))$ est ample sur Q , de sorte que Q est un S-schéma projectif ;

de plus, $\pi^*(\mathcal{L}')$ est de la forme $\mathcal{O}_P(d)$.

Supposons d'abord k infini. Si n est la dimension relative de P sur S , on peut alors choisir n-1 sections d'un multiple de $\mathcal{L}'$ de telle sorte qu'elles définissent dans Q une courbe X lisse sur S , et contenue dans V [37 ,(11)] ; soit $f : X \longrightarrow S$. La restriction Y de U à X est alors un G^*-torseur sur X, qui est une intersection complète dans l'espace projectif P puisque $\pi^*(\mathcal{L}') \simeq \mathcal{O}_P(d)$. Ce torseur définit un homomorphisme de groupes

$$j : G \simeq \mathcal{H}om_S(G^*,\mathbb{G}_m) \longrightarrow \mathcal{P}ic_{X/S} \simeq R^1f_*(\mathbb{G}_{m,X})$$

(cup-produit avec la section de $R^1f_*(G^*_X)$ définie par Y) . Comme X est une S-courbe lisse, $J = \mathcal{P}ic^o_{X/S}$ est un S-schéma abélien projectif, et $\mathcal{P}ic_{X/S}/\mathcal{P}ic^o_{X/S} \simeq \mathbf{Z}$, de sorte que j se factorise par J . Comme G est fini, j sera une immersion fermée si c'est un monomorphisme [EGA, IV 8.11.5] , et d'après Nakayama il suffit qu'il en soit ainsi de sa fibre spéciale ; ce dernier point résulte alors de [48 , 4.2.5].

Lorsque k est fini, observons que, si Q_o est la réduction de Q sur k , on peut trouver sur la clôture algébrique de k , donc déjà sur une extension finie k' de k , n-1 sections hyperplanes de Q_o ayant les propriétés requises. Comme k' est une extension séparable de k , donc monogène, il existe un schéma local S', de corps résiduel k', fini et étale sur S . En relevant au-dessus de S' les sections hyperplanes construites sur k', on obtient alors une courbe lisse X' sur S', contenue dans $U \times_S S'$, donc comme plus haut un plongement de $G \times_S S'$ dans la jacobienne de X' . Par restriction de Weil de S' à S , on obtient alors un plongement de G dans un schéma abélien projectif sur S : il suffit en effet de le voir après localisation finie étale, ce qui ramène au cas où S' est somme d'un nombre fini de copies de S , et à la description donnée en [20 , I, § 1, 6.7] de la restriction de Weil dans ce cas.

<u>Remarque</u> : Lorsque S est le spectre d'un anneau local complet à corps résiduel

parfait, les méthodes de déformations de plongements de Oort [46] permettent de montrer que tout groupe fini sur S peut être plongé dans un schéma abélien formel, et en particulier dans un groupe p-divisible sur S . Ce résultat suffit en fait pour les besoins du présent article, mais son utilisation nécéssite des dévissages nettement plus délicats - voir [8] pour ce point de vue.

Soient maintenant S , $(\Sigma,\mathfrak{I},\gamma)$ vérifiant les hypothèses de 1.1.1.

Théorème 3.1.2. *Soit* G *un groupe fini localement libre sur* S . *Alors :*

(i) *le complexe* $t_{1]}\mathbb{R}\mathcal{H}om_{S/\Sigma}(\underline{G},\mathcal{O}_{S/\Sigma})$ *est un complexe parfait de* $\mathcal{O}_{S/\Sigma}$*-modules, d'amplitude parfaite contenue dans* [0,1] , *et de rang nul ;*

(ii) *s'il existe un plongement de* G *dans un schéma abélien* A^o *sur* S , *de sorte qu'on obtient une suite exacte*

$$0 \longrightarrow G \longrightarrow A^o \xrightarrow{u} A^1 \longrightarrow 0 ,$$

il existe un isomorphisme canonique dans $D(\mathcal{O}_{S/\Sigma})$

$$(3.1.2.1) \qquad t_{1]}\mathbb{R}\mathcal{H}om_{S/\Sigma}(\underline{G},\mathcal{O}_{S/\Sigma}) \simeq \{\mathcal{E}xt^1_{S/\Sigma}(\underline{A}^1,\mathcal{O}_{S/\Sigma}) \xrightarrow{-u} \mathcal{E}xt^1_{S/\Sigma}(\underline{A}^o,\mathcal{O}_{S/\Sigma})\} .$$

Comme l'assertion (i) est locale sur S , le théorème 3.1.1 permet de supposer que G est contenu dans un schéma abélien A^o . Le quotient $A^1 = A^o/G$ est alors un schéma abélien de même dimension que A^o , et l'assertion (i) résulte de (ii) d'après 2.5.6 (ii).

Plaçons-nous donc sous les hypothèses de (ii), et soit $I^{\cdot}$ une résolution injective de $\mathcal{O}_{S/\Sigma}$. Soient $A^{\cdot} = [A^o \xrightarrow{u} A^1]$, $\mathcal{H}om_{S/\Sigma}(\underline{A}^{\cdot},I^{\cdot})$ le bicomplexe obtenu en plaçant $\mathcal{H}om_{S/\Sigma}(\underline{A}^{-j},I^i)$ en bidegré (i,j) , $\mathcal{H}om_{S/\Sigma}(\underline{A}^{\cdot},I^{\cdot})_s$ le complexe simple associé. D'après 1.1.7, le plongement $G \longrightarrow A^o$ donne un quasi-isomorphisme

$$\mathcal{H}om_{S/\Sigma}(\underline{A}^{\cdot},I^{\cdot})_s \xrightarrow{qis} \mathcal{H}om_{S/\Sigma}(\underline{G},I^{\cdot}) .$$

Soit $t^{(1)}_{1]}\mathcal{H}om_{S/\Sigma}(\underline{A}^{\cdot},I^{\cdot})$ le sous-bicomplexe de $\mathcal{H}om_{S/\Sigma}(\underline{A}^{\cdot},I^{\cdot})$ obtenu en appliquant la troncation à chacun des complexes simples correspondant à un deuxième indice fixé :

$$\begin{array}{ccccccc} 0 \longrightarrow \mathcal{H}om_{S/\Sigma}(\underline{A}^1, I^0) & \longrightarrow & Z^1(\mathcal{H}om_{S/\Sigma}(\underline{A}^1, I^\cdot)) & \longrightarrow & 0 & \longrightarrow & \dots \\ \downarrow u & & \downarrow u & & \downarrow & & \\ 0 \longrightarrow \mathcal{H}om_{S/\Sigma}(\underline{A}^0, I^0) & \longrightarrow & Z^1(\mathcal{H}om_{S/\Sigma}(\underline{A}^0, I^\cdot)) & \longrightarrow & 0 & \longrightarrow & \dots . \end{array}$$

Comme $\mathcal{E}xt^2_{S/\Sigma}(\underline{A}^1, \mathcal{O}_{S/\Sigma}) = 0$ d'après 2.5.6 (iii), on obtient en prenant les complexes simples associés un quasi-isomorphisme

$$(t^{(1)}_{1]}\mathcal{H}om_{S/\Sigma}(\underline{A}^\cdot, I^\cdot))_s \xrightarrow{\text{qis}} t_{1]}(\mathcal{H}om_{S/\Sigma}(\underline{A}^\cdot, I^\cdot)_s) .$$

Comme $\mathcal{H}om_{S/\Sigma}(\underline{A}^i, \mathcal{O}_{S/\Sigma}) = 0$, on obtient finalement un quasi-isomorphisme

$$(t^{(1)}_{1]}\mathcal{H}om_{S/\Sigma}(\underline{A}^\cdot, I^\cdot))_s \xrightarrow{\text{qis}} \{\mathcal{E}xt^1_{S/\Sigma}(\underline{A}^1, \mathcal{O}_{S/\Sigma}) \xrightarrow{-u} \mathcal{E}xt^1_{S/\Sigma}(\underline{A}^0, \mathcal{O}_{S/\Sigma})\} ,$$

d'où l'isomorphisme cherché dans $D(\mathcal{O}_{S/\Sigma})$.

Corollaire 3.1.3. *Soit* G *un groupe fini localement libre sur* S . *Alors* $\mathcal{E}xt^1_{S/\Sigma}(\underline{G}, \mathcal{O}_{S/\Sigma})$ *est un cristal en* $\mathcal{O}_{S/\Sigma}$*-modules, localement de présentation finie sur* $\mathcal{O}_{S/\Sigma}$.

D'après 3.1.1, il existe localement sur S une suite exacte

$$0 \longrightarrow G \longrightarrow A^0 \longrightarrow A^1 \longrightarrow 0 ,$$

où A^i est un schéma abélien sur S . L'isomorphisme (3.1.2.1) fournit alors la suite exacte

$$\mathcal{E}xt^1_{S/\Sigma}(\underline{A}^1, \mathcal{O}_{S/\Sigma}) \longrightarrow \mathcal{E}xt^1_{S/\Sigma}(\underline{A}^0, \mathcal{O}_{S/\Sigma}) \longrightarrow \mathcal{E}xt^1_{S/\Sigma}(\underline{G}, \mathcal{O}_{S/\Sigma}) \longrightarrow 0 ,$$

qui entraîne immédiatement le corollaire.

Il est quelquefois commode de traduire en termes des complexes zariskiens $K_{(U,T,\delta)}$ associés à un complexe K la propriété que K soit parfait :

<u>Proposition</u> 3.1.4. *Soient* $K \in D^-(\mathcal{O}_{S/\Sigma})$ *un complexe de* $\mathcal{O}_{S/\Sigma}$*-modules borné supérieurement,* $a \leqslant b$ *deux entiers. Pour que* K *soit d'amplitude parfaite contenue dans* $[a,b]$ *, il faut et suffit qu'il vérifie les deux conditions suivantes :*

(i) *pour tout objet* (U,T,δ) *de* $\mathrm{CRIS}(S/\Sigma)$ *, le complexe* $K_{(U,T,\delta)} \in D^-(\mathcal{O}_T)$ *est d'amplitude parfaite contenue dans* $[a,b]$;

(ii) *pour tout morphisme* $(u,v) : (U',T',\delta') \longrightarrow (U,T,\delta)$ *de* $\mathrm{CRIS}(S/\Sigma)$, *l'homomorphisme canonique*

$$\mathbb{L}v^*(K_{(U,T,\delta)}) \longrightarrow K_{(U',T',\delta')}$$

est un isomorphisme.

Par définition, K est d'amplitude parfaite contenue dans $[a,b]$ si tout objet (U,T,δ) possède un recouvrement (U_i,T_i,δ) tel que sur le site $\mathrm{CRIS}(S/\Sigma)/(U_i,T_i,\delta)$, K soit isomorphe à un complexe de $\mathcal{O}_{S/\Sigma}$-modules localement libres de rang fini, à termes nuls en degrés hors de l'intervalle $[a,b]$. Les deux conditions sont donc nécéssaires.

Réciproquement, si la condition (i) est vérifiée, il existe localement sur T un complexe de $\mathcal{O}_T$-modules $\mathcal{L}^\cdot$, à termes libres de rang fini, tel que $\mathcal{L}^i = 0$ pour $i \notin [a,b]$, et un quasi-isomorphisme $\mathcal{L}^\cdot \longrightarrow K^\cdot_{(U,T,\delta)}$, où $K^\cdot$ représente K . Le complexe $\mathcal{L}^\cdot$ définit un complexe $L^\cdot$ sur $\mathrm{CRIS}(S/\Sigma)/(U,T,\delta)$ en posant, pour $(u,v) : (U',T',\delta') \longrightarrow (U,T,\delta)$,

$$\Gamma((u,v),L^\cdot) = \Gamma(T',v^*(\mathcal{L}^\cdot)) .$$

Il existe un homomorphisme canonique $L^\cdot \longrightarrow K^\cdot$, défini par

$$\begin{array}{ccccc} \Gamma(T',v^*(\mathcal{L}^\cdot)) & \longrightarrow & \Gamma(T',v^*(K^\cdot_{(U,T,\delta)})) & \longrightarrow & \Gamma(T',K^\cdot_{(U',T',\delta')}) \\ \| & & & & \| \\ \Gamma((u,v),L^\cdot) & & \longrightarrow & & \Gamma((u,v),K^\cdot) \end{array} .$$

Il est clair que $v^*(\mathcal{L}^\cdot)$ représente $\mathbb{L}v^*(K_{(U,T,\delta)})$, et que l'homomorphisme $L^\cdot \to K^\cdot$ induit l'homomorphisme $\mathbb{L}v^*(K_{(U,T,\delta)}) \longrightarrow K_{(U',T',\delta')}$ sur T' (vu comme T-schéma par v) . La condition (ii) entraîne donc que $L^{\cdot} \longrightarrow K^{\cdot}$ est un quasi-isomorphisme, ce qui prouve que K est d'amplitude parfaite contenue dans $[a,b]$.

Définition 3.1.5. *Soient* S *un schéma de caractéristique* p , $\Sigma = \mathrm{Spec}(\mathbb{Z}_p)$, $\mathcal{J} = p\mathcal{O}_{\Sigma}$, *muni de ses puissances divisées canoniques. Si* G *est un groupe fini localement libre sur* S *, le cristal en* $\mathcal{O}_{S/\Sigma}$*-modules* $\mathcal{E}xt^{1}_{S/\Sigma}(\underline{G},\mathcal{O}_{S/\Sigma})$ *sera noté* $\mathbb{D}(G)$; *le complexe* $t_{1]}\mathbb{R}\mathcal{H}om_{S/\Sigma}(\underline{G},\mathcal{O}_{S/\Sigma})$ *sera noté* $\mathbb{\Delta}(G)$. *Muni des homomorphismes* $F : \mathbb{D}(G)^{\sigma} \longrightarrow \mathbb{D}(G)$, $V : \mathbb{D}(G) \longrightarrow \mathbb{D}(G)^{\sigma}$ *(resp.* $F : \mathbb{\Delta}(G)^{\sigma} \longrightarrow \mathbb{\Delta}(G)$, $V : \mathbb{\Delta}(G) \longrightarrow \mathbb{\Delta}(G)^{\sigma}$*) définis en* 1.3.5, $\mathbb{D}(G)$ *(resp.* $\mathbb{\Delta}(G)$*) est appelé* cristal de Dieudonné de G *(resp.* complexe de Dieudonné *de* G) .

Comme en 2.5.7, nous utiliserons l'équivalence de catégories entre cristaux sur S et cristaux sur $S_o = S\times\mathrm{Spec}(\mathbb{F}_p)$ pour étendre cette définition au cas où p est seulement localement nilpotent sur S .

D'autre part, les remarques 2.5.7 (i) et (ii) sont encore valables lorsque G est un S-groupe fini localement libre. Pour simplifier, nous utiliserons dans ce qui suit les notations $\mathbb{D}(G)$, $\mathbb{\Delta}(G)$ pour désigner $\mathcal{E}xt^{1}_{S/\Sigma}(\underline{G},\mathcal{O}_{S/\Sigma})$ et $t_{1]}\mathbb{R}\mathcal{H}om_{S/\Sigma}(\underline{G},\mathcal{O}_{S/\Sigma})$ (G étant un S-groupe fini localement libre ou un schéma abélien), même lorsque les puissances divisées γ ne sont pas supposées compatibles avec celles de p . En particulier, les résultats des chapitres 3 et 5 sont valables sans cette hypothèse.

Proposition 3.1.6. *Soit*

$$0 \longrightarrow G' \xrightarrow{\ u\ } G \xrightarrow{\ v\ } G'' \longrightarrow 0$$

une suite exacte de groupes finis localement libres sur S . *Elle induit un triangle distingué*

(3.1.6.1)
$$\begin{array}{ccc} & \mathbb{\Delta}(G') & \\ {}^{+1}\swarrow & & \nwarrow{}^{\mathbb{\Delta}(u)} \\ \mathbb{\Delta}(G'') & \xrightarrow{\ \mathbb{\Delta}(v)\ } & \mathbb{\Delta}(G) \end{array}$$

et une suite exacte

$$\mathbb{D}(G'') \xrightarrow{\mathbb{D}(v)} \mathbb{D}(G) \xrightarrow{\mathbb{D}(u)} \mathbb{D}(G') \longrightarrow 0 .$$

La suite

$$0 \longrightarrow \underline{G}' \longrightarrow \underline{G} \longrightarrow \underline{G}'' \longrightarrow 0$$

étant exacte d'après 1.1.7, la proposition 2.1.2 montre qu'il suffit de prouver que $\mathbb{D}(u)$ est surjectif. C'est une assertion locale sur S , si bien que l'on peut supposer G plongé dans un schéma abélien A . La diagramme commutatif

$$\begin{array}{ccc} & \mathbb{D}(A) & \\ \swarrow & & \searrow \\ \mathbb{D}(G) & \longrightarrow & \mathbb{D}(G') \end{array}$$

où $\mathbb{D}(A) \longrightarrow \mathbb{D}(G')$ est surjectif d'après (3.1.2.1) donne alors le résultat.

<u>Remarque</u> 3.1.7. Comme la catégorie des cristaux est une sous-catégorie pleine de la catégorie des faisceaux de $\mathcal{O}_{S/\Sigma}$-modules, $\mathbb{D}(G')$ est aussi le conoyau de $\mathbb{D}(G'')\longrightarrow\mathbb{D}(G)$ dans la catégorie des cristaux sur $\mathrm{CRIS}(S/\Sigma)$. Il est par contre clair que l'homomorphisme $\mathbb{D}(G'') \longrightarrow \mathbb{D}(G)$ n'est pas en général injectif dans la catégorie des faisceaux : ainsi, si G est un groupe p-divisible sur S , l'endomorphisme de $\mathbb{D}(G)_{(U,T,\delta)}$ [(1)] induit par la multiplication par p est nul si T est un $\mathbb{F}_p$-schéma. Il n'est pas vrai non plus en général que $\mathbb{D}(G'') \longrightarrow \mathbb{D}(G)$ soit un monomorphisme dans la catégorie des cristaux sur $\mathrm{CRIS}(S/\Sigma)$. Ogus a en effet montré qu'en prenant par exemple $S = \mathrm{Spec}(k[X,Y]/(X^2,XY,Y^2))$, où k est un corps parfait de caractéristique 2 , l'anneau $\Gamma(S/\Sigma,\mathcal{O}_{S/\Sigma})$ possède des éléments de 2-torsion . Si l'on prend pour G le groupe p-divisible $\mathbb{Q}_2/\mathbb{Z}_2$, dont le cristal de Dieudonné est isomorphe à $\mathcal{O}_{S/\Sigma}$ (cf. 4.2.15), la multiplication par 2 n'est donc pas un monomorphisme sur $\mathbb{D}(G)$. On en déduit facilement des exemples analogues portant sur des groupes finis.

----

(1) Cf. 3.3.6.

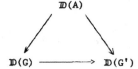

3.2. Relations entre complexe de Dieudonné et complexe de co-Lie d'un groupe fini.

3.2.1. Soient S un schéma sur lequel p est localement nilpotent, G un groupe fini localement libre sur S , ℓ^G le complexe de co-Lie de G [41 , II 3.2.13] , $\ell^{G\vee}$ le complexe de Lie de G . Rappelons que, d'après les conventions de 1.1.3 et 1.1.4, nous notons par un indice S le faisceau sur le petit site (pour la topologie considérée) de S induit par un faisceau sur le gros site, ou par un faisceau cristallin. La "formule de dualité de Grothendieck" [40 , II § 14] donne une interprétation cohomologique de $\ell^{G\vee}$:

$$(3.2.1.1) \qquad \ell^{G\vee} = \mathbb{R}\mathcal{H}om_{\mathcal{O}_S}(\ell^G, \mathcal{O}_S) \simeq t_{1]}\mathbb{R}\mathcal{H}om_S(G^*, \mathbb{G}_a)_S ,$$

où la topologie utilisée est sans importance d'après la remarque de 2.3.11. Si l'on considère ℓ^G comme complexe de faisceaux sur S_γ , on en tire par (2.3.12.2) un isomorphisme canonique

$$(3.2.1.2) \qquad \beta_G : i_{S/\Sigma *}(\ell^{G^*\vee}) \xrightarrow{\sim} t_{1]}\mathbb{R}\mathcal{H}om_{S/\Sigma}(\underline{G}, \underline{\mathbb{G}}_a) ;$$

comme $\mathcal{H}^0(\ell^{G\vee}) = \omega_G^\vee = \mathcal{L}ie(G)$, on en déduit encore

$$(3.2.1.3) \qquad \beta_G^0 : i_{S/\Sigma *}(\mathcal{L}ie(G^*)) \simeq \mathcal{H}om_{S/\Sigma}(\underline{G}, \underline{\mathbb{G}}_a) ,$$

ce qui résulte du reste de l'isomorphisme plus élémentaire

$$\mathcal{L}ie(G^*) \simeq \mathcal{H}om_S(G, \mathbb{G}_a) ;$$

en posant $\nu_G = \mathcal{H}^1(\ell^{G\vee})$, on obtient enfin

$$(3.2.1.4) \qquad \beta_G^1 : i_{S/\Sigma}(\nu_{G^*}) \simeq \mathcal{E}xt^1_{S/\Sigma}(\underline{G}, \underline{\mathbb{G}}_a) .$$

Lorsque S est de caractéristique p , on remarquera que, dans l'isomorphisme β_G^0, la puissance p-ième symbolique sur $\mathcal{L}ie(G^*)$ correspond à l'endomorphisme induit par F_G sur $\mathcal{H}om_{S/\Sigma}(\underline{G}, \underline{\mathbb{G}}_a)$ (cf. [6 , 1.5.1]) .

Nous allons donner dans cette section une interprétation du même type pour le complexe de co-Lie ℓ^G , au moyen des invariants cristallins associés à G ; ces deux énoncés peuvent alors être vus comme décrivant l'analogue du gradué associé à une "filtration de Hodge" sur le complexe de Dieudonné $\mathbb{\Delta}(G)$, généralisant des énoncés tels que 2.2.3 (ii) et 2.5.8 (ii).

Cette interprétation, dans la présentation développée plus bas, repose sur l'existence d'éléments primitifs dans certaines enveloppes à puissances divisées d'algèbre de groupes. Le cas le plus simple est le suivant, qui généralise l'énoncé bien connu selon lequel tout groupe formel sur une base de caractéristique nulle est un groupe vectoriel (voir par exemple [33 , 1.3 th. 1]) .

Soit donc L un groupe lisse sur S (le cas d'un groupe de Lie formel sur S se traiterait de façon analogue). Notons e la section nulle de L , $R = e^{-1}(\mathcal{O}_L)$, $I = \mathrm{Ker}(R \longrightarrow \mathcal{O}_S)$. Si $\mathcal{D}$ est l'algèbre du voisinage à puissances divisées de la section nulle dans L , il est à support dans cette section, de sorte que $\mathcal{D} = \mathcal{D}_R(I)$. Observons alors que $\mathcal{D} \otimes_{\mathcal{O}_S} \mathcal{D}$ s'identifie à l'algèbre $\mathcal{D}'$ du voisinage à puissances divisées de la section nulle de $L\times_S L$. En effet, p étant localement nilpotent sur S , $\mathcal{D}'$ ne dépend localement que du n-ième voisinage infinitésimal de S dans $L\times_S L$, pour n assez grand [5 , I 2.6.3] ; or l'algèbre de ce dernier s'identifie à $R\otimes_{\mathcal{O}_S} R/(I\otimes R+R\otimes I)^{n+1}$, d'où d'après loc. cit. un isomorphisme canonique

$$\mathcal{D}_{R\otimes R}(I\otimes R+R\otimes I) \xrightarrow{\sim} \mathcal{D}' .$$

D'autre part, le PD-idéal $\overline{I}$ engendré par I dans $\mathcal{D}$ est facteur direct, de sorte que l'idéal $\overline{I}\otimes\mathcal{D} + \mathcal{D}\otimes\overline{I} \subset \mathcal{D}\otimes\mathcal{D}$ est muni de puissances divisées [5 , I 1.7.1] ; on en déduit un homomorphisme

$$\mathcal{D}_{R\otimes R}(I\otimes R+R\otimes I) \longrightarrow \mathcal{D} \otimes_{\mathcal{O}_S} \mathcal{D} ,$$

inverse de l'homomorphisme naturel, si bien que ce dernier est un isomorphisme.

La loi de groupe sur L induit donc un homomorphisme $\mathcal{D} \longrightarrow \mathcal{D}\otimes_{\mathcal{O}_S} \mathcal{D}$, qui munit $\mathcal{D}$ d'une structure de $\mathcal{O}_S$-bigèbre. Si ω_L est le faisceau des différentielles invariantes par translation sur L , et $\Gamma(\omega_L)$ l'algèbre à puissances divisées du $\mathcal{O}_S$-module ω_L , nous munirons $\Gamma(\omega_L)$ de la structure de bigèbre induite par l'application diagonale de ω_L .

<u>Lemme</u> 3.2.2. *Sous les hypothèses précédentes, il existe un unique* PD-*morphisme*

$$\varphi : \Gamma(\omega_L) \longrightarrow \mathcal{D} , \tag{3.2.2.1}$$

compatible aux structures de bigèbres, et tel que le carré

$$\begin{array}{ccc} \omega_L & \xrightarrow{\varphi} & \mathcal{D} \\ \downarrow & & \downarrow \\ \mathcal{D}\otimes_{\mathcal{O}_S}\omega_L & \xrightarrow{\sim} & \mathcal{D}\otimes_R \Omega^1_R \end{array} \tag{3.2.2.2}$$

soit commutatif. De plus, φ *est injectif et induit un isomorphisme entre les complétés* PD-*adiques correspondants.*

L'assertion étant locale sur S , on peut supposer p nilpotent, et I engendré par une suite régulière $t_1,\dots,t_d$. Il existe alors pour tout n un isomorphisme

$$\mathcal{O}_S[T_1,\dots,T_d]/(T_1,\dots,T_d)^n \xrightarrow{\sim} R/I^n$$

envoyant T_i sur t_i ; pour n assez grand, il induit un isomorphisme de PD-algèbres

$$\mathcal{O}_S\langle T_1,\dots,T_d\rangle \xrightarrow{\sim} \mathcal{D}$$

d'après [5 , I 3.5.1 (ii)] . Soit $\bar{I}$ le PD-idéal engendré par I dans $\mathcal{D}$; d'après le lemme de Poincaré cristallin [5 , V 2.1.1] , toute 1-forme fermée de $\mathcal{D}\otimes_R\Omega^1_R \simeq \mathcal{D}\otimes_{\mathcal{O}_S}\omega_L$ est la différentielle d'un unique élément $f\in\bar{I}$. Pour $\eta\in\omega_L$, soit donc $\varphi(\eta)$ l'unique élément de $\bar{I}$ tel que $d(\varphi(\eta)) = 1\otimes\eta$; φ est alors une application $\mathcal{O}_S$-linéaire de ω_L dans $\bar{I}$ vérifiant (3.2.2.2), et s'étend de manière unique en un PD-morphisme $\Gamma(\omega_L) \longrightarrow \mathcal{D}$, d'où l'existence et l'unicité de φ . D'autre part, si m est la co-multiplication sur $\mathcal{D}$, on obtient

$$d(m^*(\varphi(\eta)) - p_1^*(\varphi(\eta)) - p_2^*(\varphi(\eta)))$$
$$= m^*(d(\varphi(\eta))) - p_1^*(d(\varphi(\eta))) - p_2^*(d(\varphi(\eta)))$$
$$= 0 \qquad ;$$

comme d est injectif sur $\overline{I}\otimes\mathcal{D} + \mathcal{D}\otimes\overline{I} \subset \mathcal{D}\otimes\mathcal{D}$ d'après le lemme de Poincaré cristallin, $\varphi(\eta)$ est un élément primitif de $\mathcal{D}$, et φ un homomorphisme de bigèbres. Enfin, comme φ est un PD-morphisme, et $\Gamma(\omega_L)$ et $\mathcal{D}$ des anneaux de polynômes à puissances divisées, il suffit pour prouver la dernière assertion de prouver que φ induit un isomorphisme $\omega_L \xrightarrow{\sim} \overline{I}/\overline{I}^{[2]}$; mais $I/I^2 \xrightarrow{\sim} \overline{I}/\overline{I}^{[2]}$ par [5 , I 3.3.3 et 3.3.4] , et φ induit l'isomorphisme inverse de celui qu'induit d .

3.2.3. Soient G un groupe fini localement libre sur S , et

$$0 \longrightarrow G \longrightarrow L^o \xrightarrow{u} L^1 \longrightarrow 0$$

la résolution canonique de G par des S-groupes affines et lisses [41 , II 3.2] . Nous allons construire un morphisme de $D(\mathcal{O}_S)$

$$\alpha_G : \ell^G[-1] \longrightarrow t_{1]}\mathbb{R}\mathcal{H}om_{S/\Sigma}(\underline{G},\mathcal{J}_{S/\Sigma})_S$$

par deux méthodes différentes, correspondant aux deux procédés de calcul du terme de droite fournis par 2.1.10 et par 2.2.1.

Tout d'abord, avec les notations de 2.2.1, il existe un isomorphisme canonique

$$t_{1]}\mathbb{R}\mathcal{H}om_{S/\Sigma}(\underline{G},\mathcal{J}_{S/\Sigma})_S \simeq t_{1]}\mathbb{R}\mathcal{H}om_{S/\Sigma}(\underline{L}^\cdot,\mathcal{J}_{S/\Sigma})_S$$
$$\simeq t_{1]}F^1K^\cdot(\Omega^\cdot_{L^{\cdot\cdot}/S})_s \qquad ,$$

où $F^1K^\cdot(\Omega^\cdot_{L^{\cdot\cdot}/S})_s$ est le complexe simple associé au tri-complexe :

(3.2.3.1)

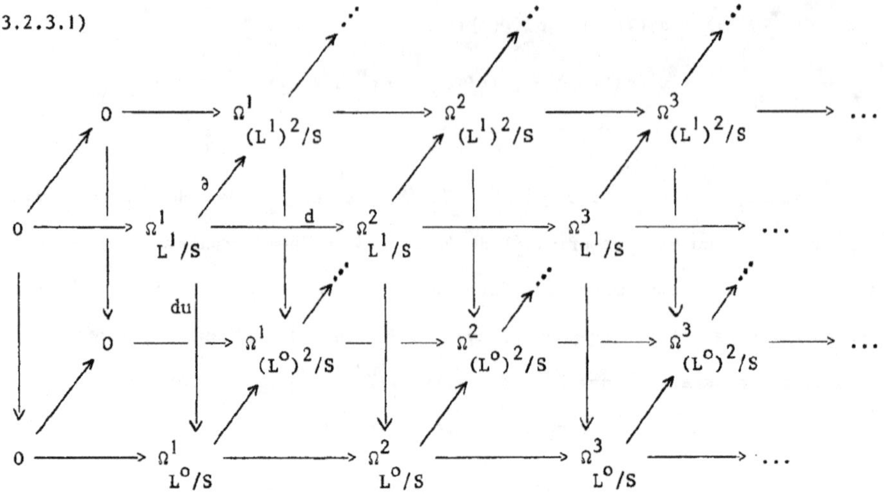

les indices étant dans l'ordre l'indice en $\Omega^{\cdot}$, en $L^{\cdot}$ et en $K^{\cdot}$, et le terme $\Omega^1_{L^1/S}$ d'indices (1,-1,0) ; le complexe simple associé commence donc en degré zéro par

$$\Omega^1_{L^1/S} \xrightarrow{(d,-du,\partial)} \Omega^2_{L^1/S} \oplus \Omega^1_{L^o/S} \oplus \Omega^1_{(L^1)^2/S} \longrightarrow \dots .$$

Par construction, le complexe de co-Lie ℓ^G est l'objet de $D^b(\mathcal{O}_S)$ représenté par le complexe

$$\omega_{L^1} \xrightarrow{du} \omega_{L^o} ,$$

où ω_{L^o} est placé en degré 0 ; $\ell^G[-1]$ est donc représenté par

$$\omega_{L^1} \xrightarrow{-du} \omega_{L^o} ,$$

où ω_{L^1} est placé en degré 0 . On définit alors

(3.2.3.2) $\qquad \alpha_G : \ell^G[-1] \longrightarrow t_{1]}\mathbb{R}\mathcal{H}om_{S/\Sigma}(\underline{G},\mathcal{J}_{S/\Sigma})_S$

par le carré commutatif

$$\begin{array}{ccc}
\omega_{L^1} & \overset{j^1}{\hookrightarrow} & \Omega^1_{L^1/S} \\
{\scriptstyle -du}\downarrow & & \downarrow{\scriptstyle -du} \\
\omega_{L^o} & \overset{j^o}{\hookrightarrow} & \Omega^1_{L^o/S}
\end{array}$$

où les j^i sont les inclusions naturelles.

On peut d'autre part utiliser le plongement $G \hookrightarrow L^o$ pour représenter $t_{1]}\mathbb{R}\mathcal{H}om_{S/\Sigma}(\underline{G},\mathcal{J}_{S/\Sigma})_S$ par $t_{1]}F^1K^\cdot(\mathcal{D}_{G^\cdot}((L^o)^\cdot)\otimes\Omega^\cdot_{(L^o)^\cdot/S})_s$, où $F^1K^\cdot(\mathcal{D}_{G^\cdot}((L^o)^\cdot)\otimes\Omega^\cdot_{(L^o)^\cdot/S})_s$ est le complexe simple associé au bicomplexe

$$\begin{array}{ccccccc}
\overline{J} & \longrightarrow & \mathcal{D}_G(L^o)\otimes\Omega^1_{L^o/S} & \longrightarrow & \mathcal{D}_G(L^o)\otimes\Omega^2_{L^o/S} & \longrightarrow & \dots \\
\downarrow & & \downarrow & & \downarrow & & \\
\overline{J}_2 & \longrightarrow & \mathcal{D}_{G^2}((L^o)^2)\otimes\Omega^1_{(L^o)^2/S} & \longrightarrow & \mathcal{D}_{G^2}((L^o)^2)\otimes\Omega^2_{(L^o)^2/S} & \longrightarrow & \dots \\
| & & \downarrow & & \downarrow & & \\
\overline{J}_3\oplus\overline{J}_2 & \longrightarrow & \dots & & \dots & &
\end{array} \tag{3.2.3.3}$$

avec les conventions suivantes : J_i est l'idéal de G^i dans $(L^o)^i$, $\overline{J}_i$ le PD-idéal engendré par J_i dans $\mathcal{D}_{G^i}((L^o)^i)$; le premier indice est l'indice en $\Omega^\cdot$, et $\overline{J} = \overline{J}_1$ est placé en bidegré $(0,0)$. On note par ailleurs $\mathcal{D}$ l'enveloppe à puissances divisées de l'idéal d'augmentation de l'algèbre de L^1, $\overline{I}$ son PD-idéal canonique. On définit alors

$$\alpha'_G : \ell^G[-1] \longrightarrow t_{1]}\mathbb{R}\mathcal{H}om_{S/\Sigma}(\underline{G},\mathcal{J}_{S/\Sigma})_S \tag{3.2.3.4}$$

par le carré commutatif

$$\begin{array}{ccc}
\omega_{L^1} & \xrightarrow{-u\circ\varphi} & \overline{J} \\
{\scriptstyle -du}\downarrow & & \downarrow{\scriptstyle d} \\
\omega_{L^o} & \xrightarrow{1\otimes j^o} & \mathcal{D}_G(L^o)\otimes\Omega^1_{L^o/S}
\end{array},$$

où la ligne du bas est l'application canonique, et celle du haut l'homomorphisme composé

$$\omega_{L^1} \xrightarrow{-\varphi} \overline{I} \xrightarrow{u} \overline{J} ,$$

φ étant défini par 3.2.2.

<u>Lemme</u> 3.2.4. *Avec les notations de* 3.2.3, $\alpha_G = \alpha'_G$ *dans* $D(\mathcal{O}_S)$.

Il faut comparer les complexes $t_{1]}F^1K^{\cdot}(\Omega^{\cdot}_{L^{\cdot\cdot}/S})_s$ et $t_{1]}F^1K^{\cdot}(\mathcal{D}_G.((L^o)^{\cdot})\otimes\Omega^{\cdot}_{(L^o)^{\cdot}/S})_s$ utilisés en 3.2.3 pour calculer $t_{1]}\mathbb{R}\mathcal{H}om_{S/\Sigma}(\underline{G},\mathcal{J}_{S/\Sigma})_S$ avec un troisième qui leur soit quasi-isomorphe. Pour cela, considérons le complexe de longueur 1

$$G^{\cdot} = \{G \longrightarrow 0\} ,$$

où G est en degré 0 , et calculons $t_{1]}\mathbb{R}\mathcal{H}om_{S/\Sigma}(\underline{G},\mathcal{J}_{S/\Sigma})_S$ par la méthode de 2.2.1, grâce au plongement $G^{\cdot} \hookrightarrow L^{\cdot}$: on obtient un isomorphisme

$$t_{1]}\mathbb{R}\mathcal{H}om_{S/\Sigma}(\underline{G},\mathcal{J}_{S/\Sigma})_S \simeq t_{1]}F^1K^{\cdot}(\mathcal{D}_{G^{\cdot\cdot}}(L^{\cdot\cdot})\otimes\Omega^{\cdot}_{L^{\cdot\cdot}/S})_s ,$$

où le second membre est le complexe simple associé à un tri-complexe analogue à (3.2.3.1), les facteurs $\Omega^i_{(L^o)^j/S}$ et $\Omega^i_{(L^1)^j/S}$ étant remplacés par $\mathcal{D}_{G^j}((L^o)^j)\otimes\Omega^i_{(L^o)^j/S}$ et $\mathcal{D}_0((L^1)^j)\otimes\Omega^i_{(L^1)^j/S}$; on observera qu'en particulier $\mathcal{D} = \mathcal{D}_0(L^1)$. On obtient également par fonctorialité un diagramme de quasi-isomorphismes

$$\begin{array}{ccc} & & t_{1]}F^1K^{\cdot}(\Omega^{\cdot}_{L^{\cdot\cdot}/S})_s \\ & & \Big\downarrow \text{qis} \\ t_{1]}F^1K^{\cdot}(\mathcal{D}_G.((L^o)^{\cdot})\otimes\Omega^{\cdot}_{(L^o)^{\cdot}/S})_s & \xrightarrow{\text{qis}} & t_{1]}F^1K^{\cdot}(\mathcal{D}_{G^{\cdot\cdot}}(L^{\cdot\cdot})\otimes\Omega^{\cdot}_{L^{\cdot\cdot}/S})_s \end{array} .$$

Il suffit donc de prouver que le diagramme de morphismes de complexes

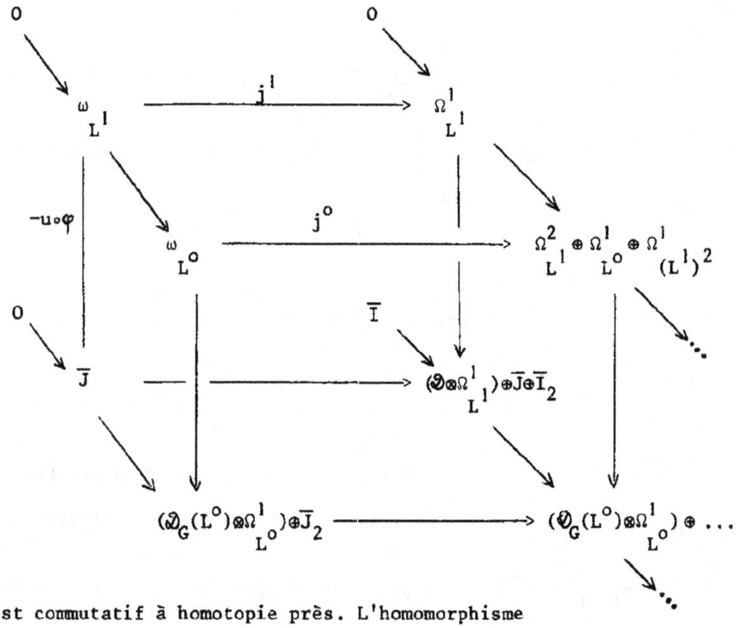

est commutatif à homotopie près. L'homomorphisme

$$\overline{I} \longrightarrow (\mathcal{D}\otimes \Omega^1_{L^1}) \oplus \overline{J} \oplus \overline{I}_2$$

est $(d,u,-\partial)$, et on vérifie immédiatement qu'on obtient une homotopie en prenant $h^o = \varphi : \omega_{L^1} \longrightarrow \overline{I}$, et $h^1 = 0$.

<u>Théorème</u> 3.2.5. *Sous les hypothèses de* 3.2.3, *le morphisme*

$$\alpha_G : \ell^G[-1] \longrightarrow t_{1]}\mathbb{R}\mathcal{H}om_{S/\Sigma}(\underline{G},\mathcal{J}_{S/\Sigma})_S$$

est un isomorphisme.

Nous utiliserons la description (3.2.3.4) de α_G . Il suffit donc de prouver que les deux suites

(3.2.5.1) $$0 \longrightarrow \omega_{L^o} \longrightarrow \mathcal{D}_G(L^o) \otimes \Omega^1_{L^o/S} \xrightarrow{\partial} \mathcal{D}_{G^2}((L^o)^2) \otimes \Omega^1_{(L^o)^2/S} ,$$

(3.2.5.2) $$0 \longrightarrow \omega_{L^1} \xrightarrow{u\circ\varphi} \overline{J} \xrightarrow{\partial^o} \overline{J}_2 \xrightarrow{\partial^1} \overline{J}_3 \oplus \overline{J}_2 ,$$

sont exactes.

L'injectivité de $\omega_{L^o} \longrightarrow \mathcal{D}_G(L^o) \otimes \Omega^1_{L^o/S}$ est claire, puisque $\mathcal{D}_G(L^o) \otimes_{\mathcal{O}_{L^o}} \Omega^1_{L^o/S} \simeq \mathcal{D}_G(L^o) \otimes_{\mathcal{O}_S} \omega_{L^o}$ et que $\mathcal{D}_G(L^o)$ est augmenté vers $\mathcal{O}_S$. Soit (η_i) une base de ω_{L^o} au voisinage d'un point, et soit $\Sigma\, a_i \otimes \eta_i$ une section de $\mathcal{D}_G(L^o) \otimes_{\mathcal{O}_S} \omega_{L^o}$ d'image nulle dans $\mathcal{D}_{G^2}((L^o)^2) \otimes \Omega^1_{(L^o)^2/S}$. On a

$$\begin{aligned} \partial(\Sigma a_i \otimes \eta_i) &= \Sigma\, m^*(a_i) \otimes m^*(\eta_i) - p_1^*(a_i) \otimes p_1^*(\eta_i) - p_2^*(a_i) \otimes p_2^*(\eta_i) \\ &= \Sigma\, (m^*(a_i) - p_1^*(a_i)) \otimes p_1^*(\eta_i) + (m^*(a_i) - p_2^*(a_i)) \otimes p_2^*(\eta_i) , \end{aligned}$$

puisque les η_i sont primitives. Comme les $p_1^*(\eta_i)$ et $p_2^*(\eta_i)$ forment une base de $\mathcal{D}_{G^2}((L^o)^2) \otimes \Omega^1_{(L^o)^2/S}$ sur $\mathcal{D}_{G^2}((L^o)^2)$, la relation $\partial(\Sigma a_i \otimes \eta_i) = 0$ entraîne que, pour tout i, $m^*(a_i) = p_1^*(a_i) = p_2^*(a_i)$; appliquant l'augmentation à l'un des facteurs de $\mathcal{D}_{G^2}((L^o)^2)$, on en déduit que a_i est une section de $\mathcal{O}_S$, d'où l'exactitude de (3.2.5.1).

Pour prouver celle de (3.2.5.2), observons que chacun des termes de la suite est plat et commute aux changements de base (compte tenu de 2.3.3). En utilisant la filtration p-adique, il suffit donc, en passant au gradué associé, de montrer que la suite est exacte après tensorisation par $p^n\mathcal{O}_S/p^{n+1}\mathcal{O}_S$, quel que soit n ; comme $p^n\mathcal{O}_S/p^{n+1}\mathcal{O}_S$ est isomorphe à un quotient de caractéristique p de $\mathcal{O}_S$, il suffit donc de montrer que la suite est exacte lorsque S est de caractéristique p. On munit ensuite la suite (3.2.5.2) d'une filtration en prenant la filtration PD-adique sur $\overline{J}$, $\overline{J}_2$ et $\overline{J}_3$, et en filtrant ω_{L^1} par $F^1\omega_{L^1} = \omega_{L^1}$, $F^i\omega_{L^1} = 0$ si $i \geqslant 2$. Rappelons [5 , VI 3.2.5] que pour tout idéal régulier J dans un anneau A de caractéristique p, engendré par une suite régulière $t_1,\dots,t_d$, $\mathcal{D}_A(J)$ est un $A/J^{(p)}$-module libre (avec $J^{(p)} = (t_1^p,\dots,t_d^p)$), de base les $\underline{t}^{[p\underline{q}]} = t_1^{[pq_1]} \dots t_d^{[pq_d]}$; il est de la sorte muni d'une graduation, pour laquelle $\underline{t}^{[p\underline{q}]}$ est de degré

$|q| = q_1+\ldots+q_d$, et le séparé complété PD-adique de $\mathcal{D}_A(J)$ s'identifie au séparé complété pour la filtration associée à cette graduation :

(3.2.5.3)
$$\widehat{\mathcal{D}_A(J)} = \prod_{\underline{q}} (A/J^{(p)}).\underline{t}^{[p\underline{q}]} .$$

Soient donc $t_1,\ldots,t_d$ une suite régulière de générateurs de J , $t'_1,\ldots,t'_{2d}$ la suite régulière de générateurs de J_2 formée des $1\otimes t_i$ et $t_j\otimes 1$. On déduit aisément de la définition de ∂^o , et de la formule donnant les puissances divisées d'une somme, que ∂^o envoie une section de $\bigoplus_{|\underline{q}|=n} (\mathcal{O}_{L^o}/J^{(p)}).\underline{t}^{[p\underline{q}]}$ sur une section de $\bigoplus_{n-d\leq|q|\leq n} (\mathcal{O}_{(L^o)^2}/J_2^{(p)}).\underline{t}'^{[p\underline{q}]}$, et ∂^1 vérifie la propriété analogue. Utilisant la graduation définie par les t_i , il en résulte que pour prouver l'exactitude de (3.2.5.2), il suffit de prouver celle du séparé complété pour la filtration PD-adique, ce qui ramène finalement à étudier le gradué associé à cette dernière. Or l'homomorphisme $\mathcal{O}_{L^1} \longrightarrow \mathcal{O}_{L^o}$ est tel que $J = I.\mathcal{O}_{L^o}$; comme φ envoie une base de ω_{L^1} sur une base de $\bar{I}/\bar{I}^{[2]} \simeq I/I^2$ formée d'éléments primitifs, $u\circ\varphi$ envoie une une base de ω_{L^1} sur une base de $\bar{J}/\bar{J}^{[2]}$ en tant que $\mathcal{O}_{L^o}/J$-module, formée d'éléments primitifs. Cette base définit alors une base de $\bar{J}^{[n]}/\bar{J}^{[n+1]} \simeq \Gamma_n(\bar{J}/\bar{J}^{[2]})$ (voir [5 , I 3.4.4]) , et l'exactitude de (3.2.5.2) résulte finalement du fait classique (et élémentaire) que pour tout anneau A et tout A-module plat M , la suite

$$0 \longrightarrow M \longrightarrow \Gamma^+(M) \xrightarrow{\partial_o} \Gamma^+(M)^{\otimes 2} \xrightarrow{\partial_1} \Gamma^+(M)^{\otimes 3} \oplus \Gamma^+(M)^{\otimes 2}$$

est exacte [16 , V 5, corollaire et remarque 1, p. 17-18] .

Comme $\mathcal{H}^o(\ell^G) = \omega_G$, $\mathcal{H}^{-1}(\ell^G) = n_G$, on déduit de 3.2.5 :

Corollaire 3.2.6. *Soit* G *un groupe fini localement libre sur* S . *Il existe des isomorphismes canoniques*

$$\alpha_G^1 : \omega_G \xrightarrow{\sim} \mathcal{E}xt^1_{S/\Sigma}(\underline{G},\mathcal{J}_{S/\Sigma})_S ,$$

$$\alpha_G^o : n_G \xrightarrow{\sim} \mathcal{H}om_{S/\Sigma}(\underline{G},\mathcal{J}_{S/\Sigma})_S .$$

Remarques 3.2.7.

(i) Il est en fait possible, dans cette construction, de remplacer la résolution canonique par une résolution quelconque de longueur 1 par des groupes affines lisses : on vérifie que l'on obtient le même isomorphisme en se ramenant au cas où il existe un morphisme entre les deux résolutions, et l'identification ainsi obtenue est indépendante du choix de ce morphisme, deux morphismes entre résolutions de longueur 1 étant homotopes.

(ii) Indiquons sommairement une autre méthode pour définir l'isomorphisme

$$\alpha_G : \ell_G[-1] \longrightarrow t_{1]}\mathbb{R}\mathcal{H}om_{S/\Sigma}(\underline{G},\mathcal{J}_{S/\Sigma})_S .$$

Tout d'abord, si M est un complexe quasi-cohérent concentré en degrés $[-1,0]$, la démonstration de la formule de dualité de Grothendieck [40 , II § 14] montre que celle-ci s'étend en un isomorphisme

$$t_{o]}\mathbb{R}\mathcal{H}om_{\mathcal{O}_S}(\ell^G,M) \xrightarrow{\sim} t_{o]}\mathbb{R}\mathcal{H}om_S(G^*,M)_S .$$

Or, d'après 2.3.1 et 2.3.7, la restriction de $i^*_{S/\Sigma}(t_{1]}\mathbb{R}\mathcal{H}om_{S/\Sigma}(\underline{G},\mathcal{J}_{S/\Sigma}))[1]$ au petit site plat de S est un complexe quasi-cohérent, concentré en degrés $[-1,0]$, de sorte qu'il suffit de définir un morphisme

(3.2.7.1) $$\underline{G}^* \longrightarrow (t_{1]}\mathbb{R}\mathcal{H}om_{S/\Sigma}(\underline{G},\mathcal{J}_{S/\Sigma}))[1] .$$

On part alors de la suite exacte multiplicative

$$0 \longrightarrow 1+\mathcal{J}_{S/\Sigma} \longrightarrow \mathcal{O}^*_{S/\Sigma} \longrightarrow \underline{\mathbb{G}}_m \longrightarrow 0 ,$$

qui fournit un morphisme

(3.2.7.2) $$\underline{\mathbb{G}}_m \longrightarrow (1+\mathcal{J}_{S/\Sigma})[1] \xrightarrow{\log} \mathcal{J}_{S/\Sigma}[1]$$

dans $D(\underline{\underline{AB}}_{S/\Sigma})$, le logarithme étant défini, pour toute section x de $\mathcal{J}_{S/\Sigma}$ au-dessus de (U,T,δ) par

$$\log(1+x) = \sum_{i\geq 1} (-1)^{i-1}(i-1)!\,\delta_i(x) \,. \qquad (3.2.7.3)$$

Le morphisme (3.2.7.2) définit alors un morphisme

$$\begin{array}{ccc} G^* \simeq t_{o]}\mathbb{R}\mathcal{H}om_{S/\Sigma}(\underline{G},\underline{\mathbb{G}}_m) & \longrightarrow & t_{o]}\mathbb{R}\mathcal{H}om_{S/\Sigma}(\underline{G},\mathcal{J}_{S/\Sigma}[1]) \\ & & \wr\| \\ & & (t_{1]}\mathbb{R}\mathcal{H}om_{S/\Sigma}(\underline{G},\mathcal{J}_{S/\Sigma}))\,[1] \end{array}$$

qui est le morphisme cherché. Pour prouver que c'est un isomorphisme, on peut, d'après 3.1.1, supposer G plongé dans un schéma abélien ; on achève alors la démonstration en prouvant une compatibilité entre le morphisme ainsi construit et les isomorphismes $\omega_A \xrightarrow{\sim} \mathcal{E}xt^1_{S/\Sigma}(\underline{A},\mathcal{J}_{S/\Sigma})_S$ de 2.5.8 relatifs aux schémas abéliens résolvant G, et en utilisant la nullité de $\mathcal{E}xt^2_{S/\Sigma}(\underline{A},\mathcal{J}_{S/\Sigma})$.

<u>Proposition</u> 3.2.8. *Soit*

$$0 \longrightarrow G' \longrightarrow G \longrightarrow G'' \longrightarrow 0$$

une suite exacte de groupes finis localement libres sur S .

(i) *Le triangle*

$$\begin{array}{ccc} & t_{1]}\mathbb{R}\mathcal{H}om_{S/\Sigma}(\underline{G}',\mathcal{J}_{S/\Sigma})_S & \\ {}^{+1}\swarrow & & \nwarrow \\ t_{1]}\mathbb{R}\mathcal{H}om_{S/\Sigma}(\underline{G}'',\mathcal{J}_{S/\Sigma})_S & \longrightarrow & t_{1]}\mathbb{R}\mathcal{H}om_{S/\Sigma}(\underline{G},\mathcal{J}_{S/\Sigma})_S \end{array} \qquad (3.2.8.1)$$

est distingué.

(ii) *Les isomorphismes* $(\alpha_{G''},\alpha_G,\alpha_{G'})$ *définissent un isomorphisme du triangle distingué*

$$\begin{array}{ccc} & \ell^{G'}[-1] & \\ {}^{+1}\swarrow & & \nwarrow \\ \ell^{G''}[-1] & \longrightarrow & \ell^{G}[-1] \end{array} \qquad (3.2.8.2)$$

déduit par translation de [41 , II 3.3.4] , *sur le triangle distingué* (3.2.8.1) .

Pour prouver l'assertion (i), il suffit d'après 2.1.2 de prouver que l'homomorphisme

$$\mathcal{E}xt^1_{S/\Sigma}(\underline{G},\mathcal{J}_{S/\Sigma})_S \longrightarrow \mathcal{E}xt^1_{S/\Sigma}(\underline{G}',\mathcal{J}_{S/\Sigma})_S$$

est surjectif ; or il s'identifie par 3.2.6 à l'homomorphisme $\omega_G \longrightarrow \omega_{G'}$, dont la surjectivité est bien connue [41 , II 3.3.4] .

La fonctorialité de α_G entraîne la commutativité des deux carrés construits sur les morphismes de degré 0 des triangles (3.2.8.1) et (3.2.8.2). Pour prouver la commutativité du troisième, fixons un plongement $G \hookrightarrow L$, où L est un groupe lisse affine sur S . Soient $H = L/G$, $H' = L/G'$, et utilisons la construction (3.2.3.2) pour définir α_G , $\alpha_{G'}$ et $\alpha_{G''}$, grâce aux résolutions

$$L^{\cdot} = L \longrightarrow H \ , \quad L'^{\cdot} = L \longrightarrow H' \ , \quad L''^{\cdot} = H' \longrightarrow H$$

de G , G' et G'' . Si on note $\varphi : L^{\cdot} \longrightarrow L''^{\cdot}$ le morphisme évident qui prolonge $G \longrightarrow G''$, $\varphi_\omega : \omega_{L''^{\cdot}} \longrightarrow \omega_{L^{\cdot}}$, $\varphi_\Omega : F^1K^{\cdot}(\Omega^{\cdot}_{L''^{\cdot}/S})_s \longrightarrow F^1K^{\cdot}(\Omega^{\cdot}_{L^{\cdot}/S})_s$ les morphismes de complexes qui s'en déduisent par fonctorialité, $C^{\cdot}$ le cône d'un morphisme de complexes, il faut prouver que le diagramme de morphismes canoniques

$$\begin{array}{ccccc}
\omega_{L'^{\cdot}}[-1] & \xleftarrow{\text{qis}} & C^{\cdot}(\varphi_\omega)[-1] & \longrightarrow & \omega_{L''^{\cdot}} \\
\downarrow{\scriptstyle \alpha_{G'}} & & & & \downarrow{\scriptstyle \alpha_{G''}[1]} \\
t_{1]}F^1K^{\cdot}(\Omega^{\cdot}_{L'^{\cdot}/S})_s & \xleftarrow{\text{qis}} & t_{1]}C^{\cdot}(\varphi_\Omega) & \longrightarrow & t_{1]}F^1K^{\cdot}(\Omega^{\cdot}_{L''^{\cdot}/S})_s[1]
\end{array}$$

donne par passage à la catégorie dérivée un diagramme anticommutatif . Or $\alpha_{G''}$ et α_G définissent par fonctorialité un diagramme commutatif

$$\begin{array}{ccccc}
\omega_{L'^{\cdot}}[-1] & \xleftarrow{\text{qis}} & C^{\cdot}(\varphi_\omega[-1]) & \longrightarrow & \omega_{L''^{\cdot}} \\
\downarrow{\scriptstyle \alpha_{G'}} & & \downarrow{\scriptstyle (\alpha_G,\alpha_{G''}[1])} & & \downarrow{\scriptstyle \alpha_{G''}[1]} \\
t_{1]}F^1K^{\cdot}(\Omega^{\cdot}_{L'^{\cdot}/S})_s & \xleftarrow{\text{qis}} & t_{1]}C^{\cdot}(\varphi_\Omega) & \longrightarrow & t_{1]}F^1K^{\cdot}(\Omega^{\cdot}_{L''^{\cdot}/S})_s[1]
\end{array} \ ;$$

d'autre part, l'isomorphisme canonique $C^{\cdot}(\varphi_\omega)[-1] \xrightarrow{\sim} C^{\cdot}(\varphi_\omega[-1])$, défini par $(\mathrm{Id}_{\omega_{L'^{\cdot}}}, -\mathrm{Id}_{\omega_{L''^{\cdot}}})$, donne un diagramme

$$\begin{array}{ccccc}
 & & C^{\cdot}(\varphi_\omega)[-1] & & \\
 & \swarrow^{\text{qis}} & & \searrow & \\
\omega_{L'^{\cdot}}[-1] & & \wr\downarrow & & \omega_{L''^{\cdot}} \\
 & \nwarrow_{\text{qis}} & & \nearrow & \\
 & & C^{\cdot}(\varphi_\omega[-1]) & &
\end{array}$$

dans lequel le triangle de gauche est commutatif, et celui de droite anticommutatif. L'assertion en résulte.

<u>Corollaire</u> 3.2.9. *Soit*

$$0 \longrightarrow G' \longrightarrow G \longrightarrow G'' \longrightarrow 0$$

une suite exacte de groupes finis localement libres sur S . *Il existe un isomorphisme canonique de suites exactes à six termes*

$$\begin{array}{ccccccccc}
0 & \longrightarrow & n_{G''} & \longrightarrow & n_G & \longrightarrow & n_{G'} & \xrightarrow{-\partial} & \\
 & & \downarrow{\scriptstyle \alpha^0_{G''}} & & \downarrow{\scriptstyle \alpha^0_{G}} & & \downarrow{\scriptstyle \alpha^0_{G'}} & & \\
0 & \longrightarrow & \mathcal{H}om_{S/\Sigma}(\underline{G}'', \mathcal{J}_{S/\Sigma})_S & \longrightarrow & \mathcal{H}om_{S/\Sigma}(\underline{G}, \mathcal{J}_{S/\Sigma})_S & \longrightarrow & \mathcal{H}om_{S/\Sigma}(\underline{G}', \mathcal{J}_{S/\Sigma})_S & \xrightarrow{\partial} &
\end{array}$$

$$\begin{array}{ccccccccc}
\xrightarrow{-\partial} & \omega_{G''} & \longrightarrow & \omega_G & \longrightarrow & \omega_{G'} & \longrightarrow & 0 & \\
 & \downarrow{\scriptstyle \alpha^1_{G''}} & & \downarrow{\scriptstyle \alpha^1_{G}} & & \downarrow{\scriptstyle \alpha^1_{G'}} & & & \\
\xrightarrow{\partial} & \mathcal{E}xt^1_{S/\Sigma}(\underline{G}'', \mathcal{J}_{S/\Sigma})_S & \longrightarrow & \mathcal{E}xt^1_{S/\Sigma}(\underline{G}, \mathcal{J}_{S/\Sigma})_S & \longrightarrow & \mathcal{E}xt^1_{S/\Sigma}(\underline{G}', \mathcal{J}_{S/\Sigma})_S & \longrightarrow & 0 & ,
\end{array}$$

où ∂ *est l'homomorphisme cobord naturel de chacune des deux suites.*

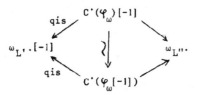

<u>Proposition</u> 3.2.10. *Soit* G *un groupe fini localement libre sur* S . *Alors l'homomorphisme canonique*

$$\text{(3.2.10.1)} \qquad \mathbb{D}(G) = \mathcal{E}xt^1_{S/\Sigma}(\underline{G},\mathcal{O}_{S/\Sigma}) \longrightarrow \mathcal{E}xt^1_{S/\Sigma}(\underline{G},\underline{\mathbb{G}}_a) = i_{S/\Sigma *}(\mathcal{E}xt^1_S(G,\mathbb{G}_a))$$

issu de la suite exacte

$$\text{(3.2.10.2)} \qquad 0 \longrightarrow \mathcal{J}_{S/\Sigma} \longrightarrow \mathcal{O}_{S/\Sigma} \longrightarrow \underline{\mathbb{G}}_a \longrightarrow 0$$

est surjectif, et il existe un triangle distingué, fonctoriel en G ,

$$\begin{array}{ccc} & \ell^{G^*\vee} & \\ {}^{+1}\swarrow & & \nwarrow \\ \ell^G[-1] & \longrightarrow & \Delta(G)_S \end{array} \qquad \text{(3.2.10.3)}$$

donnant naissance à la suite exacte

$$\text{(3.2.10.4)} \quad 0 \to n_G \to \mathcal{H}om_{S/\Sigma}(\underline{G},\mathcal{O}_{S/\Sigma})_S \to \mathcal{L}ie(G^*) \to \omega_G \longrightarrow \mathbb{D}(G)_S \to \nu_{G^*} \to 0 .$$

La première assertion étant locale sur S , on peut supposer G plongé dans un schéma abélien A , avec pour quotient A' ; on en déduit le carré commutatif

$$\begin{array}{ccc} \mathbb{D}(A) & \longrightarrow & \mathcal{E}xt^1_{S/\Sigma}(\underline{A},\underline{\mathbb{G}}_a) \\ \downarrow & & \downarrow \\ \mathbb{D}(G) & \longrightarrow & \mathcal{E}xt^1_{S/\Sigma}(\underline{G},\underline{\mathbb{G}}_a) \end{array} .$$

L'homomorphisme de la ligne supérieure est surjectif parce que $\mathcal{E}xt^2_{S/\Sigma}(\underline{A},\mathcal{J}_{S/\Sigma}) = 0$, celui de la colonne de droite parce que $\mathcal{E}xt^2_{S/\Sigma}(\underline{A}',\underline{\mathbb{G}}_a) = 0$, d'où l'assertion.

Le triangle distingué relatif à la suite exacte (3.2.10.2) fournit alors par troncation le triangle distingué (d'après 2.1.2)

$$\begin{array}{ccc} & t_{1]}\mathbb{R}\mathcal{H}om_{S/\Sigma}(\underline{G},\underline{\mathbb{G}}_a) & \\ {}^{+1}\swarrow & & \nwarrow \\ t_{1]}\mathbb{R}\mathcal{H}om_{S/\Sigma}(\underline{G},\mathcal{J}_{S/\Sigma}) & \longrightarrow & t_{1]}\mathbb{R}\mathcal{H}om_{S/\Sigma}(\underline{G},\mathcal{O}_{S/\Sigma}) \end{array} .$$

En prenant le triangle de complexes de faisceaux zariskiens sur S défini par ce triangle, et en utilisant les isomorphismes fonctoriels

$$\alpha_G : \ell^G[-1] \xrightarrow{\sim} t_{1]}\mathbb{R}\mathcal{H}om_{S/\Sigma}(\underline{G},\mathcal{J}_{S/\Sigma})_S ,$$

$$\beta_G : \ell^{G^*\vee} \xrightarrow{\sim} t_{1]}\mathbb{R}\mathcal{H}om_S(G,\mathbb{G}_a)_S \xrightarrow{\sim} t_{1]}\mathbb{R}\mathcal{H}om_{S/\Sigma}(\underline{G},\underline{\mathbb{G}}_a)_S ,$$

on en déduit le triangle (3.2.10.3) et la suite exacte correspondante.

Remarques.

(i) Signalons que le théorème de dualité 5.2.7 nous permettra d'identifier le faisceau $\mathcal{H}om_{S/\Sigma}(\underline{G},\mathcal{O}_{S/\Sigma})_S$ à $\mathbb{D}(G^*)^\vee_S$.

(ii) Lorsque G est plongé dans un schéma abélien A^o , avec $A^1 = A^o/G$, $\Delta(G)$ s'identifie au complexe $\mathbb{D}(A^1) \longrightarrow \mathbb{D}(A^o)$ d'après (3.1.2.1), et on peut vérifier que le triangle (3.2.10.2) est défini par la suite exacte de complexes

$$\begin{array}{ccccccccc}
0 & \longrightarrow & \omega_{A^1} & \longrightarrow & \mathbb{D}(A^1)_S & \longrightarrow & \mathcal{L}ie(\hat{A}^1) & \longrightarrow & 0 \\
 & & \downarrow & & \downarrow & & \downarrow & & \\
0 & \longrightarrow & \omega_{A^o} & \longrightarrow & \mathbb{D}(A^o)_S & \longrightarrow & \mathcal{L}ie(\hat{A}^o) & \longrightarrow & 0
\end{array} ,$$

où les flèches verticales sont les opposées des flèches déduites par fonctorialité, et où les suites exactes horizontales sont les suites définies en 2.5.8 (ii).

Corollaire 3.2.11. *Soit* G *un groupe fini localement libre sur* S . *Les conditions suivantes sont équivalentes :*

(i) $G = 0$;

(ii) $\mathbb{D}(G) = 0$;

(iii) $\mathbb{D}(G)_S = 0$.

Il est clair que (i) $\Longrightarrow$ (ii) $\Longrightarrow$ (iii). Pour prouver que (iii) $\Longrightarrow$ (i), observons que si $\mathbb{D}(G)_S = 0$, la suite exacte (3.2.10.4) entraîne que $\nu_{G^*} = 0$. Or, pour tout groupe fini localement libre G , ℓ^G est un complexe d'amplitude parfaite contenue dans $[-1,0]$, et de rang nul, puisque dans une résolution

$$0 \longrightarrow G \longrightarrow L^o \longrightarrow L^1 \longrightarrow 0$$

où L^o et L^1 sont lisses sur S , L^o et L^1 ont même dimension relative. Comme $\nu_{G^*} = \mathcal{H}^1(\ell^{G^{*\vee}})$, sa nullité entraîne celle de $\mathcal{H}^o(\ell^{G^{*\vee}}) = \mathcal{L}ie(G^*)$; de plus, ν_{G^*} commute au changement de base puisqu'il en est ainsi de $\ell^{G^{*\vee}}$, si bien que ces conclusions restent valables après tout changement de base. En particulier, les fibres G_s de G sont telles que $\mathcal{L}ie(G_s^*) = 0$, donc sont de type multiplicatif ; il en est donc de même pour G .

Puisque $\mathcal{L}ie(G^*) = 0$, la suite exacte (3.2.10.4) et l'hypothèse $\mathbb{D}(G)_S = 0$ entraînent que $\omega_G = 0$. Comme ω_G commute au changement de base, $\omega_{G_s} = 0$ pour tout s , ce qui signifie que les G_s , et par suite G , sont étales. Le groupe G est alors à la fois étale et de type multiplicatif ; étant un p-groupe, il est nécéssairement nul.

Nous terminerons cette section en donnant pour les groupes finis localement libres une interprétation géométrique du cristal de Dieudonné en termes de $\natural$-extensions, analogue à celle que nous avons donnée en (1.4.6.3) dans le cas d'un groupe lisse ou d'un groupe p-divisible. Commençons par un lemme général.

Lemme 3.2.12. *Soient* (U,T,δ) *un objet de* $\mathrm{CRIS}(S/\Sigma)$, j *l'immersion de* U *dans* T , $j_{\mathrm{CRIS}} : (U/T,\mathcal{J}',\delta')_{\mathrm{CRIS}} \longrightarrow (T/T,\mathcal{J}',\delta')_{\mathrm{CRIS}}$ *le morphisme de fonctorialité habituel (avec les notations de* 1.1.14*). Soient* G *un faisceau abélien sur* S , G_U *sa restriction au-dessus de* U , H *un faisceau abélien sur* T *muni d'un isomorphisme*

$$G_U \xrightarrow{\sim} j^*(H) ,$$

E *un faisceau abélien sur* $\mathrm{CRIS}(S/\Sigma)$, E_U *sa restriction à* $\mathrm{CRIS}(U/T,\mathcal{J}',\delta')$. *Il existe des isomorphismes canoniques, fonctoriels en* (U,T,δ) ,

(3.2.12.1) $$\mathbb{R}\mathcal{H}om_{S/\Sigma}(\underline{G},E)_{(U,T,\delta)} \simeq \mathbb{R}\mathcal{H}om_{T/T}(\underline{H},j_{CRIS*}(E_U))_T ,$$

(3.2.12.2) $$\mathcal{E}xt^i_{S/\Sigma}(\underline{G},E)_{(U,T,\delta)} \simeq \mathcal{E}xt^i_{T/T}(\underline{H},j_{CRIS*}(E_U))_T .$$

En particulier, pour $E = \mathcal{O}_{S/\Sigma}$,

(3.2.12.3) $$\mathbb{R}\mathcal{H}om_{S/\Sigma}(\underline{G},\mathcal{O}_{S/\Sigma})_{(U,T,\delta)} \simeq \mathbb{R}\mathcal{H}om_{T/T}(\underline{H},\mathcal{O}_{T/T})_T ,$$

(3.2.12.4) $$\mathcal{E}xt^i_{S/\Sigma}(\underline{G},\mathcal{O}_{S/\Sigma})_{(U,T,\delta)} \simeq \mathcal{E}xt^i_{T/T}(\underline{H},\mathcal{O}_{T/T})_T .$$

D'après (1.3.3.7), il existe un isomorphisme canonique

$$\mathbb{R}\mathcal{H}om_{S/\Sigma}(\underline{G},E)_{(U,T,\delta)} \simeq \mathbb{R}\mathcal{H}om_{U/T}(\underline{G}_U,E_U)_{(U,T,\delta)} .$$

D'après [5 , III 2.3] , dont les résultats restent valables pour les gros topos cristallins, le foncteur j_{CRIS*} est exact, et, pour tout objet (V,T',ε) de $CRIS(T/T,\mathfrak{J}',\delta')$, on a

$$j_{CRIS*}(E_U)_{(V,T',\varepsilon)} = E_{(V_o,T',\varepsilon')} ,$$

où $V_o = V\times_T U$, et ε' est la structure de PD-idéal prolongeant δ et ε ; en particulier, $j_{CRIS*}(\mathcal{O}_{U/T}) = \mathcal{O}_{T/T}$. La formule d'adjonction entre j^*_{CRIS} et j_{CRIS*} s'écrit donc

$$j_{CRIS*}(\mathbb{R}\mathcal{H}om_{U/T}(j^*_{CRIS}(\underline{H}),E_U)) \simeq \mathbb{R}\mathcal{H}om_{T/T}(\underline{H},j_{CRIS*}(E_U)) .$$

D'après (1.1.17.1), l'isomorphisme $G_U \simeq j^*(H)$ induit un isomorphisme $\underline{G}_U \simeq j^*_{CRIS}(\underline{H})$; la formule d'adjonction induit donc entre les faisceaux zariskiens sur T un isomorphisme

$$\mathbb{R}\mathcal{H}om_{U/T}(\underline{G}_U,E_U)_{(U,T,\delta')} \simeq \mathbb{R}\mathcal{H}om_{T/T}(\underline{H},j_{CRIS*}(E_U))_T ,$$

qui est l'isomorphisme cherché. Les autres assertions en découlent.

Remarque. Supposons que H soit un T-groupe plat et de présentation finie. Le PD-morphisme $Id : (T,\mathfrak{J}',\delta') \longrightarrow (T,0)$, où l'idéal 0 est muni des puissances divisées triviales, induit un morphisme canonique (1.3.3.3)

(3.2.12.5) $$t_{2]}\mathbb{R}\mathcal{H}om_{T/T,0}(\underline{H},\mathcal{J}^{[k]}_{T/T}E)_T \longrightarrow t_{2]}\mathbb{R}\mathcal{H}om_{T/T,\mathcal{J}',\delta'}(\underline{H},\mathcal{J}^{[k]}_{T/T}E)_T ,$$

qui est un isomorphisme pour tout k et tout cristal E quasi-cohérent sur $\mathcal{O}_{T/T}$, d'après 2.3.6.

3.2.13. Soit G un groupe fini localement libre sur S. Rappelons qu'il existe une suite exacte canonique

(3.2.13.1) $$\mathcal{L}ie(G^*) \longrightarrow \omega_G \longrightarrow \mathcal{E}xt^{\natural}(G,\mathbb{G}_a) \longrightarrow \mathcal{E}xt^1_S(G,\mathbb{G}_a) \longrightarrow 0$$

[40, II (4.2) en faisant $L = \mathbb{G}_a$, et II (4.12)]. Les applications en sont définies comme suit.

a) L'application $\mathcal{L}ie(G^*) \longrightarrow \omega_G$ est la composée de l'isomorphisme canonique $\mathcal{L}ie(G^*) \xrightarrow{\sim} \mathcal{H}om_S(G,\mathbb{G}_a)$, et de l'homomorphisme

$$\varphi \in \mathcal{H}om_S(G,\mathbb{G}_a) \longmapsto \varphi^*(dt) \in \omega_G ,$$

où dt est la différentielle de la section universelle de $\mathcal{O}_{\mathbb{G}_a}$.

b) Soient $\Delta^1_{G/S}$ le premier voisinage infinitésimal de la diagonale dans $G\times_S G$, $p_i^{(1)} : \Delta^1_{G/S} \longrightarrow G$ les deux projections. Une $\natural$-structure sur le G-torseur trivial de groupe $\mathbb{G}_a$ (resp. l'extension triviale de G par $\mathbb{G}_a$) est la donnée d'un isomorphisme de torseurs sur $\Delta^1_{G/S}$

$$p_2^{(1)*}(\mathbb{G}_a) \xrightarrow{\sim} p_1^{(1)*}(\mathbb{G}_a)$$

(resp. compatible à (1.4.1.3)), induisant l'identité au-dessus de G considéré comme sous-schéma de $\Delta^1_{G/S}$ par l'immersion diagonale. Un tel isomorphisme est déterminé par l'image de la section nulle, i.e. par une section de $\mathbb{G}_a$ sur $\Delta^1_{G/S}$ induisant la section nulle au-dessus de G, soit encore par une forme différentielle $\eta \in \Gamma(G,\Omega^1_G)$ (resp. une forme différentielle invariante par translation $\eta \in \Gamma(S,\omega_G) \subset \Gamma(G,\Omega^1_G)$). Ceci définit l'application $\omega_G \longrightarrow \mathcal{E}xt^{\natural}(G,\mathbb{G}_a)$, la $\natural$-extension associée à η étant isomorphe à la $\natural$-extension triviale si et seulement si η est de la forme df, où f est une fonction primitive sur G, donc de la forme $f^*(dt)$, où f est un homomorphisme de G dans $\mathbb{G}_a$.

c) L'application $\mathcal{E}xt^{\natural}(G,\mathbb{G}_a) \longrightarrow \mathcal{E}xt^1_S(G,\mathbb{G}_a)$ associe à la classe d'une $\natural$-extension la classe de l'extension sous-jacente, par oubli de la connexion.

Proposition 3.2.14. *Soit* G *un groupe fini localement libre sur* S .

(i) *Il existe un isomorphisme canonique entre les deux suites exactes* (3.2.10.4) *et* (3.2.13.1) :

$$(3.2.14.1)\qquad \begin{array}{ccccccccc} \mathcal{L}ie(G^*) & \longrightarrow & \omega_G & \longrightarrow & \mathbb{D}(G)_S & \longrightarrow & \nu_{G^*} & \longrightarrow & 0 \\ {\scriptstyle Id}\Big\| & & {\scriptstyle Id}\Big\| & & \Big\downarrow\wr & & \Big\downarrow\wr & & \\ \mathcal{L}ie(G^*) & \longrightarrow & \omega_G & \longrightarrow & \mathcal{E}xt^{\natural}(G,\mathbb{G}_a) & \longrightarrow & \mathcal{E}xt^1_S(G,\mathbb{G}_a)_S & \longrightarrow & 0 \end{array} .$$

(ii) *Si* (U,T,δ) *est un objet de* $CRIS(S/\Sigma)$ *tel qu'il existe un groupe fini localement libre* $\tilde{G}$ *sur* T *relevant* G_U , *il existe un isomorphisme canonique*

$$(3.2.14.2)\qquad \mathbb{D}(G)_{(U,T,\delta)} \xrightarrow{\sim} \mathcal{E}xt^{\natural}(\tilde{G},\mathbb{G}_a) .$$

L'isomorphisme $\nu_{G^*} = \mathcal{H}^1(\ell^{G^{*\vee}}) \xrightarrow{\sim} \mathcal{E}xt^1_S(G,\mathbb{G}_a)_S$ est celui que définit l'isomorphisme (3.2.1.1). L'homomorphisme

$$\mathbb{D}(G)_S \longrightarrow \mathcal{E}xt^{\natural}(G,\mathbb{G}_a)$$

est le composé de l'isomorphisme

$$\mathcal{E}xt^1_{S/\Sigma}(\underline{G},\mathcal{O}_{S/\Sigma})_S \xrightarrow{\sim} \mathcal{E}xt^{cris/S}(G,\mathbb{G}_a)$$

défini par (1.4.6.1), et de l'homomorphisme

$$\mathcal{E}xt^{cris/S}(G,\mathbb{G}_a) \longrightarrow \mathcal{E}xt^{\natural}(G,\mathbb{G}_a)$$

défini par (1.4.3.1). On sait que c'est un isomorphisme si G est lisse ou p-divisible (voir 1.4.6) ; pour prouver que c'est encore le cas lorsque G est fini, il suffit de vérifier la commutativité du diagramme.

Pour voir la commutativité du carré de gauche, il faut montrer que l'homomorphisme

$$\mathcal{H}om_S(G,\mathbb{G}_a) \xrightarrow{\partial} \mathcal{E}xt^1_{S/\Sigma}(\underline{G},\mathcal{J}_{S/\Sigma})_S \xrightarrow[\sim]{(\alpha^1_G)^{-1}} \omega_G$$

associe à $\varphi : G \longrightarrow \mathbb{G}_a$ la forme différentielle $\varphi^*(dt)$. Par fonctorialité, il suffit de prouver la même assertion pour $G = \mathbb{G}_a$, $\varphi = \mathrm{Id}_{\mathbb{G}_a}$. Le diagramme commutatif

$$\begin{array}{ccccc} \mathcal{H}om_S(G,\mathbb{G}_a) & \xrightarrow{\partial} & \mathcal{E}xt^1_{S/\Sigma}(\underline{G},\mathcal{J}_{S/\Sigma})_S & \xrightarrow{\sim} & \omega_G \\ \big\downarrow & & \big\downarrow & & \big\downarrow \\ \mathcal{M}or(G,\mathbb{G}_a) \simeq f_*(\mathcal{O}_G) & \xrightarrow{\partial} & R^1f_{G/S*}(\mathcal{J}_{S/\Sigma}) & \xrightarrow{\sim} & f_*(\Omega^1_{G/S})_{d=0} \end{array} ,$$

où $f : G = \mathbb{G}_{a,S} \longrightarrow S$ est le morphisme structural, ramène à prouver l'assertion analogue pour la ligne inférieure. Celle-ci résulte de ce que, via l'isomorphisme entre cohomologie cristalline et cohomologie de de Rham, l'application ∂ est induite par $d : \mathcal{O}_G \longrightarrow \Omega^1_{G/S}$.

Le carré du milieu s'écrit par définition

$$(3.2.14.3) \qquad \begin{array}{ccc} \mathcal{E}xt^1_{S/\Sigma}(\underline{G},\mathcal{J}_{S/\Sigma})_S & \longrightarrow & \mathcal{E}xt^1_{S/\Sigma}(\underline{G},\mathcal{O}_{S/\Sigma})_S \\ \wr\big\uparrow \alpha^1_G & & \big\downarrow \\ \omega_G & \longrightarrow & \mathcal{E}xt^\natural(G,\mathbb{G}_a) \end{array} .$$

Suivant la méthode de 1.4.6, une extension de $\underline{G}$ par $\mathcal{J}_{S/\Sigma}$ au-dessus de S peut être considérée comme un $\mathcal{J}_{G/S}$-torseur Q sur $\mathrm{CRIS}(G/S)$, muni d'un isomorphisme $m^*_{\mathrm{CRIS}}(Q) \longrightarrow p^*_{1\mathrm{CRIS}}(Q) \wedge p^*_{2\mathrm{CRIS}}(Q)$. La forme différentielle $\eta \in \omega_G$ qui lui correspond est alors définie comme suit : soient $p^{(1)}_i : \Delta^1_{G/S} \rightrightarrows G$ les deux projections ; le torseur Q possède une unique section au-dessus de G , car $\Gamma((G,G),\mathcal{J}_{G/S}) = 0$; si on note 0 cette section, $p^{(1)*}_2(0)$ se déduit de $p^{(1)*}_1(0)$ par translation par une section $\eta \in \Gamma((G,\Delta^1_{G/S}),\mathcal{J}_{G/S}) = \Gamma(G,\Omega^1_{G/S})$; l'existence de l'isomorphisme donnant la structure d'extension sur Q impose de plus que η soit invariante par translation. Si l'on considère le torseur déduit de Q par le changement de groupe $\mathcal{J}_{G/S} \longrightarrow \mathcal{O}_{G/S}$, puis le $\natural$-torseur correspondant, ce dernier est encore muni de la section 0 au-dessus de G, et η s'interprète encore comme la section de $\mathcal{O}_{\Delta^1_{G/S}}$ dont l'action transporte $p_1^{(1)*}(0)$ sur $p_2^{(1)*}(0)$. La commutativité du carré est alors claire, compte tenu de 3.2.13 b).

Enfin, d'après la définition de $\mathbb{D}(G)_S \longrightarrow \nu_{G^*}$, la commutativité du carré de droite résulte de celle du carré

$$\begin{array}{ccc} \mathcal{E}xt^1_{S/\Sigma}(\underline{G}, \mathcal{O}_{S/\Sigma})_S & \longrightarrow & \mathcal{E}xt^1_{S/\Sigma}(\underline{G}, \mathbb{G}_a)_S \\ \downarrow & & \downarrow \wr \\ \mathcal{E}xt^{\natural}(G, G_a) & \longrightarrow & \mathcal{E}xt^1_S(G, \mathbb{G}_a)_S \end{array} .$$

Celle-ci signifie simplement que le foncteur qui à une extension de $\underline{G}$ par $\mathcal{O}_{S/\Sigma}$ associe l'extension de G par $\mathbb{G}_a$ obtenue par fonctorialité, puis restriction au site des S-schémas, peut s'écrire comme le composé du foncteur (1.4.3.1) qui à une extension cristalline associe une $\natural$-extension de G par $\mathbb{G}_a$, puis du foncteur d'oubli de la $\natural$-structure sur l'extension sous-jacente de G par $\mathbb{G}_a$. Ceci achève la démonstration de (i).

Pour prouver (ii), on définit (3.2.14.2) comme le composé

$$\mathbb{D}(G)_{(U,T,\delta)} = \mathcal{E}xt^1_{S/\Sigma}(\underline{G}, \mathcal{O}_{S/\Sigma})_{(U,T,\delta)} \xrightarrow{\sim} \mathcal{E}xt^1_{T/T}(\underline{\tilde{G}}, \mathcal{O}_{T/T})_T = \mathbb{D}(\tilde{G})_T \xrightarrow{\sim} \mathcal{E}xt^{\natural}(\tilde{G}, \mathbb{G}_a) ,$$

où le premier isomorphisme est donné par (3.2.12.4), le second par (3.2.14.1).

3.3. Le cristal de Dieudonné d'un groupe p-divisible.

Nous allons maintenant utiliser les résultats obtenus pour les groupes finis localement libres pour prouver des résultats analogues pour les groupes p-divisibles, en comparant les invariants associés à un groupe p-divisible G à ceux des groupes finis $G(n) = \mathrm{Ker}(p^n_G)$.

3.3.1. Soient donc S un schéma sur lequel p est localement nilpotent, G un groupe p-divisible sur S. Rappelons que, sur un ouvert où $p^m \mathcal{O}_S = 0$, les applications $\omega_{G(n')} \longrightarrow \omega_{G(n)}$ sont des isomorphismes pour $n' \geqslant n \geqslant m$; [41 , II 3.3.20] ; on définit alors ω_G par $\omega_G = \varprojlim_n \omega_{G(n)}$, et, localement sur S, l'homomorphisme $\omega_G \longrightarrow \omega_{G(n)}$ est un isomorphisme pour n assez grand.

De même, $\mathcal{L}ie(G(n)) \longrightarrow \mathcal{L}ie(G)$ est localement un isomorphisme pour n assez grand, et $\mathcal{L}ie(G)$ et ω_G sont des modules localement libres, duaux l'un de l'autre, de rang égal à la dimension de G (définie comme étant celle du groupe de Lie formel associé [41 , II 3.3.18]).

Nous commencerons par transporter sur le site cristallin les résultats connus sur les extensions d'un groupe p-divisible par le groupe additif [40 , II § 3] . Les hypothèses sont celles de 1.1.1.

<u>Proposition</u> 3.3.2. *Soit* G *un groupe* p-*divisible sur* S . *Alors :*

(i) $\mathcal{H}om_{S/\Sigma}(\underline{G},\underline{\mathbb{G}}_a) = 0$;

(ii) *il existe un isomorphisme canonique*

(3.3.2.1) $$i_{S/\Sigma *}(\mathcal{L}ie(G^*)) \xrightarrow{\sim} \mathcal{E}xt^1_{S/\Sigma}(\underline{G},\underline{\mathbb{G}}_a) ,$$

et l'homomorphisme canonique

(3.3.2.2) $$\mathcal{E}xt^1_{S/\Sigma}(\underline{G},\underline{\mathbb{G}}_a) \longrightarrow \mathcal{E}xt^1_{S/\Sigma}(\underline{G}(n),\underline{\mathbb{G}}_a)$$

est un isomorphisme si $p^n \mathcal{O}_S = 0$;

(iii) $\mathcal{E}xt^2_{S/\Sigma}(\underline{G},\underline{\mathbb{G}}_a) = 0$.

D'après 2.4.6,

$$\mathcal{E}xt^i_{S/\Sigma}(\underline{G},\underline{\mathbb{G}}_a) \simeq i_{S/\Sigma *}(\mathcal{E}xt^i_S(G,\mathbb{G}_a))$$

pour $i \leqslant 2$, et les assertions (i) à (iii) résulteront d'assertions analogues pour les $\mathcal{E}xt^i_S(G,\mathbb{G}_a)$.

Comme la multiplication par p est un épimorphisme sur G , et $\mathcal{O}_S$ de p-torsion, la première assertion est claire. La multiplication par p^n sur G donne une suite exacte

$$0 \longrightarrow \mathcal{H}om_S(G(n),\mathbb{G}_a) \longrightarrow \mathcal{E}xt^1_S(G,\mathbb{G}_a) \xrightarrow{p^n} \mathcal{E}xt^1_S(G,\mathbb{G}_a) \longrightarrow \mathcal{E}xt^1_S(G(n),\mathbb{G}_a) \longrightarrow \mathcal{E}xt^2_S(G,\mathbb{G}_a) \xrightarrow{p^n} \mathcal{E}xt^2_S(G,\mathbb{G}_a) .$$

Localement sur S , on peut choisir n assez grand pour que $p^n = 0$; l'isomorphisme (3.3.2.1) est alors défini par

$$\mathcal{L}ie(G^*) \simeq \mathcal{L}ie(G(n)^*) \simeq \mathcal{H}om_S(G(n),\mathbb{G}_a) \xrightarrow{\sim} \mathcal{E}xt^1_S(G,\mathbb{G}_a) ,$$

et on vérifie immédiatement qu'il ne dépend pas du choix de n . Sous les mêmes hypothèses, l'homomorphisme (3.3.2.2) est un isomorphisme d'après [40 , II (3.2)], et l'assertion (iii) en résulte.

Théorème 3.3.3. *Soit* G *un groupe* p-*divisible sur* S . *Alors :*

(i) $\mathcal{H}om_{S/\Sigma}(\underline{G},\mathcal{O}_{S/\Sigma}) = 0$;

(ii) $\mathcal{E}xt^1_{S/\Sigma}(\underline{G},\mathcal{O}_{S/\Sigma})$ *est un cristal, et, pour tout* (U,T,δ) *tel que* $p^n\mathcal{O}_T = 0$, *l'homomorphisme canonique*

(3.3.3.1) $$\mathcal{E}xt^1_{S/\Sigma}(\underline{G},\mathcal{O}_{S/\Sigma})_{(U,T,\delta)} \longrightarrow \mathcal{E}xt^1_{S/\Sigma}(\underline{G(n)},\mathcal{O}_{S/\Sigma})_{(U,T,\delta)} = \mathbb{D}(G(n))_{(U,T,\delta)}$$

est un isomorphisme

(iii) $\mathcal{E}xt^2_{S/\Sigma}(\underline{G},\mathcal{O}_{S/\Sigma}) = 0$.

L'assertion (i) résulte encore de ce que $\mathcal{O}_{S/\Sigma}$ est un faisceau localement annulé par une puissance de p . Soit (U,T,δ) un objet de CRIS(S/Σ) tel que $p^n\mathcal{O}_T = 0$. D'après (2.4.3.1), on a pour $m \geqslant n$

$$\mathcal{E}xt^1_{S/\Sigma}(\underline{G},\mathcal{O}_{S/\Sigma})_{(U,T,\delta)} \simeq \mathrm{Im}(\mathbb{D}(G(n+m))_{(U,T,\delta)} \longrightarrow \mathbb{D}(G(n))_{(U,T,\delta)}) .$$

Comme $\mathbb{D}(G(n+m)) \longrightarrow \mathbb{D}(G(n))$ est surjectif d'après 3.1.6, $\mathcal{E}xt^1_{S/\Sigma}(\underline{G},\mathcal{O}_{S/\Sigma})$ est donc isomorphe à $\mathbb{D}(G(n))$ après restriction aux objets situés au-dessus de $\mathbb{Z}/p^n$.

Comme les $\mathbb{D}(G(n))$ sont des cristaux, il en est de même de $\mathcal{E}xt^1_{S/\Sigma}(\underline{G}, \mathcal{O}_{S/\Sigma})$. Enfin, la suite exacte définie par la multiplication par p^n donne

$$0 \longrightarrow \mathcal{E}xt^1_{S/\Sigma}(\underline{G}, \mathcal{O}_{S/\Sigma})_{(U,T,\delta)} \longrightarrow \mathbb{D}(G(n))_{(U,T,\delta)} \longrightarrow \mathcal{E}xt^2_{S/\Sigma}(\underline{G}, \mathcal{O}_{S/\Sigma})_{(U,T,\delta)} \longrightarrow 0 ,$$

d'où l'assertion (iii).

<u>Proposition</u> 3.3.4. *Soit* G *un groupe* p-*divisible sur* S . *Alors :*

(i) $\mathcal{H}om_{S/\Sigma}(\underline{G}, \mathcal{J}_{S/\Sigma}) = 0$;

(ii) *il existe un isomorphisme canonique*

$$\alpha_G : \omega_G \xrightarrow{\sim} \mathcal{E}xt^1_{S/\Sigma}(\underline{G}, \mathcal{J}_{S/\Sigma})_S , \tag{3.3.4.1}$$

et, pour tout (U,T,δ) *tel que* $p^n\mathcal{O}_T = 0$, *l'homomorphisme canonique*

$$\mathcal{E}xt^1_{S/\Sigma}(\underline{G}, \mathcal{J}_{S/\Sigma})_{(U,T,\delta)} \longrightarrow \mathcal{E}xt^1_{S/\Sigma}(\underline{G(n)}, \mathcal{J}_{S/\Sigma})_{(U,T,\delta)} \tag{3.3.4.2}$$

est un isomorphisme ;

(iii) $\mathcal{E}xt^2_{S/\Sigma}(\underline{G}, \mathcal{J}_{S/\Sigma}) = 0$.

La première assertion est claire. Pour prouver la seconde, on considère le diagramme commutatif

$$\begin{array}{ccccc} \omega_G & \xrightarrow{\sim} & \varprojlim_n \omega_{G(n)} & \longrightarrow & \omega_{G(n)} \\ & & \downarrow \wr & & \downarrow \wr \, \alpha^1_{G(n)} \\ \mathcal{E}xt^1_{S/\Sigma}(\underline{G}, \mathcal{J}_{S/\Sigma})_S & \xrightarrow{\sim} & \varprojlim_n \mathcal{E}xt^1_{S/\Sigma}(\underline{G(n)}, \mathcal{J}_{S/\Sigma})_S & \longrightarrow & \mathcal{E}xt^1_{S/\Sigma}(\underline{G(n)}, \mathcal{J}_{S/\Sigma})_S . \end{array}$$

L'isomorphisme $\alpha^1_{G(n)}$ est défini en 3.2.6, et celui du milieu s'en déduit par passage à la limite ; l'isomorphisme horizontal du bas résulte de 2.4.5 (ii), et l'isomorphisme α_G est alors défini par composition.

Soit (U,T,δ) tel que $p^n\mathcal{O}_T = 0$. La suite exacte

(3.3.4.3) $$0 \longrightarrow \mathcal{J}_{S/\Sigma} \longrightarrow \mathcal{O}_{S/\Sigma} \longrightarrow \underline{\mathbb{G}}_a \longrightarrow 0$$

donne le diagramme commutatif

$$\begin{array}{ccccccc} \mathcal{E}xt^1_{S/\Sigma}(\underline{G},\mathcal{O}_{S/\Sigma})_{(U,T,\delta)} & \longrightarrow & \mathcal{E}xt^1_{S/\Sigma}(\underline{G},\underline{\mathbb{G}}_a)_{(U,T,\delta)} & \longrightarrow & \mathcal{E}xt^2_{S/\Sigma}(\underline{G},\mathcal{J}_{S/\Sigma})_{(U,T,\delta)} & \longrightarrow & 0 \\ \downarrow \wr & & \downarrow \wr & & & & \\ \mathcal{E}xt^1_{S/\Sigma}(\underline{G}(n),\mathcal{O}_{S/\Sigma})_{(U,T,\delta)} & \longrightarrow & \mathcal{E}xt^1_{S/\Sigma}(\underline{G}(n),\underline{\mathbb{G}}_a)_{(U,T,\delta)} & \longrightarrow & 0 & & , \end{array}$$

où la ligne du haut est exacte d'après 3.3.3 (iii), celle du bas d'après 3.2.10, et les flèches verticales des isomorphismes d'après 3.3.2 et 3.3.3. On en déduit l'assertion (iii), et il résulte de la suite exacte définie par la multiplication par p^n que (3.3.4.2) est un isomorphisme.

Remarque. Il est clair, d'après sa construction, que l'isomorphisme α_G est fonctoriel dans chacun des cas suivants :

a) par rapport aux homomorphismes entre groupes p-divisibles ;

b) par rapport aux homomorphismes d'un groupe fini dans un groupe p-divisible ;

c) par rapport aux homomorphismes d'un groupe p-divisible dans un groupe lisse.

Corollaire 3.3.5. *Soit* G *un groupe* p-*divisible. Il existe une filtration canonique (filtration de Hodge), fonctorielle en* G *et en* S *,*

$$0 \longrightarrow \omega_G \longrightarrow \mathcal{E}xt^1_{S/\Sigma}(\underline{G},\mathcal{O}_{S/\Sigma})_S \longrightarrow \mathcal{L}ie(G^*) \longrightarrow 0 .$$

La suite exacte (3.3.4.3) induit en effet une suite exacte

$$0 \longrightarrow \mathcal{E}xt^1_{S/\Sigma}(\underline{G},\mathcal{J}_{S/\Sigma}) \longrightarrow \mathcal{E}xt^1_{S/\Sigma}(\underline{G},\mathcal{O}_{S/\Sigma}) \longrightarrow \mathcal{E}xt^1_{S/\Sigma}(\underline{G},\underline{\mathbb{G}}_a) \longrightarrow 0 \quad ,$$

et les termes $\mathcal{E}xt^1_{S/\Sigma}(\underline{G},\mathcal{J}_{S/\Sigma})_S$ et $\mathcal{E}xt^1_{S/\Sigma}(\underline{G},\underline{\mathbb{G}}_a)_S$ s'identifient à ω_G et $\mathcal{L}ie(G^*)$ grâce à 3.3.4 et 3.3.2.

Définition 3.3.6. *Soient* S *un schéma de caractéristique* p , $\Sigma = \mathrm{Spec}(\mathbb{Z}_p)$, $\mathcal{J} = p.\mathcal{O}_\Sigma$ *, muni de ses puissances divisées canoniques. Si* G *est un groupe* p-*divisible sur* S *, le cristal en* $\mathcal{O}_{S/\Sigma}$-*modules* $\mathcal{E}xt^1_{S/\Sigma}(\underline{G},\mathcal{O}_{S/\Sigma})$ *sera noté* $\mathbb{D}(G)$;

muni des homomorphismes $F : \mathbb{D}(G)^{\sigma} \longrightarrow \mathbb{D}(G)$, $V : \mathbb{D}(G) \longrightarrow \mathbb{D}(G)^{\sigma}$ *définis en* 1.3.5, $\mathbb{D}(G)$ *est appelé* cristal de Dieudonné *de* G .

Comme précédemment, cette définition peut s'étendre au cas où p est localement nilpotent sur S , grâce à l'équivalence de catégories entre cristaux sur $CRIS(S/\Sigma)$ et sur $CRIS(S_o/\Sigma)$, où $S_o = S \times \mathrm{Spec}(\mathbb{F}_p)$. Enfin, les remarques de 2.5.7 restent valables, grâce à 3.3.3 (ii), et nous ferons les mêmes abus de notation qu'en 3.1.5, les résultats des chapitres 3 et 5 n'utilisant pas d'hypothèse de compatibilité de γ aux puissances divisées de p .

Proposition 3.3.7. *Soient* $\pi : A \longrightarrow S$ *un schéma abélien sur* S , G *le groupe* p-*divisible associé à* A , E *un faisceau abélien sur* $CRIS(S/\Sigma)$ *localement annulé par une puissance de* p *(par exemple* $\mathcal{O}_{S/\Sigma}$, $\mathcal{J}_{S/\Sigma}$, $\underline{\mathbb{G}}_a$) . *Pour tout* i , *l'homomorphisme canonique*

$$(3.3.7.1) \qquad \mathcal{E}xt^i_{S/\Sigma}(\underline{A},E) \longrightarrow \mathcal{E}xt^i_{S/\Sigma}(\underline{G},E)$$

est un isomorphisme, et l'isomorphisme

$$\mathcal{E}xt^1_{S/\Sigma}(\underline{A},\mathcal{O}_{S/\Sigma}) \longrightarrow \mathcal{E}xt^1_{S/\Sigma}(\underline{G},\mathcal{O}_{S/\Sigma})$$

est compatible aux filtrations de Hodge.

Compte tenu de 2.5.6, on obtient donc un isomorphisme

$$(3.3.7.2) \qquad \mathbb{D}(G) \xrightarrow{\sim} R^1\pi_{CRIS*}(\mathcal{O}_{A/\Sigma}) ,$$

induisant sur S un isomorphisme de faisceaux zariskiens

$$(3.3.7.3) \qquad \mathbb{D}(G)_S \xrightarrow{\sim} \mathbb{R}^1\pi_*(\Omega^{\bullet}_{A/S})$$

compatible aux filtrations de Hodge.

Soit H le faisceau quotient $\underline{A}/\underline{G}$ pour la topologie fppf. Comme la multiplication par p est un épimorphisme sur A , c'est un automorphisme sur H . Comme E est localement annulé par une puissance de p , les $\mathcal{E}xt^i_{S/\Sigma}(H,E)$ sont tous nuls, et (3.2.7.1) est un isomorphisme pour tout i . La compatibilité aux filtrations de Hodge résulte de leur interprétation cohomologique.

3.3.8. Pour prouver que $\mathbb{D}(G)$ est un cristal localement libre, nous utiliserons quelques résultats sur les groupes de Barsotti-Tate tronqués. Rappelons [41 , I 1.2] qu'un groupe de Barsotti-Tate tronqué d'échelon $n \geq 2$ est un groupe fini localement libre G annulé par p^n , et vérifiant les conditions équivalentes suivantes :

a) G est plat en tant que $\mathbb{Z}/p^n$-module ;

b) pour tout $i \in [0,n]$, $\mathrm{Ker}(p_G^{n-i}) = \mathrm{Im}(p_G^i)$.

Lorsque p est localement nilpotent sur la base , un groupe de Barsotti-Tate tronqué d'échelon 1 est un groupe fini localement libre G annulé par p , tel que, si $G_o = G \times \mathrm{Spec}(\mathbb{F}_p)$, les conditions (équivalentes) suivantes soient vérifiées :

c) $\mathrm{Im}(V_{G_o}) = \mathrm{Ker}(F_{G_o})$, $\mathrm{Ker}(V_{G_o}) = \mathrm{Im}(F_{G_o})$.

Les propriétés suivantes résultent aisément des définitions.

(i) Si G est un groupe de Barsotti-Tate tronqué d'échelon n , son rang est, localement sur S , égal à p^{nh} pour un entier h appelé hauteur de G ; le rang de $G(i) = \mathrm{Ker}(p_G^i)$ est égal à p^{ih} .

(ii) Si G est un groupe p-divisible (resp. un groupe de Barsotti-Tate tronqué d'échelon m) , alors, pour tout $n \geq 1$ (resp. $1 \leq n \leq m$) , le noyau de la multiplication par p^n sur G est un groupe de Barsotti-Tate tronqué d'échelon n .

(iii) Si G est un groupe de Barsotti-Tate tronqué d'échelon n , il en est de même pour son dual de Cartier G^* .

D'autre part, lorsque S est de caractéristique p , il résulte de la condition c) et du critère de platitude par fibres que $\mathrm{Ker}(F_G)$ est un groupe fini localement libre sur S ; soit p^d son rang. Par suite, ω_G est alors localement libre de rang d [SGA 3, VIII A, 7.4, théorème] ; si l'on appelle d la dimension de G , on vérifie comme pour les groupes p-divisibles [50 , 2.3] la relation

$$\text{(3.3.8.1)} \qquad \mathrm{haut}(G) = \dim(G) + \dim(G^*) \ .$$

Lemme 3.3.9. *Soit*

$$0 \longrightarrow G' \longrightarrow G \longrightarrow G'' \longrightarrow 0$$

une suite exacte de groupes finis localement libres annulés par p^n . *Si deux des groupes sont des groupes de Barsotti-Tate tronqués d'échelon* n , *il en est de même du troisième.*

Seule l'assertion relative à G'' n'est pas triviale. Supposons $n \geqslant 2$, et considérons pour $i \leqslant n$ le diagramme

$$\begin{array}{ccccccc}
0 \longrightarrow \mathrm{Ker}(p^{n-i}_{G'}) & \longrightarrow & \mathrm{Ker}(p^{n-i}_{G}) & \longrightarrow & \mathrm{Ker}(p^{n-i}_{G''}) & & \\
\uparrow & & \uparrow & & \uparrow & & \\
\mathrm{Im}(p^{i}_{G'}) & \longrightarrow & \mathrm{Im}(p^{i}_{G}) & \longrightarrow & \mathrm{Im}(p^{i}_{G''}) & \longrightarrow & 0 \ ,
\end{array}$$

où la première ligne est exacte, et $\mathrm{Im}(p^i_G) \longrightarrow \mathrm{Im}(p^i_{G''})$ surjectif. Comme les deux premières inclusions sont des isomorphismes par hypothèse, la suite

$$0 \longrightarrow \mathrm{Im}(p^i_{G'}) \longrightarrow \mathrm{Im}(p^i_G) \longrightarrow \mathrm{Im}(p^i_{G''}) \longrightarrow 0$$

est donc exacte. Ecrivant le diagramme du serpent relatif à la multiplication par p^i , il en résulte que $\mathrm{Ker}(p^i_G) \longrightarrow \mathrm{Ker}(p^i_{G''})$ est surjectif ; changeant i en n-i , l'assertion en découle. La démonstration est analogue dans le cas $n = 1$.

Théorème 3.3.10. *Soit* G *un groupe* p*-divisible (resp. un groupe de Barsotti-Tate tronqué d'échelon* n *), de hauteur* h *sur* S . *Alors le cristal* $\mathbb{D}(G)$ *est localement libre de rang* h *sur* $\mathcal{O}_{S/\Sigma}$ *(resp. sur* $\mathcal{O}_{S/\Sigma}/p^n\mathcal{O}_{S/\Sigma}$*)* .

La propriété à démontrer étant locale sur CRIS(S/Σ) , l'isomorphisme (3.3.3.1) montre qu'il suffit de prouver l'assertion relative à un groupe de Barsotti-Tate tronqué G , d'échelon n et de hauteur h .

Montrons d'abord que, pour tout objet (U,T,δ) de $CRIS(S/\Sigma)$, $\mathbb{D}(G)_{(U,T,\delta)}$ est localement engendré par h sections. Soient x un point de T, $G_x = G\times_S \mathrm{Spec}(k(x))$, et considérons le morphisme

$$\begin{array}{ccc} \mathrm{Spec}(k(x)) & \xhookrightarrow{\mathrm{Id}} & \mathrm{Spec}(k(x)) \\ \downarrow & & \downarrow \\ U & \hookrightarrow & T \end{array}$$

de $CRIS(S/\Sigma)$. Comme $\mathbb{D}(G)$ est un cristal, on obtient (compte tenu de (1.3.3.4)) un isomorphisme

$$\mathbb{D}(G_x)_{\mathrm{Spec}(k(x))} \simeq \mathbb{D}(G)_{(U,T,\delta)} \otimes_{\mathcal{O}_T} k(x) .$$

Comme $\mathbb{D}(G)$ est de présentation finie, le lemme de Nakayama nous ramène au cas où $S = U = T = \mathrm{Spec}(k)$, k étant un corps. Considérons alors la suite exacte de k-espaces vectoriels (3.2.10.4)

$$\omega_G \longrightarrow \mathbb{D}(G)_S \longrightarrow \nu_{G^*} \longrightarrow 0 .$$

Le rang de ω_G est $d = \dim(G)$. D'autre part,

$$\omega^{\vee}_{G^*} \simeq \mathcal{L}ie(G^*) \simeq \mathcal{H}^0(\ell^{G^{*\vee}}) ;$$

comme $\ell^{G^{*\vee}}$ est un complexe d'amplitude parfaite contenue dans $[0,1]$, et de rang nul (voir la démonstration de 3.2.11), le rang de $\nu_{G^*} = \mathcal{H}^1(\ell^{G^{*\vee}})$ est égal à celui de $\mathcal{L}ie(G^*)$, soit $\dim(G^*) = h-d$. Par suite, $\mathbb{D}(G)_S$ est engendré par h sections.

Soit alors A un schéma abélien de dimension relative g . D'après 3.1.2, $\mathbb{D}(A(n)) \simeq \mathbb{D}(A)/p^n\,\mathbb{D}(A)$, et est donc localement libre de rang 2g sur $\mathcal{O}_{S/\Sigma}/p^n\mathcal{O}_{S/\Sigma}$. Or, localement sur S , on peut plonger G dans un schéma abélien A , ce qui donne une suite exacte

$$0 \longrightarrow G \longrightarrow A(n) \longrightarrow H \longrightarrow 0$$

où, d'après 3.3.9, H est un groupe de Barsotti-Tate tronqué d'échelon n et de hauteur 2g-h . On en déduit la suite exacte

$$\mathbb{D}(H) \longrightarrow \mathbb{D}(A(n)) \longrightarrow \mathbb{D}(G) \longrightarrow 0 ,$$

où, localement sur $CRIS(S/\Sigma)$, $\mathbb{D}(A(n))$ est libre de rang $2g$, et $\mathbb{D}(G)$ et $\mathbb{D}(H)$ engendrés respectivement par h et $2g-h$ sections, en tant que $\mathcal{O}_{S/\Sigma}/p^n\mathcal{O}_{S/\Sigma}$-modules. On en déduit aussitôt que $\mathbb{D}(G)$ et $\mathbb{D}(H)$ sont localement libres sur $\mathcal{O}_{S/\Sigma}/p^n\mathcal{O}_{S/\Sigma}$.

Remarques 3.3.11.

(i) L'énoncé 3.3.10 reste valable pour tout groupe annulé par p (voir 4.3.1).

(ii) On obtient donc, en 3.3.3 et 3.3.10, une démonstration par voie cohomologique du fait que $\mathbb{D}(G)$ est un cristal localement libre de rang h , indépendante de l'interprétation géométrique développée en 1.4, et en particulier du théorème de Grothendieck sur l'existence de relèvements des groupes p-divisibles.

(iii) Il est possible de répondre positivement à la question posée en [40 , II (5.5)] . Soient S un schéma tel que $p^n\mathcal{O}_S = 0$, G un groupe p-divisible sur S ; alors l'homomorphisme

$$\mathcal{H}om_S(G(n),\mathbb{G}_a)_S \longrightarrow \omega_{G(n)}$$

est nul. Il s'insère en effet dans la suite exacte (3.2.10.3)

$$\mathcal{H}om_S(G(n),\mathbb{G}_a)_S \longrightarrow \omega_{G(n)} \longrightarrow \mathbb{D}(G(n))_S \longrightarrow \mathcal{E}xt^1_S(G(n),\mathbb{G}_a)_S \longrightarrow 0 ,$$

et l'homomorphisme $\omega_{G(n)} \longrightarrow \mathbb{D}(G(n))_S$ est injectif d'après le diagramme commutatif

$$\begin{array}{ccccc} & & \omega_{G(n)} & \longrightarrow & \mathbb{D}(G(n))_S \\ & & \wr\uparrow & & \wr\uparrow \\ 0 & \longrightarrow & \omega_G & \longrightarrow & \mathbb{D}(G)_S \end{array}$$

où les flèches verticales sont des isomorphismes puisque $p^n\mathcal{O}_S = 0$.

De même, les isomorphismes (1.4.6.1), (3.2.4.1) et (3.3.3.1) montrent que pour n tel que $p^n\mathcal{O}_S = 0$, l'homomorphisme

$$\mathcal{E}xt^{cris/S}(G,\mathbb{G}_a) \longrightarrow \mathcal{E}xt^{\natural}(G(n),\mathbb{G}_a)$$

est un isomorphisme, ce qui améliore [40 , II (7.12)] .

On peut enfin remarquer que ces résultats permettent de calculer le complexe de Dieudonné d'un groupe fini en utilisant une résolution par des groupes p-divisibles, au lieu d'une résolution par des schémas abéliens. Indiquons d'abord, faute de références, une démonstration du lemme suivant :

<u>Lemme</u> 3.3.12. *Soient* S *un schéma quelconque, et*

$$0 \longrightarrow G \longrightarrow H \longrightarrow H' \longrightarrow 0$$

une suite exacte de faisceaux fppf, *telle que* G *soit un groupe fini localement libre, et* H *un groupe* p-*divisible. Alors* H' *est un groupe* p-*divisible.*

Comme H' est un quotient de H , il est de p-torsion, et la multiplication par p sur H' est un épimorphisme. Il suffit donc de vérifier que $H'(1) = \mathrm{Ker}(p_{H'})$ est fini localement libre.

Puisque G est fini localement libre, il existe localement sur S un entier n tel que $p^n.G = 0$, donc $G \subset H(n)$. Soit G' le groupe défini par le carré cartésien

$$\begin{array}{ccc} G' & \hookrightarrow & H(n+1) \\ \downarrow & & \downarrow p \\ G & \hookrightarrow & H(n) \end{array} \quad ;$$

par construction, il existe une suite exacte

$$0 \longrightarrow H(1) \longrightarrow G' \longrightarrow G \longrightarrow 0 \quad ,$$

ce qui montre que G' est fini localement libre. Regardant G comme sous-groupe de H(n+1) , il est clair que $G \subset G'$, et l'homomorphisme de passage au quotient $H \longrightarrow H' = H/G$ induit un isomorphisme

$$G'/G \simeq H'(1) \quad ,$$

par définition de G' . Par conséquent, H'(1) est fini localement libre.

Proposition 3.3.13. *Soient* G *un groupe fini localement libre sur* S , $G \hookrightarrow H$ *un plongement de* G *dans un groupe* p-*divisible sur* S , $u : H \longrightarrow H' = H/G$ *l'homomorphisme de passage au quotient. Alors :*

(i) *l'homomorphisme* $\mathbb{D}(H) \longrightarrow \mathbb{D}(G)$ *est surjectif ;*

(ii) *il existe un isomorphisme canonique dans* $D(\mathcal{O}_{S/\Sigma})$

$$\Delta(G) \simeq \{\mathbb{D}(H') \xrightarrow{-\mathbb{D}(u)} \mathbb{D}(H)\} . \tag{3.3.13.1}$$

Les deux assertions résultent de la nullité de $\mathcal{E}xt^2_{S/\Sigma}(H',\mathcal{O}_{S/\Sigma})$, l'isomorphisme (3.3.13.1) étant obtenu par la méthode de 3.1.2 (ii) .

4 - COMPARAISON AVEC LA THÉORIE DE DIEUDONNÉ CLASSIQUE.

Ce chapitre est essentiellement consacré à relier, lorsque la base est le spectre S d'un corps parfait k, le cristal de Dieudonné d'un S-groupe G (fini ou p-divisible) à son module de Dieudonné (contravariant) usuel $M(G)$: on construit alors un isomorphisme canonique (semi-linéaire par rapport à l'automorphisme de Frobenius sur $W(k)$) entre $M(G)$ et le module des sections globales du cristal $\mathbb{D}(G)$ (qui détermine celui-ci, cf. 1.2.9 (i)). Ce résultat peut s'étendre à un schéma de base arbitraire, pourvu que l'on se restreigne aux groupes annulés par V : le cristal de Dieudonné d'un tel groupe peut être construit à partir de l'algèbre de Lie du groupe dual. Nous donnerons enfin un résultat analogue pour les groupes annulés par F .

Dans tout le chapitre, nous poserons $\Sigma = \mathrm{Spec}(\mathbb{Z}_p)$, $\Sigma_n = \mathrm{Spec}(\mathbb{Z}/p^n)$, et $\mathfrak{I}$ sera l'idéal engendré par p , muni de ses puissances divisées canoniques γ ; toutes les puissances divisées considérées seront donc compatibles à celles de p . Rappelons enfin que si Λ est un anneau parfait, et S un schéma sur $\mathrm{Spec}(\Lambda)$, les sites $\mathrm{CRIS}(S/\Sigma,\mathfrak{I},\gamma)$ et $\mathrm{CRIS}(S/\Sigma',\mathfrak{I}\mathcal{O}_{\Sigma'},\gamma)$, où $\Sigma' = \mathrm{Spec}(W(\Lambda))$, sont égaux d'après 1.1.13.

4.1. L'extension canonique de $\underline{CW}$ par $\mathcal{O}_{S/\Sigma}$.

4.1.1. Suivant une méthode due à Barsotti [2;3] , nous adopterons la construction du module de Dieudonné d'un groupe fini ou p-divisible au moyen des covecteurs de Witt, en renvoyant à [26 , III § 5, cor. 3] et [14 , § 4 et 5] pour les liens entre cette construction et d'autres définitions classiques des modules de Dieudonné.

Rappelons [26 , II 1.5 ; 51, Appendice] que pour tout anneau commutatif A , l'ensemble $CW(A)$ des covecteurs de Witt à valeurs dans A est l'ensemble des familles $(a_{-i})_{i \in \mathbb{N}}$ d'éléments de A qui satisfont à la condition suivante :

(4.1.1.1) Il existe des entiers $r, s \geq 0$ tels que l'idéal $\mathfrak{v}_r$ de A engendré par les a_{-i} pour $i \geq r$ vérifie $(\mathfrak{v}_r)^s = 0$.

On notera également CW le faisceau associé (pour la topologie de Zariski) au préfaisceau des covecteurs de Witt : c'est donc le faisceau sur la catégorie des schémas dont les sections sur un schéma S sont les familles $(a_{-i})_{i \in \mathbb{N}}$, avec $a_{-i} \in \Gamma(S,\mathcal{O}_S)$, vérifiant la condition :

(4.1.1.2) Tout point $x \in S$ possède un voisinage U_x tel qu'il existe des entiers $r, s \geq 0$ pour lesquels l'idéal $\mathfrak{v}_r$ engendré par les a_{-i} pour $i \geq r$ vérifie $(\mathfrak{v}_r)^s |_{U_x} = 0$.

Si $S = \mathrm{Spec}(A)$, on a donc par quasi-compacité

$$CW(S) = \Gamma(S,CW) = CW(A) .$$

Il est clair que CW est un faisceau pour la topologie fpqc. Plus généralement, si $\mathcal{A}$ est un faisceau d'anneaux, nous noterons $CW(\mathcal{A})$ le faisceau associé au préfaisceau $S \longmapsto CW(\Gamma(S,\mathcal{A}))$.

Rappelons [26] que le faisceau CW est muni d'une structure de faisceau abélien, et d'un endomorphisme V défini par

$$V((a_{-i})) = (a_{-i-1}) .$$

Sa restriction à la catégorie des $\mathbb{F}_p$-schémas est munie d'un endomorphisme F , tel que $F \circ V = V \circ F = p$, défini par

$$F(a_{-i}) = (a^p_{-i}) .$$

Enfin, si Λ est un anneau parfait de caractéristique p , la restriction de CW à la catégorie des Λ-schémas est munie d'une structure de faisceau en $W(\Lambda)$-modules, pour laquelle F et V sont respectivement σ-linéaire et σ^{-1}-linéaire, σ désignant l'automorphisme de Frobenius de $W(\Lambda)$.

Nous noterons CW^u le sous-faisceau abélien de CW dont les sections sont les familles (a_{-i}) , où $a_{-i} = 0$ sauf pour un nombre fini d'indices ; rappelons que

$$CW^u \simeq \varinjlim_n W_n ,$$

la limite étant prise pour les homomorphismes $V : W_n \longrightarrow W_{n+1}$; les structures précédentes sur CW se déduisent par complétion (pour une topologie convenable, cf. [26]) des structures analogues pour CW^u.

Si S est un schéma, CW définit par restriction un faisceau sur le site des S-schémas, encore noté CW . Lorsque S est localement annulé par une puissance de p , nous poserons, conformément aux conventions générales, $\underline{CW} = i_{S/\Sigma *}(CW)$.

4.1.2. L'existence d'un homomorphisme canonique du module de Dieudonné dans le module des sections du cristal de Dieudonné résulte, via la suite exacte des $\mathcal{E}xt$, de l'existence d'une extension canonique

$$0 \longrightarrow \mathcal{O}_{S/\Sigma} \longrightarrow \mathcal{E}_{S/\Sigma} \longrightarrow CW_{S/\Sigma} \longrightarrow 0 ,$$

où $CW_{S/\Sigma}$ est un sous-faisceau abélien de $\underline{CW}$, en fait égal à ce dernier dans les cas les plus importants. Les sections 4.1.2 à 4.1.4 seront consacrées à la construction de cette extension.

Soient A un anneau séparé et complet pour la topologie p-adique, $J \subset A$ un idéal muni de puissances divisées (δ_n) ; soit $CW(J) \subset CW(A)$ (resp. $CW^u(J) \subset CW^u(A)$)(1) le sous-groupe des covecteurs dont toutes les coordonnées appartiennent à J . On définit une application $s : CW(J) \longrightarrow CW(A)$ en posant

$$(4.1.2.1) \qquad s((a_{-i})) = (\ldots, a_{-1}, a_o, - \sum_{n \geq 1} (p^n-1)!\, \delta_{p^n}(a_{-n+1})) ,$$

où la série converge grâce à l'hypothèse faite sur A . Il est clair que le diagramme

----

(1) $CW(A)$ a ici le même sens qu'en 4.1.1, et diffère donc de celui que définit Fontaine en [26 , II 1.7] sous des hypothèses analogues.

(4.1.2.2)
$$\begin{array}{ccc} CW(A) & \xrightarrow{V} & CW(A) \\ & \nwarrow^{s} & \uparrow \\ & & CW(J) \end{array}$$

est commutatif.

<u>Lemme</u> 4.1.3. *L'application* s *est additive.*

On procède par passage à la limite à partir de l'assertion analogue pour les vecteurs de Witt. Sans supposer que A soit p-adiquement séparé et complet, considérons pour tout n l'application $s_n : W_n(J) \longrightarrow W_{n+1}(A)$ définie par

$$s_n(a_o,\ldots,a_{n-1}) = (a_o,\ldots,a_{n-1}, -\sum_{i=1}^{n} (p^i-1)!\,\delta_{p^i}(a_{n-i}))\ .$$

Pour vérifier son additivité, il suffit de le faire lorsque A est l'algèbre de polynômes à puissances divisées $\mathbf{Z}\langle X_o,\ldots,X_{n-1}\,;\,Y_o,\ldots,Y_{n-1}\rangle$, J l'idéal $(X_o,\ldots,Y_{n-1})$, et les éléments considérés $(X_o,\ldots,X_{n-1})$, $(Y_o,\ldots,Y_{n-1})$. Comme A est alors sans torsion, il suffit encore de le faire lorsque $A = \mathbf{Q}[X_o,\ldots,Y_{n-1}]$, et $J = A$. Les composantes fantômes $\Phi_i : W_n(A) \longrightarrow A$ définissent alors un diagramme commutatif (car $(p^i-1)!\,\delta_{p^i}(x) = x^{p^i}/p^i$)

(4.1.3.1)
$$\begin{array}{ccc} W_n(A) & \xrightarrow{s_n} & W_{n+1}(A) \\ \Phi \downarrow \wr & & \wr\downarrow \Phi \\ A^n & \xrightarrow{s'_n} & A^{n+1} \end{array} ,$$

où $s'_n(w_o,\ldots,w_{n-1}) = (w_o,\ldots,w_{n-1},0)$, d'où l'additivité de s_n .

Comme les applications s_n commutent à V , elles passent à la limite inductive et donnent un homomorphisme de groupes $s : CW^u(J) \longrightarrow CW^u(A)$. Lorsque A est p-adiquement séparé et complet, cet homomorphisme est induit par l'application s définie par (4.1.2.1). Pour vérifier l'additivité de celle-ci sur $CW(J)$, il suffit, pour $a,b \in CW(J)$, de vérifier pour tout k l'égalité

$$s(a+b) = s(a) + s(b)$$

dans $CW(A/(p^k))$. L'égalité des composantes d'indice strictement négatif étant claire, on est ramené à montrer celle des composantes d'indice zéro. Or la composante d'indice donné d'une somme de deux covecteurs ne dépend que d'un nombre fini de composantes de ces covecteurs, et, d'autre part, la série

$$\sum_{n\geqslant 1} (p^n-1)!\,\delta_{p^n}(a_{-n+1})$$

est à termes nuls $(\mathrm{mod}\ p^k)$ pour n assez grand, donc sa somme $(\mathrm{mod}\ p^k)$ ne dépend aussi que d'un nombre fini de composantes du covecteur considéré. Il existe donc deux covecteurs $a', b' \in CW^u(J)$, obtenus en remplaçant les composantes d'indice assez grand de a et b par 0, tels que

$$(s(a+b))_o \equiv (s(a'+b'))_o \quad \mathrm{mod}\ p^k ,$$

$$(s(a)+s(b))_o \equiv (s(a')+s(b'))_o \quad \mathrm{mod}\ p^k ,$$

d'où l'assertion puisque $s(a'+b') = s(a') + s(b')$.

4.1.4. Soit S un schéma sur lequel p est localement nilpotent. Considérons sur $CRIS(S/\Sigma)$ la suite exacte de faisceaux abéliens

$$0 \longrightarrow \mathcal{O}_{S/\Sigma} \longrightarrow CW(\mathcal{O}_{S/\Sigma}) \xrightarrow{V} CW(\mathcal{O}_{S/\Sigma}) \longrightarrow 0 .$$

L'homomorphisme s construit en 4.1.3 définit

$$s : CW(\mathcal{J}_{S/\Sigma}) \longrightarrow CW(\mathcal{O}_{S/\Sigma}) .$$

On en déduit un diagramme commutatif

$$\begin{array}{ccccccccc}
 & & & & & & 0 & & \\
 & & & & & & \downarrow & & \\
 & & & & & \overset{s}{\swarrow} & C_W(\mathcal{J}_{S/\Sigma}) & & \\
 & & & & & & \downarrow & & \\
0 & \longrightarrow & \mathcal{O}_{S/\Sigma} & \longrightarrow & CW(\mathcal{O}_{S/\Sigma}) & \xrightarrow{V} & CW(\mathcal{O}_{S/\Sigma}) & \longrightarrow & 0 \\
 & & \| & & \downarrow & & \downarrow & & \\
0 & \longrightarrow & \mathcal{O}_{S/\Sigma} & \longrightarrow & CW(\mathcal{O}_{S/\Sigma})/\mathrm{Im}(s) & \longrightarrow & CW(\mathcal{O}_{S/\Sigma})/CW(\mathcal{J}_{S/\Sigma}) & \longrightarrow & 0 \\
 & & & & & & \downarrow & & \\
 & & & & & & 0 & &
\end{array} ,$$

dans lequel on vérifie immédiatement l'exactitude de la ligne du bas. Posons alors

$$\&_{S/\Sigma} = CW(\mathcal{O}_{S/\Sigma})/\mathrm{Im}(s) \quad , \quad CW_{S/\Sigma} = CW(\mathcal{O}_{S/\Sigma})/CW(\mathcal{J}_{S/\Sigma}) \quad ;$$

on obtient donc une extension

(4.1.4.1) $$0 \longrightarrow \mathcal{O}_{S/\Sigma} \longrightarrow \&_{S/\Sigma} \longrightarrow CW_{S/\Sigma} \longrightarrow 0 \quad .$$

Il est clair que cette construction commute au changement de base, d'après (1.1.10.3). Pour tout $f : S' \longrightarrow S$, on a donc un isomorphisme d'extensions

$$f^*_{CRIS}(\&_{S/\Sigma}) \xrightarrow{\sim} \&_{S'/\Sigma} \ .$$

<u>Remarque</u> 4.1.5. Par construction

$$CW_{S/\Sigma} = CW(\mathcal{O}_{S/\Sigma})/CW(\mathcal{J}_{S/\Sigma}) \subset CW(\mathcal{O}_{S/\Sigma}/\mathcal{J}_{S/\Sigma}) = \underline{CW} \ .$$

Par ailleurs, on a

(4.1.5.1) $$\underline{CW}^u \subset CW_{S/\Sigma} \subset \underline{CW} \ .$$

En effet, si (U,T,δ) est un objet de $CRIS(S/\Sigma)$ tel que T soit affine, et si $(a_{-i}) \in CW^u(\Gamma(U,\mathcal{O}_U))$, les a_{-i} sont presque tous nuls, et il existe un covecteur $(b_{-i}) \in CW^u(\Gamma(T,\mathcal{O}_T))$ relevant (a_{-i}) .

On voit également que, lorsque $U \hookrightarrow T$ est une immersion nilpotente, $CW_{S/\Sigma}(U,T,\delta) = CW(U)$. Mais en général l'inclusion $CW_{S/\Sigma}(U,T,\delta) \subset CW(U)$ est stricte. Soient par exemple k un anneau de caractéristique p , $A = k[X_{-i}]_{i \in \mathbb{N}}/\mathfrak{m}^2$, où $\mathfrak{m}$ est l'idéal engendré par les X_{-i} , et $B = k[X_{-i}]/\mathfrak{m}^{(p)}$, où $\mathfrak{m}^{(p)}$ est engendré par les X^p_{-i} . Il existe sur $\mathfrak{m}/\mathfrak{m}^{(p)} \subset B$ une unique structure de PD-idéal telle que $\gamma_j(X_{-i}) = 0$ si $j \geq p$ [5 , I 1.7.1 et 1.2.7] ; celle-ci induit une structure de PD-idéal sur $\mathfrak{m}^2/\mathfrak{m}^{(p)}$. Le covecteur $(X_{-i}) \in CW(A)$ ne se relève pas dans $CW(B)$. En effet, quels que soient les indices $i_1,\ldots,i_n$, deux à deux distincts, le produit $X_{-i_1}\ldots X_{-i_n}$ est non nul dans B ; comme d'autre part, pour tout relèvement Y_{-i} de X_{-i} dans B , on a $Y_{-i} \equiv X_{-i}$ mod deg 2 ,

$$Y_{-i_1}\dots Y_{-i_n} \equiv X_{-i_1}\dots X_{-i_n} \mod \deg n+1 ,$$

donc $Y_{-i_1}\dots Y_{-i_n} \neq 0$, et la famille (Y_{-i}) ne vérifie pas la condition (4.1.1.1). Le covecteur (X_{-i}) ne peut pas non plus être relevé dans B localement pour la topologie fpqc, car si $B \longrightarrow B'$ est une extension fidèlement plate, et si Z_{-i} est un relèvement de $X_{-i} \in A\otimes_B B'$ dans B' , on a de même

$$Z_{-i_1}\dots Z_{-i_n} \equiv X_{-i_1}\dots X_{-i_n} \mod \mathfrak{m}^{n+1} B' ;$$

or $X_{-i_1}\dots X_{-i_n} \notin \mathfrak{m}^{n+1}B'$ par fidèle platitude, donc $Z_{-i_1}\dots Z_{-i_n} \neq 0$.

Néanmoins, moyennant des hypothèses qui seront vérifiées dans la pratique, $CW_{S/\Sigma}(U,T,\delta)$ pourra être identifié à $CW(\mathcal{O}_U)$, grâce aux résultats suivants.

Proposition 4.1.6. *Soit* U *un* S-*schéma vérifiant l'une des conditions suivantes :*

(i) U *est localement noethérien ;*

(ii) U *est localement de présentation finie sur un schéma parfait* Z .

Alors, pour tout objet (U,T,δ) *de* CRIS(S/Σ) ,

$$CW_{S/\Sigma}(U,T,\delta) = CW(U) .$$

L'assertion est locale sur T , de sorte qu'on peut supposer les schémas considérés affines ; soient $U = \mathrm{Spec}(A)$, $T = \mathrm{Spec}(B)$.

Sous l'hypothèse (i), soit $(a_{-i}) \in CW(A)$. Il existe r,s tels que, si $\mathfrak{v}_r$ est l'idéal engendré par les a_{-i} , $i \geqslant r$, on ait $(\mathfrak{v}_r)^s = 0$. L'idéal $\mathfrak{v}_r$ est de type fini ; par suite, en relevant dans B une famille finie de générateurs de $\mathfrak{v}_r$, on obtient un idéal $\mathfrak{w} \subset B$, de type fini, donc nilpotent puisque $\mathrm{Ker}(B \longrightarrow A)$ est un nilidéal. Comme on peut relever les a_{-i} , $i \geqslant r$, en des éléments de $\mathfrak{w}$, le covecteur (a_{-i}) peut se relever dans CW(B) .

Sous l'hypothèse (ii), soit $Z = \mathrm{Spec}(\Lambda)$. Soit n tel que $p^n B = 0$; il existe un unique homomorphisme $W_n(\Lambda) \longrightarrow B$ tel que le carré

$$\begin{array}{ccc} A & \longleftarrow & B \\ \uparrow & & \uparrow \\ \Lambda & \longleftarrow & W_n(\Lambda) \end{array}$$

commute [6 , IV th. 4.2] . Choisissons un homomorphisme surjectif $\varphi : W_n(\Lambda)[T_1,\ldots,T_d] \longrightarrow A$, et une factorisation ψ de φ par B . Comme A est de présentation finie sur Λ , et Λ parfait, A est de présentation finie sur $W_n(\Lambda)$, et le noyau de φ est un idéal de type fini $I \subset W_n(\Lambda)[T_1,\ldots,T_d]$. Comme le noyau de $B \longrightarrow A$ est un nilidéal, il existe donc un entier k tel que $\psi(I^k) = 0$. On en déduit le diagramme commutatif

$$\begin{array}{ccc} CW(W_n(\Lambda)[T_1,\ldots,T_d]/I^k) & \xrightarrow{CW(\psi)} & CW(B) \\ & {\scriptstyle CW(\varphi)} \searrow & \swarrow \\ & CW(A) & \end{array} ,$$

où la flèche oblique de gauche est surjective puisqu'elle correspond au passage au quotient par un idéal nilpotent ; d'où l'assertion.

4.1.7. Supposons maintenant que S soit un Λ-schéma, où Λ est un anneau parfait. Pour tout (U,T,δ) dans $CRIS(S/\Sigma)$, il existe un unique morphisme $T \to Spec(W(\Lambda))$ tel que

$$\begin{array}{ccc} U & \hookrightarrow & T \\ \downarrow & & \downarrow \\ Spec(\Lambda) & \hookleftarrow & Spec(W(\Lambda)) \end{array}$$

soit commutatif ; par suite, $\mathcal{O}_{S/\Sigma}$ est muni d'une structure de $W(\Lambda)$-algèbre. On peut alors munir $CW(\mathcal{O}_{S/\Sigma})$ d'une structure de $W(\Lambda)$-module comme suit. Tout d'abord, $W_n(\mathcal{O}_{S/\Sigma})$ est muni pour tout n d'une structure de $W(W(\Lambda))$-module. Utilisant l'homomorphisme de Cartier

$$\theta : W(\Lambda) \longrightarrow W(W(\Lambda))$$

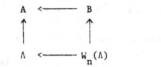

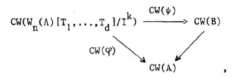

(caractérisé par le fait que, si $\Phi_n : W(W(\Lambda)) \longrightarrow W(\Lambda)$ est la n-ième composante fantôme, et σ l'automorphisme de Frobenius de $W(\Lambda)$, $\Phi_n \circ \theta = \sigma^n$) , on obtient sur $W_n(\mathcal{O}_{S/\Sigma})$ une structure de $W(\Lambda)$-module, pour laquelle l'homomorphisme $V : W_n(\mathcal{O}_{S/\Sigma}) \longrightarrow W_{n+1}(\mathcal{O}_{S/\Sigma})$ est σ^{-1}-linéaire ; si l'on munit $W_n(\mathcal{O}_{S/\Sigma})$ de la structure de $W(\Lambda)$-module définie par la restriction des scalaires au moyen de $\sigma^{-n+1} : W(\Lambda) \longrightarrow W(\Lambda)$, et qu'on passe à la limite inductive par V , on obtient sur $CW^u(\mathcal{O}_{S/\Sigma})$ une structure de $W(\Lambda)$-module. Par un argument de complétion analogue à [26, II lemme 2.1] , on étend ensuite cette structure à $CW(\mathcal{O}_{S/\Sigma})$.

Soit alors $CW^\sigma(\mathcal{O}_{S/\Sigma})$ le $W(\Lambda)$-module déduit de $CW(\mathcal{O}_{S/\Sigma})$ par la restriction des scalaires au moyen de σ^{-1} , qui s'identifie canoniquement à l'extension des scalaires par σ . Alors la suite exacte

$$0 \longrightarrow \mathcal{O}_{S/\Sigma} \longrightarrow CW(\mathcal{O}_{S/\Sigma}) \xrightarrow{V} CW^\sigma(\mathcal{O}_{S/\Sigma}) \longrightarrow 0$$

est $W(\Lambda)$-linéaire. Il en est de même pour $s : CW^\sigma(\mathcal{J}_{S/\Sigma}) \longrightarrow CW(\mathcal{O}_{S/\Sigma})$. En effet, suivant la méthode employée pour démontrer 4.1.3, il suffit de prouver que $s_n : W_n(J) \longrightarrow W_{n+1}(A)$ est linéaire, pour $A = W(\Lambda)[X_0,\ldots,X_{n-1}]$. Comme A est sans p-torsion, il suffit de vérifier cette linéarité après avoir appliqué les composantes fantômes, et c'est alors immédiat, compte tenu de la caractérisation de θ donnée plus haut, et du diagramme (4.1.3.1).

Par suite, $\mathrm{Im}(s)$ est un sous-$W(\Lambda)$-module de $CW(\mathcal{O}_{S/\Sigma})$, et on obtient par passage au quotient une structure de $W(\Lambda)$-module sur $\mathcal{E}_{S/\Sigma}$, telle que la suite exacte

$$0 \longrightarrow \mathcal{O}_{S/\Sigma} \longrightarrow \mathcal{E}_{S/\Sigma} \longrightarrow CW^\sigma_{S/\Sigma} \longrightarrow 0$$

soit $W(\Lambda)$-linéaire, $CW^\sigma_{S/\Sigma}$ désignant le $W(\Lambda)$-module déduit de $CW_{S/\Sigma} \subset \underline{CW}$ par extension des scalaires via σ .

4.1.8. Les sections qui suivent ont pour objet de faire le lien entre l'extension canonique $\mathcal{E}_{S/\Sigma}$ et d'autres constructions plus ou moins classiques ; elles ne seront pas utilisées dans la suite de cet article.

Nous allons tout d'abord montrer que l'extension $\mathcal{E}_{S/\Sigma}$ constitue en fait une généralisation de l'extension du groupe des covecteurs de Witt par le groupe des vecteurs de Witt fournie par le groupe des bivecteurs de Witt [3 , ou 26 , V 1.3] , répondant ainsi positivement au souhait exprimé par Barsotti [4 , p.5]. Rappelons que, suivant [26] , le groupe BW(A) des bivecteurs à coefficients dans un anneau A peut être défini par

$$BW(A) = \varprojlim CW(A) ,$$

le système projectif étant

$$\cdots \xrightarrow{V} CW(A) \xrightarrow{V} CW(A) \xrightarrow{V} \cdots ;$$

on peut encore le décrire comme l'ensemble des familles $(a_i)_{i \in \mathbb{Z}}$ vérifiant les conditions (4.1.1.1). Par construction, V est un automorphisme de BW(A) , et l'application $W(A) \longrightarrow BW(A)$ définie par

$$(a_o,a_1,\ldots) \longmapsto (\ldots 0,0,a_o,a_1,\ldots) ,$$

où a_o est la composante d'indice zéro, définit une suite exacte

$$0 \longrightarrow W(A) \longrightarrow BW(A) \longrightarrow CW(A) \longrightarrow 0 .$$

Lorsque A est une algèbre sur un anneau parfait Λ de caractéristique p , BW(A) est muni d'une structure de $W(\Lambda)$-module définie par $BW(A) = \varprojlim_n CW(A)^{\sigma^{-n}}$, et il y a lieu dans la suite précédente de remplacer CW(A) par $CW^{\sigma}(A)$ pour obtenir une suite $W(\Lambda)$-linéaire ; le lecteur pourra vérifier que les constructions qui suivent respectent cette $W(\Lambda)$-linéarité.

Rappelons d'autre part que, pour toute $\mathbb{Z}_{(p)}$-algèbre A , il existe sur l'idéal $VW(A) \subset W(A)$ une structure de PD-idéal, fonctorielle en A, définie par

(4.1.8.1) $$(Vx)^{[n]} = (p^{n-1}/n!)V(x^n) .$$

Enfin, si $a \in A$, nous noterons $\tilde{a} = (a,0,\ldots)$ son représentant de Teichmüller dans W(A) .

<u>Lemme</u> 4.1.9.

(i) *Pour tout* $n \geq 0$, *il existe un unique endomorphisme de foncteur (en ensembles) sur la catégorie des* $\mathbb{F}_p$*-algèbres*

$$\varphi_n : W \longrightarrow W$$

tel que, quels que soient la $\mathbb{F}_p$*-algèbre* A *et l'élément* $x \in W(A)$,

$$F^n \circ \varphi_n(x) = x^{p^n} . \tag{4.1.9.1}$$

(ii) *Si* $x = \tilde{x}_o$, $x_o \in A$, *alors*

$$\varphi_n(x) = \tilde{x}_o = x . \tag{4.1.9.2}$$

(iii) *Si* $x \in VW(A)$, *alors*

$$\varphi_n(x) = V^n((p^n-1)!x^{[p^n]}) . \tag{4.1.9.3}$$

Pour définir φ_n, il suffit de définir $\varphi_n(X)$ lorsque $A = \mathbb{F}_p[X_i]_{i \in \mathbb{N}}$, et $X = (X_o, X_1, \ldots)$. On écrit $X = \tilde{X}_o + VY$, avec $Y = (X_1, \ldots)$; par suite,

$$X^p = \tilde{X}_o^p + \sum_{i=1}^{p-1} \binom{p}{i} \tilde{X}_o^i (VY)^{p-i} + p!(VY)^{[p]}$$

$$= \tilde{X}_o^p + pZ_1 ,$$

d'où, pour tout $n \geq 0$,

$$X^{p^n} = \tilde{X}_o^{p^n} + p^n Z_n = F^n(\tilde{X}_o + V^n(Z_n)) .$$

On peut donc définir φ_n en posant

$$\varphi_n(X) = \tilde{X}_o + V^n(Z_n) ; \tag{4.1.9.4}$$

son unicité résulte de l'injectivité de F sur W(A) . On en déduit aussitôt (4.1.9.2), tandis que (4.1.9.3) résulte de ce que

$$F^n \circ \varphi_n(VY) = (VY)^{p^n} = (p^n)!(VY)^{[p^n]} = F^n \circ V^n((p^n-1)!(VY)^{[p^n]}) .$$

4.1.10. Observons maintenant que, pour tout anneau A de caractéristique p, la formule (4.1.2.1) permet encore de définir un homomorphisme $s : CW(VW(A)) \to CW(W(A))$, grâce aux puissances divisées de $VW(A)$. En effet, soit $(b_{-i}) \in CW(VW(A))$, et posons $b_{-i} = V(c_{-i})$. Par hypothèse, il existe r,s tels que pour $i \geq r$, $b_{-i}^s = 0$; on en déduit

$$V(c_{-i})^s = p^{s-1}V(c_{-i}^s) = 0 ,$$

donc $p^{s-1}c_{-i}^s = 0$ pour tout $i \geq r$. Comme

$$(p^i-1)!b_{-i}^{[p^i]} = p^{p^i-i-1}V(c_{-i}^{p^i}) ,$$

il en résulte que $(p^i-1)!b_{-i}^{[p^i]} = 0$ pour i assez grand, et la série qui figure dans la formule (4.1.2.1) n'a qu'un nombre fini de termes non nuls, ce qui donne un sens à s ; son additivité se voit alors comme en 4.1.3. On pose

$$\mathcal{E}_{A/\Sigma}(W(A)) = CW(W(A))/\mathrm{Im}(s) ,$$

$$CW_{A/\Sigma}(W(A)) = \mathrm{Im}(CW(W(A)) \longrightarrow CW(A)) .$$

Proposition 4.1.11. *Soit* A *un anneau de caractéristique* p . *Il existe un isomorphisme canonique de suites exactes*

$$\begin{array}{ccccccccc} 0 & \longrightarrow & W(A) & \longrightarrow & \mathcal{E}_{A/\Sigma}(W(A)) & \longrightarrow & CW_{A/\Sigma}(W(A)) & \longrightarrow & 0 \\ & & \| & & \psi\downarrow\wr & & \| & & \\ 0 & \longrightarrow & W(A) & \longrightarrow & BW(A) & \longrightarrow & CW(A) & \longrightarrow & 0 . \end{array}$$

Observons pour commencer que l'inclusion $CW_{A/\Sigma}(W(A)) \subset CW(A)$ est une égalité. En effet, si $(a_{-i}) \in CW(A)$, il existe r,s tels que quels que soient $i_1,\dots,i_s \geq r$, $a_{-i_1}\cdot\ldots\cdot a_{-i_s} = 0$; on a donc de même $\tilde{a}_{-i_1}\cdot\ldots\cdot\tilde{a}_{-i_s} = 0$, pour les relèvements de Teichmüller $\tilde{a}_{-i}$ des a_{-i}, et $(\tilde{a}_{-i}) \in CW(W(A))$.

Pour définir ψ, il suffit de définir un homomorphisme $CW(W(A)) \longrightarrow BW(A)$ s'annulant sur $\mathrm{Im}(s)$; notons le encore ψ. On le définit d'abord sur $CW^u(W(A))$ en posant

(4.1.11.1) $$\psi((a_{-i})) = \sum_i V^{-i} \varphi_i(a_{-i}) ;$$

il est clair que ψ induit sur $W(A) \subset CW^u(W(A))$ l'inclusion $W(A) \subset BW(A)$. L'application ψ est additive : il suffit en effet de le vérifier pour $A = \mathbb{F}_p[X_{-i}, Y_{-j}]$, pour les éléments universels, et, puisque A est alors réduit, on peut le remplacer par sa clôture parfaite. Mais, lorsque A est parfait, $BW(A) \simeq W(A)\otimes\mathbb{Q}$, et on peut écrire dans $BW(A)$:

$$\psi((a_{-i})) = \sum_i V^{-i}F^{-i}(a_{-i}^{p^i}) = \sum_i a_{-i}^{p^i}/p^i ,$$

application dont l'additivité se ramène immédiatement à celle des composantes fantômes [cf. 26, II 5.1, pour un résultat plus général]. Si $(a_{-i}) \in CW^u(VW(A))$, on a alors

$$\psi\circ s((a_{-i})) = \sum_{i\geq 1} V^{-i} \varphi_i(a_{-i+1}) - \sum_{i\geq 1} (p^i-1)!\, a_{-i+1}^{[p^i]} ,$$

qui est nul d'après (4.1.9.3).

Ecrivons alors, pour $(a_{-i}) \in CW^u(W(A))$,

$$(a_{-i}) = (\tilde{a}_{-i,o}) + (b_{-i}) ,$$

où $\tilde{a}_{-i,o}$ est le représentant de Teichmüller de la coordonnée d'indice 0 de a_{-i}, et $b_{-i} \in VW(A)$. On en déduit

(4.1.11.2) $$\psi((a_{-i})) = \psi((\tilde{a}_{-i,o})) + b_o + \sum_{i\geq 1} (p^i-1)!\, b_{-i}^{[p^i]} .$$

Dans cette expression,

$$\psi((\tilde{a}_{-i,o})) = \sum_i V^{-i}(\tilde{a}_{-i,o}) = (\ldots, a_{-i,o}, \ldots, a_{o,o}, 0, \ldots) ,$$

ce qui garde un sens lorsque $(a_{-i}) \in CW(W(A))$, et est bien un élément de $BW(A)$, puisque la condition (4.1.1.1), étant vérifiée pour (a_{-i}), l'est pour $(a_{-i,o})$. D'autre part, puisque $(b_{-i}) \in CW(VW(A))$, les termes $(p^i-1)!\, b_{-i}^{[p^i]}$ sont nuls pour i assez grand d'après 4.1.10. La formule (4.1.11.2) garde donc un sens pour $(a_{-i}) \in CW(W(A))$, et permet de définir ψ ; de plus, la composante de ψ d'un degré fixé ne dépend que d'un nombre fini de composantes de (a_{-i}) , de sorte que l'additivité de ψ sur CW^u entraîne son additivité sur CW . De même, ψ s'annule sur $\mathrm{Im}(s)$, et définit $\mathcal{E}_{A/\Sigma}(W(A)) \longrightarrow BW(A)$.

Dans la formule (4.1.11.2), la somme $b_o + \sum(p^i-1)!b_{-i}^{[p^i]}$ appartient à $W(A)$. L'image de $\psi((a_{-i}))$ dans $CW(A)$ est donc le covecteur $(\ldots,a_{-1,o})$, qui est aussi l'image de (a_{-i}) par l'homomorphisme $CW(W(A)) \xrightarrow{V} CW(W(A)) \longrightarrow CW(A)$. Le diagramme de 4.1.11 est donc commutatif, ce qui achève la démonstration.

<u>Remarque</u>. L'homomorphisme canonique

$$\mathcal{E}_{A/\Sigma}(W(A)) \longrightarrow \varprojlim_n \mathcal{E}_{A/\Sigma}(W_n(A))$$

est un isomorphisme.

4.1.12. Nous achèverons en montrant que, dans le dictionnaire entre extensions cristallines et $\natural$-extensions développé en 1.4, la restriction à $\underline{W}_n$ de l'extension $\mathcal{E}_{S/\Sigma}$ correspond à la $\natural$-extension canonique de $\mathbb{W}_n$ par $\mathbb{G}_a$ fournie par $\mathbb{W}_{n+1}$. Cela montrera en particulier que la méthode de comparaison entre cristaux de Dieudonné et modules de Dieudonné introduite ici généralise celle de Mazur-Messing [40 , II § 15] pour le cas des groupes p-divisibles unipotents.

En effet, si l'on part de la suite exacte de schémas en groupes au-dessus de $\mathbb{Z}$

$$(4.1.12.1) \qquad 0 \longrightarrow \mathbb{G}_a \xrightarrow{V^n} \mathbb{W}_{n+1} \longrightarrow \mathbb{W}_n \longrightarrow 0 ,$$

on peut munir le $\mathbb{G}_a$-torseur $\mathbb{W}_{n+1}$ sur $\mathbb{W}_n$ d'une connexion qui fasse de (4.1.12.1) une $\natural$-extension : en tant que torseur sur $\mathbb{W}_n$, $\mathbb{W}_{n+1}$ est trivialisé par la section $(x_o,\ldots,x_{n-1}) \longmapsto (x_o,\ldots,x_{n-1},0)$; il suffit donc de se donner une forme différentielle invariante sur $\mathbb{W}_n$ (cf. 3.2.13 b)), et l'on prend la forme

$$(4.1.12.2) \qquad \omega_n = T_o^{p^n-1}dT_o + \ldots + T_{n-1}^{p-1}dT_{n-1} ,$$

$T_o,\ldots,T_{n-1}$ désignant les coordonnées canoniques de $\mathbb{W}_n$. Posons, pour tout m ,

$\mathbb{W}_{n,m} = \mathbb{W}_n \times \mathrm{Spec}(\mathbb{Z}/p^m)$; par réduction modulo p^m , $\mathbb{W}_{n+1,m}$ définit donc une $\natural$-extension de $\mathbb{W}_{n,m}$ par $\mathbb{G}_a$.

D'autre part, si l'on pose $S = \mathrm{Spec}(\mathbb{F}_p)$, l'extension canonique

$$0 \longrightarrow \mathcal{O}_{S/\Sigma_m} \longrightarrow \mathcal{E}_{S/\Sigma_m} \longrightarrow CW_{S/\Sigma_m} \longrightarrow 0$$

définit, grâce à l'inclusion $\underline{W}_n \hookrightarrow CW_{S/\Sigma_m}$ (4.1.5.1), une extension

$$0 \longrightarrow \mathcal{O}_{S/\Sigma_m} \longrightarrow \mathcal{E}_{n,m} \xrightarrow{v} \underline{W}_n \longrightarrow 0$$

sur $CRIS(S/\Sigma_m)$. D'après 1.4.6, il lui correspond une extension cristalline $E_{n,m}$ de $\mathbb{W}_{n,1}$ par $\mathbb{G}_{a,\Sigma_m}$, au sens de 1.4.3. Celle-ci définit enfin, par 1.4.4 , une $\natural$-extension $\mathbb{E}_{n,m}$ de $\mathbb{W}_{n,m}$ par $\mathbb{G}_{a,\Sigma_m}$.

<u>Proposition</u> 4.1.13. *Avec les notations précédentes, il existe un isomorphisme de $\natural$-extensions* $\mathbb{W}_{n+1,m} \xrightarrow{\sim} \mathbb{E}_{n,m}$.

Le torseur $\mathbb{E}_{n,m}$ est caractérisé par ses points à valeurs dans les $\mathbb{W}_{n,m}$-schémas affines et plats ; soient $h : T \longrightarrow \mathbb{W}_{n,m}$ un tel $\mathbb{W}_{n,m}$-schéma, avec $T = \mathrm{Spec}(A)$, et $h_1 : U \longrightarrow \mathbb{W}_{n,1}$ sa réduction modulo p . L'immersion $U \hookrightarrow T$, munie des puissances divisées canoniques de p , est un objet de $CRIS(S/\Sigma_m)$, et le morphisme h_1 en fait un objet de $CRIS(\mathbb{W}_{n,1}/\Sigma_m)$. Par définition ,

$$\begin{aligned} \mathbb{E}_{n,m}(T) &= \Gamma(((U,T),h_1),E_{n,m}) \quad , \\ &= \{x \in \Gamma((U,T),\mathcal{E}_{n,m}) \mid v(x) = h_1\} \ . \end{aligned}$$

Posons $h = (t_o,\ldots,t_{n-1})$, avec $t_i \in \Gamma(T,\mathcal{O}_T)$; on peut donc encore écrire

$$\mathbb{E}_{n,m}(T) = \{(x_o,\ldots,x_n) \in W_{n+1}(A) \mid \forall\ i \leq n-1,\ x_i \equiv t_i(p)\}\big/ s(W_n(pA)) \ ,$$

la structure de $\mathbb{G}_a$-torseur étant définie par

$$(a, cl(x_o,\ldots,x_n)) \longmapsto cl((0,\ldots,0,a) + (x_o,\ldots,x_n)) \ ,$$

pour tout $a \in A$. Il est clair qu'on définit un morphisme de $\mathbb{G}_a$-torseurs $\mathbb{W}_{n+1,m} \longrightarrow \mathbb{E}_{n,m}$ sur $\mathbb{W}_{n,m}$ par

(4.1.13.1) $$(t_o,\ldots,t_{n-1},t_n) \longmapsto cl(t_o,\ldots,t_n) \ ;$$

on vérifie immédiatement que c'est un isomorphisme d'extensions de $W_{n,m}$ par $\mathbb{G}_a$.

Il reste à vérifier que la connexion obtenue sur $\mathbb{E}_{n,m}$ s'identifie à celle que définit (4.1.12.2). Soient $p_i : \Delta^1_{\mathbb{W}_{n,m}} \rightrightarrows \mathbb{W}_{n,m}$ les deux projections sur $\mathbb{W}_{n,m}$ du premier voisinage infinitésimal de la diagonale de $(\mathbb{W}_{n,m})^2$. Considérons la section canonique $(T_o,\ldots,T_{n-1},0)$ de $\mathbb{W}_{n+1,m}$ au-dessus de $\mathbb{W}_{n,m}$, et ses deux images inverses $(T'_o,\ldots,T'_{n-1},0)$ et $(T''_o,\ldots,T''_{n-1},0)$ au-dessus de $\Delta^1_{\mathbb{W}_{n,m}}$. Pour calculer la différence

$$(D_o,\ldots,D_n) = (T''_o,\ldots,T''_{n-1},0) - (T'_o,\ldots,T'_{n-1},0)$$

dans $\mathbb{W}_{n+1,m}(\Delta^1_{\mathbb{W}_{n,m}})$, on peut se ramener à la situation universelle au-dessus de $\mathbb{Z}$, puis faire le calcul dans

$$W_{n+1}(\mathbb{Q}[T'_o,\ldots,T'_{n-1},T''_o,\ldots,T''_{n-1}]/(T''_i-T'_i)(T''_j-T'_j)_{1\leqslant i\leqslant j\leqslant n-1}) \ .$$

On en déduit aussitôt

$$\forall\ i\leqslant n-1\ ,\quad D_i = T''^{p^{i-1}}_o(T''_o-T'_o) + \ldots + (T''_i-T'_i)\ ,$$

$$D_n = T''^{p^{n-1}}_o(T''_o-T'_o) + \ldots + T''^{p-1}_{n-1}(T''_{n-1}-T'_{n-1})\ .$$

Dans $\mathbb{W}_{n+1,m}(\Delta^1_{\mathbb{W}_{n,m}})$, on obtient la relation

$$\begin{aligned}(T''_o,\ldots,T''_{n-1},0) - (T'_o,\ldots,T'_{n-1},0) &= (0,\ldots,0,D_n) + (D_o,\ldots,D_{n-1},0)\\ &= (0,\ldots,0,D_n) + s(D_o,\ldots,D_{n-1})\ ,\end{aligned}$$

car $D_i^{[k]} = 0$ pour tout $k \geqslant 2$ par définition des puissances divisées de l'idéal diagonal dans $\Delta^1_{\mathbb{W}_{n,m}}$. Passant à $\mathbb{E}_{n,m}$ par (4.1.13.1), cette relation montre que

$$cl(T''_o,\ldots,T''_{n-1},0) - cl(T'_o,\ldots,T'_{n-1},0) = cl(0,\ldots,0,D_n)\ ;$$

en identifiant $(0,\dots,0,D_n)$ à une section de $\Omega^1_{W_{n,m}}$, il en résulte que la connexion obtenue sur $\mathbb{E}_{n,m}$ est bien celle que définit la forme

$$D_n = T_o^{p^n-1}dT_o + \dots + T_{n-1}^{p-1}dT_{n-1} = \omega_n .$$

4.2. Cristaux de Dieudonné et modules de Dieudonné.

Nous commencerons par quelques résultats sur les groupes d'homomorphismes d'un faisceau abélien de la forme $\underline{G}$, où G est un schéma en groupes, dans les faisceaux $\mathcal{O}_{S/\Sigma}$ et $\mathcal{E}_{S/\Sigma}$.

Soient $(T,\mathcal{J},\delta)$ un schéma muni d'un PD-idéal quasi-cohérent, et U un sous-schéma fermé de T, défini par un sous-PD-idéal de $\mathcal{J}$; on suppose p localement nilpotent sur T. Soient G un U-groupe, $G \hookrightarrow Y$ une T-immersion dans un T-schéma quasi-lisse (cf. 1.2.2), tel qu'il existe un morphisme $m : Y\times_T Y \longrightarrow Y$ induisant la loi de groupe de G ; on notera encore p_1,p_2 (resp. p_1,p_2,m) les morphismes $D_G(Y^2) \longrightarrow D_G(Y)$ (resp. $D_{G^2}(Y^2) \longrightarrow D_G(Y)$) entre enveloppes à puissances divisées - compatibles à δ - induits par les projections p_1,p_2 de $Y\times_T Y$ sur Y et par le morphisme m. L'énoncé qui suit est une variante du lemme de Yoneda.

<u>Lemme</u> 4.2.1. *Soit* E *un faisceau abélien sur* CRIS(U/T) . *Avec les notations précédentes, le groupe* $\mathrm{Hom}_{U/T}(\underline{G},E)$ *est canoniquement isomorphe au sous-groupe de* $E(G,D_G(Y))$ *formé des éléments* ξ *vérifiant les relations :*

(i) *dans* $E(G,D_G(Y^2))$, $p_1^*(\xi) = p_2^*(\xi)$;

(ii) *dans* $E(G^2,D_{G^2}(Y^2))$, $p_1^*(\xi) + p_2^*(\xi) = m^*(\xi)$.

Par définition, $\underline{G}(G,D_G(Y))$ est l'ensemble des morphismes de U-schémas de G dans lui-même ; tout homomorphisme $\varphi : \underline{G} \longrightarrow E$ associe donc à $\mathrm{Id}_G \in \underline{G}(G,D_G(Y))$ un élément $\xi \in E(G,D_G(Y))$. Les propriétés (i) et (ii) de ξ résultent des propriétés analogues de Id_G en appliquant aux diagrammes

$$
\begin{array}{ccc}
 & \nearrow & D_G(Y^2) \\
G & & p_1 \big\downarrow \big\downarrow p_2 \\
 & \searrow & D_G(Y)
\end{array} \quad , \qquad
\begin{array}{ccc}
G^2 & \hookrightarrow & D_{G^2}(Y^2) \\
p_1 \big\downarrow \; m \big\downarrow \big\downarrow p_2 & & p_1 \big\downarrow \; m \big\downarrow \big\downarrow p_2 \\
G & \hookrightarrow & D_G(Y)
\end{array} \quad ,
$$

l'hypothèse que φ est un morphisme de foncteurs.

Réciproquement, soit $\xi \in E(G,D_G(Y))$ vérifiant (i) et (ii). Pour lui associer un homomorphisme $\varphi : \underline{G} \longrightarrow E$, il faut, pour tout objet (U',T',δ') de $CRIS(U/T)$ et tout $t \in \underline{G}(U') = Hom_U(U',G)$, définir un élément $\varphi(t) \in E(U',T',\delta')$. Or, localement sur T', il existe un T-morphisme $\bar{t} : T' \longrightarrow Y$ prolongeant le morphisme composé $U' \xrightarrow{t} G \longrightarrow Y$, et la donnée de δ' permet de le factoriser par un PD-morphisme $\bar{t} : T' \longrightarrow D_G(Y)$. On obtient donc (localement sur T') un morphisme $(t,\bar{t}) : (U',T',\delta') \longrightarrow (G,D_G(Y))$ de $CRIS(U/T)$, et on pose $\varphi(t) = \bar{t}^*(\xi)$. La condition (i) entraîne alors que cet élément est indépendant du choix du prolongement $\bar{t}$ de t, ce qui permet de le définir par recollement lorsque $\bar{t}$ n'existe pas globalement sur T', et montre que l'on obtient bien un morphisme de foncteurs. Son additivité est une conséquence formelle de la relation (ii).

Soit S un schéma sur lequel p est localement nilpotent.

Proposition 4.2.2. *Soient* G *un* S-*groupe affine de présentation finie,* (U,T,δ) *un objet de* $CRIS(S/\Sigma)$, $G_U = G \times_S U$. *On suppose que* U *vérifie l'une des conditions suivantes :*

(i) U *est localement noethérien ;*

(ii) U *est localement de présentation finie sur un schéma parfait* Z.

Alors l'homomorphisme

$$(4.2.2.1) \qquad \mathcal{H}om_{S/\Sigma}(\underline{G}, CW_{S/\Sigma})_{(U,T,\delta)} \longrightarrow \mathcal{H}om_{S/\Sigma}(\underline{G}, \underline{CW})_{(U,T,\delta)} \simeq \mathcal{H}om_U(G_U, CW) \ ,$$

défini par (4.1.5.1), *est un isomorphisme.*

L'assertion étant locale, on peut supposer T affine. Par localisation au-dessus de (U,T,δ), il suffit d'après (1.1.15.1) de montrer que l'homomorphisme canonique

$$(4.2.2.2) \qquad \mathrm{Hom}_{U/T}(\underline{G}_U, CW_{U/T}) \longrightarrow \mathrm{Hom}_{U/T}(\underline{G}_U, \underline{CW}) \simeq \mathrm{Hom}_U(G_U, CW)$$

est un isomorphisme. Or on peut écrire l'algèbre de G comme quotient d'une algèbre de polynômes sur T, de spectre Y ; il existe alors un morphisme $m : Y\times_T Y \longrightarrow Y$ prolongeant la loi de groupe de G. D'après 4.2.1, il suffit alors de prouver que

$$CW_{S/\Sigma}(G, D_G(Y)) = \underline{CW}(G, D_G(Y)) = CW(G) .$$

Mais, dans les deux hypothèses envisagées, G est respectivement noethérien, ou de présentation finie sur le schéma parfait Z, de sorte que le résultat découle de 4.1.6.

4.2.3. Revenons maintenant à une situation analogue à celle de 4.2.1, mais en supposant maintenant p nilpotent sur U, T étant un schéma ou un schéma formel pour la topologie p-adique, sur lequel p n'est plus nécéssairement localement nilpotent. On suppose par contre que les puissances divisées δ sont compatibles à celles de p, et on désigne encore par Y un T-schéma quasi-lisse (resp. un T-schéma formel - pour la topologie p-adique - quasi-lisse, i.e. donnant un schéma quasi-lisse par réduction modulo p^n pour tout n) dans lequel G est plongé, et par $m : Y\times_T Y \longrightarrow Y$ un morphisme induisant la loi de groupe de G. Soient T_n, Y_n les réductions modulo p^n de T et Y. L'idéal $\mathfrak{J}\mathcal{O}_{T_n}$ est un PD-idéal de $\mathcal{O}_{T_n}$, grâce à la condition de compatibilité, et tout objet du site CRIS(U/T) peut être recouvert par des objets de la réunion des sites CRIS(U/T_n) pour n assez grand. Si E est un faisceau abélien sur CRIS(U/T), de restriction E_n à CRIS(U/T_n), il en résulte que

$$\mathrm{Hom}_{U/T}(\underline{G}, E) \xrightarrow{\sim} \varprojlim_n \mathrm{Hom}_{U/T_n}(\underline{G}, E_n) .$$

On déduit donc immédiatement du lemme 4.2.1. la conséquence suivante :

Lemme 4.2.4. *Sous les hypothèses de 4.2.3, le groupe* $\mathrm{Hom}_{U/T}(\underline{G},E)$ *est canoniquement isomorphe au sous-groupe de* $\varprojlim_n E(G,D_G(Y_n))$ *formé des éléments* ξ *vérifiant les relations* (i) *et* (ii) *de* 4.2.1.

Lemme 4.2.5. *Soient* S *un schéma sur lequel* p *est nilpotent, et* $S \hookrightarrow T$ *une immersion fermée de* S *dans un schéma formel* T *(pour la topologie* p*-adique), munie de puissances divisées* δ *; soit* T_n *la réduction de* T *modulo* p^n. *On suppose que* $\mathcal{O}_T$ *est sans* p*-torsion. Alors :*

(i) *pour tout* n *tel que* $p^n\mathcal{O}_S = 0$, (S,T_n,δ) *est un objet de* $\mathrm{CRIS}(S/\Sigma)$;

(ii) *si* G *est un* S*-groupe fini localement libre annulé par une puissance fixe de* p, *le système projectif de faisceaux* $\mathcal{H}om_{S/\Sigma}(\underline{G},\mathcal{O}_{S/\Sigma})_{(S,T_n,\delta)}$ *est essentiellement nul.*

Comme $\mathcal{O}_T$ est sans p-torsion, la relation

$$i!\delta_i(x) = x^i$$

détermine les puissances divisées δ. Elles sont donc compatibles à celles de p, et passent au quotient sur $\mathcal{O}_T/p^n\mathcal{O}_T = \mathcal{O}_{T_n}$, d'où la première assertion.

Soit m un entier tel que $p^m\mathrm{Id}_G = 0$; montrons que les homomorphismes

$$\mathcal{H}om_{S/\Sigma}(\underline{G},\mathcal{O}_{S/\Sigma})_{(S,T_{n+m},\delta)} \longrightarrow \mathcal{H}om_{S/\Sigma}(\underline{G},\mathcal{O}_{S/\Sigma})_{(S,T_n,\delta)}$$

sont nuls. D'après 1.1.15,

$$\Gamma(T_n,\mathcal{H}om_{S/\Sigma}(\underline{G},\mathcal{O}_{S/\Sigma})_{(S,T_n,\delta)}) \simeq \mathrm{Hom}_{S/T_n}(\underline{G},\mathcal{O}_{S/T_n}) ,$$

de sorte qu'il suffit de prouver l'assertion analogue pour le système projectif $\mathrm{Hom}_{S/T_n}(\underline{G},\mathcal{O}_{S/T_n})$. On peut supposer T affine, et écrire l'algèbre de G comme quotient d'une algèbre de séries formelles restreintes à coefficients dans $\Gamma(T,\mathcal{O}_T)$. On obtient ainsi une immersion de G dans un schéma formel Y lisse sur T, tel que la loi de groupe de G se prolonge en un morphisme $m : Y\times_T Y \longrightarrow Y$. Le groupe $\mathrm{Hom}_{S/T_{n+m}}(\underline{G},\mathcal{O}_{S/T_{n+m}})$ s'identifie alors au sous-groupe de $\mathcal{D}_G(Y_{n+m})$ formé des éléments ξ vérifiant les conditions de 4.2.1. Comme ξ correspond à un homomorphisme $\varphi : \underline{G} \longrightarrow \mathcal{O}_{S/T_{n+m}}$, il vérifie la relation

$$p^m \xi = p^m \varphi(\mathrm{Id}_G) = \varphi(p^m \mathrm{Id}_G) = 0 .$$

Soient alors $A = \Gamma(T,\mathcal{O}_T)$, $A_n = A/p^n A$. Comme A est sans p-torsion, le noyau de $p^m \mathrm{Id}_{A_{n+m}}$ est $p^n A_{n+m}$. D'autre part, G est plat, d'intersection complète relative sur S ; il en résulte, comme dans la démonstration de 2.3.5, que $\mathcal{D}_G(Y_n)$ est plat sur A_n. Le noyau de la multiplication par p^m sur $\mathcal{D}_G(Y_{n+m})$ est donc $p^n \mathcal{D}_G(Y_{n+m})$, de sorte que ξ est d'image nulle dans $\mathcal{D}_G(Y_n)$, ainsi que φ dans $\mathrm{Hom}_{S/T_n}(\underline{G},\mathcal{O}_{S/T_n})$.

<u>Proposition</u> 4.2.6. *Soit* S *un schéma sur lequel* p *est localement nilpotent, et supposons qu'il existe localement sur* S *une immersion fermée de* S *dans un schéma formel* T *(pour la topologie* p*-adique), munie de puissances divisées* δ *, telle que les deux conditions suivantes soient vérifiées :*

(i) *le faisceau* $\mathcal{O}_T$ *est sans* p*-torsion ;*

(ii) *pour tout objet* (U',T',δ') *de* $\mathrm{CRIS}(S/\Sigma)$*, il existe localement sur* T' *un* PD*-morphisme* $(T',\delta') \longrightarrow (T,\delta)$ *prolongeant* $U' \longrightarrow S$.

Alors, pour tout S*-groupe fini localement libre* G*,*

(4.2.6.1) $$\mathrm{Hom}_{S/\Sigma}(\underline{G},\mathcal{O}_{S/\Sigma}) = 0 .$$

L'assertion étant locale sur S, on peut supposer qu'il existe une immersion $S \hookrightarrow T$ ayant les propriétés de l'énoncé. La deuxième condition exprime alors que le faisceau sur $\mathrm{CRIS}(S/\Sigma)$ "représenté" par (S,T,δ) couvre l'objet final du topos $(S/\Sigma)_{\mathrm{CRIS}}$. Or, comme en 1.1.15, le site $\mathrm{CRIS}(S/\Sigma)/(S,T)^{\sim}$ s'identifie au site $\mathrm{CRIS}(S/T)$. Par suite, l'homomorphisme canonique

$$\mathrm{Hom}_{S/\Sigma}(\underline{G},\mathcal{O}_{S/\Sigma}) \longrightarrow \mathrm{Hom}_{S/T}(\underline{G},\mathcal{O}_{S/T})$$

est injectif, et il suffit de prouver que

$$\mathrm{Hom}_{S/T}(\underline{G}, \mathcal{O}_{S/T}) = 0 .$$

Or l'homomorphisme canonique

$$\mathrm{Hom}_{S/T}(\underline{G}, \mathcal{O}_{S/T}) \longrightarrow \varprojlim_n \mathrm{Hom}_{S/T_n}(\underline{G}, \mathcal{O}_{S/T_n})$$

est un isomorphisme, et cette limite projective est nulle d'après 4.2.5.

Remarque. Les hypothèses de 4.2.6 sont satisfaites si S est plat d'intersection complète relative sur un schéma parfait. Supposons en effet S affine, plat d'intersection complète relative sur $\mathrm{Spec}(R)$, où R est un anneau parfait. Si l'on plonge S dans le spectre Y d'un anneau de polynômes sur $W(R)$, $\mathcal{D}_G(Y_n)$ est plat sur $W_n(R)$ pour tout n, et isomorphe à $\mathcal{D}_G(Y)/p^n\mathcal{D}_G(Y)$ d'après (1.2.5.1). Par suite, le schéma formel $T = \mathrm{Spf}(\widehat{\mathcal{D}_G(Y)})$ vérifie les conditions (i) et (ii).

Proposition 4.2.7. *Soient* S *un schéma sur lequel* p *est nilpotent, et*

$$0 \longrightarrow G' \longrightarrow G \longrightarrow G'' \longrightarrow 0$$

une suite exacte de S*-groupes finis localement libres. On suppose donnée une immersion fermée de* S *dans un schéma formel* T *, vérifiant les conditions de* 4.2.5. *Alors, pour tout entier* n *tel que* $p^n \mathrm{Id}_G = 0$, *la suite*

$$0 \longrightarrow \mathbb{D}(G'')_{(S,T_n,\delta)} \longrightarrow \mathbb{D}(G)_{(S,T_n,\delta)} \longrightarrow \mathbb{D}(G')_{(S,T_n,\delta)} \longrightarrow 0 \tag{4.2.7.1}$$

est exacte.

La surjectivité résulte de 3.1.6. Considérons, pour n variable, le système projectif de suites exactes

$$0 \longrightarrow \mathcal{H}om_{S/\Sigma}(\underline{G}'', \mathcal{O}_{S/\Sigma})_{T_n} \longrightarrow \mathcal{H}om_{S/\Sigma}(\underline{G}, \mathcal{O}_{S/\Sigma})_{T_n} \longrightarrow \mathcal{H}om_{S/\Sigma}(\underline{G}', \mathcal{O}_{S/\Sigma})_{T_n} \longrightarrow$$
$$\longrightarrow \mathbb{D}(G'')_{T_n} \longrightarrow \mathbb{D}(G)_{T_n} \longrightarrow \mathbb{D}(G')_{T_n} \longrightarrow 0 .$$

Les systèmes projectifs des $\mathcal{H}om$ sont essentiellement nuls d'après 4.2.5, et ceux des $\mathbb{D}(.)_{T_n}$ sont à morphismes de transition surjectifs. On obtient donc par passage à la limite la suite exacte

$$(4.2.7.2.)\qquad 0 \longrightarrow \varprojlim_n \mathbb{D}(G'')_{T_n} \longrightarrow \varprojlim_n \mathbb{D}(G)_{T_n} \longrightarrow \varprojlim_n \mathbb{D}(G')_{T_n} \longrightarrow 0 .$$

Mais, si $p^n Id_G = 0$, les morphismes de transition

$$\mathbb{D}(G)_{T_{n+h}} \longrightarrow \mathbb{D}(G)_{T_{n+h}} \otimes_{\mathcal{O}_{T_{n+h}}} \mathcal{O}_{T_n} \xrightarrow{\sim} \mathbb{D}(G)_{T_n}$$

sont des isomorphismes, et la suite exacte (4.2.7.2) s'identifie à (4.2.7.1).

<u>Corollaire</u> 4.2.8. *Supposons que* $S = \mathrm{Spec}(A)$ *, où* A *est un anneau de caractéristique* p *possédant une* p-*base, et soit* A_∞ *une* $\mathbb{Z}_p$*-algèbre vérifiant les conditions de* 1.2.8. *Posons*

$$\mathbb{D}(G)_{A_\infty} = \varprojlim_n \mathbb{D}(G)_{A_n} ,$$

pour tout S*-groupe fini localement libre* G *(resp. groupe* p*-divisible). Alors le foncteur* $\mathbb{D}(G)_{A_\infty}$ *transforme toute suite exacte de la forme*

$$0 \longrightarrow G' \longrightarrow G \longrightarrow G'' \longrightarrow 0 ,$$

où G',G,G'' *sont des* S*-groupes finis localement libres (resp.* G *et* G'' *des groupes* p*-divisibles,* G' *étant fini ou* p*-divisible), en suite exacte de* A_∞*-modules.*

Le cas d'une suite de trois groupes finis résulte de (4.2.7.2), en prenant $T = \mathrm{Spf}(A_\infty)$. Le cas où G' est fini, G et G'' p-divisibles se prouve de la même façon, et le cas où les trois groupes sont p-divisibles résulte simplement de ce que les cristaux sont alors localement libres, de rang égal à la hauteur.

Rappelons que si A et B sont des groupes abéliens d'un topos $\mathcal{C}$, annulés par un entier N , la suite spectrale

$$E_2^{p,q} = \mathcal{E}xt^p_{\mathbb{Z}/N\mathbb{Z}}(\mathcal{T}or_q^{\mathbb{Z}}(A,\mathbb{Z}/N\mathbb{Z}),B) \Longrightarrow \mathcal{E}xt^n_{\mathbb{Z}}(A,B)$$

fournit un homomorphisme

$$\mathcal{E}xt^1_{\mathbb{Z}}(A,B) \longrightarrow \mathcal{H}om_{\mathbb{Z}}(A,B) .$$

On peut encore décrire cette application comme associant à la classe d'une extension

$$\mathcal{E} : 0 \longrightarrow B \longrightarrow E \longrightarrow A \longrightarrow 0$$

l'homomorphisme $A \longrightarrow B$ donné par le diagramme du serpent relatif à la multiplication par N sur $\mathcal{E}$. Nous noterons cet homomorphisme, ainsi que son analogue global, par "N".

Corollaire 4.2.9. *Soient* (S,T,δ) *vérifiant les conditions de* 4.2.7, *et* G *un* S-*groupe fini localement libre annulé par* p^m. *Alors l'homomorphisme*

$$"p^m" : \mathbb{D}(G)_{(S,T_m,\delta)} \longrightarrow \mathcal{H}om_{S/\Sigma}(\underline{G},\mathcal{O}_{S/\Sigma})_{(S,T_m,\delta)}$$

est un isomorphisme.

L'assertion étant de nature locale sur S, on peut supposer, d'après 3.1.1, que G est plongé dans un S-schéma abélien A. Soient H le groupe p-divisible associé à A, et $H' = H/G$, qui est un groupe p-divisible d'après 3.3.12. Il résulte de 4.2.7 que les deux foncteurs $G \mapsto \mathbb{D}(G)_{(S,T_m,\delta)}$ et $G \mapsto \mathcal{H}om_{S/\Sigma}(\underline{G},\mathcal{O}_{S/\Sigma})_{(S,T_m,\delta)}$ sont exacts sur la catégorie des S-groupes finis localement libres annulés par p^m. Le diagramme commutatif à lignes exactes

$$\begin{array}{ccccccc}
\mathbb{D}(H'(m))_{(S,T_m,\delta)} & \longrightarrow & \mathbb{D}(H(m))_{(S,T_m,\delta)} & \longrightarrow & \mathbb{D}(G)_{(S,T_m,\delta)} & \longrightarrow & 0 \\
\downarrow "p^m" & & \downarrow "p^m" & & \downarrow "p^m" & & \\
\mathcal{H}om_{S/\Sigma}(\underline{H}'(m),\mathcal{O}_{S/\Sigma})_{(S,T_m,\delta)} & \longrightarrow & \mathcal{H}om_{S/\Sigma}(\underline{H}(m),\mathcal{O}_{S/\Sigma})_{(S,T_m,\delta)} & \longrightarrow & \mathcal{H}om_{S/\Sigma}(\underline{G},\mathcal{O}_{S/\Sigma})_{(S,T_m,\delta)} & \longrightarrow & 0
\end{array}$$

montre alors qu'il suffit de prouver l'assertion lorsque G est de la forme $H(m)$, pour un groupe p-divisible H. Dans ce cas, la suite exacte

$$0 \longrightarrow H(m) \longrightarrow H(2m) \xrightarrow{p^m} H(m) \longrightarrow 0$$

fournit un homomorphisme cobord

$$\mathcal{H}om_{S/\Sigma}(\underline{H}(m),\mathcal{O}_{S/\Sigma}) \longrightarrow \mathcal{E}xt^1_{S/\Sigma}(\underline{H}(m),\mathcal{O}_{S/\Sigma})$$

qui est un isomorphisme au-dessus de Σ_m . On vérifie alors sans difficulté que "p^m" est inverse de cet isomorphisme.

Nous étudierons maintenant plus particulièrement le cas où la base S est le spectre d'un anneau parfait Λ . Rappelons (1.2.9 (i)) que le foncteur $\Gamma(S/\Sigma,.)$ qui à un faisceau sur CRIS(S/Σ) associe l'ensemble de ses sections globales induit une équivalence entre la catégorie des cristaux en modules quasi-cohérents sur S et la catégorie des W(Λ)-modules séparés et complets. Pour tout S-groupe fini localement libre G (resp. groupe p-divisible), nous poserons

(4.2.8.1) $$D(G) = \Gamma(S/\Sigma, \mathbb{D}(G)) \simeq \varprojlim_n \Gamma(S_n, \mathbb{D}(G)_{(S,S_n)}) ,$$

où $S_n = \mathrm{Spec}(W_n(\Lambda))$ (le dernier isomorphisme résultant de 1.1.12, 1.1.13, et de ce que (S,S_n) représente l'objet final de CRIS(S/S_n)) .

<u>Proposition</u> 4.2.10. *Soient* k *un corps parfait,* G *un groupe fini sur* k *, de rang* p^d *. Alors* D(G) *est un* W(k)*-module de longueur finie* d .

Soient k' une clôture algébrique de k , G' l'image inverse de G sur k'. Les isomorphismes

$$\mathbb{D}(G')_{W_n(k')} \simeq \mathbb{D}(G)_{W_n(k')} \simeq \mathbb{D}(G)_{W_n(k)} \otimes_{W_n(k)} W_n(k') ,$$

qui résultent de (1.3.3.4) et de ce que $\mathbb{D}(G)$ est un cristal, montrent qu'il suffit de prouver l'assertion lorsque k est algébriquement clos. Tout groupe fini est alors extension successive de groupes de rang p . Or, on déduit de 3.2.11 que l'inégalité

$$\mathrm{rang}(G) \leq p^{\mathrm{long}(D(G))}$$

est vérifiée lorsque G est de rang p . Compte tenu de 4.2.7, les deux membres de l'inégalité sont multiplicatifs par rapport aux suites exactes courtes, si bien qu'elle reste valable pour tout groupe fini G .

Mais par ailleurs, il résulte de 3.3.10 que cette inégalité est une égalité lorsque G est un groupe de Barsotti-Tate tronqué. Comme tout groupe fini peut être plongé dans un groupe de Barsotti-Tate tronqué, on en déduit par multiplicativité que c'est toujours une égalité.

Proposition 4.2.11. *Soient* k *un corps parfait,* $S = \mathrm{Spec}(k)$, G *un groupe fini sur* S . *Alors*

(4.2.11.1) $$\mathrm{Hom}_{S/\Sigma}(\underline{G}, \&_{S/\Sigma}) = 0 .$$

D'après 1.1.13, on peut remplacer $\Sigma = \mathrm{Spec}(\mathbb{Z}_p)$ par $T = \mathrm{Spec}(W(k))$. Soit Y le spectre d'une algèbre de polynômes sur W , telle qu'il existe une T-immersion fermée $G \hookrightarrow Y$, et reprenons les notations de 4.2.3. Soient k' une clôture algébrique de k , $S' = \mathrm{Spec}(k')$, $G' = G\times_S S'$, $T' = \mathrm{Spec}(W(k'))$, $Y' = Y\times_T T'$; comme T' est plat sur T, les homomorphismes canoniques $D_G(Y_n)\times_T T' \longrightarrow D_{G'}(Y'_n)$ sont des isomorphismes, et

$$\Gamma((G,D_G(Y_n)),\mathcal{O}_{S/\Sigma}) \longrightarrow \Gamma((G',D_{G'}(Y'_n)),\mathcal{O}_{S/\Sigma})$$

est injectif, ainsi que $\Gamma(G,CW) \longrightarrow \Gamma(G',CW)$. La suite exacte

$$0 \longrightarrow \mathcal{O}_{S/\Sigma} \longrightarrow \&_{S/\Sigma} \longrightarrow \underline{CW}$$

entraîne donc que

$$\Gamma((G,D_G(Y_n)),\&_{S/\Sigma}) \hookrightarrow \Gamma((G',D_{G'}(Y'_n)),\&_{S/\Sigma}) ,$$

si bien que, d'après 4.2.4, il suffit de prouver (4.2.11.1) lorsque k est algébriquement clos.

Comme G possède alors une suite de composition dont les quotients sont isomorphes à $\mathbb{Z}/p$, α_p ou μ_p , on est ramené au cas ou G est l'un de ces trois groupes. On peut alors choisir pour Y le spectre d'une algèbre de polynômes en une indéterminée W[t] . Soient $\mathcal{R}$ l'algèbre de G, $\mathcal{D}_n$ celle de $D_G(Y_n)$, $\mathcal{J}_n$ le noyau de $\mathcal{D}_n \longrightarrow \mathcal{R}$. Considérons le diagramme commutatif

$$(4.2.11.2)\qquad \begin{array}{ccccccc} 0 \longrightarrow & s(CW(\mathcal{J}_n)) & \longrightarrow & CW(\mathcal{D}_n) & \longrightarrow & \mathcal{E}_{S/\Sigma}(G,D_G(Y_n)) & \longrightarrow 0 \\ & s\uparrow\wr & \nearrow^{s} & \downarrow V & & \downarrow & \\ 0 \longrightarrow & CW(\mathcal{J}_n) & \longrightarrow & CW(\mathcal{D}_n) & \longrightarrow & CW(\mathcal{R}) & \end{array} ,$$

dans lequel l'exactitude de la ligne supérieure résulte de la définition de $\mathcal{E}_{S/\Sigma}$, et de ce que $D_G(Y_n)$ a pour espace topologique sous-jacent celui de G, c'est-à-dire un espace fini discret. Soit ξ un élément de $\mathcal{E}_{S/\Sigma}(G,D_G(Y_n))$ correspondant à un homomorphisme $\varphi : \underline{G} \longrightarrow \mathcal{E}_{S/\Sigma}$; comme G est annulé par p, il en est de même de ξ. Si $\eta \in CW(\mathcal{D}_n)$ relève ξ, alors $p\eta \in s(CW(\mathcal{J}_n))$, $V(p\eta) \in CW(\mathcal{J}_n)$, et, puisque $V\circ s$ est l'inclusion de $CW(\mathcal{J}_n)$ dans $CW(\mathcal{D}_n)$, on en déduit que

$$p\eta = s\circ V(p\eta) .$$

Posons $\eta = (\eta_{-i})_{i\geqslant 0}$; si $\overline{\eta}_{-i}$ est l'image de η_{-i} dans $\mathcal{D}_n/p\mathcal{D}_n$, et $\overline{\eta} = (\overline{\eta}_{-i})$, $p\overline{\eta} = (\overline{\eta}^p_{-i-1})$, de sorte que pour $i \geqslant 1$, les η^p_{-i} appartiennent à $\mathcal{J}_n$. La relation précédente fournit alors la relation

$$(4.2.11.3)\qquad \overline{\eta}^p_{-1} = (\overline{\eta}^p_{-2})^{[p]} .$$

L'idéal de G dans $Y_1 = \mathrm{Spec}(k[t])$ est principal, engendré par un polynôme f. Il résulte alors de [5 , VI 3.2.5] que $\mathcal{D}_1$ est un $k[t]/(f^p)$-module libre, de base les $f^{[pq]}$ pour $q \in \mathbb{N}$; par conséquent, on a dans $\mathcal{D}_1$

$$k[t]/(f^p) \cap (k[t]/(f^p))f^{[p]} = 0 .$$

Comme tout élément de $\mathcal{J}_1$ est de puissance p-ième nulle, $\overline{\eta}^p_{-1}$ et $\overline{\eta}^p_{-2}$ sont des éléments de $k[t]/(f^p)$. Posant $\overline{\eta}^p_{-2} = gf$, la relation (4.2.11.3) s'écrit

$$\overline{\eta}^p_{-1} = g^p f^{[p]} ,$$

et entraîne donc que $\overline{\eta}^p_{-1} = 0$. Comme l'homomorphisme

$$\Phi : \mathcal{R} = k[t]/(f) \longrightarrow k[t]/(f^p)$$

induit par le Frobenius de $k[t]$ est injectif, l'image de η_{-1} dans $\mathcal{R}$ est donc nulle.

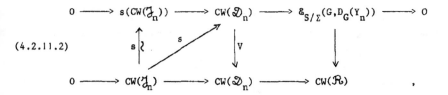

Or, d'après le diagramme (4.2.11.2), le covecteur $(\eta'_{-i})_{i\geq 1}$ image de (η_{-i}) dans $CW(\mathcal{R})$ est l'image de ξ, et correspond donc à l'homomorphisme composé $\underline{G} \longrightarrow \mathcal{E}_{S/\Sigma} \longrightarrow \underline{CW}$. D'après [6 ; 26] ,

$$\eta'_{-i-1} = V_{\mathcal{R}}(\eta'_{-i})$$

pour tout $i \geq 1$, en notant $V_{\mathcal{R}} : \mathcal{R} \longrightarrow \mathcal{R}$ l'endomorphisme correspondant au Verschiebung de G. On en déduit donc que $\eta'_{-i} = 0$ pour tout $i \geq 1$, si bien que ξ est d'image nulle dans $CW(\mathcal{R})$. Le morphisme $\underline{G} \longrightarrow CW$ déduit de φ est donc nul, ce qui montre que l'homomorphisme

$$\mathrm{Hom}_{S/\Sigma_n}(\underline{G},\mathcal{O}_{S/\Sigma_n}) \longrightarrow \mathrm{Hom}_{S/\Sigma_n}(\underline{G},\mathcal{E}_{S/\Sigma_n})$$

est un isomorphisme, quel que soit n. Par passage à la limite, l'énoncé résulte donc de 4.2.6.

4.2.12. Soient Λ un anneau parfait, $S = \mathrm{Spec}(\Lambda)$. D'après 4.1.7, il existe sur l'extension $\mathcal{E}_{S/\Sigma}$ une structure de $W(\Lambda)$-module telle que la suite exacte

$$0 \longrightarrow \mathcal{O}_{S/\Sigma} \longrightarrow \mathcal{E}_{S/\Sigma} \longrightarrow CW^{\sigma}_{S/\Sigma} \longrightarrow 0$$

soit $W(\Lambda)$-linéaire. On en déduit, pour tout faisceau abélien G sur S, une suite exacte de faisceaux de $W(\Lambda)$-modules sur $CRIS(S/\Sigma)$:

$$0 \longrightarrow \mathcal{H}om_{S/\Sigma}(\underline{G},\mathcal{O}_{S/\Sigma}) \longrightarrow \mathcal{H}om_{S/\Sigma}(\underline{G},\mathcal{E}_{S/\Sigma}) \longrightarrow \mathcal{H}om_{S/\Sigma}(\underline{G},CW^{\sigma}_{S/\Sigma}) \xrightarrow{\partial} \mathcal{E}xt^1_{S/\Sigma}(\underline{G},\mathcal{O}_{S/\Sigma}) .$$

Prenant les sections globales, on en tire en particulier un homomorphisme

$$(4.2.12.1) \qquad \mathrm{Hom}_{S/\Sigma}(\underline{G},CW_{S/\Sigma})^{\sigma} \simeq \mathrm{Hom}_{S/\Sigma}(\underline{G},CW^{\sigma}_{S/\Sigma}) \xrightarrow{\partial} \Gamma(S/\Sigma,\mathcal{E}xt^1_{S/\Sigma}(\underline{G},\mathcal{O}_{S/\Sigma})) .$$

Supposons que G soit un S-groupe fini localement libre. Comme, d'après 1.1.12 et 1.1.13,

$$\mathrm{Hom}_{S/\Sigma}(.,.) \simeq \varprojlim_n \mathrm{Hom}_{S/\Sigma_n}(.,.) \simeq \varprojlim_n \mathrm{Hom}_{S/S_n}(.,.) ,$$

il résulte de (4.2.2.2) que l'homomorphisme canonique

$$(4.2.12.2) \qquad \mathrm{Hom}_{S/\Sigma}(\underline{G},CW_{S/\Sigma}) \longrightarrow \mathrm{Hom}_{S/\Sigma}(\underline{G},\underline{CW}) \xrightarrow{\sim} \mathrm{Hom}_S(G,CW)$$

est un isomorphisme. On posera

(4.2.12.3) $$M(G) = \mathrm{Hom}_S(G,CW) \ ;$$

rappelons [26, III § 5 cor. 3] que, lorsque Λ est un corps parfait, $M(G)$ est le module de Dieudonné de G. L'homomorphisme (4.2.12.1) s'interprète donc comme un homomorphisme

(4.2.12.4) $$M(G)^{\sigma} \longrightarrow D(G) \ ,$$

fonctoriel en G.

Si maintenant on suppose que G est un groupe p-divisible, l'homomorphisme

$$\mathrm{Hom}_{S/\Sigma}(\underline{G},CW_{S/\Sigma}) \longrightarrow \mathrm{Hom}_S(G,CW)$$

est aussi un isomorphisme, puisque $G = \varinjlim G(n)$. On obtient donc encore un homomorphisme (4.2.12.4).

Lemme 4.2.13. *Sous les hypothèses de 4.2.12, soit* G *un* S*-groupe fini localement libre (resp. un groupe* p*-divisible). Alors l'homomorphisme canonique*

(4.2.13.1) $$\mathrm{Ext}^1_{S/\Sigma}(\underline{G},\mathcal{O}_{S/\Sigma}) \longrightarrow \Gamma(S/\Sigma,\mathcal{E}xt^1_{S/\Sigma}(\underline{G},\mathcal{O}_{S/\Sigma})) = D(G)$$

est un isomorphisme.

Comme (S,S_n) représente l'objet final de $\mathrm{CRIS}(S/\Sigma_n)$,

$$\Gamma(S/\Sigma_n,E) = \Gamma((S,S_n),E) = \Gamma(S_n,E_{(S,S_n)})$$

pour tout faisceau E ; par suite, les $\mathcal{O}_{S/\Sigma_n}$-modules E tels que $E_{(S,S_n)}$ soit quasi-cohérent sur S_n sont acycliques pour $\Gamma(S/\Sigma_n,.)$. On déduit donc de 2.3.1 (resp. 2.4.5) que, pour $q \leqslant 2$,

(4.2.13.2) $$\mathrm{Ext}^q_{S/\Sigma_n}(\underline{G},\mathcal{O}_{S/\Sigma_n}) \xrightarrow{\sim} \Gamma(S/\Sigma_n,\mathcal{E}xt^q_{S/\Sigma_n}(\underline{G},\mathcal{O}_{S/\Sigma_n})) \ .$$

Compte tenu de 1.1.12, l'isomorphisme $\mathrm{Hom}_{S/\Sigma} \xrightarrow{\sim} \varprojlim_n \mathrm{Hom}_{S/\Sigma_n}$ permet d'autre part de construire une suite spectrale des foncteurs composés

$$E_2^{p,q} = R^p \varprojlim_n (\mathrm{Ext}^q_{S/\Sigma_n}(\underline{G},\mathcal{O}_{S/\Sigma_n})) \Longrightarrow \mathrm{Ext}^{p+q}_{S/\Sigma}(\underline{G},\mathcal{O}_{S/\Sigma}) .$$

Or le système projectif $\mathrm{Hom}_{S/\Sigma_n}(\underline{G},\mathcal{O}_{S/\Sigma_n})$ est essentiellement nul d'après 4.2.5 (resp. nul d'après 3.3.3), de sorte que

$$R^p \varprojlim_n \mathrm{Hom}_{S/\Sigma_n}(\underline{G},\mathcal{O}_{S/\Sigma_n}) = 0$$

pour tout p. L'isomorphisme

$$\mathrm{Ext}^1_{S/\Sigma}(\underline{G},\mathcal{O}_{S/\Sigma}) \xrightarrow{\sim} \varprojlim_n \mathrm{Ext}^1_{S/\Sigma_n}(\underline{G},\mathcal{O}_{S/\Sigma_n}) ,$$

qui en résulte, permet de déduire (4.2.13.1) de (4.2.13.2) par passage à la limite.

Théorème 4.2.14. *Soient* k *un corps parfait,* $S = \mathrm{Spec}(k)$, G *un groupe fini (resp.* p-*divisible) sur* k . *Alors l'homomorphisme canonique*

(4.2.14.1) $$\partial : M(G)^\sigma \longrightarrow D(G)$$

défini en (4.2.12.4) *est un isomorphisme.*

D'après le lemme précédent, ∂ peut s'interpréter comme l'homomorphisme cobord de la suite de cohomologie du foncteur $\mathrm{Hom}_{S/\Sigma}$ relative à la suite exacte

$$0 \longrightarrow \mathcal{O}_{S/\Sigma} \longrightarrow \mathcal{E}_{S/\Sigma} \longrightarrow CW^\sigma_{S/\Sigma} \longrightarrow 0 .$$

Supposons G fini. Comme $\mathrm{Hom}_{S/\Sigma}(\underline{G},\mathcal{E}_{S/\Sigma}) = 0$ d'après 4.2.11, l'homomorphisme ∂ est injectif. Or les W-modules D(G) et $M(G)^\sigma$ ont même longueur d'après 4.2.10, et [19 , théorème p. 69] ; ∂ est donc un isomorphisme. Si G est p-divisible, les deux membres sont limites projectives des termes analogues relatifs aux G(n) (compte tenu de 2.4.5 (ii)), et l'énoncé résulte du cas des groupes finis.

Remarques 4.2.15.

(i) Soient Λ un anneau de Prüfer [15, chapitre 7, § 2, exercice 12] parfait, $S = \mathrm{Spec}(\Lambda)$, G un S-groupe fini localement libre (resp. un groupe p-divisible sur S). On déduit de 4.2.14 que (4.2.12.4) est encore un isomorphisme (cf. [6 , 4.3.4]).

(ii) Rappelons qu'un groupe formel commutatif sur k peut être défini comme un faisceau abélien (fppf) limite inductive de k-groupes finis. Si on a ainsi $G = \varinjlim_i G_i$, les G_i étant des p-groupes finis sur k, l'homomorphisme

$$\mathrm{Ext}^1_{S/\Sigma}(\underline{G}, \mathcal{O}_{S/\Sigma}) \longrightarrow \varprojlim_i \mathrm{Ext}^1_{S/\Sigma}(\underline{G}_i, \mathcal{O}_{S/\Sigma})$$

est un isomorphisme, car $\mathrm{Hom}_{S/\Sigma}(\underline{G}_i, \mathcal{O}_{S/\Sigma}) = 0$ pour tout i d'après 4.2.6. Par passage à la limite, les isomorphismes (4.2.14.1) donnent donc un isomorphisme

$$M(G)^\sigma = \mathrm{Hom}(G, CW)^\sigma \xrightarrow{\sim} \mathrm{Ext}^1_{S/\Sigma}(G, \mathcal{O}_{S/\Sigma}) .$$

On remarquera que, lorsque $G = \mathrm{Spf}(k[[X_1, \dots, X_n]])$ est un groupe de Lie formel, la discussion de 2.2.9 montre que $\mathrm{Ext}^1_{S/\Sigma}(\underline{G}, \mathcal{O}_{S/\Sigma})$ peut être calculé au moyen de "presque-logarithmes" ; on peut en déduire l'isomorphisme de [26, III, 6.5] (cf. [36 , 5.5]) .

<u>Exemples</u> 4.2.16.

Sous les hypothèses de 4.2.14, soit (U,T,δ) un objet de $\mathrm{CRIS}(S/\Sigma)$. Il existe alors un unique morphisme $h : T \longrightarrow \mathrm{Spec}(W(k))$ prolongeant $U \longrightarrow S$, et il résulte de 4.2.14 qu'il induit un isomorphisme canonique

$$h^*(M(G)^\sigma) \xrightarrow{\sim} \mathbb{D}(G)_{(U,T,\delta)} ,$$

puisque $\mathbb{D}(G)$ est un cristal. En identifiant $(\mathcal{O}_{S/\Sigma})^\sigma$ à $\mathcal{O}_{S/\Sigma}$ comme en 1.3.5, on obtient en particulier :

(i) Pour tout n,

$$\mathbb{D}(\mathbb{Z}/p^n) \simeq \mathcal{O}_{S/\Sigma}/p^n\mathcal{O}_{S/\Sigma} , \quad \mathbb{D}(\mathbb{Q}_p/\mathbb{Z}_p) \simeq \mathcal{O}_{S/\Sigma} ,$$

F étant l'application identique, et V la multiplication par p.

(ii) Pour tout n,

$$\mathbb{D}(\mu_{p^n}) \simeq \mathcal{O}_{S/\Sigma}/p^n\mathcal{O}_{S/\Sigma} , \quad \mathbb{D}(\mu_{p^\infty}) \simeq \mathcal{O}_{S/\Sigma} ,$$

F étant la multiplication par p, et V l'application identique.

(iii) Pour tout n,

$$\mathbb{D}(\alpha_{p^n}) \simeq (\mathcal{O}_{S/\Sigma}/p\mathcal{O}_{S/\Sigma})[F]/(F^n) ,$$

F étant la multiplication par F, et V l'application nulle.

Nous terminerons cette section en indiquant une autre construction de l'isomorphisme ∂ de 4.2.14.

<u>Proposition</u> 4.2.17. *Soient* Λ *un anneau parfait,* $S = \mathrm{Spec}(\Lambda)$, G *un* S-*groupe fini localement libre,* m *un entier tel que* $p^m G = 0$. *La multiplication par* p^m *sur* $\mathcal{O}_{S/\Sigma}$ *induit un isomorphisme canonique*

(4.2.17.1) $$\mathcal{H}om_{S/\Sigma_m}(\underline{G},\mathcal{O}_{S/\Sigma_m}) \xrightarrow{\sim} \mathcal{E}xt^1_{S/\Sigma}(\underline{G},\mathcal{O}_{S/\Sigma}) \simeq D(G) .$$

Le deuxième isomorphisme résulte de 4.2.13. Pour construire le premier, on considère les deux suites exactes

$$0 \longrightarrow p^m\mathcal{O}_{S/\Sigma} \longrightarrow \mathcal{O}_{S/\Sigma} \longrightarrow \mathcal{O}_{S/\Sigma}/p^m\mathcal{O}_{S/\Sigma} \longrightarrow 0 ,$$

$$0 \longrightarrow N_m \longrightarrow \mathcal{O}_{S/\Sigma} \xrightarrow{p^m} p^m\mathcal{O}_{S/\Sigma} \longrightarrow 0 ,$$

définies par la multiplication par p^m sur $\mathcal{O}_{S/\Sigma}$. Elles donnent naissance au diagramme exact

(4.2.17.2)
$$\begin{array}{ccccc}
 & & \mathcal{E}xt^1_{S/\Sigma}(\underline{G},N_m) & & \\
 & & \downarrow & & \\
 & & \mathcal{E}xt^1_{S/\Sigma}(\underline{G},\mathcal{O}_{S/\Sigma}) & \searrow^{p^m=0} & \\
 & & \downarrow & & \\
0 \longrightarrow \mathcal{H}om_{S/\Sigma}(\underline{G},\mathcal{O}_{S/\Sigma}/p^m\mathcal{O}_{S/\Sigma}) & \longrightarrow & \mathcal{E}xt^1_{S/\Sigma}(\underline{G},p^m\mathcal{O}_{S/\Sigma}) & \longrightarrow & \mathcal{E}xt^1_{S/\Sigma}(\underline{G},\mathcal{O}_{S/\Sigma}) \\
 & & \downarrow & & \\
 & & \mathcal{E}xt^2_{S/\Sigma}(\underline{G},N_m) & &
\end{array}$$

où le zéro de gauche résulte de 4.2.6 (en prenant $T = \mathrm{Spf}(W(\Lambda))$) .

Soit $i_{CRIS} : (S/\Sigma_m)_{CRIS} \longrightarrow (S/\Sigma)_{CRIS}$ le morphisme canonique. On vérifie immédiatement (par exemple par adjonction à partir de la définition de i^*_{CRIS} donnée en 1.1.10) que pour tout faisceau E sur $CRIS(S/\Sigma_m)$, et tout objet (U,T,δ) de $CRIS(S/\Sigma)$,

(4.2.17.3) $$\Gamma((U,T,\delta), i_{CRIS*}(E)) \simeq \Gamma((U,T_m,\delta),E) ,$$

où $T_m = T\times_\Sigma \Sigma_m$; en particulier,

(4.2.17.4) $$i_{CRIS*}(\mathcal{O}_{S/\Sigma_m}) \simeq \mathcal{O}_{S/\Sigma}/p^m\mathcal{O}_{S/\Sigma} ,$$

de sorte que l'on obtient un isomorphisme canonique

$$Hom_{S/\Sigma_m}(\underline{G},\mathcal{O}_{S/\Sigma_m}) \simeq Hom_{S/\Sigma}(\underline{G},\mathcal{O}_{S/\Sigma}/p^m\mathcal{O}_{S/\Sigma}) .$$

Le diagramme (4.2.17.2) montre alors que, pour construire l'homomorphisme (4.2.17.1) et prouver que c'est un isomorphisme, il suffit de prouver que l'homomorphisme

$$Ext^1_{S/\Sigma}(\underline{G},\mathcal{O}_{S/\Sigma}) \longrightarrow Ext^1_{S/\Sigma}(\underline{G},p^m\mathcal{O}_{S/\Sigma})$$

est un isomorphisme, et il suffit pour cela de prouver la nullité des groupes $Ext^i_{S/\Sigma}(\underline{G},N_m)$.

Utilisant la résolution $C^{(3)}(\underline{G})$, et l'analogue global de la suite spectrale (2.2.2.1), il suffit de prouver que pour tout S-groupe fini localement libre G, $H^i(G/\Sigma,N_m) = 0$ pour tout i. Comme, d'après 1.1.12 et 1.1.13, tout objet de $CRIS(G/\Sigma)$ peut être recouvert par des objets de la réunion des sites $CRIS(G/S_n)$, où $S_n = Spec(W_n(\Lambda))$, il existe une suite spectrale

$$E_2^{p,q} = R^p \varprojlim_n H^q(G/S_n,N_m) \Longrightarrow H^i(G/\Sigma,N_m) .$$

Il suffit donc que les systèmes projectifs $H^q(G/S_n,N_m)$ soient essentiellement nuls. Fixons un plongement de G dans un $W(\Lambda)$-schéma lisse affine Y, de réduction Y_n sur S_n. Alors, pour n fixé, les $H^q(G/S_n,N_m)$ sont les groupes de cohomologie du complexe de Čech-Alexander [5 , V 1.2.3]

$$\check{C}A^\cdot_{Y_n}(N_m) = \Gamma((G,D_G(Y_n)),N_m) \rightrightarrows \Gamma((G^2,D_{G^2}(Y_n^2)),N_m) \substack{\longrightarrow\\\longrightarrow\\\longrightarrow} \dots ,$$

compte tenu de la quasi-cohérence des $N_{m(U,T,\delta)}$ pour tout (U,T,δ). Il suffit donc que, pour q fixé et n variable, les groupes $\Gamma((G^q, D_{G^q}(Y^q_n)), N_m)$ forment un système projectif essentiellement nul. Mais, comme G^q est plat d'intersection complète relative, $D_{G^q}(Y^q_n)$ est plat sur S_n, si bien que

$$\Gamma((G^q, D_{G^q}(Y^q_n)), N_m) = p^{n-m}\Gamma(D_{G^q}(Y^q_n), \mathcal{O}_{D(Y^q_n)}) ,$$

d'où l'assertion.

Proposition 4.2.18. *Sous les hypothèses de 4.2.17, l'inverse de l'isomorphisme (4.2.17.1) est l'isomorphisme noté* "p^m" *en* 4.2.9.

Comme $\mathbb{D}(G)$ est un cristal annulé par p^m, il résulte de 4.2.13 que le foncteur i^*_{CRIS} induit un isomorphisme

$$\mathrm{Ext}^1_{S/\Sigma}(\underline{G}, \mathcal{O}_{S/\Sigma}) \xrightarrow{\sim} \mathrm{Ext}^1_{S/\Sigma_m}(\underline{G}, \mathcal{O}_{S/\Sigma_m}) .$$

D'autre part, on vérifie facilement la commutativité du diagramme

$$(4.2.18.1)\qquad \begin{array}{ccc} \mathrm{Ext}^1_{S/\Sigma}(\underline{G}, \mathcal{O}_{S/\Sigma}) & \xrightarrow[\sim]{i^*_{CRIS}} & \mathrm{Ext}^1_{S/\Sigma_m}(\underline{G}, \mathcal{O}_{S/\Sigma_m}) \\ \downarrow & & \wr\downarrow \text{"}p^m\text{"} \\ \mathrm{Hom}_{S/\Sigma}(\underline{G}, \mathcal{O}_{S/\Sigma}/p^m\mathcal{O}_{S/\Sigma}) & \xrightarrow{\sim} & \mathrm{Hom}_{S/\Sigma_m}(\underline{G}, \mathcal{O}_{S/\Sigma_m}) \end{array} ,$$

dans lequel la flèche verticale de gauche est obtenue en appliquant le lemme du serpent à l'endomorphisme "multiplication par p^m" d'une extension de $\underline{G}$ par $\mathcal{O}_{S/\Sigma}$.

Soit alors u un homomorphisme de $\underline{G}$ dans $\mathcal{O}_{S/\Sigma_m}$, et notons encore $u : \underline{G} \longrightarrow \mathcal{O}_{S/\Sigma}/p^m\mathcal{O}_{S/\Sigma}$ l'homomorphisme correspondant. L'isomorphisme (4.2.17.1) montre qu'il existe une extension E de $\underline{G}$ par $\mathcal{O}_{S/\Sigma}$, unique à isomorphisme près, et un homomorphisme $u' : E \longrightarrow \mathcal{O}_{S/\Sigma}$ rendant commutatif le diagramme

$$\begin{array}{ccccccccc} 0 & \longrightarrow & \mathcal{O}_{S/\Sigma} & \longrightarrow & E & \longrightarrow & \underline{G} & \longrightarrow & 0 \\ & & \downarrow{\scriptstyle p^m} & & \downarrow{\scriptstyle u'} & & \downarrow{\scriptstyle u} & & \\ 0 & \longrightarrow & p^m\mathcal{O}_{S/\Sigma} & \longrightarrow & \mathcal{O}_{S/\Sigma} & \longrightarrow & \mathcal{O}_{S/\Sigma}/p^m\mathcal{O}_{S/\Sigma} & \longrightarrow & 0 \end{array} \tag{4.2.18.2}$$

Comme $\mathrm{Hom}_{S/\Sigma}(\underline{G},\mathcal{O}_{S/\Sigma}) = 0$, u' est en fait déterminé par sa restriction à $\mathcal{O}_{S/\Sigma}$, et, puisque G est annulé par p^m, u' est l'homomorphisme induit par la multiplication par p^m sur E. L'extension E étant l'image de u par (4.2.17.1), la proposition résulte de la commutativité des diagrammes (4.2.18.1) et (4.2.18.2).

4.2.19. Soit ${}_{p^m}CW$ le sous-faisceau abélien de CW formé des covecteurs annulés par p^m. Pour tout schéma S sur lequel p est localement nilpotent, on se propose de construire un homomorphisme canonique

$$\tau_m : {}_{p^m}\underline{CW} \longrightarrow \mathcal{O}_{S/\Sigma}/p^m\mathcal{O}_{S/\Sigma} \tag{4.2.19.1}$$

sur CRIS(S/Σ).

Notons respectivement $CW^{(m)}(\mathcal{O}_{S/\Sigma})$ et $\&^{(m)}_{S/\Sigma}$ les images inverses de ${}_{p^m}\underline{CW}$ par les homomorphismes canoniques

$$CW(\mathcal{O}_{S/\Sigma}) \longrightarrow \underline{CW}\ , \quad \&_{S/\Sigma} \longrightarrow \underline{CW}\ .$$

Soit $CW^{(m+1,m)}(\mathcal{O}_{S/\Sigma})$ l'image inverse de $CW^{(m)}(\mathcal{O}_{S/\Sigma})$ par $V : CW(\mathcal{O}_{S/\Sigma}) \to CW(\mathcal{O}_{S/\Sigma})$, qui est égale à l'image inverse de $\&^{(m)}_{S/\Sigma}$ par l'homomorphisme canonique $CW(\mathcal{O}_{S/\Sigma}) \longrightarrow \&_{S/\Sigma}$, grâce au diagramme

$$\begin{array}{ccc} CW(\mathcal{O}_{S/\Sigma}) & \xrightarrow{V} & CW(\mathcal{O}_{S/\Sigma}) \\ \downarrow & & \downarrow \\ \&_{S/\Sigma} & \longrightarrow & \underline{CW} \end{array} , \tag{4.2.19.2}$$

commutatif par construction de $\&_{S/\Sigma}$ (cf. 4.1.4). On peut décrire $CW^{(m+1,m)}(\mathcal{O}_{S/\Sigma})$ comme l'ensemble des covecteurs $x = (x_{-i})$ tels que pour $i \geqslant m+1$, $x_{-i}^{p^m} \in \mathcal{J}_{S/\Sigma}$.

On définit alors une application

$$\theta_m : CW^{(m+1,m)}(\mathcal{O}_{S/\Sigma}) \longrightarrow \mathcal{O}_{S/\Sigma}$$

par la formule

$$(4.2.19.3) \qquad \theta_m((x_{-i})) = \sum_{i=o}^{m} p^{m-i} x_{-i}^{p^i} + \sum_{i \geqslant m+1} (p^{i-m}-1)!\,\delta_{p^{i-m}}(x_{-i}^{p^m}) ,$$

où (x_{-i}) est une section de $CW^{(m+1,m)}(\mathcal{O}_{S/\Sigma})$ au-dessus d'un objet (U,T,δ) de $CRIS(S/\Sigma)$. On observera que, p étant localement nilpotent sur T, la série (4.2.19.3) n'a qu'un nombre fini de termes non nuls, et garderait un sens plus généralement si l'on remplaçait $\mathcal{O}_{S/\Sigma}$ par un anneau séparé et complet pour la topologie p-adique, muni d'un PD-idéal ; cela permet alors de démontrer l'additivité de θ_m par la méthode de 4.1.3.

Si $s : CW(\mathcal{J}_{S/\Sigma}) \longrightarrow CW(\mathcal{O}_{S/\Sigma})$ est l'homomorphisme défini en 4.1.4, l'image de s est contenue dans $CW^{(m+1,m)}(\mathcal{O}_{S/\Sigma})$ pour tout m, et on vérifie immédiatement à partir des axiomes des puissances divisées que θ_m s'annule sur $Im(s)$. On en déduit donc une factorisation

$$\overline{\theta}_m : \mathcal{E}^{(m)}_{S/\Sigma} \longrightarrow \mathcal{O}_{S/\Sigma} .$$

Enfin, la formule (4.2.19.3) montre que l'application induite par θ_m (resp. $\overline{\theta}_m$) sur le sous-groupe $\mathcal{O}_{S/\Sigma}$ de $CW^{(m+1,m)}(\mathcal{O}_{S/\Sigma})$ (resp. $\mathcal{E}^{(m)}_{S/\Sigma}$) est la multiplication par p^m sur $\mathcal{O}_{S/\Sigma}$. Par conséquent, l'homomorphisme composé

$$\mathcal{E}^{(m)}_{S/\Sigma} \xrightarrow{\overline{\theta}_m} \mathcal{O}_{S/\Sigma} \longrightarrow \mathcal{O}_{S/\Sigma}/p^m\mathcal{O}_{S/\Sigma}$$

s'annule sur $\mathcal{O}_{S/\Sigma} \subset \mathcal{E}^{(m)}_{S/\Sigma}$, et se factorise donc par l'image ${}_{p^m}CW_{S/\Sigma}$ de $\mathcal{E}^{(m)}_{S/\Sigma}$ dans $CW_{S/\Sigma} \subset \underline{CW}$. On déduit de (4.2.19.2) et (4.2.19.3) l'expression de l'homomorphisme τ_m ainsi obtenu : si $(a_{-i}) \in CW(\mathcal{O}_U)$, et est l'image de $(x_{-i}) \in CW(\mathcal{O}_T)$,

$$(4.2.19.4) \qquad \tau_m((a_{-i})) = \sum_{i=o}^{m-1} p^{m-i-1} x_{-i}^{p^{i+1}} + \sum_{i \geqslant m} (p^{i-m+1}-1)!\,\delta_{p^{i-m+1}}(x_{-i}^{p^m}) \bmod. p^m .$$

Il est clair que cette expression reste bien définie, et additive, même si le covecteur (a_{-i}) ne peut être relevé en une famille (x_{-i}) vérifiant la condition de nilpotence nécéssaire pour être un covecteur, de sorte que τ_m est en fait définie sur CW. On remarquera d'autre part que, grâce à (4.2.17.4) et à l'isomorphisme d'adjonction, τ_m peut être considéré comme un homomorphisme de $\mathrm{CRIS}(S/\Sigma_m)$:

(4.2.19.5) $$\tau_m : {}_{p^m}\underline{CW} \longrightarrow \mathcal{O}_{S/\Sigma_m} .$$

Enfin, si Λ est un anneau parfait, et S un Λ-schéma, on voit comme en 4.1.7 que τ_m est semi-linéaire par rapport au Frobenius σ de $W(\Lambda)$.

<u>Remarques</u>.

(i) Il est facile de vérifier que l'homomorphisme

$$\tau_m : {}_{p^m}CW_{S/\Sigma} \longrightarrow \mathcal{O}_{S/\Sigma}/p^m\mathcal{O}_{S/\Sigma}$$

est celui qu'on obtient en appliquant le lemme du serpent au diagramme défini par la multiplication par p^m sur la suite exacte

$$0 \longrightarrow \mathcal{O}_{S/\Sigma} \longrightarrow \mathcal{E}_{S/\Sigma} \longrightarrow CW_{S/\Sigma} \longrightarrow 0 .$$

(ii) Pour tout n, le diagramme

$$\begin{array}{ccc} {}_{p^m}\underline{CW} & \xrightarrow{\ \tau_m\ } & \mathcal{O}_{S/\Sigma}/p^m\mathcal{O}_{S/\Sigma} \\ \big\downarrow & & \big\downarrow p \\ {}_{p^{m+1}}\underline{CW} & \xrightarrow{\ \tau_{m+1}\ } & \mathcal{O}_{S/\Sigma}/p^{m+1}\mathcal{O}_{S/\Sigma} \end{array}$$

est commutatif.

(iii) On remarquera que la restriction de τ_m à $\underline{W}_m \subset {}_{p^m}\underline{CW}$ est l'homomorphisme d'anneaux construit par Grothendieck dans [32 , IV 3.3].

La proposition suivante donne une autre construction de l'isomorphisme ∂ de 4.2.14.

<u>Proposition</u> 4.2.20. *Soient* Λ *un anneau parfait,* $S = \mathrm{Spec}(\Lambda)$, G *un* S*-groupe fini localement libre,* m *un entier tel que* $p^m G = 0$. *Alors le diagramme*

$$\begin{array}{ccc} & & \mathrm{Ext}^1_{S/\Sigma}(\underline{G}, \mathcal{O}_{S/\Sigma}) = D(G) \\ & \overset{\partial}{\nearrow} & \uparrow \wr \\ M(G)^\sigma \simeq \mathrm{Hom}_{S/\Sigma}(\underline{G}, {}_{p^m}\underline{CW})^\sigma & & \\ & \underset{\tau_m}{\searrow} & \\ & & \mathrm{Hom}_{S/\Sigma_m}(\underline{G}, \mathcal{O}_{S/\Sigma_m}) \end{array} ,$$

où l'isomorphisme vertical est donné par (4.2.17.1), *est commutatif.*

Il suffit de prouver la commutativité du triangle analogue dans lequel on remplace $\mathrm{Hom}_{S/\Sigma_m}(\underline{G}, \mathcal{O}_{S/\Sigma_m})$ par $\mathrm{Hom}_{S/\Sigma}(\underline{G}, \mathcal{O}_{S/\Sigma}/p^m\mathcal{O}_{S/\Sigma})$. Or le diagramme (4.2.19.2) et la construction de τ_m fournissent le diagramme commutatif de suites exactes

$$\begin{array}{ccccccccc} 0 & \longrightarrow & \mathcal{O}_{S/\Sigma} & \longrightarrow & CW^{(m+1,m)}(\mathcal{O}_{S/\Sigma}) & \xrightarrow{V} & CW^{(m)}(\mathcal{O}_{S/\Sigma}) & \longrightarrow & 0 \\ & & \| & & \downarrow & & \downarrow & & \\ 0 & \longrightarrow & \mathcal{O}_{S/\Sigma} & \longrightarrow & \mathcal{E}^{(m)}_{S/\Sigma} & \longrightarrow & {}_{p^m}CW_{S/\Sigma} & \longrightarrow & 0 \\ & & \downarrow p^m & & \downarrow \bar{\theta}_m & & \downarrow \tau_m & & \\ 0 & \longrightarrow & p^m\mathcal{O}_{S/\Sigma} & \longrightarrow & \mathcal{O}_{S/\Sigma} & \longrightarrow & \mathcal{O}_{S/\Sigma}/p^m\mathcal{O}_{S/\Sigma} & \longrightarrow & 0 . \end{array}$$

On en déduit le diagramme commutatif d'homomorphismes cobords

$$\begin{array}{ccc} \mathrm{Hom}_{S/\Sigma}(\underline{G}, {}_{p^m}CW_{S/\Sigma}) & \xrightarrow{\partial} & \mathrm{Ext}^1_{S/\Sigma}(\underline{G}, \mathcal{O}_{S/\Sigma}) \\ \downarrow \tau_m & & \downarrow p^m \\ \mathrm{Hom}_{S/\Sigma}(\underline{G}, \mathcal{O}_{S/\Sigma}/p^m\mathcal{O}_{S/\Sigma}) & \longrightarrow & \mathrm{Ext}^1_{S/\Sigma}(\underline{G}, p^m\mathcal{O}_{S/\Sigma}) \end{array} .$$

Or, d'une part l'inclusion

$$\mathrm{Hom}_{S/\Sigma}(\underline{G}, {}_{p^m}CW_{S/\Sigma}) \longrightarrow \mathrm{Hom}_{S/\Sigma}(\underline{G}, {}_{p^m}\underline{CW})$$

est un isomorphisme d'après (4.2.12.2), d'autre part nous avons vu dans la démonstration de 4.2.17 que l'homomorphisme

$$p^m : \mathrm{Ext}^1_{S/\Sigma}(\underline{G}, \mathcal{O}_{S/\Sigma}) \longrightarrow \mathrm{Ext}^1_{S/\Sigma}(\underline{G}, p^m\mathcal{O}_{S/\Sigma})$$

est un isomorphisme ; la proposition en résulte aussitôt.

4.3. Le cristal de Dieudonné des groupes annulés par F ou V.

Nous étudions ici de nouvelles relations liant le cristal de Dieudonné aux invariants différentiels tels que l'algèbre de Lie ou le module des différentielles invariantes, et montrons en particulier comment, dans le cas de groupes annulés par F ou V, ceux-ci permettent de construire le cristal de Dieudonné. Nous commençons par un résultat valable pour tout groupe fini localement libre annulé par p.

Proposition 4.3.1.

(i) *Soient* S *un schéma sur lequel* p *est localement nilpotent,* G *un* S-*groupe fini localement libre annulé par* p, *de rang* p^d. *Alors* $\mathbb{D}(G)$ *est un* $\mathcal{O}_{S/\Sigma}/p\mathcal{O}_{S/\Sigma}$-*module localement libre de rang* d .

(ii) *La restriction de* $\mathbb{D}$ *à la catégorie des* S-*groupes finis localement libres annulés par* p *est un foncteur exact.*

Comme $\mathbb{D}(G)$ est un cristal, il suffit de prouver que, pour tout objet (U,T,δ) de $\mathrm{CRIS}(S/\Sigma)$, $\mathbb{D}(G)_{(U,T,\delta)}$ est localement libre de rang d sur $\mathcal{O}_T/p\mathcal{O}_T$. Montrons d'abord qu'il est engendré localement par d sections. Soient x un point de T, $\overline{k(x)}$ la clôture parfaite de $k(x)$, $G_{\overline{x}} = G\times_S \mathrm{Spec}(\overline{k(x)})$, et considérons le morphisme

$$\begin{array}{ccc} \mathrm{Spec}(\overline{k(x)}) & \xrightarrow{\mathrm{Id}} & \mathrm{Spec}(\overline{k(x)}) \\ \downarrow & & \downarrow \\ U & \hookrightarrow & T \end{array}$$

de $\mathrm{CRIS}(S/\Sigma)$. On en déduit l'isomorphisme

$$\mathbb{D}(G_{\bar{x}})_{\overline{\mathrm{Spec}(k(x))}} \simeq \mathbb{D}(G)_{(U,T,\delta)} \otimes_{\mathcal{O}_T} \overline{k(x)} .$$

Grâce à 4.2.13, la théorie de Dieudonné classique entraîne que $\mathbb{D}(G_{\bar{x}})_{\overline{\mathrm{Spec}(k(x))}}$ est un $\overline{k(x)}$-espace vectoriel de dimension d. Comme $\mathbb{D}(G)_{(U,T,\delta)}$ est de présentation finie sur $\mathcal{O}_T/p\mathcal{O}_T$, on en déduit par descente à k(x), puis par le lemme de Nakayama, que $\mathbb{D}(G)_{(U,T,\delta)}$ est engendré par d sections au voisinage de x.

Pour achever la démonstration, on peut supposer G_U plongé au voisinage de x dans un schéma abélien A, donc dans A(1) ; comme $\mathbb{D}(A(1))$ est localement libre de rang 2g, le rang de A(1) étant p^{2g}, le même raisonnement qu'en 3.3.10 donne le résultat. La deuxième assertion résulte alors de 3.1.6.

<u>Lemme</u> 4.3.2. *Soit* S *un schéma de caractéristique* p.

(i) *Soit* G *un* S*-groupe fini localement libre, annulé par* F, *de rang* p^d. *Alors les* $\mathcal{O}_S$*-modules* ω_G, n_G, $\mathcal{L}ie(G)$, ν_G *sont localement libres de rang* d.

(ii) *Soit* G *un* S*-groupe fini localement libre, annulé par* V, *de rang* p^d. *Alors les* $\mathcal{O}_S$*-modules* $\mathcal{H}om_S(G,\mathbb{G}_a)$ *et* $\mathcal{E}xt^1_S(G,\mathbb{G}_a)$ *sont localement libres de rang* d.

Lorsque G est fini localement libre annulé par F, $\omega_G = \mathcal{H}^0(\ell^G)$ est localement libre de rang d, d'après [SGA 3, VII_A 7.4]. Comme ℓ^G est un complexe parfait de rang nul, $n_G = \mathcal{H}^{-1}(\ell^G)$ est également localement libre de rang d. Par dualité, il en est alors de même de $\mathcal{L}ie(G) = \mathcal{H}^0(\ell^{G^\vee})$ et $\nu_G = \mathcal{H}^1(\ell^{G^\vee})$.

Si G est annulé par V, G^* est annulé par F, et l'assertion résulte des isomorphismes fournis par la formule de dualité de Grothendieck (3.2.1.1)

$$\mathcal{H}om_S(G,\mathbb{G}_a) \simeq \mathcal{L}ie(G^*),\ \mathcal{E}xt^1_S(G,\mathbb{G}_a) \simeq \nu_{G^*} .$$

<u>Proposition</u> 4.3.3. *Soient* S *un schéma de caractéristique* p, *et* G *un* S*-groupe fini localement libre annulé par* V. *Alors l'homomorphisme canonique*

(4.3.3.1) $$\mathbb{D}(G)_S \longrightarrow \mathcal{E}xt^1_S(G,\mathbb{G}_a)_S \simeq \nu_{G^*}$$

est un isomorphisme.

Soit p^d le rang de G. D'après 4.3.1, $\mathbb{D}(G)_S$ est un $\mathcal{O}_S$-module localement libre de rang d. D'autre part, G^* est un S-groupe de rang p^d, et ν_{G^*} est localement libre de rang d d'après 4.3.2. L'homomorphisme (4.3.3.1) étant surjectif grâce à 3.2.10, l'énoncé en résulte.

4.3.4. Lorsque G est un groupe annulé par V sur un corps parfait, tout homomorphisme de G dans CW est d'image contenue dans le noyau de V sur CW, qui s'identifie au groupe additif $\mathbb{G}_a$. On en déduit l'isomorphisme

$$M(G) \simeq \mathrm{Hom}(G,\mathbb{G}_a) \simeq \mathrm{Lie}(G^*) .$$

L'isomorphisme (4.2.13.1) peut donc être interprété comme

$$\mathrm{Lie}(G^*)^\sigma \xrightarrow{\sim} D(G) .$$

Sous cette forme, nous allons l'étendre à un groupe annulé par V, sur une base S quelconque de caractéristique p.

Soient $\Sigma_1 = \mathrm{Spec}(\mathbb{F}_p)$, et (U,T,δ) un objet de $\mathrm{CRIS}(S/\Sigma_1)$. Rappelons qu'il existe un unique homomorphisme d'anneaux $\Phi : \mathcal{O}_U \longrightarrow \mathcal{O}_T$, fonctoriel en (U,T,δ), tel que le diagramme

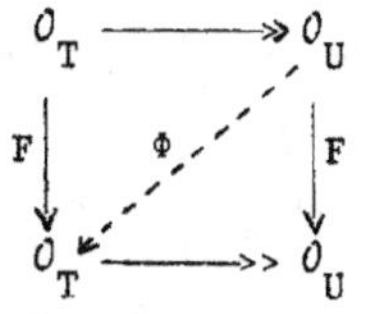

soit commutatif : en effet, si x est une section de l'idéal de U dans T, $x^p = p!\delta_p(x) = 0$. Posons $\underline{\mathcal{O}}_S = i_{S/\Sigma_1 *}(\mathcal{O}_S)$, où $\mathcal{O}_S$ est le faisceau structural du gros topos zariskien de S ; pour (U,T,δ) variable, on obtient donc un homomorphisme d'anneaux de $(S/\Sigma_1)_{\mathrm{CRIS}}$

(4.3.4.1) $$\Phi : \underline{\mathcal{O}}_S \longrightarrow \mathcal{O}_{S/\Sigma_1} ,$$

factorisant les endomorphismes de Frobenius de $\underline{\mathcal{O}}_S$ et $\mathcal{O}_{S/\Sigma_1}$. Pour tout $\mathcal{O}_S$-module $\mathcal{M}$ de S_{ZAR}, nous poserons

(4.3.4.2) $$\Phi^*(\mathcal{M}) = \underline{\mathcal{M}} \otimes_{\underline{\mathcal{O}}_S} \mathcal{O}_{S/\Sigma_1} ,$$

l'extension des scalaires étant prise par Φ. On pourra observer que cette notation est justifée par le fait qu'il existe un morphisme de topos annelés $\Phi : (S/\Sigma_1)_{CRIS} \longrightarrow S_{ZAR}$ pour lequel $\Phi^{-1} = i_{S/\Sigma_1 *}$, l'homomorphisme $\Phi^{-1}(\mathcal{O}_S) \longrightarrow \mathcal{O}_{S/\Sigma_1}$ étant (4.3.4.1). Supposons que $\mathcal{M}$ soit tel que pour tout morphisme $u : S' \longrightarrow S$, on ait

$$u^*(\mathcal{M}_S) \xrightarrow{\sim} \mathcal{M}_{S'} ;$$

on vérifie alors immédiatement que $\Phi^*(\mathcal{M})$ est un cristal sur $CRIS(S/\Sigma_1)$.

L'inclusion $\underline{\mathbb{G}}_a \subset CW_{S/\Sigma_1}$ permet de déduire de l'extension canonique (restreinte à Σ_1)

$$0 \longrightarrow \mathcal{O}_{S/\Sigma_1} \longrightarrow \mathcal{E}_{S/\Sigma_1} \longrightarrow CW_{S/\Sigma_1} \longrightarrow 0$$

une extension

(4.3.4.3) $$0 \longrightarrow \mathcal{O}_{S/\Sigma_1} \longrightarrow \mathcal{E}^1_{S/\Sigma_1} \longrightarrow \underline{\mathbb{G}}_a \longrightarrow 0 ,$$

qu'on peut aussi construire à partir de l'extension

(4.3.4.4) $$0 \longrightarrow \mathcal{O}_{S/\Sigma_1} \longrightarrow W_2(\mathcal{O}_{S/\Sigma_1}) \longrightarrow \mathcal{O}_{S/\Sigma_1} \longrightarrow 0$$

en passant au quotient par $s(\mathcal{J}_{S/\Sigma_1}) \subset W_2(\mathcal{O}_{S/\Sigma_1})$, où s est définie par restriction à $\mathcal{J}_{S/\Sigma_1} \subset CW(\mathcal{J}_{S/\Sigma_1})$ de l'application donnée par (4.1.2.1). La structure $W_2(\mathcal{O}_{S/\Sigma_1})$-linéaire naturelle de la suite (4.3.4.4) passe alors au quotient et donne une structure analogue sur (4.3.4.3). Sur le terme $\underline{\mathbb{G}}_a$, cette structure induit la structure de $\underline{\mathcal{O}}_S$-module ordinaire, tandis que sur le terme $\mathcal{O}_{S/\Sigma_1}$ elle induit la structure définie par l'endomorphisme F de $\mathcal{O}_{S/\Sigma_1}$; notant $F_*(E)$ le $\mathcal{O}_{S/\Sigma_1}$-module déduit d'un $\mathcal{O}_{S/\Sigma_1}$-module E par restriction des scalaires au moyen de F, la suite (4.3.4.3) peut donc s'écrire

$$0 \longrightarrow F_*(\mathcal{O}_{S/\Sigma_1}) \longrightarrow \mathcal{E}^1_{S/\Sigma_1} \longrightarrow \underline{\mathbb{G}}_a \longrightarrow 0 .$$

Pour tout faisceau abélien G sur S, on en déduit alors un homomorphisme $\mathcal{O}_{S/\Sigma_1}$-linéaire

$$(4.3.4.5) \qquad \mathcal{H}om_{S/\Sigma_1}(\underline{G},\underline{\mathbb{G}}_a) \longrightarrow F_*(\mathcal{E}xt^1_{S/\Sigma_1}(\underline{G},\mathcal{O}_{S/\Sigma_1})) .$$

__Lemme__ 4.3.5. *Soient* S *un* Σ_n*-schéma, et* $i_{nCRIS} : (S/\Sigma_n)_{CRIS} \longrightarrow (S/\Sigma)_{CRIS}$ *le morphisme de topos naturel. Si* M *est un cristal en* $\mathcal{O}_{S/\Sigma}$*-modules annulé par* p^n*, l'homomorphisme canonique*

$$M \longrightarrow i_{nCRIS*}(i^*_{nCRIS}(M))$$

est un isomorphisme.

Soient (U,T,δ) un objet de $CRIS(S/\Sigma)$, et T_n la réduction de T modulo p^n. On déduit de (4.2.17.3) l'isomorphisme

$$i_{nCRIS*}(i^*_{nCRIS}(M))_{(U,T,\delta)} \simeq M_{(U,T_n,\delta)} .$$

Mais, puisque M est un cristal annulé par p^n, l'homomorphisme canonique

$$M_{(U,T,\delta)} \longrightarrow M_{(U,T_n,\delta)}$$

est un isomorphisme, d'où l'assertion.

__Proposition__ 4.3.6. *Soient* S *un schéma de caractéristique* p, G *un S-groupe fini localement libre annulé par* V. *L'homomorphisme* (4.3.4.5) *définit un isomorphisme canonique*

$$(4.3.6.1) \qquad i_{1CRIS*}(\Phi^*(\mathcal{L}ie(G^*))) \xrightarrow{\sim} \mathbb{D}(G) .$$

Comme $\mathbb{D}(G) \simeq i_{1CRIS*}(i^*_{1CRIS}(\mathbb{D}(G)))$ d'après le lemme précédent, il suffit de définir un isomorphisme

$$\Phi^*(\mathcal{L}ie(G^*)) \xrightarrow{\sim} \mathcal{E}xt^1_{S/\Sigma_1}(\underline{G}, \mathcal{O}_{S/\Sigma_1}) . \tag{4.3.6.2}$$

Or l'homomorphisme (4.3.4.5) peut être considéré comme un homomorphisme semi-linéaire par rapport à Φ :

$$i_{S/\Sigma *}(\mathcal{L}ie(G^*)) \longrightarrow \mathcal{E}xt^1_{S/\Sigma_1}(\underline{G}, \mathcal{O}_{S/\Sigma_1}) ;$$

par adjonction, il définit l'homomorphisme cherché.

D'après 4.3.2, $\mathcal{L}ie(G^*)$ est localement libre de rang fini, et commute aux changements de base ; il en résulte que $\Phi^*(\mathcal{L}ie(G^*))$ est un cristal en $\mathcal{O}_{S/\Sigma_1}$-modules localement libre de rang fini. Comme il en est de même de $\mathcal{E}xt^1_{S/\Sigma_1}(\underline{G}, \mathcal{O}_{S/\Sigma_1})$ d'après 4.3.1, il suffit, pour prouver que (4.3.6.2) est un isomorphisme, de prouver que, pour tout objet (U,T,δ) de $\mathrm{CRIS}(S/\Sigma_1)$, et tout point $x \in T$, l'homomorphisme induit après tensorisation par $k(x)$ est un isomorphisme. Comme on peut encore passer à la clôture parfaite, on est ramené au cas où $S = \mathrm{Spec}(k)$, k étant un corps parfait, et à l'épaississement particulier (S,S). Comme G est annulé par p, $\mathcal{E}xt^1_{S/\Sigma_1}(\underline{G}, \mathcal{O}_{S/\Sigma_1})_{(S,S)}$ est simplement le k-espace vectoriel $D(G)$, tandis que $\Phi^*(\mathcal{L}ie(G^*))_{(S,S)}$ n'est autre que $\mathrm{Lie}(G^*)^\sigma$. Par construction, l'homomorphisme (4.3.6.2) s'insère dans le triangle commutatif

$$\begin{array}{ccc} & M(G)^\sigma & \\ \overset{\sim}{\nearrow} & & \searrow^{\wr\,\partial} \\ \mathrm{Lie}(G^*)^\sigma & \longrightarrow & D(G) \end{array} ,$$

ce qui achève la démonstration grâce à 4.2.13.

<u>Remarques</u> 4.3.7.

a) Soit G un S-groupe fini localement libre annulé par V. Comme $\mathbb{D}(G)_S$ et ν_{G^*} commutent aux changements de base, l'isomorphisme (4.3.3.1) fournit un isomorphisme de faisceaux de S_{ZAR} :

$$i^*_{S/\Sigma}(\mathbb{D}(G)) \xrightarrow{\sim} \mathcal{E}xt^1_S(\mathbb{G},\mathbb{G}_a) .$$

Or, pour tout cristal en $\mathcal{O}_{S/\Sigma}$-modules M , la commutativité du diagramme

$$\begin{array}{ccc} \mathcal{O}_T & \twoheadrightarrow & \mathcal{O}_U \\ {\scriptstyle F}\downarrow & \overset{\Phi}{\swarrow} & \downarrow{\scriptstyle F} \\ \mathcal{O}_T & \twoheadrightarrow & \mathcal{O}_U \end{array}$$

montre qu'il existe un isomorphisme canonique

(4.3.7.1) $$i^*_{1\mathrm{CRIS}}(M)^{\sigma} \simeq \Phi^*(i^*_{S/\Sigma}(M)) .$$

L'isomorphisme précédent fournit donc un isomorphisme sur $\mathrm{CRIS}(S/\Sigma_1)$

(4.3.7.2) $$i^*_{1\mathrm{CRIS}}(\mathbb{D}(G))^{\sigma} \xrightarrow{\sim} \Phi^*(\nu_{G^*})) .$$

Compte tenu de 4.3.5, on en déduit

(4.3.7.3) $$\mathbb{D}(G)^{\sigma} \xrightarrow{\sim} i_{1\mathrm{CRIS}*}(\Phi^*(\nu_{G^*})) .$$

b) Soit

$$0 \longrightarrow \mathbb{G}_a \longrightarrow E \longrightarrow G \longrightarrow 0$$

une extension de G par $\mathbb{G}_a$. Comme E est un schéma en groupes, l'homomorphisme V sur cette extension définit grâce au lemme du serpent un homomorphisme de $G^{(p)}$ dans $\mathbb{G}_a$. On obtient de la sorte un homomorphisme

(4.3.7.4) $$\nu_{G^*} = \mathcal{E}xt^1_S(G,\mathbb{G}_a) \longrightarrow \mathcal{H}om_S(G^{(p)},\mathbb{G}_a) \simeq \mathcal{L}ie(G^*)^{(p)} .$$

Comme ν_{G^*} et $\mathcal{L}ie(G^*)$ sont localement libres, commutent aux changements de base, et sont exacts sur la catégorie des groupes annulés par V , on voit, en se ramenant aux cas particuliers de α_p et $\mathbb{Z}/p$, que (4.3.7.4) est un isomorphisme.

c) On laissera en exercice au lecteur la vérification du fait suivant : l'isomorphisme

$$\mathbb{D}(G)_S \longrightarrow \nu_{G^*} \longrightarrow \mathcal{L}ie(G^*)^{(p)}$$

déduit de (4.3.3.1) et (4.3.7.4) est l'inverse de l'isomorphisme

$$\mathcal{L}ie(G^*)^{(p)} \longrightarrow \mathbb{D}(G)_S$$

défini par (4.3.6.2).

<u>Proposition</u> 4.3.8. *Soient* S *un schéma de caractéristique* p *,* G *un* S*-groupe fini localement libre annulé par* p *. L'homomorphisme* "p" (cf. 4.2.9) *induit un isomorphisme*

$$"p" : \mathbb{D}(G) \xrightarrow{\sim} i_{1CRIS*}(\mathcal{H}om_{S/\Sigma_1}(\underline{G},\mathcal{O}_{S/\Sigma_1})) .$$

D'après 4.3.5, il suffit de prouver que

$$"p" : \mathcal{E}xt^1_{S/\Sigma_1}(\underline{G},\mathcal{O}_{S/\Sigma_1}) \longrightarrow \mathcal{H}om_{S/\Sigma_1}(\underline{G},\mathcal{O}_{S/\Sigma_1})$$

est un isomorphisme. La proposition 4.3.1 montre que le but et la source de cet homomorphisme sont des foncteurs exacts sur la catégorie des S-groupes finis localement libres annulés par p . En utilisant localement un plongement de G dans un groupe p-divisible, on peut donc achever la démonstration comme en 4.2.9.

Nous laisserons encore au lecteur le soin de vérifier que, comme en 4.2.20, le diagramme

$$\begin{array}{ccc} \Phi^*(\mathcal{H}om_S(G,\mathbb{G}_a)) & \xrightarrow{\tau_1} & \mathcal{H}om_{S/\Sigma_1}(\underline{G},\mathcal{O}_{S/\Sigma_1}) \\ & \searrow^{\partial} & \uparrow \wr \ "p" \\ & & \mathcal{E}xt^1_{S/\Sigma_1}(\underline{G},\mathcal{O}_{S/\Sigma_1}) \end{array}$$

est commutatif.

<u>Proposition</u> 4.3.9. *Soient* S *un schéma de caractéristique* p *,* G *un* S*-groupe fini localement libre (resp. un groupe* p*-divisible). Il existe un isomorphisme canonique*

(4.3.9.1) $$\mathbb{D}(G)^{\sigma}/V(\mathbb{D}(G)) \xrightarrow{\sim} i_{1CRIS*}(\Phi^*(\nu_{G^*})) .$$

Comme précédemment, l'homomorphisme

$$i^*_{S/\Sigma}(\mathcal{E}xt^1_{S/\Sigma}(\underline{G},\mathcal{O}_{S/\Sigma})) \longrightarrow \mathcal{E}xt^1_S(G,\mathbb{G}_a)$$

donne, en appliquant Φ^* et en utilisant (4.3.7.1), un homomorphisme

$$i^*_{1CRIS}(\mathbb{D}(G))^{\sigma} \longrightarrow \Phi^*(\nu_{G^*}) ,$$

d'où par adjonction :

$$\mathbb{D}(G)^{\sigma} \longrightarrow i_{1CRIS*}(\Phi^*(\nu_{G^*})) .$$

Montrons d'abord que cet homomorphisme s'annule sur l'image de V . Il suffit de le prouver au-dessus d'un objet (U,T,δ) quelconque de $CRIS(S/\Sigma_1)$. Comme c'est une assertion locale, on peut de plus, lorsque G est un groupe fini, supposer G plongé dans un schéma abélien, donc dans un groupe p-divisible H ayant un relèvement $\tilde{H}$ sur T . Comme $\mathbb{D}(H) \longrightarrow \mathbb{D}(G)$ est surjectif, il suffit de prouver l'assertion analogue pour H , et les isomorphismes

$$\mathbb{D}(H)_{(U,T,\delta)} \simeq \mathbb{D}(\tilde{H})_{(T,T)} , \quad \mathbb{D}(H)^{\sigma}_{(U,T,\delta)} \simeq \mathbb{D}(\tilde{H})^{\sigma}_{(T,T)} ,$$

$$\Phi^*(\nu_H)_{(U,T,\delta)} \simeq (\nu_{\tilde{H}\,T})^{(p)} ,$$

qui résultent de 3.2.12 et de ce que Φ factorise le Frobenius de T , montrent qu'on peut supposer $U = T = S$. Remplaçant $\tilde{H}$ par $\tilde{H}(1)$, on peut alors revenir au cas d'un groupe fini localement libre, et insérer l'homomorphisme étudié dans le carré commutatif

$$\begin{array}{ccc}
\mathcal{E}xt^1_{S/\Sigma}(\underline{G},\mathcal{O}_{S/\Sigma})_S & \longrightarrow & \mathcal{E}xt^1_S(G,\mathbb{G}_a)_S \\
\downarrow V & & \downarrow V \\
\mathcal{E}xt^1_{S/\Sigma}(\underline{G}^{(p)},\mathcal{O}_{S/\Sigma})_S & \longrightarrow & \mathcal{E}xt^1_S(G^{(p)},\mathbb{G}_a)_S
\end{array} ;$$

mais l'homomorphisme $V : \mathcal{E}xt^1_S(G,\mathbb{G}_a) \longrightarrow \mathcal{E}xt^1_S(G^{(p)},\mathbb{G}_a)$ est nul, car toute extension E de G par $\mathbb{G}_a$ est représentable par un S-groupe plat et donne un diagramme commutatif

$$\begin{array}{ccccccccc} 0 & \longrightarrow & \mathbb{G}_a & \longrightarrow & E^{(p)} & \longrightarrow & G^{(p)} & \longrightarrow & 0 \\ & & \Big\downarrow{\scriptstyle V=0} & & \Big\downarrow{\scriptstyle V} & & \Big\downarrow{\scriptstyle V} & & \Big\downarrow \\ 0 & \longrightarrow & \mathbb{G}_a & \longrightarrow & E & \longrightarrow & G & \longrightarrow & 0 \end{array} .$$

On obtient donc par factorisation l'homomorphisme (4.3.9.1) cherché.

Pour prouver que c'est un isomorphisme, on peut encore supposer G plongé dans un groupe p-divisible H ; soit $H' = H/G$ le groupe p-divisible quotient. On en déduit un diagramme commutatif à lignes exactes

$$\begin{array}{ccccccc} \mathbb{D}(H')^{\sigma}/V(\mathbb{D}(H')) & \longrightarrow & \mathbb{D}(H)^{\sigma}/V(\mathbb{D}(H)) & \longrightarrow & \mathbb{D}(G)^{\sigma}/V(\mathbb{D}(G)) & \longrightarrow & 0 \\ \Big\downarrow & & \Big\downarrow & & \Big\downarrow & & \\ i_{1\mathrm{CRIS}*}(\Phi^*(\nu_{H'^*})) & \longrightarrow & i_{1\mathrm{CRIS}*}(\Phi^*(\nu_{H^*})) & \longrightarrow & i_{1\mathrm{CRIS}*}(\Phi^*(\nu_{G^*})) & \longrightarrow & 0 \end{array} .$$

Mais les noyaux ${}_VH^{(p)}$ et ${}_VH'^{(p)}$ de V_H et $V_{H'}$ sont finis localement libres, et l'exactitude à droite de $\mathbb{D}$ entraîne que

$$\mathbb{D}(H)^{\sigma}/V(\mathbb{D}(H)) \xrightarrow{\sim} \mathbb{D}({}_VH^{(p)}), \quad \mathbb{D}(H')^{\sigma}/V(\mathbb{D}(H')) \xrightarrow{\sim} \mathbb{D}({}_VH'^{(p)}) .$$

Pour vérifier que les flèches verticales sont des isomorphismes, il suffit de le faire pour H et H', et de regarder les flèches induites au-dessus d'un objet (U,T,δ) de $\mathrm{CRIS}(S/\Sigma_1)$. La nullité de $\mathcal{E}xt^2_S(H,\mathbb{G}_a)$ (cf. 3.3.2) entraîne que $\nu_{H^{(p)*}} \longrightarrow \nu_{{}_VH^{(p)*}}$ est un isomorphisme. Si $\tilde{H}$ relève H comme plus haut, $\Phi^*(\nu_{H^*})_{(U,T,\delta)} \simeq \nu_{\tilde{H}^{(p)*}} \simeq \nu_{{}_V\tilde{H}^{(p)*}}$, et l'homomorphisme vertical s'identifie à l'isomorphisme (4.3.3.1) relatif à ${}_V\tilde{H}^{(p)}$.

<u>Remarque</u>. Soit G un groupe de Barsotti-Tate tronqué d'échelon 1. L'isomorphisme

$$G/V(G^{(p)}) \xrightarrow[\sim]{F} {}_VG^{(p)}$$

permet de définir un homomorphisme

$$\mathbb{D}(G)_S \twoheadrightarrow \nu_{G^*} \xrightarrow{"p"} \mathcal{H}om_S(G,\mathbb{G}_a) \simeq \mathcal{H}om_S(G/V(G^{(p)}),\mathbb{G}_a) \xrightarrow[\sim]{F^{*-1}} \mathcal{H}om({}_VG^{(p)},\mathbb{G}_a) .$$

En appliquant à celui-ci le foncteur Φ^*, on obtient la ligne supérieure du diagramme

$$\begin{array}{ccc} \mathbb{D}(G)^{\sigma} & \longrightarrow\!\!\!\!\!\rightarrow & \Phi^*(\mathcal{L}ie(({}_V G^{(p)})^*)) \\ \wr\Big| & & \wr\Big\downarrow \\ \mathbb{D}(G^{(p)}) & \longrightarrow\!\!\!\!\!\rightarrow & \mathbb{D}({}_V G^{(p)}) \end{array}$$

dont nous laisserons le lecteur vérifier la commutativité.

<u>Proposition</u> 4.3.10. *Soient* S *un schéma de caractéristique* p , G *un* S*-groupe fini localement libre (resp. un groupe* p*-divisible). Il existe un isomorphisme canonique*

(4.3.10.1) $$\mathbb{D}(G)/F(\mathbb{D}(G)^{\sigma}) \xrightarrow{\sim} i_{1CRIS*}(\Phi^*(\omega_G))$$

qui rende commutatif le diagramme

(4.3.10.2) $$\begin{array}{ccc} i^*_{1CRIS}(\mathbb{D}(G)/F(\mathbb{D}(G)^{\sigma})) & \xrightarrow{\sim} & \Phi^*(\omega_G) \\ & {\scriptstyle V}\searrow \quad \swarrow & \\ & i^*_{1CRIS}(\mathbb{D}(G))^{\sigma} & \end{array} ,$$

où l'homomorphisme de droite est obtenu en appliquant Φ^* *à l'homomorphisme canonique* $\omega_G \longrightarrow \mathbb{D}(G)_S$ *résultant de* 3.2.6.

Supposons d'abord que G soit un groupe p-divisible. La suite exacte de modules localement libres (cf. 3.3.5)

$$0 \longrightarrow \omega_G \longrightarrow \mathbb{D}(G)_S \longrightarrow \mathcal{E}xt^1_S(G,\mathbb{G}_a)_S \longrightarrow 0$$

donne en appliquant Φ^* une suite exacte

(4.3.10.3) $$0 \longrightarrow \Phi^*(\omega_G) \longrightarrow i^*_{1CRIS}(\mathbb{D}(G)^{\sigma}) \longrightarrow \Phi^*(\nu_{G^*(1)}) \longrightarrow 0 .$$

D'autre part, la suite exacte de groupes finis localement libres annulés par p

$$0 \longrightarrow {}_V G^{(p)} \longrightarrow G^{(p)}(1) \xrightarrow{\ V\ } {}_F G \longrightarrow 0$$

donne, compte tenu de 4.3.1, une suite exacte

$$0 \longrightarrow i^*_{1CRIS}(\mathbb{D}({}_F G)) \longrightarrow i^*_{1CRIS}(\mathbb{D}(G^{(p)}(1))) \longrightarrow i^*_{1CRIS}(\mathbb{D}({}_V G^{(p)})) \longrightarrow 0 ,$$

qu'on peut encore écrire

$$(4.3.10.4) \quad 0 \to i^*_{1CRIS}(\mathbb{D}(G)/F(\mathbb{D}(G)^\sigma)) \to i^*_{1CRIS}(\mathbb{D}(G)^\sigma) \to i^*_{CRIS}(\mathbb{D}(G)^\sigma/V(\mathbb{D}(G))) \to 0 .$$

Par construction, l'isomorphisme (4.3.9.1) rend commutatif le diagramme

$$\begin{array}{ccc} & & i^*_{1CRIS}(\mathbb{D}(G)^\sigma/V(\mathbb{D}(G))) \\ & \nearrow & \\ i^*_{1CRIS}(\mathbb{D}(G)^\sigma) & & \downarrow \wr \\ & \searrow & \\ & & \Phi^*(\nu_{G^*(1)}) \end{array} ,$$

si bien que les suites exactes (4.3.10.3) et (4.3.10.4) fournissent un isomorphisme

$$(4.3.10.5) \qquad i^*_{1CRIS}(\mathbb{D}(G)/F(\mathbb{D}(G)^\sigma)) \xrightarrow{\ \sim\ } \Phi^*(\omega_G)$$

ayant la propriété requise. On en déduit par adjonction l'isomorphisme (4.3.10.1).

Si maintenant G est un S-groupe fini localement libre, il peut être plongé localement dans un groupe p-divisible H ; soit encore H' le groupe p-divisible quotient. On en déduit le diagramme commutatif à lignes exactes

$$\begin{array}{ccccccc} \mathbb{D}(H')/F(\mathbb{D}(H')^\sigma) & \longrightarrow & \mathbb{D}(H)/F(\mathbb{D}(H)^\sigma) & \longrightarrow & \mathbb{D}(G)/F(\mathbb{D}(G)^\sigma) & \longrightarrow & 0 \\ \wr\downarrow & & \wr\downarrow & & & & \\ i_{1CRIS*}(\Phi^*(\omega_{H'})) & \longrightarrow & i_{1CRIS*}(\Phi^*(\omega_H)) & \longrightarrow & i_{1CRIS*}(\Phi^*(\omega_G)) & \longrightarrow & 0 . \end{array}$$

Celui-ci définit un isomorphisme

$$\mathbb{D}(G)/F(\mathbb{D}(G)^\sigma) \xrightarrow{\ \sim\ } i_{1CRIS*}(\Phi^*(\omega_G)) ,$$

et on vérifie immédiatement par la méthode du plongement diagonal qu'il est indépendant du plongement choisi de G dans un groupe p-divisible ; les isomorphismes ainsi obtenus localement se recollent donc pour définir (4.3.10.1) globalement.

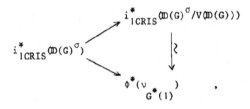

Enfin, la commutativité de (4.3.10.2) résulte de celle du diagramme analogue pour H.

Corollaire 4.3.11. *Soient* S *un schéma de caractéristique* p , G *un* S*-groupe fini localement libre de hauteur* 1 . *Il existe un isomorphisme canonique*

(4.3.11.1) $$\mathbb{D}(G) \simeq i_{\mathrm{1CRIS}*}(\Phi^*(\omega_G)) .$$

4.3.12. Indiquons brièvement pour finir comment voir plus concrètement l'isomorphisme $\mathbb{D}(G)_S/F(\mathbb{D}(G)_S^{\sigma}) \xrightarrow{\sim} \omega_{G^{(p)}}$ induit sur S par (4.3.10.1).

(i) D'après 3.2.14, il existe un isomorphisme canonique

$$\mathbb{D}(G)_S \xrightarrow{\sim} \mathcal{E}xt^{\natural}(G,\mathbb{G}_a) .$$

D'une manière analogue à 2.1.9 (mais beaucoup plus élémentaire), $\mathcal{E}xt^{\natural}(G,\mathbb{G}_a)$ peut être décrit comme le faisceau des cocycles (f,ω) , où f est une section de $\mathcal{O}_{G^2}$ et ω une section de $\Omega^1_{G/S,d=0}$ telles que $\partial(f) = 0$, $d(f) = p_1^*(\omega)+p_2^*(\omega)-\mu^*(\omega)$, modulo les cobords de la forme $(p_1^*(g)+p_2^*(g)-\mu^*(g),d(g))$, g étant une section de $\mathcal{O}_G$: partant d'un cocyle (f,ω) , pour lequel on peut supposer sans perte de généralité que $f(0,0) = 0$, on obtient une extension

$$0 \longrightarrow \mathbb{G}_a \longrightarrow E \longrightarrow G \longrightarrow 0 ,$$

où $E = \mathbb{G}_a \times G$, muni de la loi de groupe définie par

$$(a,x)+(b,y) = (a+b+f(x,y),x+y) ;$$

sa $\natural$-structure correspond d'autre part à l'isomorphisme de $\mathbb{G}_a$-torseurs triviaux $\theta : p_2^*(E) \xrightarrow{\sim} p_1^*(E)$ donné par l'addition de ω , considéré comme élément de $\mathbb{G}_a(\Delta^1_{G/S})$. L'homomorphisme $\mathbb{D}(G)_S \longrightarrow \omega_{G^{(p)}}$ associe alors à la classe de (f,ω) la différentielle $V_G^*(\omega)-d(s)$, où $s : G^{(p)} \longrightarrow \mathbb{G}_a$ est défini, pour tout S-schéma U et tout section $b \in G^{(p)}(U)$, par $s(b) = (0,V_G(b))-V_E((0,b))$, la différence étant calculée dans E(U) . Pour vérifier l'égalité de cet homomorphisme avec (4.3.10.1), on peut supposer G plongé dans un groupe p-divisible H , et utiliser pour ce dernier la commutativité de (4.3.10.2) et l'injectivité de l'homomorphisme $\omega_H \longrightarrow \mathbb{D}(H)_S$.

(ii) Lorsque G est annulé par F , on peut donner une autre construction de (4.3.11.1) en utilisant l'opérateur de Cartier. Rappelons tout d'abord que, pour tout S-schéma X de la forme $\mathrm{Spec}(\mathcal{O}_S[t_1,\ldots,t_n]/(t_1^p,\ldots,t_n^p))$, on peut définir un homomorphisme $\mathcal{O}_S$-linéaire

$$C : \mathcal{H}^1(\Omega^{\cdot}_{X/S}) \longrightarrow \Omega^1_{X^{(p)}/S}$$

en posant

$$C(t_i^{p-1}d(t_i)) = d(1\otimes t_i)$$

(les $t_i^{p-1}d(t_i)$ formant une base de $\mathcal{H}^1(\Omega^{\cdot}_{X/S})$ grâce à la formule de Künneth). Si (f,ω) est un cocycle, représentant comme précédemment une section de $\mathbb{D}(G)_S$, $C(\omega)$ est invariante par translation, puisque $C(d(f)) = 0$. On peut donc définir un homomorphisme

$$\mathbb{D}(G)_S \longrightarrow \omega_{G^{(p)}}$$

en associant $C(\omega)$ à (f,ω), et on vérifie que c'est bien l'homomorphisme (4.3.11.1).

Remarquons enfin que l'homomorphisme $\omega_G \longrightarrow \omega_{G^{(p)}}$ induit par C coïncide avec celui qu'induit $V : G^{(p)} \longrightarrow G$, et que le diagramme commutatif

$$\begin{array}{ccc} \omega_G & \longrightarrow & \mathbb{D}(G)_S \\ & {\scriptstyle C}\searrow & \downarrow \wr \\ & & \omega_{G^{(p)}} \end{array}$$

fournit des isomorphismes

$$\mathcal{H}om_S(G,\mathbb{G}_a) \xrightarrow{\sim} \mathrm{Ker}[\omega_G \xrightarrow{C} \omega_{G^{(p)}}] ,$$

$$\mathcal{E}xt^1_S(G,\mathbb{G}_a) \xrightarrow{\sim} \mathrm{Coker}\ [\omega_G \xrightarrow{C} \omega_{G^{(p)}}] .$$

Ceux-ci résultent de 3.2.10, et de l'injectivité de l'homomorphisme

$$\mathcal{H}om_S(G,\mathbb{G}_a) \longrightarrow \omega_G$$

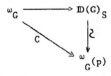

lorsque G est annulé par F, conséquence de 3.2.13 et de ce que

$$\mathcal{H}om_S(G,\mathbb{G}_a) \simeq \mathcal{H}om_{p\text{-Lie}}(\mathcal{L}ie(G),\mathcal{L}ie(\mathbb{G}_a)) .$$

(iii) Rappelons enfin que, lorsque X est un S-schéma tel que $\Omega^1_{X/S}$ soit localement libre de rang fini, et (P,∇) un $\mathbb{G}_a$-torseur sur X muni d'une connexion intégrable, on peut définir la p-courbure $\psi_P \in \Gamma(\underline{\underline{f}}^*_X(\Omega^1_{X/S}))$ de (P,∇), qui mesure le défaut de compatibilité de $\nabla : T_{X/S} \longrightarrow T_{P/S}$ aux opérations de puissance p-ième dans les deux p-algèbres de Lie. En effet, dans l'équivalence de catégories

$$\mathrm{TORS}(X,\mathbb{G}_a) \simeq \mathrm{EXT}_{\mathcal{O}_X}(\mathcal{O}_X,\mathcal{O}_X) ,$$

(P,∇) correspond à une extension de modules à connexion intégrable

$$0 \longrightarrow (\mathcal{O}_X,\mathrm{triv}) \xrightarrow{i} (\mathcal{E},\nabla) \xrightarrow{q} (\mathcal{O}_X,\mathrm{triv}) \longrightarrow 0 ,$$

et la p-courbure de (P,∇) se déduit de la p-courbure $\psi_{\mathcal{E}}$ de $(\mathcal{E},\nabla)$ comme suit : par fonctorialité, on a, pour toute section D de $T_{X/S}$,

$$\psi_{\mathcal{E}}(D)\circ i = 0 , \quad q\circ\psi_{\mathcal{E}}(D) = 0 ;$$

par suite, $\psi_{\mathcal{E}}(D)$ se factorise en un endomorphisme de $\mathcal{O}_X$, et on peut prendre pour définition de ψ_P l'homomorphisme p-linéaire $D \longmapsto \psi_{\mathcal{E}}(D) \in \mathcal{E}nd_{\mathcal{O}_X}(\mathcal{O}_X) \simeq \mathcal{O}_X$. La formation de ψ_P est alors fonctorielle par rapport aux S-morphismes $X' \longrightarrow X$, et additive en (P,∇).

Soient maintenant G un S-groupe fini localement libre annulé par F, et (E,∇) une section de $\mathcal{E}xt^{\natural}(G,\mathbb{G}_a)$. Alors la p-courbure du $\natural$-torseur sur G sous-jacent à E est une section de $\underline{\underline{f}}^*_G(\Omega^1_{G/S}) \simeq \omega_{G^{(p)}} \otimes_{\mathcal{O}_S} \mathcal{O}_G$; comme E est une $\natural$-extension,

$$\mu^*(\psi_E) = p_1^*(\psi_E) + p_2^*(\psi_E) ,$$

si bien que ψ_E est en fait une section de $\omega_{G^{(p)}}$.

Par un calcul explicite (cf. [, 0,2.1]), on peut alors obtenir une autre description de (4.3.11.1), comme étant le morphisme qui associe à une section

(E,∇) de $\mathcal{E}xt^{\natural}(G,\mathbb{G}_a)$ l'opposé de sa p-courbure ψ_E . Avec cette description, on peut observer que 4.3.11 est une conséquence immédiate du théorème de Cartier tel que le formule Grothendieck [, Exemple 2, p. 23] , car, comme $\mathbb{D}(G)$ et $\Phi^*(\omega_G)$ sont localement libres de même rang, et que les groupes de hauteur 1 peuvent être relevés, il suffit d'après le lemme de Nakayama d'observer que l'homomorphisme $\mathbb{D}(G)_S \longrightarrow \omega_{G^{(p)}}$ est injectif.

5 - THÉORÈMES DE DUALITÉ

Ce chapitre est consacré à prouver les théorèmes de dualité reliant les cristaux de Dieudonné d'un schéma abélien et de son schéma abélien dual, d'un groupe p-divisible et du groupe p-divisible dual, et les complexes de Dieudonné d'un groupe fini localement libre et de son dual de Cartier, ainsi que les relations entre ces trois types de dualité.

5.1. Le cas des schémas abéliens.

Si $\pi : A \longrightarrow S$ est un schéma abélien, nous noterons $\hat{\pi} : \hat{A} = \mathcal{P}ic^{o}_{A/S} \longrightarrow S$ son schéma abélien dual. Celui-ci existe toujours, d'après un théorème non publié de Raynaud ; le lecteur qui souhaiterait ne pas utiliser ce résultat pourra dans la suite se limiter au cas plus classique des schémas abéliens projectifs (voir par exemple [43]), ce qui est sans inconvénient pour les applications aux groupes finis ou p-divisibles en vertu de 3.1.1. Le cristal de Dieudonné $\mathbb{D}(A)$ est localement libre de rang fini, et le but de cette section est de construire un isomorphisme canonique entre $\mathbb{D}(A)^{\vee}$ et $\mathbb{D}(\hat{A})$; il résultera de l'existence (sans restrictions sur la base) d'un isomorphisme analogue entre cohomologies de De Rham.

5.1.1. Pour la commodité des références, rappelons la construction [42] de l'isomorphisme

$$\lambda_A : \hat{\pi}_*(\Omega^1_{\hat{A}/S})^{\vee} \xrightarrow{\sim} R^1\pi_*(\mathcal{O}_A)$$

entre l'espace tangent à l'origine à $\hat{A}$ et $R^1\pi_*(\mathcal{O}_A)$. Via l'isomorphisme

$$\hat{\pi}_*(\Omega^1_{\hat{A}/S}) \simeq \omega_{\hat{A}} \simeq e^*(\Omega^1_{\hat{A}/S}) \quad ,$$

où e est la section nulle, une forme linéaire u sur $\hat{\pi}_*(\Omega^1_{\hat{A}/S})$ correspond à un homomorphisme de $\mathcal{O}_S$-algèbres $e^{-1}(\mathcal{O}_{\hat{A}}) \longrightarrow \mathcal{O}_S[\varepsilon]$ donnant par augmentation l'homomorphisme canonique $e^{-1}(\mathcal{O}_{\hat{A}}) \longrightarrow \mathcal{O}_S$, i.e. à un point de $\hat{A}$ à valeurs dans

$S[\varepsilon] = \mathrm{Spec}(\mathcal{O}_S[\varepsilon])$ relevant la section nulle. Comme $\hat{A} = \mathcal{P}ic^{o}_{A/S}$, ce morphisme $f_u : S[\varepsilon] \longrightarrow \hat{A}$ correspond à la classe d'isomorphisme d'un faisceau inversible $\mathcal{L}_u$ sur $A[\varepsilon] = S[\varepsilon]\times_S A$ (tel que $\mathcal{L}_u|_A$ et $(\mathrm{id}\times e)^*(\mathcal{L})$ soient triviaux). L'isomorphisme λ_A est alors défini par le diagramme commutatif (pour tout ouvert $U \subset S$)

$$\begin{array}{ccccc}
\Gamma(U,\hat{\pi}_*(\Omega^1_{\hat{A}/S})^\vee) & \xrightarrow{\sim} & \mathrm{Ker}[\hat{A}(U[\varepsilon]) & \longrightarrow & \hat{A}(U)] \\
\downarrow \wr & & \downarrow \wr & & \\
\Gamma(U,R^1\pi_*(1+\varepsilon.\mathcal{O}_A)) & \xrightarrow{\sim} & \mathrm{Ker}[\Gamma(U,R^1\pi_*(\mathcal{O}^*_{A[\varepsilon]})) & \longrightarrow & \Gamma(U,R^1\pi_*(\mathcal{O}^*_A))] \\
\downarrow \wr & & & & \\
\Gamma(U,R^1\pi_*(\mathcal{O}_A)) & & & &
\end{array}$$

Rappelons maintenant la construction de la classe de Chern en cohomologie de De Rham. Soient $\pi : X \longrightarrow S$ un morphisme de schémas, et $F^1\Omega^{\cdot}_{X/S}$ le sous-complexe

$$0 \longrightarrow \Omega^1_{X/S} \xrightarrow{d} \Omega^2_{X/S} \longrightarrow \cdots$$

de $\Omega^{\cdot}_{X/S}$. L'homomorphisme induit par l'application $\mathrm{dlog} : \mathcal{O}^*_X \longrightarrow \Omega^1_{X/S,d=0}$ associe à la classe d'un faisceau inversible $\mathcal{L}$ sur X une section de $\mathbb{R}^2\pi_*(F^1\Omega^{\cdot}_{X/S})$, appelée classe de Chern de $\mathcal{L}$ et notée $c_1(\mathcal{L})$, ainsi que ses images dans $\mathbb{R}^2\pi_*(\Omega^{\cdot}_{X/S})$ et $\mathbb{R}^1\pi_*(\Omega^1_{X/S})$.

Soit d'autre part $\frac{\partial}{\partial\varepsilon} : \Omega^1_{X[\varepsilon]} \longrightarrow \mathcal{O}_X$ l'homomorphisme correspondant à la dérivation $\mathcal{O}_{X[\varepsilon]} \longrightarrow \mathcal{O}_X$ définie par $a+b\varepsilon \longmapsto b$.

<u>Lemme</u> 5.1.2. *Le diagramme*

$$\begin{array}{ccc}
R^1\pi_*(\mathcal{O}^*_{X[\varepsilon]}) & \xrightarrow{c_1} & R^1\pi_*(\Omega^1_{X[\varepsilon]/S}) \\
\uparrow & & \downarrow \frac{\partial}{\partial\varepsilon} \\
R^1\pi_*(1+\varepsilon.\mathcal{O}_X) & \xrightarrow{\sim} & R^1\pi_*(\mathcal{O}_X)
\end{array}$$

est commutatif.

En effet, $\frac{\partial}{\partial\varepsilon}((1+b\varepsilon)^{-1}d(1+b\varepsilon)) = b$.

5.1.3. Reprenant les notations de 5.1.1, soient $\mathcal{L}_A$ le faisceau inversible canonique sur $\hat{A}\times A$, et $\xi_A = c_1(\mathcal{L}_A)$ sa classe de Chern ; nous noterons encore ξ_A l'image de celle-ci dans $\mathbb{R}^2(\hat{\pi}\times\pi)_*(\Omega^\cdot_{\hat{A}\times A/S})$, ainsi que sa composante de Künneth de type (1,1) dans $\mathbb{R}^1\hat{\pi}_*(\Omega^\cdot_{\hat{A}/S}) \otimes \mathbb{R}^1\pi_*(\Omega^\cdot_{A/S})$ (définie grâce à 2.5.2 (i)). Cette section ξ_A définit donc des homomorphismes canoniques

$$\Phi_A : \mathbb{R}^1\pi_*(\Omega^\cdot_{A/S})^\vee \longrightarrow \mathbb{R}^1\hat{\pi}_*(\Omega^\cdot_{\hat{A}/S}) \ , \tag{5.1.3.1}$$

$$\Psi_A : \mathbb{R}^1\hat{\pi}_*(\Omega^\cdot_{\hat{A}/S})^\vee \longrightarrow \mathbb{R}^1\pi_*(\Omega^\cdot_{A/S}) \ , \tag{5.1.3.2}$$

duaux l'un de l'autre.

On observa que, si $u : A \longrightarrow B$ est un homomorphisme de schémas abéliens, avec $\pi' : B \longrightarrow S$, et si $\hat{u} : \hat{B} \longrightarrow \hat{A}$ est son transposé, alors $(\mathrm{Id}_B\times u)^*(\mathcal{L}_B) \simeq (\hat{u}\times\mathrm{Id}_A)^*(\mathcal{L}_A)$ par définition de $\hat{u}$, si bien que les diagrammes suivants sont commutatifs :

$$\begin{array}{ccc} \mathbb{R}^1\pi_*(\Omega^\cdot_{A/S})^\vee & \xrightarrow{\Phi_A} & \mathbb{R}^1\hat{\pi}_*(\Omega^\cdot_{\hat{A}/S}) \\ \big\downarrow u^\vee & & \big\downarrow \hat{u} \\ \mathbb{R}^1\pi'_*(\Omega^\cdot_{B/S})^\vee & \xrightarrow{\Phi_B} & \mathbb{R}\hat{\pi}'_*(\Omega^\cdot_{\hat{B}/S}) \end{array} \ , \qquad \begin{array}{ccc} \mathbb{R}^1\hat{\pi}_*(\Omega^\cdot_{\hat{A}/S})^\vee & \xrightarrow{\Psi_A} & \mathbb{R}^1\pi_*(\Omega^\cdot_{A/S}) \\ \big\uparrow \hat{u}^\vee & & \big\uparrow u \\ \mathbb{R}^1\hat{\pi}'_*(\Omega^\cdot_{\hat{B}/S})^\vee & \xrightarrow{\Psi_B} & \mathbb{R}^1\pi'_*(\Omega^\cdot_{\hat{B}/S}) \end{array} \ . \tag{5.1.3.3}$$

Nous allons prouver que Φ_A et Ψ_A sont des isomorphismes ; observons d'abord qu'ils sont compatibles aux filtrations de Hodge :

<u>Lemme</u> 5.1.4. *L'homomorphisme* Ψ_A *induit des homomorphismes* Ψ^0_A, Ψ^1_A *rendant commutatif le diagramme*

$$\begin{array}{ccccccccc} 0 & \longrightarrow & R^1\hat{\pi}_*(\mathcal{O}_{\hat{A}})^\vee & \longrightarrow & \mathbb{R}^1\hat{\pi}_*(\Omega^\cdot_{\hat{A}/S})^\vee & \longrightarrow & \hat{\pi}_*(\Omega^1_{\hat{A}/S})^\vee & \longrightarrow & 0 \\ & & \big\downarrow \Psi^1_A & & \big\downarrow \Psi_A & & \big\downarrow \Psi^0_A & & \\ 0 & \longrightarrow & \pi_*(\Omega^1_{A/S}) & \longrightarrow & \mathbb{R}^1\pi_*(\Omega^\cdot_{A/S}) & \longrightarrow & R^1\pi_*(\mathcal{O}_A) & \longrightarrow & 0 \end{array} \ . \tag{5.1.4.1}$$

Comme ξ_A est une section de $\mathbb{R}^2(\hat{\pi}\times\pi)_*(F^1\Omega^{\cdot}_{\hat{A}\times A/S})$, sa projection sur $R^2(\hat{\pi}\times\pi)_*(\mathcal{O}_{\hat{A}\times A})$ est nulle, ainsi que l'image de sa composante de Künneth de type (1,1) dans $R^1\hat{\pi}_*(\mathcal{O}_{\hat{A}})\otimes R^1\pi_*(\mathcal{O}_A)$. Par suite, le composé

$$R^1\hat{\pi}_*(\mathcal{O}_{\hat{A}})^{\vee} \longrightarrow \mathbb{R}^1\hat{\pi}_*(\Omega^{\cdot}_{\hat{A}/S})^{\vee} \xrightarrow{\Psi_A} \mathbb{R}^1\pi_*(\Omega^{\cdot}_{A/S}) \longrightarrow R^1\pi_*(\mathcal{O}_A)$$

est nul, d'où les homomorphismes Ψ^o_A et Ψ^1_A.

La fonctorialité de Ψ_A, traduite par le diagramme (5.1.3.3), entraîne évidemment des fonctorialités analogues pour Ψ^o_A et Ψ^1_A ; d'autre part, Φ_A vérifie un énoncé analogue à 5.1.4.

Soient $s : A\times\hat{A} \longrightarrow \hat{A}\times A$ l'isomorphisme permutant les facteurs, et $j : A \xrightarrow{\sim} \hat{\hat{A}}$ l'isomorphisme de bidualité défini par le faisceau $s^*(\mathcal{L}_A)$.

<u>Lemme</u> 5.1.5. *Les diagrammes*

(5.1.5.1)
$$\begin{array}{ccc}
\mathbb{R}^1\hat{\pi}_*(\Omega^{\cdot}_{\hat{A}/S})^{\vee} & \xrightarrow{\Psi_A=\Phi^{\vee}_A} & \mathbb{R}^1\pi_*(\Omega^{\cdot}_{A/S}) \\
\Big\| & & \uparrow \wr\, j^* \\
\mathbb{R}^1\hat{\pi}_*(\Omega^{\cdot}_{\hat{A}/S})^{\vee} & \xrightarrow{-\ \Phi_{\hat{A}}} & \mathbb{R}^1\hat{\hat{\pi}}_*(\Omega^{\cdot}_{\hat{\hat{A}}/S})
\end{array} ,$$

(5.1.5.2)
$$\begin{array}{ccc}
R^1\hat{\pi}_*(\mathcal{O}_{\hat{A}})^{\vee} & \xrightarrow{\Psi^1_A} & \pi_*(\Omega^1_{A/S}) \\
\Big\| & & \uparrow \wr\, j^* \\
R^1\hat{\pi}_*(\mathcal{O}_{\hat{A}})^{\vee} & \xrightarrow{-\ (\Psi^o_{\hat{A}})^{\vee}} & \hat{\hat{\pi}}_*(\Omega^1_{\hat{\hat{A}}/S})
\end{array} ,$$

sont commutatifs.

Par définition, $(j\times Id_{\hat{A}})^*(\mathcal{L}_{\hat{A}}) \simeq s^*(\mathcal{L}_A)$. Par suite, les sections $\xi_{\hat{A}}$ et ξ_A ont la même image par les applications

$$j^*\otimes Id : \mathbb{R}^1\hat{\hat{\pi}}_*(\Omega^{\cdot}_{\hat{\hat{A}}/S})\otimes \mathbb{R}^1\hat{\pi}_*(\Omega^{\cdot}_{\hat{A}/S}) \longrightarrow \mathbb{R}^1\pi_*(\Omega^{\cdot}_{A/S})\otimes \mathbb{R}^1\hat{\pi}_*(\Omega^{\cdot}_{\hat{A}/S}) ,$$

$$s^* : \mathbb{R}^1\hat{\pi}_*(\Omega^{\cdot}_{\hat{A}/S})\otimes \mathbb{R}^1\pi_*(\Omega^{\cdot}_{A/S}) \longrightarrow \mathbb{R}^1\pi_*(\Omega^{\cdot}_{A/S})\otimes \mathbb{R}^1\hat{\pi}_*(\Omega^{\cdot}_{\hat{A}/S}) \ ,$$

où s^* est définie via l'isomorphisme de Künneth, et vérifie donc $s^*(a\otimes b) = -b\otimes a$ en bidegré (1,1). Soient $a_1,\dots,a_n$ une base de $\mathbb{R}^1\hat{\pi}_*(\Omega^{\cdot}_{\hat{A}/S})$, $e'_1,\dots,e'_n$ une base de $\mathbb{R}^1\hat{\hat{\pi}}(\Omega^{\cdot}_{\hat{\hat{A}}/S})$, et $e_i = j^*(e'_i)$. Posons $\xi_{\hat{A}} = \Sigma\lambda'_{k,i}e'_k\otimes a_i$, et $\xi_A = \Sigma\lambda_{k,i}a_i\otimes e_k$. La relation $(j^*\otimes \mathrm{Id})(\xi_{\hat{A}}) = s^*(\xi_A)$ implique que $\lambda'_{k,i} = -\lambda_{k,i}$. Pour toute section τ de $\mathbb{R}^1\hat{\pi}_*(\Omega^{\cdot}_{\hat{A}/S})^{\vee}$, on a

$$j^*\circ(-\Phi_{\hat{A}})(\tau) = -\ \Sigma\ \lambda'_{k,i}\ \tau(a_i)e_k \ ,$$

$$\Psi_A(\tau) = \ \Sigma\ \lambda_{k,i}\ \tau(a_i)e_k \ ,$$

ce qui démontre la commutativité de (5.1.5.1).

D'après la définition de Ψ^o_A et Ψ^1_A , et la relation $\Psi^{\vee} = \Phi$, la commutativité de (5.1.5.2) en résulte aussitôt.

<u>Théorème</u> 5.1.6. *Avec les notations de* 5.1.3, *les homomorphismes* Φ_A *et* Ψ_A *sont des isomorphismes.*

Montrons que Ψ^o_A est égal à l'isomorphisme λ_A défini en 5.1.1 ; cela entraînera d'après 5.1.5 que Ψ^1_A est un isomorphisme, et donc Ψ_A également d'après 5.1.4. Soient u une section de $\hat{\pi}_*(\Omega^1_{\hat{A}/S})^{\vee}$, et $f_u : S[\varepsilon] \longrightarrow \hat{A}$ le morphisme correspondant. Considérons le diagramme

(5.1.6.1)

$$\begin{array}{ccccccc}
\mathbb{R}^2(\hat{\pi}\times\pi)_*(F^1\Omega^{\cdot}_{\hat{A}\times A/S}) & \longrightarrow & R^1(\hat{\pi}\times\pi)_*(\Omega^1_{\hat{A}\times A/S}) & \longrightarrow & \hat{\pi}_*(\Omega^1_{\hat{A}/S})\otimes R^1\pi_*(\mathcal{O}_A) & \xrightarrow{\ u\otimes \mathrm{Id}\ } & R^1\pi_*(\mathcal{O}_A) \\
\downarrow{\scriptstyle (f_u\times \mathrm{Id})^*} & & \downarrow{\scriptstyle (f_u\times \mathrm{Id})^*} & & \downarrow{\scriptstyle df_u\otimes \mathrm{Id}} & & \| \\
\mathbb{R}^2\pi_*(F^1\Omega^{\cdot}_{A[\varepsilon]/S}) & \longrightarrow & R^1\pi_*(\Omega^1_{A[\varepsilon]/S}) & \longrightarrow & \Omega^1_{S[\varepsilon]/S}\otimes R^1\pi_*(\mathcal{O}_A) & \xrightarrow{\ \frac{\partial}{\partial\varepsilon}\otimes \mathrm{Id}\ } & R^1\pi_*(\mathcal{O}_A) \ .
\end{array}$$

Le carré du milieu est défini par la formule de Künneth, et les deux premiers carrés commutent par fonctorialité. Si l'on considère u comme un homomorphisme $\Omega^1_{\hat{A}/S} \longrightarrow e_*(\mathcal{O}_S)$, f_u est défini par $f^*_u(x) = e^*(x) + u(dx).\varepsilon$ pour toute section x de $\mathcal{O}_{\hat{A}}$; il en résulte que le diagramme

$$\begin{array}{ccc} \hat{\pi}_*(\Omega^1_{\hat{A}/S}) & \xrightarrow{df_u} & \Omega^1_{S[\varepsilon]/S} \\ & {\scriptstyle u}\searrow \quad \swarrow{\scriptstyle \frac{\partial}{\partial\varepsilon}} & \\ & \mathcal{O}_S & \end{array}$$

est commutatif, ce qui entraîne la commutativité du dernier carré.

De la définition de Ψ_A et Ψ_A^o résulte que l'image de ξ_A par la ligne supérieure de (5.1.6.1) est $\Psi_A^o(u)$. D'autre part, soit $\mathcal{L}_u = (f_u\times \mathrm{Id})^*(\mathcal{L}_A)$; l'image de $(f_u\times \mathrm{Id})^*(\xi_A)$ par la ligne inférieure est $\frac{\partial}{\partial\varepsilon}(c_1(\mathcal{L}_u))$, et est donc, d'après 5.1.2, l'image de la classe de $\mathcal{L}_u$ par l'isomorphisme $R^1\pi_*(1+\varepsilon.\mathcal{O}_A) \xrightarrow{\sim} R^1\pi_*(\mathcal{O}_A)$, c'est-à-dire, par construction, $\lambda_A(u)$.

5.1.7. Soient S, $(\Sigma,\mathfrak{I},\gamma)$ vérifiant les hypothèses de 1.1.1, et $f : X \longrightarrow S$ un S-schéma (tel que les puissances divisées γ s'étendent à X). Rappelons la définition de la classe de Chern cristalline d'un $\mathcal{O}_X$-module inversible [7] : la suite exacte

$$0 \longrightarrow 1+\mathcal{J}_{X/\Sigma} \longrightarrow \mathcal{O}^*_{X/\Sigma} \longrightarrow \underline{\mathbb{G}}_{m,X} \longrightarrow 0$$

fournit un morphisme de $D(\underline{\underline{Ab}}_{S/\Sigma})$

$$(5.1.7.1) \qquad \underline{\mathbb{G}}_{m,X} \longrightarrow 1+\mathcal{J}_{X/\Sigma}[1] \xrightarrow{\log} \mathcal{J}_{X/\Sigma}[1] \longrightarrow \mathcal{O}_{X/\Sigma}[1] \quad ,$$

où log est défini par (3.2.7.3) ; un faisceau inversible sur X définit une section de $i_{S/\Sigma*}(R^1f_*(\mathbb{G}_{m,X})) \simeq R^1f_{CRIS*}(\underline{\mathbb{G}}_{m,X})$, et sa classe de Chern est l'image de cette section dans $R^2f_{CRIS}(\mathcal{O}_{X/\Sigma})$ par (5.1.7.1).

Si A est un schéma abélien sur S, la classe de Chern cristalline de $\mathcal{L}_A$ est donc une section ξ_A de $R^2(\hat{\pi}\times\pi)_{CRIS*}(\mathcal{O}_{\hat{A}\times A/\Sigma})$. Comme la cohomologie cristalline des schémas abéliens est localement libre, la formule de Künneth [5, V 4.2.2] nous fournit une section, encore notée ξ_A, de $R^1\hat{\pi}_{CRIS*}(\mathcal{O}_{\hat{A}/\Sigma})\otimes_{\mathcal{O}_{S/\Sigma}} R^1\pi_{CRIS*}(\mathcal{O}_{A/\Sigma})$, d'où un homomorphisme canonique

$$(5.1.7.2) \qquad \Phi_A : \mathbb{D}(A)^\vee \longrightarrow \mathbb{D}(\hat{A}) \ ,$$

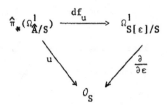

compte tenu de 2.5.6.

<u>Théorème</u> 5.1.8. *L'homomorphisme* Φ_A *est un isomorphisme.*

Comme $\mathbb{D}(A)^{\vee}$ et $\mathbb{D}(\hat{A})$ sont des cristaux localement libres, il suffit d'après Nakayama de montrer que Φ_A est un isomorphisme sur les objets de $\mathrm{CRIS}(S/\Sigma)$ de la forme $U \xrightarrow{\mathrm{Id}} U$. Or, pour tout schéma lisse $f : X \longrightarrow S$, $R^2 f_{\mathrm{CRIS}*}(\mathcal{O}_{X/\Sigma})_{(U,U)} \simeq \mathbb{R}^2 f_*(\Omega^{\cdot}_{X_U/U})$, et cet isomorphisme identifie les classes de Chern en cohomologie cristalline et en cohomologie de De Rham [7]. Par suite, Φ_A s'identifie sur (U,U) à l'isomorphisme noté Φ_{A_U} de 5.1.6.

<u>Proposition</u> 5.1.9. *Sous les hypothèses précédentes, le diagramme*

$$(5.1.9.1)\qquad \begin{array}{ccc} \mathbb{D}(\hat{A})^{\vee} & \xrightarrow{\;-\,\Phi_A^{\vee}\;} & \mathbb{D}(A)^{\vee\vee} \simeq \mathbb{D}(A) \\ \Big\| & & \Big\uparrow{\scriptstyle \mathbb{D}(j)} \\ \mathbb{D}(\hat{A})^{\vee} & \xrightarrow{\;\Phi_{\hat{A}}\;} & \mathbb{D}(\hat{\hat{A}}) \end{array}$$

est commutatif.

On peut soit reprendre le raisonnement de 5.1.5, soit utiliser le fait que pour tout (U,T,δ) où T est affine, il existe un T-schéma abélien A' relevant A_U, et appliquer 5.1.5 grâce à l'isomorphisme canonique $\mathbb{D}(A)_{(U,T,\delta)} \simeq \mathbb{R}^1\pi'_*(\Omega^{\cdot}_{A'/T})$.

<u>Proposition</u> 5.1.10. *Sous les hypothèses précédentes, le diagramme*

$$(5.1.10.1)\qquad \begin{array}{ccccccccc} 0 & \longrightarrow & \mathcal{L}ie(\hat{A})^{\vee} & \longrightarrow & \mathbb{D}(A)^{\vee}_S & \longrightarrow & \omega^{\vee}_A & \longrightarrow & 0 \\ & & \Big\downarrow{\scriptstyle \wr} & & {\scriptstyle \Phi_A\,\wr}\Big\downarrow & & {\scriptstyle -j\,\wr}\Big\downarrow & & \\ 0 & \longrightarrow & \omega_{\hat{A}} & \longrightarrow & \mathbb{D}(\hat{A})_S & \longrightarrow & \mathcal{L}ie(\hat{\hat{A}}) & \longrightarrow & 0 \end{array}$$

(*cf.* 2.5.8) *est commutatif.*

Il suffit encore de prouver l'assertion analogue pour la cohomologie de De Rham. D'après 5.1.4, le carré

$$\begin{array}{ccc}
R^1\pi_*(\mathcal{O}_A)^{\vee} & \longrightarrow & \mathbb{D}(A)^{\vee}_S \\
\Phi^{o\vee}_A \downarrow \wr & & \wr \downarrow \Phi_A \\
\hat{\pi}_*(\Omega^1_{\hat{A}/S}) & \longrightarrow & \mathbb{D}(\hat{A})_S
\end{array}$$

est commutatif ; comme l'isomorphisme $\mathcal{L}ie(\hat{A}) \xrightarrow{\sim} R^1\pi_*(\mathcal{O}_A)$ est par définition λ_A, la commutativité du carré de gauche de l'énoncé résulte immédiatement de la démonstration de 5.1.6.

On en déduit alors la commutativité de

$$\begin{array}{ccc}
\mathcal{L}ie(\hat{\hat{A}})^{\vee} & \longrightarrow & \mathbb{D}(\hat{A})^{\vee}_S \\
\wr \downarrow & & \wr \downarrow \Phi_{\hat{A}} \\
\omega_{\hat{\hat{A}}} & \longrightarrow & \mathbb{D}(\hat{\hat{A}})_S \\
j \; \wr \downarrow & & \downarrow j \\
\omega_A & \longrightarrow & \mathbb{D}(A)_S
\end{array} \quad ;$$

en dualisant, la commutativité du carré de droite résulte alors de 5.1.9.

5.2. Le cas des groupes finis.

Dans cette section, nous construirons un isomorphisme entre le dual linéaire du complexe de Dieudonné d'un groupe fini localement libre, et le complexe de Dieudonné de son dual de Cartier :

$$\Phi_G : \mathbb{\Delta}(G)^{\vee}[-1] \longrightarrow \mathbb{\Delta}(G^*) \ .$$

La procédure que nous suivrons consiste à définir d'abord le morphisme Φ_G, puis à montrer que c'est un isomorphisme en prouvant sa compatibilité, lorsque G est plongé dans un schéma abélien A, avec l'isomorphisme $\Phi_A : \mathbb{D}(A)^\vee \xrightarrow{\sim} \mathbb{D}(\hat{A})$ établi en 5.1.8.

5.2.1. Soient S, $(\Sigma,\mathfrak{J},\gamma)$ vérifiant les hypothèses standard de 1.1.1. Considérons la suite exacte de faisceaux abéliens sur CRIS(S/Σ)

(5.2.1.1) $$0 \longrightarrow 1+\mathcal{J}_{S/\Sigma} \longrightarrow \mathcal{O}^*_{S/\Sigma} \longrightarrow \underline{\mathbb{G}}_m \longrightarrow 0 \ ;$$

par fonctorialité, l'homomorphisme $\log : 1+\mathcal{J}_{S/\Sigma} \longrightarrow \mathcal{J}_{S/\Sigma}$ (défini en (3.2.7.3)), et son composé avec l'inclusion $\mathcal{J}_{S/\Sigma} \hookrightarrow \mathcal{O}_{S/\Sigma}$, définissent deux suites exactes

(5.2.1.2) $$0 \longrightarrow \mathcal{J}_{S/\Sigma} \longrightarrow \mathcal{U}'_{S/\Sigma} \longrightarrow \underline{\mathbb{G}}_m \longrightarrow 0 \ ,$$

(5.2.1.3) $$0 \longrightarrow \mathcal{O}_{S/\Sigma} \xrightarrow{\ u\ } \mathcal{U}_{S/\Sigma} \xrightarrow{\ v\ } \underline{\mathbb{G}}_m \longrightarrow 0 \ ,$$

visiblement fonctorielles en S et $(\Sigma,\mathfrak{J},\gamma)$.

La suite (5.2.1.3) définit un morphisme

(5.2.1.4) $$\eta : \underline{\mathbb{G}}_m \longrightarrow \mathcal{O}_{S/\Sigma}[1]$$

de la catégorie dérivée $D(\underline{\underline{Ab}}_{S/\Sigma})$, morphisme de degré 1 du triangle distingué

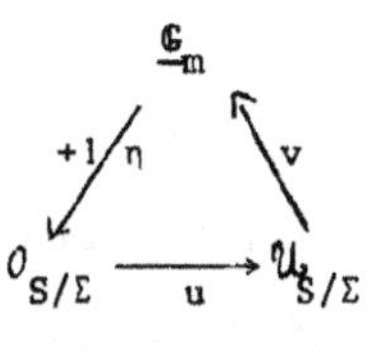

associé à cette suite (0.3.2). Si H est un complexe de faisceaux abéliens quelconque sur CRIS(S/Σ), on en déduit donc par fonctorialité un morphisme

(5.2.1.5) $$\rho_H : \mathbb{R}\mathcal{H}om_{S/\Sigma}(H,\underline{\mathbb{G}}_m) \longrightarrow \mathbb{R}\mathcal{H}om_{S/\Sigma}(H,\mathcal{O}_{S/\Sigma}[1]) \ .$$

Nous nous intéresserons plus spécialement aux morphismes déduits de ρ_H par troncation dans les deux cas suivants :

a) Si G est un S-groupe fini localement libre, et $H = \underline{G}$, $\mathcal{H}om_{S/\Sigma}(\underline{G},\underline{\mathbb{G}}_m)$ est égal à $\underline{G}^*$, et (5.2.1.5) donne par troncation au degré 0 le morphisme (noté ρ_G plutôt que $\rho_{\underline{G}}$)

(5.2.1.6) $$\rho_G : \underline{G}^* \longrightarrow t_{0]}\mathbb{R}\mathcal{H}om_{S/\Sigma}(\underline{G}, \mathcal{O}_{S/\Sigma}[1]) \simeq \mathbb{D}(G)[1] \quad .$$

b) Soit A un schéma abélien sur S, et prenons $H = \underline{A}$. Nous construirons plus bas un isomorphisme canonique

(5.2.1.7) $$\underline{\hat{A}}[-1] \xrightarrow{\sim} t_{1]}\mathbb{R}\mathcal{H}om_{S/\Sigma}(\underline{A}, \underline{\mathbb{G}}_m) \quad .$$

Comme $\mathcal{H}om_{S/\Sigma}(\underline{A}, \mathcal{O}_{S/\Sigma}) = \mathcal{E}xt^2_{S/\Sigma}(\underline{A}, \mathcal{O}_{S/\Sigma}) = 0$, (5.2.1.5) donne par troncation au degré 1

(5.2.1.8) $$\rho_A : \underline{\hat{A}}[-1] \longrightarrow \mathbb{D}(A) \quad .$$

<u>Remarque</u>. Une autre façon d'utiliser la troncation pour définir ρ_G et ρ_A consiste à procéder comme suit. Soit

$$0 \longrightarrow I^\cdot \longrightarrow J^\cdot \longrightarrow K^\cdot \longrightarrow 0$$

une suite exacte courte de complexes à termes injectifs, résolvant la suite exacte

$$0 \longrightarrow \mathcal{O}_{S/\Sigma} \longrightarrow \mathcal{U}_{S/\Sigma} \longrightarrow \underline{\mathbb{G}}_m \longrightarrow 0 \ .$$

Alors la suite de complexes

(5.2.1.9) $$0 \longrightarrow t_{1]}\mathcal{H}om_{S/\Sigma}(H,I^\cdot) \longrightarrow t_{1]}\mathcal{H}om_{S/\Sigma}(H,J^\cdot) \longrightarrow t_{1]}\mathcal{H}om_{S/\Sigma}(H,K^\cdot) \longrightarrow 0$$

est exacte lorsque $H = \underline{G}$, ou $H = \underline{A}$, G et A étant respectivement un S-groupe fini localement libre et un S-schéma abélien. En effet, dans le premier cas, cela résulte de la nullité de $\mathcal{E}xt^1_{S/\Sigma}(G,\underline{\mathbb{G}}_m)$ (cf. 2.3.13), et dans le second de celle de $\mathcal{E}xt^2_{S/\Sigma}(\underline{A},\mathcal{O}_{S/\Sigma})$. Dans les deux cas considérés, on déduit donc de cette suite un morphisme de $D(\underline{\underline{Ab}}_{S/\Sigma})$ (défini par (0.3.2.3))

(5.2.1.10) $$t_{1]}\mathbb{R}\mathcal{H}om_{S/\Sigma}(H,K^\cdot) \longrightarrow (t_{1]}\mathbb{R}\mathcal{H}om_{S/\Sigma}(H,I^\cdot))[1] \quad ,$$

qui induit respectivement ρ_G et ρ_A.

5.2.2. Avant de poursuivre la construction de Φ_G, indiquons la construction de l'isomorphisme (5.2.1.7). Soit donc A un S-schéma abélien. En considérant le faisceau de Poincaré $\mathcal{L}_A$ sur $\hat{A}\times A$ comme une biextension de $\hat{A}$, A par $\mathbb{G}_m$, on obtient [SGA 7, VII, 3.6.5] un morphisme $\hat{A}\overset{\mathbb{L}}{\otimes} A \longrightarrow \mathbb{G}_m[1]$. Comme $\mathbb{G}_m = \mathbb{R}i_{S/\Sigma*}(\mathbb{G}_m)$, on obtient par adjonction un morphisme

$$(5.2.2.1)\qquad \underline{\hat{A}}\overset{\mathbb{L}}{\otimes}\underline{A} \longrightarrow \mathbb{G}_m[1]\ ,$$

d'où un morphisme

$$(5.2.2.2)\qquad \underline{\hat{A}} \longrightarrow \mathbb{R}\mathcal{H}om_{S/\Sigma}(\underline{A},\underline{\mathbb{G}}_m[1])\ .$$

Lemme 5.2.3. *Le morphisme* (5.2.2.2) *induit des isomorphismes*

$$(5.2.3.1)\qquad \underline{\hat{A}} \xrightarrow{\sim} t_{0]}(\mathbb{R}\mathcal{H}om_{S/\Sigma}(\underline{A},\underline{\mathbb{G}}_m[1]))\ ,$$

$$(5.2.3.2)\qquad \underline{\hat{A}} \xrightarrow{\sim} \mathcal{E}xt^1_{S/\Sigma}(\underline{A},\underline{\mathbb{G}}_m)\ .$$

Comme $\mathcal{H}om_{S/\Sigma}(\underline{A},\underline{\mathbb{G}}_m) \simeq i_{S/\Sigma*}(\mathcal{H}om_S(A,\mathbb{G}_m)) = 0$, les deux assertions sont équivalentes. Le morphisme (5.2.2.2) peut s'écrire

$$\begin{aligned}\underline{\hat{A}} \longrightarrow \mathbb{R}\mathcal{H}om_{S/\Sigma}(\underline{A},\underline{\mathbb{G}}_m)[1] &\simeq \mathbb{R}\mathcal{H}om_{S/\Sigma}(\underline{A},\mathbb{R}i_{S/\Sigma*}(\mathbb{G}_m))[1]\\ &\simeq \mathbb{R}i_{S/\Sigma*}(\mathbb{R}\mathcal{H}om_S(A,\mathbb{G}_m))[1]\ .\end{aligned}$$

Le dernier isomorphisme donne en particulier

$$\mathcal{E}xt^1_{S/\Sigma}(\underline{A},\underline{\mathbb{G}}_m) \xrightarrow{\sim} i_{S/\Sigma*}(\mathcal{E}xt^1_S(A,\mathbb{G}_m))\ ,$$

et l'isomorphisme (5.2.3.2) est l'image par $i_{S/\Sigma*}$ de l'isomorphisme $\hat{A} \xrightarrow{\sim} \mathcal{E}xt^1_S(A,\mathbb{G}_m)$ défini par le faisceau de Poincaré [49 ; SGA 7, VII, 2.9.5] .

L'isomorphisme (5.2.1.7) utilisé pour définir ρ_A est alors le translaté de (5.2.3.1).

5.2.4. Revenant à la discussion de 5.2.1, le tronqué de ρ_H à l'ordre i induit par transposition un morphisme $\rho_H^\vee$:

$$\begin{array}{ccc} t_{1]}\mathbb{R}\mathcal{H}om_{\mathcal{O}_{S/\Sigma}}(t_{i]}\mathbb{R}\mathcal{H}om_{S/\Sigma}(H,\mathcal{O}_{S/\Sigma}[1]),\mathcal{O}_{S/\Sigma}) & & \\ \downarrow \rho_H^{\vee} & \searrow & \\ & & t_{1]}\mathbb{R}\mathcal{H}om_{S/\Sigma}(t_{i]}\mathbb{R}\mathcal{H}om_{S/\Sigma}(H,\mathcal{O}_{S/\Sigma}[1]),\mathcal{O}_{S/\Sigma}) \\ & \swarrow & \\ t_{1]}\mathbb{R}\mathcal{H}om_{S/\Sigma}(t_{i]}\mathbb{R}\mathcal{H}om_{S/\Sigma}(H,\underline{\mathbb{G}}_m),\mathcal{O}_{S/\Sigma}) & & \end{array} \tag{5.2.4.1}$$

a) Si G est un S-groupe fini localement libre, on prend $i = 0$, et le but de $\rho_G^{\vee}$ est le complexe $\mathbb{\Delta}(G^*)$. On en déduit le morphisme

$$\Phi_G : \mathbb{\Delta}(G)^{\vee}[-1] \longrightarrow \mathbb{\Delta}(G^*) \ , \tag{5.2.4.2}$$

en composant $\rho_G^{\vee}$ avec l'isomorphisme canonique (0.3.5.1)

$$\begin{array}{ccc} \mathbb{\Delta}(G)^{\vee}[-1] & \xrightarrow{\sim} & t_{1]}\mathbb{R}\mathcal{H}om_{\mathcal{O}_{S/\Sigma}}((t_{1]}\mathbb{R}\mathcal{H}om_{S/\Sigma}(\underline{G},\mathcal{O}_{S/\Sigma}))[1],\mathcal{O}_{S/\Sigma}) \\ & & \wr\downarrow \\ & & t_{1]}\mathbb{R}\mathcal{H}om_{\mathcal{O}_{S/\Sigma}}(t_{0]}\mathbb{R}\mathcal{H}om_{S/\Sigma}(\underline{G},\mathcal{O}_{S/\Sigma}[1]),\mathcal{O}_{S/\Sigma}) \end{array}$$

donné par les conventions générales : le premier isomorphisme est donc donné par $(-1)^n$ en degré n, tandis que le second n'introduit pas de changement de signe.

b) Si A est un S-schéma abélien, on prend $i = 1$, et la source de ρ_A s'identifie naturellement à $\mathbb{D}(A)^{\vee}$. Grâce à (5.2.1.7), son but est canoniquement isomorphe à

$$t_{1]}\mathbb{R}\mathcal{H}om_{S/\Sigma}(\underline{\hat{A}}[-1],\mathcal{O}_{S/\Sigma}) \simeq t_{0]}\mathbb{R}\mathcal{H}om_{S/\Sigma}(\underline{\hat{A}}[-1],\mathcal{O}_{S/\Sigma}) \ .$$

Nous identifierons ce dernier à $\mathbb{D}(\hat{A})$ conformément aux conventions de 0.3.7, c'est-à-dire, si $I^{\cdot}$ est une résolution injective de $\mathcal{O}_{S/\Sigma}$, grâce à l'homomorphisme naturel

$$\mathcal{H}om_{S/\Sigma}(\underline{\hat{A}},Z^1(I^{\cdot})) \longrightarrow \mathcal{H}^0(\mathcal{H}om^{\cdot}_{S/\Sigma}(\hat{A}[-1],I^{\cdot})) \ .$$

On obtient donc ainsi un homomorphisme

$$\Phi'_A : \mathbb{D}(A)^{\vee} \longrightarrow \mathbb{D}(\hat{A}) \ . \tag{5.2.4.3}$$

Lemme 5.2.5. *L'homomorphisme* Φ'_A *est égal à l'isomorphisme* Φ_A *défini en* 5.1.7.

Soit, pour tout groupe E, $\varepsilon_E : \mathbb{Z}[E] \longrightarrow E$ l'homomorphisme d'augmentation. La source du morphisme $\varepsilon_{\underline{\hat{A}}} \overset{\mathbb{L}}{\otimes} \varepsilon_{\underline{A}} : \mathbb{Z}[\underline{\hat{A}}] \overset{\mathbb{L}}{\otimes} \mathbb{Z}[\underline{A}] \longrightarrow \underline{\hat{A}} \overset{\mathbb{L}}{\otimes} \underline{A}$ s'identifie à $\mathbb{Z}[\underline{\hat{A}}] \otimes \mathbb{Z}[\underline{A}] \simeq \mathbb{Z}[\underline{\hat{A}\times A}]$, d'où un morphisme

$$\mathbb{Z}[\underline{\hat{A}\times A}] \longrightarrow \underline{\hat{A}} \overset{\mathbb{L}}{\otimes} \underline{A} \tag{5.2.5.1}$$

qui induit, pour tout complexe de faisceaux abéliens $F \in \mathrm{Ob}(D^+(\underline{\underline{Ab}}_{S/\Sigma}))$, un homomorphisme

$$\mathcal{E}xt^1_{S/\Sigma}(\hat{A} \overset{\mathbb{L}}{\otimes} A, F) \longrightarrow R^1(\hat{\pi}\times\pi)_{\mathrm{CRIS}*}(F|_{\hat{A}\times A}) ,$$

fonctoriel en F. On en déduit un diagramme commutatif

$$\begin{array}{ccc}
\mathcal{E}xt^1_{S/\Sigma}(\underline{\hat{A}} \overset{\mathbb{L}}{\otimes} \underline{A}, \mathbb{G}_m) & \longrightarrow & R^1(\hat{\pi}\times\pi)_{\mathrm{CRIS}*}(\underline{\mathbb{G}}_m) \\
\downarrow \eta & & \downarrow \eta \\
\mathcal{E}xt^1_{S/\Sigma}(\underline{\hat{A}} \overset{\mathbb{L}}{\otimes} \underline{A}, \mathcal{O}_{S/\Sigma}[1]) & \longrightarrow & R^1(\hat{\pi}\times\pi)_{\mathrm{CRIS}*}(\mathcal{O}_{\hat{A}\times A/\Sigma}[1]) \\
\downarrow & & \\
\mathcal{E}xt^1_{S/\Sigma}(\underline{\hat{A}}, \mathbb{R}\mathcal{H}om_{S/\Sigma}(\underline{A}, \mathcal{O}_{S/\Sigma}[1])) & & \downarrow \\
\downarrow & & \\
\mathcal{E}xt^1_{S/\Sigma}(\underline{\hat{A}}, \mathbb{D}(A)) & \xrightarrow{\sim} & R^1\hat{\pi}_{\mathrm{CRIS}*}(\mathcal{O}_{\hat{A}/\Sigma}) \otimes R^1\pi_{\mathrm{CRIS}*}(\mathcal{O}_{A/\Sigma}) \quad ;
\end{array}$$

la flèche verticale inférieure droite est la projection sur la composante de Künneth de type (1,1), l'isomorphisme vertical inférieur gauche et l'isomorphisme horizontal résultent du théorème 2.5.6, et la commutativité du carré inférieur est conséquence de la fonctorialité de l'isomorphisme d'adjonction entre $\overset{\mathbb{L}}{\otimes}$ et $\mathbb{R}\mathcal{H}om$ par rapport à (5.2.5.1).

La biextension de Poincaré définit une section de $\mathcal{E}xt^1_{S/\Sigma}(\underline{\hat{A}} \overset{\mathbb{L}}{\otimes} \underline{A}, \underline{\mathbb{G}}_m)$, dont l'image dans $R^1(\hat{\pi}\times\pi)_{\mathrm{CRIS}*}(\underline{\mathbb{G}}_m)$ est la classe du faisceau de Poincaré ; sa projection sur $R^1\hat{\pi}_{\mathrm{CRIS}*}(\mathcal{O}_{\hat{A}/\Sigma}) \otimes R^1\pi_{\mathrm{CRIS}*}(\mathcal{O}_{A/\Sigma})$ est donc la section ξ_A définie en 5.1.7. D'autre part, compte tenu de la définition de (5.2.1.7), la biextension de Poincaré fournit une section de $\mathcal{E}xt^1_{S/\Sigma}(\hat{A}, \mathbb{D}(A))$ qui correspond au morphisme $\rho_A[1] : \underline{\hat{A}} \longrightarrow \mathbb{D}(A)[1]$. Par conséquent, la fonctorialité de l'isomorphisme du bas par rapport aux formes linéaires u sur $\mathbb{D}(A)$ entraîne que l'homomorphisme $\Phi_A : u \longmapsto (\mathrm{Id}\otimes u)(\xi_A)$ peut encore être décrit comme $u \longmapsto (u\circ\rho_A)[1]$. Mais d'autre part, la définition de $\rho_A^{\vee}$ et l'identification $t_{1]}\mathbb{R}\mathcal{H}om_{S/\Sigma}(\underline{\hat{A}}[-1],\mathcal{O}_{S/\Sigma}) \simeq \mathbb{D}(\hat{A})$ adoptée montrent que $\Phi'_A(u) = (u\circ\rho_A)[1]$.

<u>Remarque</u>. La nullité de $\mathcal{H}om_{S/\Sigma}(\underline{A},\underline{\mathbb{G}}_m)$ et $\mathcal{E}xt^2_{S/\Sigma}(\underline{A},\mathcal{O}_{S/\Sigma})$ permet de déduire de la suite exacte (5.2.1.3) la suite exacte de complexes concentrés en degré 1

$$(5.2.5.2) \qquad 0 \longrightarrow \mathbb{D}(A)[-1] \longrightarrow \mathcal{E}xt^1_{S/\Sigma}(A,\mathcal{U}_{S/\Sigma})[-1] \longrightarrow \hat{A}[-1] \longrightarrow 0 ,$$

et le morphisme de degré 1 qui lui est associé (0.3.2) n'est autre que ρ_A. Translatant cette suite pour obtenir une suite exacte de complexes concentrés en degré 0, et prenant la suite exacte de cohomologie correspondante pour le foncteur $\mathcal{H}om_{S/\Sigma}(-,\mathcal{O}_{S/\Sigma})$, on en tire un homomorphisme cobord

$$\mathcal{H}om_{\mathcal{O}_{S/\Sigma}}(\mathbb{D}(A),\mathcal{O}_{S/\Sigma}) \longrightarrow \mathcal{H}om_{S/\Sigma}(\mathbb{D}(A),\mathcal{O}_{S/\Sigma}) \xrightarrow{\partial} \mathcal{E}xt^1_{S/\Sigma}(\underline{\hat{A}},\mathcal{O}_{S/\Sigma})$$

dont le lecteur vérifiera aisément qu'il coïncide avec Φ_A.

Dans la démonstration ci-dessous de ce que (5.2.4.2) est un isomorphisme, nous utiliserons le lemme élémentaire d'algèbre homologique qui suit, et dont nous laisserons la démonstration en exercice au lecteur.

<u>Lemme</u> 5.2.6. *Soit*

$$\begin{array}{ccccccccc}
 & & 0 & & 0 & & 0 & & \\
 & & \downarrow & & \downarrow & & \downarrow & & \\
0 & \longrightarrow & A' & \xrightarrow{i'} & B' & \xrightarrow{\pi'} & C' & \longrightarrow & 0 \\
 & & \downarrow{\scriptstyle \alpha_A} & & \downarrow{\scriptstyle \alpha_B} & & \downarrow{\scriptstyle \alpha_C} & & \\
0 & \longrightarrow & A & \xrightarrow{i} & B & \xrightarrow{\pi} & C & \longrightarrow & 0 \\
 & & \downarrow{\scriptstyle \beta_A} & & \downarrow{\scriptstyle \beta_B} & & \downarrow{\scriptstyle \beta_C} & & \\
0 & \longrightarrow & A'' & \xrightarrow{i''} & B'' & \xrightarrow{\pi''} & C'' & \longrightarrow & 0 \\
 & & \downarrow & & \downarrow & & \downarrow & & \\
 & & 0 & & 0 & & 0 & &
\end{array}$$

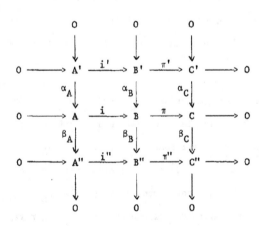

un diagramme commutatif de morphismes de complexes d'une catégorie abélienne, dont les lignes et les colonnes sont exactes. Chaque ligne (resp. colonne) définit par 0.3.2 *un triangle distingué, et les morphismes de degré* 1 *correspondants seront notés* w',w,w'' *(resp.* w_A,w_B,w_C*). Alors le triplet* (w',w,w'') *définit un morphisme de triangles distingués*

$$\begin{array}{ccc} & C'' & \\ {}^{w_C}\swarrow_{+1} & & \nwarrow^{\beta_C} \\ C' & \xrightarrow[\alpha_C]{} & C \end{array} \qquad \longrightarrow \qquad \begin{array}{ccc} & A''[1] & \\ {}^{-w_A[1]}\swarrow_{+1} & & \nwarrow^{\beta_A[1]} \\ A'[1] & \xrightarrow[\alpha_A[1]]{} & A[1] \end{array} \quad .$$

<u>Théorème</u> 5.2.7. *Soit* G *un* S*-groupe fini localement libre. Le morphisme* (5.2.4.2)

$$\Phi_G : \mathbb{A}(G\ )^{\vee}[-1] \longrightarrow \mathbb{A}(G^*)$$

est un isomorphisme, et induit un isomorphisme

$$(5.2.7.1) \qquad \Phi_G^o : \mathcal{H}om_{\mathcal{O}_{S/\Sigma}}(\mathbb{D}(G),\mathcal{O}_{S/\Sigma}) \xrightarrow{\ \sim\ } \mathcal{H}om_{S/\Sigma}(\underline{G}^*,\mathcal{O}_{S/\Sigma}) \ ,$$

ainsi qu'une suite exacte

$$(5.2.7.2) \qquad 0 \longrightarrow \mathcal{E}xt^1_{\mathcal{O}_{S/\Sigma}}(\mathbb{D}(G),\mathcal{O}_{S/\Sigma}) \longrightarrow \mathbb{D}(G^*) \longrightarrow \mathcal{H}om_{\mathcal{O}_{S/\Sigma}}(\mathcal{H}om_{S/\Sigma}(\underline{G},\mathcal{O}_{S/\Sigma}),\mathcal{O}_{S/\Sigma}) \longrightarrow \mathcal{E}xt^2_{\mathcal{O}_{S/\Sigma}}(\mathbb{D}(G),\mathcal{O}_{S/\Sigma}) \longrightarrow 0 \ .$$

Les assertions (5.2.7.1) et (5.2.7.2) résultent de ce que Φ_G est un isomorphisme, grâce à la suite spectrale

$$E_2^{p,q} = \mathcal{E}xt^p_{\mathcal{O}_{S/\Sigma}}(\mathcal{H}^{-q}(\mathbb{A}(G)),\mathcal{O}_{S/\Sigma}) \Longrightarrow \mathcal{E}xt^{p+q}_{\mathcal{O}_{S/\Sigma}}(\mathbb{A}(G),\mathcal{O}_{S/\Sigma})$$

et au fait que $\mathbb{A}(G)$ est d'amplitude parfaite contenue dans $[0,1]$.

Pour vérifier que Φ_G est un isomorphisme, il suffit de le faire localement sur S, de sorte que le théorème de Raynaud permet de supposer que G est plongé dans un schéma abélien A ; posons $B = A/G$. Choisissons d'autre part des résolutions injectives $I^{\cdot}$ de $\mathcal{O}_{S/\Sigma}$, $J^{\cdot}$ de $\mathcal{U}_{S/\Sigma}$, et $K^{\cdot}$ de $\underline{\mathbb{G}}_m$, de manière à avoir une suite exacte de complexes

$$0 \longrightarrow I^\bullet \longrightarrow J^\bullet \longrightarrow K^\bullet \longrightarrow 0$$

résolvant la suite exacte (5.2.1.3).

Comme $\mathcal{E}xt^2_{S/\Sigma}(\underline{B}, \mathcal{O}_{S/\Sigma}) = \mathcal{E}xt^2_{S/\Sigma}(\underline{A}, \mathcal{O}_{S/\Sigma}) = \mathcal{E}xt^1_{S/\Sigma}(\underline{G}, \underline{\mathbb{G}}_m) = 0$, l'exactitude des lignes et des colonnes du diagramme

$$\begin{array}{ccccccccc}
 & & 0 & & 0 & & 0 & & \\
 & & \downarrow & & \downarrow & & \downarrow & & \\
0 & \longrightarrow & t_{1]}\mathcal{H}om^\bullet(\underline{B},I^\bullet) & \longrightarrow & t_{1]}\mathcal{H}om^\bullet(\underline{B},J^\bullet) & \longrightarrow & t_{1]}\mathcal{H}om^\bullet(\underline{B},K^\bullet) & \longrightarrow & 0 \\
 & & \downarrow & & \downarrow & & \downarrow & & \\
0 & \longrightarrow & t_{1]}\mathcal{H}om^\bullet(\underline{A},I^\bullet) & \longrightarrow & t_{1]}\mathcal{H}om^\bullet(\underline{A},J^\bullet) & \longrightarrow & t_{1]}\mathcal{H}om^\bullet(\underline{A},K^\bullet) & \longrightarrow & 0 \\
 & & \downarrow & & \downarrow & & \downarrow & & \\
0 & \longrightarrow & t_{1]}\mathcal{H}om^\bullet(\underline{G},I^\bullet) & \longrightarrow & t_{1]}\mathcal{H}om^\bullet(\underline{G},J^\bullet) & \longrightarrow & t_{1]}\mathcal{H}om^\bullet(\underline{G},K^\bullet) & \longrightarrow & 0 \\
 & & \downarrow & & \downarrow & & \downarrow & & \\
 & & 0 & & 0 & & 0 & &
\end{array}$$

résulte immédiatement de celle du diagramme analogue de complexes non tronqués. Le lemme précédent nous fournit donc un morphisme de triangles distingués

(5.2.7.1)
$$\begin{array}{ccc}
 & \underline{G}^* & \\
{}^{+1}\swarrow & & \nwarrow \\
\underline{\hat{B}}[-1] & \longrightarrow & \underline{\hat{A}}[-1]
\end{array}
\quad\longrightarrow\quad
\begin{array}{ccc}
 & \Delta(G)[1] & \\
{}^{+1}\swarrow & & \nwarrow \\
\mathbb{D}(B) & \longrightarrow & \mathbb{D}(A)
\end{array} ,$$

donné par (ρ_B,ρ_A,ρ_G) d'après la remarque de 5.2.1 . On en déduit par transposition et troncation à l'ordre 1 le morphisme de triangles distingués $(\rho_G^\vee,\rho_A^\vee,\rho_B^\vee)$

(5.2.7.2)
$$\begin{array}{ccc}
 & \mathbb{D}(B)^\vee & \\
{}^{+1}\swarrow & & \nwarrow \\
\mathbb{R}\mathcal{H}om_{\mathcal{O}_{S/\Sigma}}(\Delta(G)[1],\mathcal{O}_{S/\Sigma}) & \longrightarrow & \mathbb{D}(A)^\vee
\end{array}
\quad\longrightarrow\quad
\begin{array}{ccc}
 & t_{1]}\mathbb{R}\mathcal{H}om_{S/\Sigma}(\underline{\hat{B}}[-1],\mathcal{O}_{S/\Sigma}) & \\
{}^{+1}\swarrow & & \nwarrow \\
\Delta(G^*) & \longrightarrow & t_{1]}\mathbb{R}\mathcal{H}om_{S/\Sigma}(\underline{\hat{A}}[-1],\mathcal{O}_{S/\Sigma})
\end{array} .$$

Comme il résulte de 5.2.5 et 5.1.8 que $\rho_A^\vee$ et $\rho_B^\vee$ sont des isomorphismes, il en est de même de même de $\rho_G^\vee$, donc de Φ_G.

5.2.8. Soit

(5.2.8.1) $$0 \longrightarrow G \xrightarrow{i} A \xrightarrow{u} B \longrightarrow 0$$

une résolution d'un S-groupe fini localement libre par des S-schémas abéliens ; nous voulons maintenant expliciter l'isomorphisme Φ_G en termes des isomorphismes Φ_A et Φ_B, au moyen de l'identification (3.1.2.1). L'immersion i définit dans $D(\underline{\underline{Ab}}_{S/\Sigma})$ un isomorphisme

(5.2.8.2) $$i : \underline{G} \xrightarrow{\sim} [\underline{A} \xrightarrow{u} \underline{B}]$$

entre $\underline{G}$ et le complexe $\underline{A} \xrightarrow{u} \underline{B}$, de longueur 1 et dans lequel $\underline{A}$ est placé en degré 0. En utilisant la nullité, pour un schéma abélien, de $\mathcal{H}om_{S/\Sigma}(-,\mathcal{O}_{S/\Sigma})$ et $\mathcal{E}xt^2_{S/\Sigma}(-,\mathcal{O}_{S/\Sigma})$, ainsi que les conventions de 0.3.7, nous en avons déduit en 3.1.2 un isomorphisme

(5.2.8.3) $$\mathbb{\Delta}(i) : \mathbb{\Delta}(G) \simeq [\mathbb{D}(B) \xrightarrow{-\mathbb{D}(u)} \mathbb{D}(A)].$$

On en tire les isomorphismes

(5.2.8.4) $$(\mathbb{\Delta}(i)[1])^\vee : (\mathbb{\Delta}(G)[1])^\vee \simeq [\mathbb{D}(A)^\vee \xrightarrow{-\mathbb{D}(u)^\vee} \mathbb{D}(B)^\vee] \quad ,$$

(5.2.8.5) $$(\mathbb{\Delta}(i))^\vee[-1] : (\mathbb{\Delta}(G))^\vee[-1] \simeq [\mathbb{D}(A)^\vee \xrightarrow{\mathbb{D}(u)^\vee} \mathbb{D}(B)^\vee] \quad .$$

D'autre part, les mêmes conventions appliquées au foncteur $\mathbb{R}\mathcal{H}om_{S/\Sigma}(-,\underline{\mathbb{G}}_m)$ fournissent un isomorphisme

(5.2.8.6) $$i^* : \underline{G}^* \simeq [\underline{\hat{B}} \xrightarrow{-\hat{u}} \underline{\hat{A}}] \ ,$$

dans lequel on vérifie d'ailleurs aisément que $i^* : \underline{G}^* \longrightarrow \underline{\hat{B}}$ n'est autre que l'homomorphisme cobord relatif au foncteur $\mathcal{H}om_{S/\Sigma}(-,\underline{\mathbb{G}}_m)$ et à la suite exacte (5.2.8.1). On en tire enfin l'isomorphisme

(5.2.8.7) $$\mathbb{\Delta}(i^*) : \mathbb{\Delta}(G^*) \simeq [\mathbb{D}(\hat{A}) \xrightarrow{\mathbb{D}(\hat{u})} \mathbb{D}(\hat{B})] \ .$$

<u>Proposition</u> 5.2.9. *Avec les notations et les hypothèses de 5.2.8, le diagramme*

$$(5.2.9.1)\qquad \begin{array}{ccccc} (\mathbb{A}(G))^\vee[-1] & \xrightarrow{(\mathbb{A}(i))^\vee[-1]} & [\,\mathbb{D}(A)^\vee & \xrightarrow{\mathbb{D}(u)^\vee} & \mathbb{D}(B)^\vee] \\ \Big\downarrow{\scriptstyle \Phi_G} & & & & \Big\downarrow{\scriptstyle (\Phi_A,\Phi_B)} \\ \mathbb{A}(G^*) & \xrightarrow{\mathbb{A}(i^*)} & [\,\mathbb{D}(\hat{A}) & \xrightarrow{\mathbb{D}(\hat{u})} & \mathbb{D}(\hat{B})] \end{array}$$

est commutatif.

Pour le vérifier, il suffit de prouver que le diagramme analogue où l'on remplace (5.2.8.5) par (5.2.8.4), et Φ_G, (Φ_A,Φ_B) par $\rho_G^\vee$, $(\rho_A^\vee,-\rho_B^\vee)$, est commutatif. Soient $I^\cdot$ et $J^\cdot$ des résolutions injectives de $\underline{\mathbb{G}}_m$ et $\mathcal{O}_{S/\Sigma}$, et $\eta : I^\cdot \longrightarrow J^\cdot[1]$ un morphisme de complexes définissant η. Comme, pour tout complexe $H^\cdot$, le morphisme $\rho_{H^\cdot}^\vee$ est défini par fonctorialité à partir de η, on voit immédiatement, par définition du complexe $\mathcal{H}om^\cdot_{S/\Sigma}(H^\cdot,K^\cdot)$ associé à deux complexes $H^\cdot$, $K^\cdot$, que $\rho_G^\vee$ s'identifie à $(\rho_A^\vee,\rho_{B[-1]}^\vee)$; il suffit donc de vérifier, que, en utilisant pour $B[-1]$ les identifications utilisées pour le complexe $[A \xrightarrow{u} B]$ dans les isomorphismes (5.2.8.3) à (5.2.8.7), on a

$$(5.2.9.2)\qquad \rho_{B[-1]}^\vee = -(\rho_B^\vee)[-1]\ .$$

Le morphisme $\rho_{B[-1]} : \hat{B} \longrightarrow \mathbb{D}(B)[1]$ est défini dans la catégorie dérivée par le diagramme suivant, où $\underline{\hat{B}}$ est en degré zéro :

$$\begin{array}{ccc} 0 & \longrightarrow & \underline{\hat{B}} \\ \Big\uparrow & \text{qis} & \Big\uparrow \\ \mathcal{H}om_{S/\Sigma}(\underline{B},I^0) & \xrightarrow{d_I^0} & \mathcal{H}om_{S/\Sigma}(\underline{B},Z^1(I^\cdot)) \\ \Big\downarrow{\scriptstyle \eta^0} & & \Big\downarrow{\scriptstyle \eta^1} \\ \mathcal{H}om_{S/\Sigma}(\underline{B},J^1)/\mathcal{H}om_{S/\Sigma}(\underline{B},J^0) & \xrightarrow{-d_J^1} & \mathcal{H}om_{S/\Sigma}(\underline{B},Z^2(J^\cdot)) \\ \Big\uparrow & \text{qis} & \Big\uparrow \\ \mathbb{D}(B) & \longrightarrow & 0 \end{array} \quad ;$$

les quasi-isomorphismes sont donnés par (0.3.7), et se déduisent donc des quasi-isomorphismes analogues dans la définition de ρ_B par décalage des degrés, sans changement de signe ; il en résulte aussitôt que $\rho_{B[-1]} = -\rho_B[1]$. Le morphisme $(-\rho_B[1])^\vee$ induisant un morphisme de degré zéro $\mathbb{D}(B)^\vee[-1] \longrightarrow \mathbb{D}(\hat{B})[-1]$, on voit que $(-\rho_B[1])^\vee = -(\rho_B^\vee)[-1]$, d'où (5.2.9.2) et la commutativité de (5.2.9.1).

On déduit immédiatement de 5.2.9 le corollaire suivant :

<u>Corollaire</u> 5.2.10. *Avec les hypothèses et les notations de 5.2.10, soient* ∂_G *et* ∂_{G^*} *les homomorphismes cobords relatifs aux suites exactes*

$$0 \longrightarrow \underline{G} \xrightarrow{i} \underline{A} \xrightarrow{u} \underline{B} \longrightarrow 0 ,$$

$$0 \longrightarrow \underline{G}^* \xrightarrow{i^*} \hat{\underline{B}} \xrightarrow{-\hat{u}} \hat{\underline{A}} \longrightarrow 0 ,$$

et au foncteur $\mathcal{H}om_{S/\Sigma}(-,\mathcal{O}_{S/\Sigma})$. *Alors le diagramme*

$$\begin{array}{ccccccccccc}
 & & & & & & & \overset{\partial_G^\vee}{\nearrow} & \mathcal{H}om_{S/\Sigma}(\underline{G},\mathcal{O}_{S/\Sigma})^\vee & & \\
 & & & & & & & & \uparrow & & \\
0 & \longrightarrow & \mathbb{D}(G)^\vee & \xrightarrow{\mathbb{D}(i)^\vee} & \mathbb{D}(A)^\vee & \xrightarrow{\mathbb{D}(u)^\vee} & \mathbb{D}(B)^\vee & \longrightarrow & \mathcal{H}^1(\Delta(G)^\vee[-1]) & \longrightarrow & 0 \\
 & & \Phi_G^0 \downarrow \wr & & \Phi_A \downarrow \wr & & \Phi_B \downarrow \wr & & \Phi_G^1 \downarrow \wr & & \\
0 & \longrightarrow & \mathcal{H}om_{S/\Sigma}(\underline{G}^*,\mathcal{O}_{S/\Sigma}) & \xrightarrow{\partial_{G^*}} & \mathbb{D}(\hat{A}) & \xrightarrow{\mathbb{D}(\hat{u})} & \mathbb{D}(\hat{B}) & \longrightarrow & \mathbb{D}(G^*) & \longrightarrow & 0
\end{array}$$

est commutatif.

Explicitons maintenant, comme en 5.1.5, la relation liant les isomorphismes Φ_G et Φ_{G^*}. Nous utiliserons le lemme général suivant.

<u>Lemme</u> 5.2.11. *Soit* $(\mathcal{C},\mathcal{O})$ *un topos annelé (en anneaux commutatifs), et, pour tout* $M \in \mathrm{Ob}(D^-(\mathcal{O}))$, *soit* $M^\vee = \mathbb{R}\mathcal{H}om_{\mathcal{O}}(M,\mathcal{O})$. *Si* M *est tel qu'il existe un entier* n *tel que* $t_{n]}(M^\vee)$ *soit parfait, alors l'homomorphisme canonique*

(5.2.11.1) $$\mathrm{Hom}_{\mathcal{O}}((t_{n]}(M^\vee))^\vee,N) \longrightarrow \mathrm{Hom}_{\mathcal{O}}(M,N)$$

induit par l'homomorphisme $M \longrightarrow (M^\vee)^\vee \longrightarrow (t_{n]}(M^\vee))^\vee$ *est un isomorphisme pour tout complexe parfait* N *dont l'amplitude parfaite est contenue dans* $[-n,+\infty[$.

Comme $t_{n]}(M^\vee)$ est parfait, il existe un isomorphisme canonique

$$\mathrm{Hom}_{\mathcal{O}}((t_{n]}(M^\vee))^\vee, N) \xrightarrow{\sim} \mathrm{Hom}_{\mathcal{O}}(\mathcal{O}, (t_{n]}(M^\vee)) \overset{\mathbb{L}}{\otimes}_{\mathcal{O}} N) .$$

D'autre part, N étant d'amplitude parfaite contenue dans $[-n,+\infty[$, le morphisme

$$t_{0]}(t_{n]}(M^\vee) \overset{\mathbb{L}}{\otimes}_{\mathcal{O}} N) \longrightarrow t_{0]}(M^\vee \overset{\mathbb{L}}{\otimes}_{\mathcal{O}} N)$$

est un isomorphisme. On en déduit les isomorphismes

$$\begin{aligned} \mathrm{Hom}_{\mathcal{O}}((t_{n]}(M^\vee))^\vee, N) &\xrightarrow{\sim} \mathrm{Hom}_{\mathcal{O}}(\mathcal{O}, M^\vee \overset{\mathbb{L}}{\otimes}_{\mathcal{O}} N) \\ &\xrightarrow{\sim} \mathrm{Hom}_{\mathcal{O}}(\mathcal{O}, \mathbb{R}\mathcal{H}om_{\mathcal{O}}(M,N)) \\ &\xrightarrow{\sim} \mathrm{Hom}_{\mathcal{O}}(M,N) . \end{aligned}$$

On vérifie immédiatement que cet homomorphisme composé est bien (5.2.11.1).

<u>Lemme</u> 5.2.12. *Soient* G *un* S*-groupe fini localement libre, et*

$$\rho_G : \underline{G}^* \longrightarrow \mathbb{\Delta}(G)[1],$$
$$\rho'_G : \underline{G} \longrightarrow \mathbb{\Delta}(G^*)[1],$$

les morphismes déduits de l'accouplement

$$\underline{G}^* \times \underline{G} \longrightarrow \underline{\mathbb{G}}_m \xrightarrow{\eta} \mathcal{O}_{S/\Sigma}[1]$$

comme en 5.2.1. *Alors le diagramme*

(5.2.12.1)
$$\begin{array}{ccc} \underline{G} & \xrightarrow{\rho'_G} & \mathbb{\Delta}(G^*)[1] \\ {\scriptstyle i_G}\downarrow & & \downarrow{\scriptstyle \rho_G^\vee[1]} \\ \mathbb{\Delta}(G)^\vee & \underset{\sim}{\xrightarrow{\varepsilon}} & (\mathbb{\Delta}(G)[1])^\vee[1] \end{array} ,$$

où i_G *est le "morphisme de bidualité"* $\underline{G} \longrightarrow \mathbb{R}\mathcal{H}om_{\mathcal{O}}(t_{1]}\mathbb{R}\mathcal{H}om_{S/\Sigma}(\underline{G},\mathcal{O}_{S/\Sigma}),\mathcal{O}_{S/\Sigma})$, ε *l'isomorphisme* (0.3.5.2), *et* $\rho_G^\vee$ *est défini en* 5.2.4, *est anti-commutatif.*

Observons d'abord que le diagramme

$$\begin{array}{ccc} \underline{G}^* \overset{\mathbb{L}}{\otimes} \underline{G} & \longrightarrow & \mathcal{O}_{S/\Sigma}[1] \\ {\scriptstyle \rho_G \otimes Id}\big\downarrow & & \big\| \\ \mathbb{D}(G)[1] \overset{\mathbb{L}}{\otimes} \underline{G} & \longrightarrow & \mathcal{O}_{S/\Sigma}[1] \end{array} ,$$

où l'accouplement du bas est induit par le morphisme canonique

$$(t_{0]}\mathbb{R}\mathcal{H}om_{S/\Sigma}(\underline{G}, \mathcal{O}_{S/\Sigma}[1])) \overset{\mathbb{L}}{\otimes} \underline{G} \longrightarrow \mathcal{O}_{S/\Sigma}[1] ,$$

est commutatif : si $L^\cdot$ est une résolution plate de $\underline{G}$, $I^\cdot$ et $J^\cdot$ des résolutions injectives de $\underline{\mathbb{G}}_m$ et $\mathcal{O}_{S/\Sigma}[1]$, et $\eta : I^\cdot \longrightarrow J^\cdot$ une flèche réalisant le le morphisme (5.2.1.4), cet accouplement est en effet induit par

$$\begin{array}{ccc} (t_{0]}\mathcal{H}om^\cdot_{S/\Sigma}(L^\cdot, I^\cdot)) \otimes L^\cdot & \xrightarrow{\eta \circ v_{I^\cdot}} & J^\cdot \\ {\scriptstyle Hom(.,\eta)\otimes Id}\big\downarrow & & \big\| \\ (t_{0]}\mathcal{H}om^\cdot_{S/\Sigma}(L^\cdot, J^\cdot)) \otimes L^\cdot & \xrightarrow{v_{J^\cdot}} & J^\cdot \end{array} ,$$

où $v_{K^\cdot} : (t_{0]}\mathcal{H}om^\cdot_{S/\Sigma}(L^\cdot, K^\cdot)) \otimes L^\cdot \longrightarrow K^\cdot$ est le morphisme canonique, pour tout complexe $K^\cdot$. Par conséquent, le triangle

$$\begin{array}{ccc} \underline{G} & \xrightarrow{\rho'_G} & \mathbb{D}(G^*)[1] \\ & {\scriptstyle i'_G}\searrow & \big\uparrow {\scriptstyle \rho_G^\vee[1]} \\ & & (\mathbb{D}(G)[1])^\vee[1] \end{array} ,$$

où i'_G est le morphisme de bidualité relatif à $\mathcal{O}_{S/\Sigma}[1]$, est commutatif. Mais d'autre part, l'isomorphisme canonique

$$\varepsilon : \mathbb{D}(G)^\vee \xrightarrow{\sim} (\mathbb{D}(G)[1])^\vee[1]$$

est donné par $(-1)^{k+1}$ en degré k, et transforme donc i_G en $-i'_G$, d'où l'anticommutativité de (5.2.12.1).

<u>Proposition</u> 5.2.13. *Soit* G *un* S-*groupe fini localement libre. Alors le diagramme*

$$(5.2.13.1)\qquad \begin{array}{ccccc}
\Delta(G^*)^\vee[-1] & \xrightarrow{\Phi_G^\vee[-1]} & (\Delta(G)^\vee[-1])^\vee[-1] & \xrightarrow{\sim} & \Delta(G)^{\vee\vee} \\
\Vert & & & & \uparrow\wr \\
\Delta(G^*)^\vee[-1] & \xrightarrow{\Phi_{G^*}} & \Delta(G^{**}) & \xrightarrow{\sim} & \Delta(G)
\end{array}$$

est anti-commutatif.

Remarquons d'abord que pour prouver l'anti-commutativité de (5.2.13.1), il suffit de la prouver après composition avec

$$i_{G^*}[-1] \ : \ \underline{G}^*[-1] \longrightarrow \Delta(G^*)^\vee[-1] \ .$$

En effet, le lemme 5.2.11, appliqué avec $M = \underline{G}^* \overset{\mathbb{L}}{\otimes}_{\mathbb{Z}} \mathcal{O}_{S/\Sigma}$, $N = \Delta(G)[1]$, et $n = 1$, montre qu'il suffit qu'il soit anti-commutatif après composition avec $\underline{G}^* \overset{\mathbb{L}}{\otimes}_{\mathbb{Z}} \mathcal{O}_{S/\Sigma}[-1] \longrightarrow \Delta(G^*)^\vee[-1]$, et, par adjonction, il suffit encore qu'il en soit ainsi après composition avec $i_{G^*}[-1]$.

Le morphisme $\underline{G}^*[-1] \longrightarrow \Delta(G)$ obtenu en parcourant la ligne supérieure n'est autre que $\rho_G[-1]$. En effet, la fonctorialité du morphisme de bidualité, appliquée à ρ_G, donne après translation un diagramme commutatif

$$\begin{array}{ccccc}
\underline{G}^*[-1] & \xrightarrow{i_{G^*}[-1]} & \Delta(G^*)^\vee[-1] & \searrow^{\Phi_G^\vee[-1]} & \\
\downarrow{\scriptstyle \rho_G[-1]} & & \downarrow{\scriptstyle \rho_G^{\vee\vee}[-1]} & & \\
\Delta(G) & \xrightarrow{i_{\Delta(G)[1]}[-1]} & (\Delta(G)[1])^{\vee\vee}[-1] & \xrightarrow{\sim} & (\Delta(G)^\vee[-1])^\vee[-1] \ .
\end{array}$$

Il suffit donc de voir que le diagramme

$$\begin{array}{ccc}
(\Delta(G)[1])^{\vee\vee}[-1] & \xrightarrow{\sim} & (\Delta(G)^\vee[-1])^\vee[-1] \\
\uparrow{\scriptstyle i_{\Delta(G)[1]}[-1]} & & \downarrow\wr \\
\Delta(G) & \xrightarrow[i_{\Delta(G)}]{\sim} & \Delta(G)^{\vee\vee}
\end{array}$$

est commutatif, ce qui résulte des conventions générales (0.3.4 et 0.3.5).

Comme Φ_{G^*} est le composé de $\rho^\vee_{G^*}$ et de l'isomorphisme canonique $\mathbb{\Delta}(G^*)^\vee[-1] \xrightarrow{\sim} (\mathbb{\Delta}(G^*)[1])^\vee$, le lemme 5.2.12 appliqué à G^* montre que le morphisme $\underline{G}^*[-1] \longrightarrow \mathbb{\Delta}(G)$ obtenu en parcourant la ligne inférieure de (5.2.13.1) est le composé

$$\underline{G}^*[-1] \xrightarrow{-\rho'_{G^*}[-1]} \mathbb{\Delta}(G^{**}) \xrightarrow{\sim} \mathbb{\Delta}(G) \ .$$

Mais la commutativité du diagramme d'accouplements

$$\begin{array}{ccc} \underline{G}^* \overset{\mathbb{L}}{\otimes} \underline{G} & \searrow & \\ \wr\downarrow & & \mathcal{O}_{S/\Sigma}[1] \\ \underline{G}^* \overset{\mathbb{L}}{\otimes} \underline{G}^{**} & \nearrow & \end{array}$$

entraîne celle de

$$\begin{array}{ccc} & \xrightarrow{\rho'_{G^*}} & \mathbb{\Delta}(G^{**})[1] \\ \underline{G}^* & & \wr\downarrow \\ & \xrightarrow{\rho_G} & \mathbb{\Delta}(G)[1] \end{array} ,$$

de sorte que la ligne inférieure de (5.2.13.1) donne $-\rho_G[-1]$.

<u>Remarque</u> : Lorsque G est plongé dans un schéma abélien A, la proposition résulte immédiatement de 5.1.5, en explicitant le diagramme (5.2.13.1) grâce à 5.2.9.

5.2.14. Pour tout S-groupe fini localement libre G, nous avons construit en 3.2.10 un triangle distingué

$$\begin{array}{ccc} & \ell^{G^*\vee} & \\ {}^{+1}\swarrow & & \nwarrow \\ \ell^G[-1] & \longrightarrow & \mathbb{\Delta}(G)_S \end{array} ,$$

analogue à la filtration de Hodge sur le cristal de Dieudonné d'un schéma abélien ; on peut alors donner pour les groupes finis un énoncé de compatibilité entre l'isomorphisme de dualité et la "filtration de Hodge", semblable à 5.1.4.

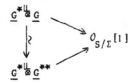

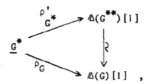

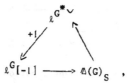

En dualisant et translatant le triangle précédent (cf. 0.3.1), on obtient un triangle distingué

(5.2.14.1)
$$\begin{array}{ccc} & (\ell^{G}[-1])^{\vee}[-1] & \\ {}^{+1}\swarrow & & \nwarrow \\ (\ell^{G^*})^{\vee\vee}[-1] & \longrightarrow & \mathbb{A}(G)^{\vee}_{S}[-1] \;. \end{array}$$

Soient

$$\varepsilon^{o} : (\ell^{G^*})^{\vee\vee}[-1] \xrightarrow{\sim} \ell^{G^*}[-1] \;,$$

$$\varepsilon^{1} : (\ell^{G}[-1])^{\vee}[-1] \xrightarrow{\sim} \ell^{G\vee} \xrightarrow{\sim} \ell^{G^{**}\vee} \;,$$

les isomorphismes canoniques.

<u>Proposition</u> 5.2.15. *Le triplet* $(\varepsilon^{o}, \phi_{G}, -\varepsilon^{1})$ *définit un isomorphisme du triangle distingué* (5.2.14.1) *sur le triangle distingué* (3.2.10.2) *relatif à* G^* :

$$\begin{array}{ccc} & (\ell^{G}[-1])^{\vee}[-1] & \\ {}^{+1}\swarrow & & \nwarrow \\ (\ell^{G^*})^{\vee\vee}[-1] & \longrightarrow & \mathbb{A}(G)^{\vee}_{S}[-1] \end{array} \quad \xrightarrow{\sim} \quad \begin{array}{ccc} & \ell^{G^{**}\vee} & \\ {}^{+1}\swarrow & & \nwarrow \\ \ell^{G^*}[-1] & \longrightarrow & \mathbb{A}(G^*)_{S} \;. \end{array}$$

Ce résultat n'étant pas utilisé par la suite dans le cas général, nous nous limiterons pour simplifier à le vérifier lorsque G est plongé dans un schéma abélien A , donnant des suites exactes duales (cf. 5.2.8)

$$0 \longrightarrow G \xrightarrow{i} A \xrightarrow{u} B \longrightarrow 0 \;,$$

$$0 \longrightarrow G^* \xrightarrow{i^*} \hat{B} \xrightarrow{-\hat{u}} \hat{A} \longrightarrow 0 \;.$$

Les conventions de signe de 0.3, et les identifications de 5.2.8, donnent alors dans le triangle de gauche

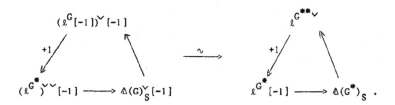

$$\ell^G[-1] \simeq [\omega_B \xrightarrow{-du} \omega_A] \quad , \quad (\ell^G[-1])^\vee[-1] \simeq [\omega_A^\vee \xrightarrow{du^\vee} \omega_B^\vee] \ ,$$

$$\mathbb{A}(G) \simeq [\mathbb{D}(B) \xrightarrow{-\mathbb{D}(u)} \mathbb{D}(A)], \quad \mathbb{A}(G)^\vee_S[-1] \simeq [\mathbb{D}(A)^\vee_S \xrightarrow{\mathbb{D}(u)^\vee} \mathbb{D}(B)^\vee_S] \ ,$$

$$\ell^{G^*} \simeq [\omega_{\hat{A}} \xrightarrow{-d\hat{u}} \omega_{\hat{B}}] \quad , \quad (\ell^{G^*})^{\vee\vee}[-1] \simeq [\omega^{\vee\vee}_{\hat{A}} \xrightarrow{-(d\hat{u})^{\vee\vee}} \omega^{\vee\vee}_{\hat{B}}] \ .$$

L'isomorphisme de foncteurs $j : \omega^\vee \xrightarrow{\sim} \mathscr{L}ie$, où $\omega^\vee$ est le composé de deux foncteurs contravariants, donne, par extension aux complexes selon 0.3.4,

$$\begin{array}{cccc} (\ell^{G^*})^\vee \simeq & [\omega^\vee_{\hat{B}} & \xrightarrow{(d\hat{u})^\vee} & \omega^\vee_{\hat{A}}] \\ & j \downarrow \wr & & \wr \downarrow -j \\ & [\mathscr{L}ie(\hat{B}) & \xrightarrow{-\mathscr{L}ie(\hat{u})} & \mathscr{L}ie(\hat{A})] \end{array} \ ,$$

d'où l'on déduit en appliquant $(-)^\vee[-1]$:

$$\begin{array}{cccc} (\ell^{G^*})^{\vee\vee}[-1] \simeq & [\omega^{\vee\vee}_{\hat{A}} & \xrightarrow{-(d\hat{u})^{\vee\vee}} & \omega^{\vee\vee}_{\hat{B}}] \\ & -j^\vee \uparrow \wr & & \wr \uparrow j^\vee \\ & [\mathscr{L}ie(\hat{A})^\vee & \xrightarrow{\mathscr{L}ie(\hat{u})^\vee} & \mathscr{L}ie(\hat{B})^\vee] \end{array} \ .$$

On obtient de même dans le triangle de droite

$$\ell^{G^{**}} \simeq [\omega_{\hat{\hat{B}}} \xrightarrow{d\hat{\hat{u}}} \omega_{\hat{\hat{A}}}] \ , \quad \begin{array}{cccc} (\ell^{G^{**}})^\vee \simeq & [\omega^\vee_{\hat{\hat{A}}} & \xrightarrow{-d\hat{\hat{u}}^\vee} & \omega^\vee_{\hat{\hat{B}}}] \\ & j \downarrow \wr & & \wr \downarrow -j \\ & [\mathscr{L}ie(\hat{\hat{A}}) & \xrightarrow{\mathscr{L}ie(\hat{\hat{u}})} & \mathscr{L}ie(\hat{\hat{B}})] \end{array} ,$$

$$\mathbb{A}(G^*)_S \simeq [\mathbb{D}(\hat{A})_S \xrightarrow{\mathbb{D}(\hat{u})} \mathbb{D}(\hat{B})_S] \ ,$$

$$\ell^{G^*}[-1] \simeq [\omega_{\hat{A}} \xrightarrow{d\hat{u}} \omega_{\hat{B}}] \ .$$

Compte tenu de 5.2.9, le couple (ε^0, ϕ_G) est représenté par le diagramme commutatif (cf. 5.1) :

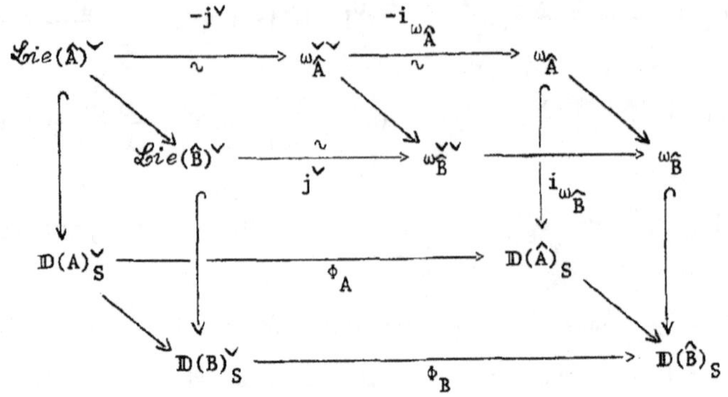

De même, le couple $(\Phi_G, -\varepsilon^1)$ est représenté par le diagramme

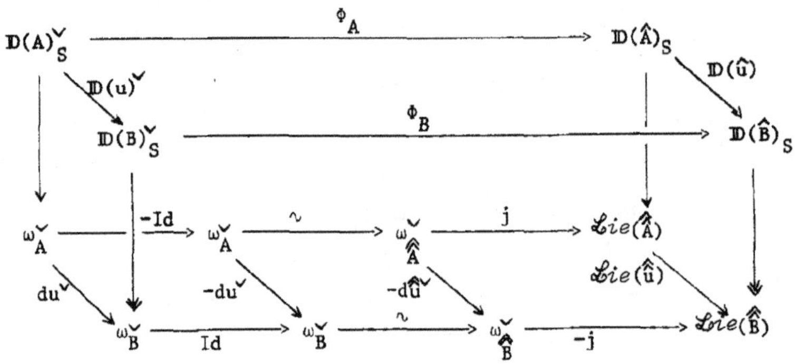

,

dont la commutativité résulte encore de 5.1.10. Enfin, le morphisme $(-\varepsilon^1, \varepsilon^\circ[1])$ est obtenu par passage aux complexes simples associés à partir du diagramme de morphismes de bicomplexes suivant (où par abus de langage nous employons la notation dans la catégorie dérivée pour les complexes explicités plus haut, et où chaque arête verticale doit être vue comme un bicomplexe, le degré à l'intérieur de chaque complexe étant le deuxième degré, et $(\ell^G[-1])^\vee[-1]$ placé en premier degré 0) :

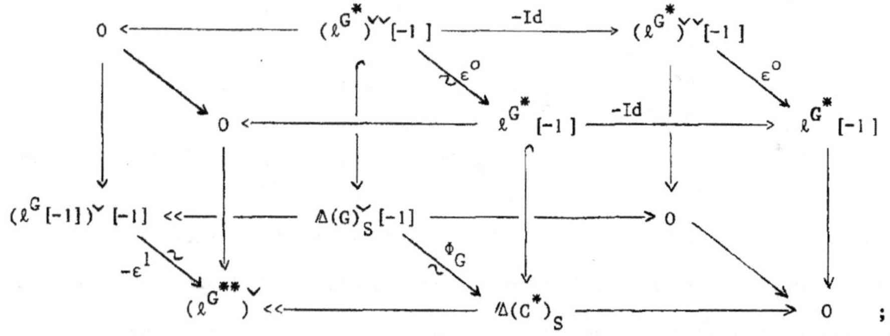

les faces de derrière et de devant représentent les morphismes de degré 1 des deux triangles (5.2.14.1) et (3.2.10.2), et en particulier les morphismes entre complexes simples associés correspondant au cube de gauche sont des quasi-isomorphismes. Compte tenu de la définition du translaté d'un triangle distingué (cf. 0.3.1), les deux inclusions sont les inclusions canoniques, et la commutativité du diagramme résulte de celle des diagrammes précédents.

5.2.16. Considérons une suite exacte courte de S-groupes finis localement libres, ainsi que la suite des duaux de Cartier,

$$0 \longrightarrow G' \xrightarrow{u} G \xrightarrow{v} G'' \longrightarrow 0 ,$$

(5.2.16.1)

$$0 \longrightarrow G''^* \xrightarrow{v^*} G^* \xrightarrow{u^*} G'^* \longrightarrow 0 .$$

La première suite définit un triangle distingué

(5.2.16.2)

$$
\begin{array}{ccc}
& G'' & \\
w \swarrow {\scriptstyle +1} & & \nwarrow v \\
\underline{G'} \xrightarrow{\;\;u\;\;} & & \underline{G}
\end{array}
$$

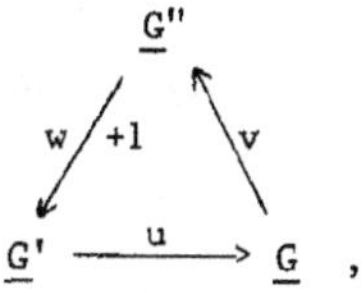

et le morphisme $\eta : \underline{\mathbb{G}}_m \longrightarrow 0_{S/\Sigma}[1]$ donne un morphisme entre les triangles distingués obtenus en appliquant à (5.2.16.2) les foncteurs contravariants $\mathbb{R}\mathcal{H}om_{S/\Sigma}(-,\underline{\mathbb{G}}_m)$ et $\mathbb{R}\mathcal{H}om_{S/\Sigma}(-,0_{S/\Sigma}[1])$ et en tronquant

(5.2.16.3)
$$\begin{array}{ccc} & \underline{G}'^{*} & \\ {}^{+1}\swarrow & & \nwarrow u^{*} \\ \underline{G}''^{*} & \longrightarrow & \underline{G} \end{array} \xrightarrow{(\rho_{G''},\rho_{G},\rho_{G'})} \begin{array}{ccc} & t_{0]}\mathbb{R}\mathcal{H}om_{S/\Sigma}(\underline{G}',\mathcal{O}_{S/\Sigma}[1]) & \\ \partial_{\mathcal{O}[1]}\swarrow {}^{+1} & & \nwarrow \\ t_{0]}\mathbb{R}\mathcal{H}om_{S/\Sigma}(\underline{G}'',\mathcal{O}_{S/\Sigma}[1]) & \rightarrow & t_{0]}\mathbb{R}\mathcal{H}om_{S/\Sigma}(\underline{G},\mathcal{O}_{S/\Sigma}[1]) \end{array},$$

où $\partial_{\mathcal{O}[1]}$ est le morphisme cobord associé à (5.2.16.2) et au foncteur $\mathbb{R}\mathcal{H}om_{S/\Sigma}(-,\mathcal{O}_{S/\Sigma}[1])$ selon 0.3.6. De même, nous noterons $\partial_{\mathcal{O}}$ le morphisme analogue associé à (5.2.16.2) et au foncteur $\mathbb{R}\mathcal{H}om_{S/\Sigma}(-,\mathcal{O}_{S/\Sigma})$; l'identification $\mathcal{H}om^{\cdot}(K^{\cdot},L^{\cdot}[1]) \simeq \mathcal{H}om^{\cdot}(K^{\cdot},L^{\cdot})[1]$ fournit d'après 0.3.1 la relation

$$\partial_{\mathcal{O}[1]} = - \partial_{\mathcal{O}}[1] .$$

Les conventions de signes de 0.3 donnent le résultat élémentaire suivant :

<u>Lemme</u> 5.2.17. *Soient* F *un foncteur contravariant exact, et* $\beta : F(X[1]) \xrightarrow{\sim} F(X)[-1]$ *l'isomorphisme canonique (défini par* $(-1)^n$ *en degré* n*). Si*

$$\begin{array}{ccc} & Z & \\ w\swarrow {}^{+1} & & \nwarrow v \\ X & \xrightarrow[u]{} & Y \end{array}$$

est un triangle distingué, et si $TF(w) : F(X) \longrightarrow F(Z)[1]$ *désigne le morphisme composé*

$$F(X) \xrightarrow{\beta^{-1}[1]} F(X[1])[1] \xrightarrow{F(w)[1]} F(Z)[1] ,$$

alors β^{-1} *définit un isomorphisme de triangles distingués*

$$\begin{array}{ccc} & F(X)[-1] & \\ -TF(w)[-1] \swarrow {}^{+1} & & \nwarrow F(u)[-1] \\ F(Z)[-1] & \xrightarrow[F(v)[-1]]{} & F(Y)[-1] \end{array} \longrightarrow \begin{array}{ccc} & F(X[1]) & \\ TF(-w[1]) \swarrow {}^{+1} & & \nwarrow F(u[1]) \\ F(Z[1]) & \xrightarrow[F(v[1])]{} & F(Y[1]) \end{array} .$$

<u>Proposition</u> 5.2.18. *Sous les hypothèses de 5.2.16, le triplet* $(\Phi_{G'},\Phi_{G},\Phi_{G''})$ *définit un isomorphisme*

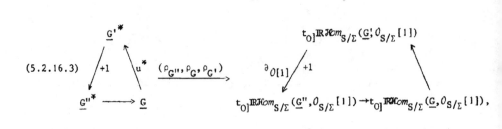

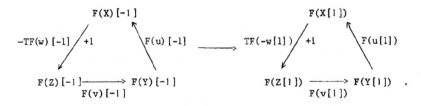

$$\begin{array}{ccc}
\begin{array}{ccc} & \mathbb{\Delta}(G'')^{\vee}[-1] & \\ {}^{-T\partial_{\mathcal{O}}^{\vee}[-1]}\swarrow^{+1} & & \nwarrow \\ \mathbb{\Delta}(G')^{\vee}[-1] & \longrightarrow & \mathbb{\Delta}(G)^{\vee}[-1] \end{array}
& \xrightarrow{\ \Phi\ } &
\begin{array}{ccc} & \mathbb{\Delta}(G''^{*}) & \\ \swarrow^{+1} & & \nwarrow \\ \mathbb{\Delta}(G'^{*}) & \longrightarrow & \mathbb{\Delta}(G^{*}) \end{array}
\end{array}$$

du triangle distingué obtenu en dualisant et translatant le triangle (3.1.6.1) *sur le triangle distingué* (3.1.6.1) *relatif à la suite des duaux de Cartier.*

En appliquant le foncteur $\mathbb{R}\mathcal{H}om_{S/\Sigma}(-,\mathcal{O}_{S/\Sigma})$ (resp. $\mathbb{R}\mathcal{H}om_{\mathcal{O}_{S/\Sigma}}(-,\mathcal{O}_{S/\Sigma})$) au morphisme (5.2.16.3), et en utilisant la relation $\partial_{\mathcal{O}[1]} = -\partial_{\mathcal{O}}[1]$, on obtient un isomorphisme de triangles distingués

$$\begin{array}{ccc}
\begin{array}{ccc} & (\mathbb{\Delta}(G'')[1])^{\vee} & \\ {}^{-T(\partial_{\mathcal{O}}[1])^{\vee}}\swarrow^{+1} & & \nwarrow \\ (\mathbb{\Delta}(G')[1])^{\vee} & \longrightarrow & (\mathbb{\Delta}(G)[1])^{\vee} \end{array}
& \xrightarrow{\ \sim\ } &
\begin{array}{ccc} & \mathbb{\Delta}(G''^{*}) & \\ \swarrow^{+1} & & \nwarrow \\ \mathbb{\Delta}(G'^{*}) & \longrightarrow & \mathbb{\Delta}(G^{*}) \end{array}
\end{array} ,$$

et le lemme 5.2.17 permet d'achever la démonstration.

Le corollaire suivant sera utile dans l'étude du diagramme de bidualité pour un groupe p-divisible.

Corollaire 5.2.19. *Sous les hypothèses de* 5.2.16, *supposons que* Σ *et* G' *soient tels que* $\mathbb{D}(G')$ *soit localement libre sur* $\mathcal{O}_{S/\Sigma}$ *(ce qui entraîne que* $\mathcal{H}om_{S/\Sigma}(\underline{G}',\mathcal{O}_{S/\Sigma})$ *l'est également d'après* 3.1.2 (i)). *Alors* $\mathcal{H}^1(\mathbb{\Delta}(G')^{\vee}[-1])$ *est canoniquement isomorphe à* $\mathcal{H}om_{S/\Sigma}(\underline{G}',\mathcal{O}_{S/\Sigma})^{\vee}$, *et le diagramme suivant est commutatif :*

$$\begin{array}{ccc}
\mathbb{D}(G'')^{\vee} = \mathcal{E}xt^1_{S/\Sigma}(\underline{G}'',\mathcal{O}_{S/\Sigma})^{\vee} & \xrightarrow[\sim]{\Phi^0_{G''}} & \mathcal{H}om_{S/\Sigma}(\underline{G}''^{*},\mathcal{O}_{S/\Sigma}) \\
\Big\downarrow {\scriptstyle -\partial^{\vee}} & & \Big\downarrow {\scriptstyle \partial} \\
\mathcal{H}om_{S/\Sigma}(\underline{G}',\mathcal{O}_{S/\Sigma}) & \xrightarrow[\sim]{\Phi^1_{G'}} & \mathcal{E}xt^1_{S/\Sigma}(\underline{G}'^{*},\mathcal{O}_{S/\Sigma}) = \mathbb{D}(G'^{*})
\end{array} .$$

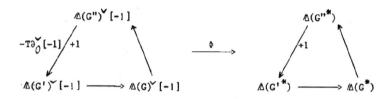

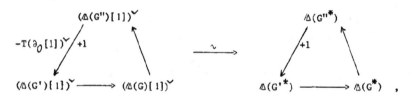

5.3. Le cas des groupes p-divisibles.

Soient G un groupe p-divisible sur S, $G^* = \varinjlim G(n)^*$ le groupe p-divisible dual. Nous allons maintenant définir un isomorphisme de dualité

$$\Phi_G : \mathbb{D}(G)^{\vee} \xrightarrow{\sim} \mathbb{D}(G^*) \ ,$$

ayant des propriétés semblables à celles des isomorphismes analogues définis précédemment pour les schémas abéliens et les groupes finis localement libres.

5.3.1. Soient S, $(\Sigma, \mathcal{J}, \gamma)$ vérifiant les hypothèses de 1.1.1. Fixons d'abord un entier m, et un objet (U,T,δ) de $\mathrm{CRIS}(S/\Sigma)$ tel que $p^m\mathcal{O}_T = 0$. Si $n \geq m$, les suites exactes

$$(5.3.1.1) \qquad 0 \longrightarrow G(n) \xrightarrow{i_n} G \xrightarrow{p^n} G \longrightarrow 0 \ ,$$

$$(5.3.1.2) \qquad 0 \longrightarrow G^*(n) \longrightarrow G^* \xrightarrow{p^n} G^* \longrightarrow 0 \ ,$$

donnent des isomorphismes (cf. 3.3.3)

$$(5.3.1.3) \qquad \mathbb{D}(i_n) : \mathbb{D}(G)_{(U,T,\delta)} \xrightarrow{\sim} \mathbb{D}(G(n))_{(U,T,\delta)} \ ,$$

$$(5.3.1.4) \qquad -\partial_n : \mathcal{H}om_{S/\Sigma}(\underline{G}^*(n), \mathcal{O}_{S/\Sigma})_{(U,T,\delta)} \xrightarrow{\sim} \mathbb{D}(G^*)_{(U,T,\delta)} \ ,$$

en désignant par ∂_n l'homomorphisme cobord. D'autre part, (5.2.7.1) fournit un isomorphisme induit par $\Phi_{G(n)}$:

$$\Phi^{o}_{G(n)} : \mathbb{D}(G(n))^{\vee}_{(U,T,\delta)} \xrightarrow{\sim} \mathcal{H}om_{S/\Sigma}(\underline{G}(n)^*, \mathcal{O}_{S/\Sigma})_{(U,T,\delta)} \ .$$

Par composition, on obtient donc un isomorphisme

$$(5.3.1.5) \qquad \Phi_G : \mathbb{D}(G)^{\vee}_{(U,T,\delta)} \xrightarrow{\sim} \mathbb{D}(G^*)_{(U,T,\delta)}$$

défini par la commutativité du diagramme

(5.3.1.6)
$$\begin{array}{ccc}
\mathbb{D}(G)^{\vee}_{(U,T,\delta)} & \xrightarrow{\ \Phi_G\ } & \mathbb{D}(G^*)_{(U,T,\delta)} \\
\wr\Big\downarrow \mathbb{D}(i_n)^{\vee -1} & & \wr\Big\uparrow -\partial_n \\
\mathbb{D}(G(n))^{\vee}_{(U,T,\delta)} & \xrightarrow[\sim]{\ \Phi^{o}_{G(n)}\ } & \mathcal{H}om_{S/\Sigma}(\underline{G}^*(n),\mathcal{O}_{S/\Sigma})_{(U,T,\delta)}
\end{array} .$$

<u>Lemme</u> 5.3.2. *Si* $n' \geq n$, *les homomorphismes* (5.3.1.5) *construits au moyen de* $G(n)$ *et* $G(n')$ *sont égaux.*

Considérons les diagrammes commutatifs :

$$\begin{array}{ccccccccc}
0 & \longrightarrow & G(n') & \xrightarrow{\ i_{n'}\ } & G & \xrightarrow{\ p^{n'}\ } & G & \longrightarrow & 0 \\
 & & \Big\uparrow i_{n',n} & & \Big\| & & \Big\uparrow p^{n'-n} & & \\
0 & \longrightarrow & G(n) & \xrightarrow{\ i_n\ } & G & \xrightarrow{\ p^{n}\ } & G & \longrightarrow & 0
\end{array} ,$$

$$\begin{array}{ccccccccc}
0 & \longrightarrow & G^*(n') & \longrightarrow & G^* & \xrightarrow{\ p^{n'}\ } & G^* & \longrightarrow & 0 \\
 & & \Big\downarrow p^{n'-n} & & \Big\downarrow p^{n'-n} & & \Big\| & & \\
0 & \longrightarrow & G^*(n) & \longrightarrow & G^* & \xrightarrow{\ p^{n}\ } & G^* & \longrightarrow & 0
\end{array} ;$$

ils fournissent respectivement les deux triangles commutatifs

$$\begin{array}{ccc}
 & \overset{\mathbb{D}(i_{n'})}{\nearrow} & \mathbb{D}(G(n')) \\
\mathbb{D}(G) & & \Big\downarrow \mathbb{D}(i_{n',n}) \\
 & \underset{\mathbb{D}(i_n)}{\searrow} & \mathbb{D}(G(n))
\end{array} ,$$

$$\begin{array}{ccc}
\mathcal{H}om_{S/\Sigma}(\underline{G}^*(n),\mathcal{O}_{S/\Sigma}) & \overset{\partial_n}{\searrow} & \\
\Big\downarrow p^{n'-n} & & \mathbb{D}(G^*) \\
\mathcal{H}om_{S/\Sigma}(\underline{G}^*(n'),\mathcal{O}_{S/\Sigma}) & \underset{\partial_{n'}}{\nearrow} &
\end{array} .$$

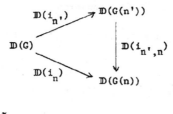

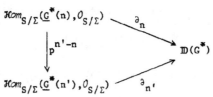

Comme $p^{n'-n} : G^*(n') \longrightarrow G^*(n)$ est dual de $i_{n',n}$, la fonctorialité de l'isomorphisme de dualité pour les groupes finis montre que le carré

$$\begin{array}{ccc}
\mathbb{D}(G(n))^{\vee} & \xrightarrow{\Phi^{\circ}_{G(n)}} & \mathcal{H}om_{S/\Sigma}(\underline{G}^{*}(n),\mathcal{O}_{S/\Sigma}) \\
{\scriptstyle \mathbb{D}(i_{n',n})^{\vee}}\downarrow & & \downarrow{\scriptstyle p^{n'-n}} \\
\mathbb{D}(G(n'))^{\vee} & \xrightarrow{\Phi^{\circ}_{G(n')}} & \mathcal{H}om_{S/\Sigma}(\underline{G}^{*}(n'),\mathcal{O}_{S/\Sigma})
\end{array}$$

est commutatif, d'où le lemme.

5.3.3. Comme, pour tout objet (U,T,δ) de $CRIS(S/\Sigma)$, $\mathcal{O}_T$ est localement annulé par une puissance de p, le lemme précédent permet de définir Φ_G par recollement sur T. Il est clair que, pour (U,T,δ) variable, on définit ainsi un isomorphisme de cristaux

(5.3.3.1) $$\Phi_G : \mathbb{D}(G)^{\vee} \xrightarrow{\sim} \mathbb{D}(G^{*}) ,$$

fonctoriel en G, et compatible aux changements de base $S' \longrightarrow S$.

Remarques 5.3.4.

(i) La suite exacte (5.3.1.2) définit un morphisme

$$\lambda_n : \underline{G}^{*} \longrightarrow \underline{G}^{*}(n)[1]$$

dans $D(\underline{\underline{Ab}}_{S/\Sigma})$. D'après 0.3.6, l'homomorphisme

$$\partial_n : \mathcal{H}om_{S/\Sigma}(\underline{G}^{*}(n),\mathcal{O}_{S/\Sigma}) \longrightarrow \mathbb{D}(G^{*})$$

est alors défini par

$$\partial_n(v) = -\, v[1]\circ\lambda_n \quad ,$$

pour tout $v : \underline{G}^{*}(n) \longrightarrow \mathcal{O}_{S/\Sigma}$. Par suite, Φ_G est caractérisé par

(5.3.4.1) $$\Phi_G \circ \mathbb{D}(i_n)^{\vee}(u) = u[1]\circ\rho_{G(n)}[1]\circ\lambda_n \ ,$$

pour tout n et toute section u de $\mathbb{D}(G(n))^{\vee}$ (où $\rho_{G(n)} : \underline{G}^{*}(n) \longrightarrow \mathbb{D}(G(n))$ est défini par (5.2.1.6)).

(ii) On déduit immédiatement de (5.3.4.1) la description suivante de Φ_G . Si

(U,T,δ) est tel que $p^n\mathcal{O}_T = 0$, l'homomorphisme

$$\mathbb{D}(i_n)^{\vee -1}\circ\rho_{G(n)} : \underline{G}^*(n)_{(U,T,\delta)} \longrightarrow \mathbb{D}(G(n))_{(U,T,\delta)} \xrightarrow{\sim} \mathbb{D}(G)_{(U,T,\delta)}$$

permet de déduire de (5.3.1.2) une extension

$$0 \longrightarrow \mathbb{D}(G)_{(U,T,\delta)} \longrightarrow F_{(U,T,\delta)} \longrightarrow \underline{G}^*_{(U,T,\delta)} \longrightarrow 0 ;$$

celle-ci ne dépend pas, à isomorphisme canonique près, du choix de n, et on obtient ainsi une extension

(5.3.4.2) $$0 \longrightarrow \mathbb{D}(G) \longrightarrow F \longrightarrow \underline{G}^* \longrightarrow 0$$

sur $CRIS(S/\Sigma)$. Si u est une section de $\mathbb{D}(G)^\vee$, $\Phi_G(u)$ est alors la classe de l'extension déduite de (5.3.4.2) par u.

<u>Proposition</u> 5.3.5. *Soit* G *un groupe* p-*divisible sur* S. *Le diagramme*

(5.3.5.1) $$\begin{array}{ccccc} \mathbb{D}(G^*)^\vee & \xrightarrow{\Phi_G^\vee} & \mathbb{D}(G)^{\vee\vee} & \xleftarrow{\sim} & \mathbb{D}(G) \\ \| & & & & \uparrow\wr \\ \mathbb{D}(G^*)^\vee & & \xrightarrow{\Phi_{G^*}} & & \mathbb{D}(G^{**}) \end{array}$$

est commutatif.

Il suffit de prouver que, pour tout n et tout (U,T,δ) tel que $p^n\mathcal{O}_T = 0$, le diagramme induit sur T est commutatif ; pour simplifier les notations, nous omettrons l'indice (U,T,δ) dans les diagrammes qui suivent.

De (5.3.1.6), on déduit en dualisant un diagramme commutatif

$$\begin{array}{ccccc} \mathbb{D}(G^*)^\vee & \xrightarrow{\Phi_G^\vee} & \mathbb{D}(G)^{\vee\vee} & \xleftarrow{\sim} & \mathbb{D}(G) \\ -\partial_n^\vee \downarrow\wr & & \wr\downarrow \mathbb{D}(i_n)^{\vee\vee} & & \wr\downarrow \mathbb{D}(i_n) \\ \mathcal{H}om_{S/\Sigma}(\underline{G}^*(n),\ {}_{S/\Sigma})^\vee & \xrightarrow{\Phi_{G(n)}^{\circ\vee}} & \mathbb{D}(G(n))^{\vee\vee} & \xleftarrow{\sim} & \mathbb{D}(G(n)) \end{array} .$$

Le diagramme de bidualité (5.2.13.1) pour $G(n)$ induit en degré 1 le diagramme anti-commutatif

$$\begin{array}{ccccc}
\mathcal{H}om_{S/\Sigma}(\underline{G}^*(n),\mathcal{O}_{S/\Sigma})^\vee & \xrightarrow{\Phi^{o\vee}_{G(n)}} & \mathbb{D}(G(n))^{\vee\vee} & \xleftarrow{\sim} & \mathbb{D}(G(n)) \\
\Vert & & & & \uparrow \wr \\
\mathcal{H}om_{S/\Sigma}(\underline{G}^*(n),\mathcal{O}_{S/\Sigma})^\vee & & \xrightarrow{\Phi^1_{G^*(n)}} & & \mathbb{D}(G^{**}(n))
\end{array} .$$

Il suffit donc de vérifier l'anti-commutativité du carré

$$\begin{array}{ccc}
\mathcal{H}om_{S/\Sigma}(\underline{G}^*(n),\mathcal{O}_{S/\Sigma})^\vee & \xrightarrow{\Phi^1_{G^*(n)}} & \mathbb{D}(G^{**}(n)) \\
\uparrow -\partial_n^\vee & & \wr\uparrow \mathbb{D}(i_n^{**}) \\
\mathbb{D}(G^*)^\vee & \xrightarrow{\Phi_{G^*}} & \mathbb{D}(G^{**})
\end{array} \qquad (5.3.5.2)$$

Or, par définition de Φ_{G^*}, le diagramme

$$\begin{array}{ccc}
\mathbb{D}(G^*)^\vee & \xrightarrow{\Phi_{G^*}} & \mathbb{D}(G^{**}) \\
\uparrow \mathbb{D}(i_n^*)^\vee & & \uparrow -\partial_n \\
\mathbb{D}(G^*(n))^\vee & \xrightarrow{\Phi^o_{G^*(n)}} & \mathcal{H}om_{S/\Sigma}(\underline{G}^{**}(n),\mathcal{O}_{S/\Sigma})
\end{array} \qquad (5.3.5.3)$$

commute. Comme l'homomorphisme composé

$$\mathbb{D}(G^*(n))^\vee \xrightarrow{\mathbb{D}(i_n^*)^\vee} \mathbb{D}(G^*)^\vee \xrightarrow{\partial_n^\vee} \mathcal{H}om_{S/\Sigma}(\underline{G}^*(n),\mathcal{O}_{S/\Sigma})^\vee ,$$

(resp. $\mathcal{H}om_{S/\Sigma}(\underline{G}^{**}(n),\mathcal{O}_{S/\Sigma}) \xrightarrow{\partial_n} \mathbb{D}(G^{**}) \xrightarrow{\mathbb{D}(i_n^{**})} \mathbb{D}(G^{**}(n))$)

est égal à l'homomorphisme dual de l'homomorphisme cobord relatif au foncteur $\mathcal{H}om_{S/\Sigma}(-,\mathcal{O}_{S/\Sigma})$ et à la suite exacte

$$0 \longrightarrow G^*(n) \longrightarrow G^*(2n) \xrightarrow{p^n} G^*(n) \longrightarrow 0 \qquad (5.3.5.4)$$

(resp. à l'homomorphisme cobord relatif à la suite exacte duale

$$0 \longrightarrow G^{**}(n) \longrightarrow G^{**}(2n) \xrightarrow{p^n} G^{**}(n) \longrightarrow 0) ,$$

il résulte de 5.2.19, appliqué à la suite (5.3.5.4), que le diagramme obtenu en amalgamant (5.3.5.2) et (5.3.5.3) est anti-commutatif, d'où l'énoncé.

<u>Proposition</u> 5.3.6. *Soit* G *un groupe* p-*divisible sur* S. *L'isomorphisme* $\Phi_G : \mathbb{D}(G)^\vee_S \xrightarrow{\sim} \mathbb{D}(G^*)_S$ *est compatible aux filtrations de Hodge (cf.* 3.3.5*) et induit entre gradués associés les isomorphismes canoniques*

$$\mathcal{L}ie(G^*)^\vee \xrightarrow{\sim} \omega_{G^*} ,$$

$$(\omega_G)^\vee \xrightarrow{\sim} \mathcal{L}ie(G) \xrightarrow{\sim} \mathcal{L}ie(G^{**}) .$$

L'assertion étant locale sur S, on peut fixer n tel que $p^n\mathcal{O}_S = 0$, et supposer $G(n)$ contenu dans un schéma abélien. D'après 5.2.15, le diagramme

$$\begin{array}{ccc} (\ell^{G^*(n)})^{\vee\vee}[-1] & \xrightarrow[\sim]{\varepsilon^0} & \ell^{G^*(n)}[-1] \\ \downarrow & & \downarrow \\ \mathbb{\Delta}(G(n))^\vee_S\,[-1] & \xrightarrow{\Phi_{G(n)}} & \mathbb{\Delta}(G^*(n))_S \end{array}$$

est commutatif ; en passant aux $\mathcal{H}^1$, on en déduit le carré commutatif

$$\begin{array}{ccc} \mathcal{L}ie(G^*(n))^\vee & \xrightarrow{\sim} & \omega_{G^*(n)} \\ \downarrow & & \downarrow \\ \mathcal{H}om_{S/\Sigma}(\underline{G}(n),\mathcal{O}_{S/\Sigma})^\vee_S & \xrightarrow{\Phi^1_{G(n)}} & \mathbb{D}(G^*(n))_S \end{array} .$$

Complétant ce carré par le carré analogue à (5.3.5.2) pour G, dans lequel on change $-\partial_n$ en $+\partial_n$, on obtient un diagramme commutatif

$$\begin{array}{ccc}
\mathcal{L}ie(G^*(n))^\vee & \xrightarrow{\ \sim\ } & \omega_{G^*(n)} \\
\big\downarrow & & \big\downarrow \\
\mathcal{H}om_{S/\Sigma}(\underline{G}(n),\mathcal{O}_{S/\Sigma})^\vee_S & \xrightarrow{\ \Phi^1_{G(n)}\ } & \mathbb{D}(G^*(n))_S \\
\partial_n^{\vee-1}\big\downarrow\wr & & \wr\big\downarrow\mathbb{D}(i_n^*)^{-1} \\
\mathbb{D}(G)^\vee_S & \xrightarrow{\ \Phi_G\ } & \mathbb{D}(G^*)_S
\end{array} .$$

Compte tenu de la commutativité de

$$\begin{array}{ccc}
\mathcal{H}om_{S/\Sigma}(\underline{G}(n),\mathcal{O}_{S/\Sigma})_S & \longrightarrow\!\!\!\!\to & \mathcal{H}om_{S/\Sigma}(\underline{G}(n),\underline{\mathbb{G}}_a)_S \\
\partial_n\big\downarrow\wr & & \wr\big\downarrow\partial_n \\
\mathcal{E}xt^1_{S/\Sigma}(\underline{G},\mathcal{O}_{S/\Sigma})_S & \longrightarrow\!\!\!\!\to & \mathcal{E}xt^1_{S/\Sigma}(\underline{G},\underline{\mathbb{G}}_a)_S
\end{array} ,$$

et la définition de l'homomorphisme $\mathbb{D}(G)_S \longrightarrow \mathcal{L}ie(G^*)$ par 3.3.2, on en déduit la commutativité de

(5.3.6.1)
$$\begin{array}{ccc}
\mathcal{L}ie(G^*)^\vee & \xrightarrow{\ \sim\ } & \omega_{G^*} \\
\big\downarrow & & \big\downarrow \\
\mathbb{D}(G)^\vee_S & \underset{\sim}{\xrightarrow{\ \Phi_G\ }} & \mathbb{D}(G^*)_S
\end{array} .$$

En remplaçant G par G^* dans (5.3.6.1), en transposant le carré correspondant, et en utilisant 5.3.5, on en déduit la commutativité du diagramme

$$\begin{array}{ccccc}
\mathbb{D}(G)^\vee_S & & \xrightarrow{\ \Phi_G\ } & & \mathbb{D}(G^*)_S \\
\big\downarrow & & & & \big\downarrow \\
\omega^\vee_G & & \xrightarrow{\ \sim\ } & & \mathcal{L}ie(G^{**}) \\
& \searrow^{\sim} & & \nearrow_{\sim} & \\
& & \mathcal{L}ie(G) & &
\end{array}$$

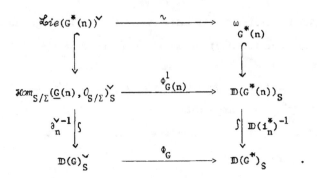

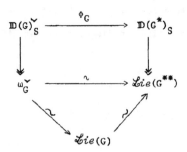

5.3.7. Nous allons maintenant montrer la compatibilité des isomorphismes de dualité pour les groupes finis et pour les groupes p-divisibles. Soit

$$(5.3.7.1) \qquad 0 \longrightarrow G \xrightarrow{i} H \xrightarrow{u} K \longrightarrow 0$$

une suite exacte dans laquelle G est fini localement libre, H et K p-divisibles ; définissons la suite duale comme étant la suite

$$(5.3.7.2) \qquad 0 \longrightarrow G^* \xrightarrow{w^*} K^* \xrightarrow{u^*} H^* \longrightarrow 0 ,$$

où, pour $p^nG = 0$, $w : K(n) \longrightarrow G$ est défini par le diagramme du serpent relatif à (5.3.7.1). Nous verrons comment calculer Φ_G à partir de Φ_H et Φ_K grâce à 3.3.13. Pour cela, nous utiliserons une autre construction de ces morphismes, valable aussi bien pour G fini que pour G p-divisible ; la topologie employée ici sera la topologie fpqc.

Si E est un complexe de faisceaux abéliens sur $CRIS(S/\Sigma)$, le morphisme ρ_E défini en (5.2.1.5) donne par troncation un morphisme

$$(5.3.7.3) \qquad t_{0]}\mathbb{R}\mathcal{H}om_{S/\Sigma}(E,\underline{\mathbb{G}}_m) \longrightarrow t_{0]}\mathbb{R}\mathcal{H}om_{S/\Sigma}(E,\mathcal{O}_{S/\Sigma}[1]) .$$

Posons

$$E^D = t_{0]}\mathbb{R}\mathcal{H}om_{S/\Sigma}(E,\underline{\mathbb{G}}_m) .$$

Par tensorisation avec $\mathbb{Q}_p/\mathbb{Z}_p$, on en déduit

$$(5.3.7.4) \qquad \mathbb{Q}_p/\mathbb{Z}_p \overset{\mathbb{L}}{\otimes} E^D \longrightarrow \mathbb{Q}_p/\mathbb{Z}_p \overset{\mathbb{L}}{\otimes} t_{0]}\mathbb{R}\mathcal{H}om_{S/\Sigma}(E,\mathcal{O}_{S/\Sigma}[1]) .$$

Or, pour tout complexe K dont la cohomologie est localement annulée par une puissance de p, la résolution de $\mathbb{Q}_p/\mathbb{Z}_p$ par $\mathbb{Z} \hookrightarrow \mathbb{Z}[\frac{1}{p}]$ fournit un isomorphisme

$$(5.3.7.5) \qquad \mathbb{Q}_p/\mathbb{Z}_p \overset{\mathbb{L}}{\otimes} K \xrightarrow{\sim} K[1] ,$$

fonctoriel en K. Comme $\mathcal{O}_{S/\Sigma}$ est localement annulé par une puissance de p, on obtient donc

$$(5.3.7.6) \qquad \mathbb{Q}_p/\mathbb{Z}_p \overset{\mathbb{L}}{\otimes} t_{0]}\mathbb{R}\mathcal{H}om_{S/\Sigma}(E,\mathcal{O}_{S/\Sigma}[1]) \simeq (t_{0]}\mathbb{R}\mathcal{H}om_{S/\Sigma}(E,\mathcal{O}_{S/\Sigma}[1]))[1] .$$

Explicitons maintenant $\mathbb{Q}_p/\mathbb{Z}_p\overset{\mathbb{L}}{\otimes}E^D$ dans les deux cas considérés ici.

Lemme 5.3.8.

(i) *Si* G *est un* S-*groupe fini localement libre, il existe un isomorphisme canonique*

(5.3.8.1) $$\mathbb{Q}_p/\mathbb{Z}_p\overset{\mathbb{L}}{\otimes}\underline{G}^D \simeq \underline{G}^*[1] .$$

(ii) *Si* H *est un groupe* p-*divisible, il existe un isomorphisme canonique*

(5.3.8.2) $$\mathbb{Q}_p/\mathbb{Z}_p\overset{\mathbb{L}}{\otimes}\underline{H}^D \simeq \underline{H}^* .$$

(iii) *Avec les notations et les hypothèses de* 5.3.7, *la suite*

(5.3.8.3) $$0 \longrightarrow \underline{K}^D \xrightarrow{u^D} \underline{H}^D \xrightarrow{i^D} \underline{G}^D \longrightarrow 0$$

est exacte. Si $w' : \underline{G}^D \longrightarrow \underline{K}^D[1]$ *est le morphisme de degré* 1 *correspondant, le diagramme*

(5.3.8.4) $$\begin{array}{ccc} \mathbb{Q}_p/\mathbb{Z}_p\overset{\mathbb{L}}{\otimes}\underline{G}^D & \xrightarrow{\mathrm{Id}\otimes w'} & \mathbb{Q}_p/\mathbb{Z}_p\overset{\mathbb{L}}{\otimes}(\underline{K}^D[1]) \\ \wr\| & & \wr\| \\ \underline{G}^*[1] & \xrightarrow{w^*[1]} & \underline{K}^*[1] \end{array}$$

est commutatif.

On calcule les produits tensoriels dérivés par la résolution

$$0 \longrightarrow \mathbb{Z} \xrightarrow{\ 2\ } \mathbb{Z}[\tfrac{1}{p}] \longrightarrow \mathbb{Q}_p/\mathbb{Z}_p \longrightarrow 0 .$$

Lorsque G est fini localement libre, $\underline{G}^D = \underline{G}^*$, d'où (5.3.8.1).

Lorsque H est p-divisible, $\underline{H} = \varinjlim \underline{H}(n)$, de sorte que $\underline{H}^D = \varprojlim \underline{H}^*(n)$, et en particulier $\underline{H}^D$ est sans torsion. Donc

$$\mathcal{T}or_1^{\mathbb{Z}}(\mathbb{Q}_p/\mathbb{Z}_p,\underline{H}^D) \simeq \varinjlim_n \mathcal{T}or_1^{\mathbb{Z}}(\mathbb{Z}/p^n\mathbb{Z},\underline{H}^D) = 0 ,$$

et

$$\mathbb{Q}_p/\mathbb{Z}_p\overset{\mathbb{L}}{\otimes}\underline{H}^D \simeq \mathbb{Q}_p/\mathbb{Z}_p\otimes\underline{H}^D \simeq \varinjlim_n \underline{H}^D/p^n\underline{H}^D .$$

Comme nous travaillons avec la topologie fpqc, la surjectivité des morphismes $\underline{H}^*(n+1) \longrightarrow \underline{H}^*(n)$ entraîne celle de $\underline{H}^D \longrightarrow \underline{H}^*(n)$ pour tout n : si $x \in \Gamma((U_o,T_o,\delta),\ \underline{H}^*(n))$, T_o étant affine, on peut construire une suite de morphismes affines fidèlement plats $T_{i+1} \longrightarrow T_i$, et, en posant $U_i = U_o \times_{T_o} T_i$, une famille d'éléments $x_i \in \Gamma((U_i,T_i,\delta),\ \underline{H}^*(n+i))$ telle que x_{i+1} relève x_i ; la famille (x_i) définit alors une section de H^D relevant x au-dessus de $(\varprojlim U_i,\ \varprojlim T_i,\delta)$. Comme on voit aisément que les morphismes du système inductif sont ceux qui définissent le groupe p-divisible dual, on obtient l'isomorphisme

$$\mathbb{Q}_p/\mathbb{Z}_p \otimes H^D \ \underline{\sim}\ \varinjlim_n \underline{H}^*(n) = \underline{H}^* \ ;$$

par définition, il associe à une section $\frac{1}{p^n} \otimes \varphi$ la section φ_n de $\underline{H}^*(n)$, restriction à $\underline{H}(n)$ de $\varphi : \underline{H} \longrightarrow \underline{\mathbb{G}}_m$.

Sous les hypothèses de (iii), soit n tel que $G \subset H(n)$. Comme $\underline{H}^D \longrightarrow \underline{H}^*(n)$ et $\underline{H}^*(n) \longrightarrow \underline{G}^*$ sont surjectifs, la suite (5.3.8.3) est exacte. Le morphisme $w' : \underline{G}^* \longrightarrow \underline{K}^D[1]$ est défini (cf. 0.3.2) par le diagramme

$$\begin{array}{ccccc}
\underline{G}^* = \underline{G}^D & \xleftarrow{\ i^D\ } & \underline{H}^D & \longrightarrow & 0 \\
\uparrow & \text{qis} & \uparrow {\scriptstyle u^D} & & \uparrow \\
0 & \longleftarrow & \underline{K}^D & \xrightarrow{\ -\mathrm{Id}\ } & \underline{K}^D \ .
\end{array}$$

Comme l'isomorphisme canonique $\mathbb{Q}_p/\mathbb{Z}_p \overset{\mathbb{L}}{\otimes} (\underline{K}^D[1]) \ \underline{\sim}\ (\mathbb{Q}_p/\mathbb{Z}_p \overset{\mathbb{L}}{\otimes} \underline{K}^D)[1]$ est donné par $(-1)^k$ sur les termes de premier degré k d'après 0.3.3 et 0.3.5, le morphisme $1 \otimes w'$ est celui qu'induit en degré -1 le diagramme

$$\begin{array}{ccccccc}
0 = \mathbb{Z}[\frac{1}{p}] \otimes \underline{G}^* & \longleftarrow & \mathbb{Z}[\frac{1}{p}] \otimes \underline{H}^D & & & & \\
\uparrow & & \uparrow {\scriptstyle \mathbb{Z} \otimes \mathrm{Id} + \mathrm{Id} \otimes u^D} & & & & \\
\underline{G}^* \simeq \mathbb{Z} \otimes \underline{G}^* & \xleftarrow{\mathrm{Id} \otimes i^D} & (\mathbb{Z} \otimes \underline{H}^D) \times (\mathbb{Z}[\frac{1}{p}] \otimes \underline{K}^D) & \xrightarrow{-\mathrm{Id}} & \mathbb{Z}[\frac{1}{p}] \otimes \underline{K}^D & \longrightarrow & \underline{K}^* \\
 & & \uparrow {\scriptstyle (-\mathrm{Id} \otimes u^D, \mathbb{Z} \otimes \mathrm{Id})} & & \uparrow {\scriptstyle -\mathbb{Z} \otimes \mathrm{Id}} & & \uparrow \\
 & & \mathbb{Z} \otimes \underline{K}^D & \xrightarrow{+\mathrm{Id}} & \mathbb{Z} \otimes \underline{K}^D & \longrightarrow & 0 .
\end{array}$$

Soit n tel que $p^n G = 0$. Si φ est une section de $\underline{G}^*$, il existe une section ψ de $\underline{H}^D$ telle que $\varphi = i^D(\psi) = \psi \circ i$; d'autre part, $p^n \psi$ est de la forme $u^D(\chi) = \chi \circ u$, χ étant une section de $\underline{K}^D$. Alors φ est l'image du cycle $(1 \otimes \psi, -\frac{1}{p^n} \otimes \chi)$ du complexe du milieu, et par suite $\mathrm{Id} \otimes w'(\varphi) = \chi_n$, restriction de χ à $\underline{K}(n)$. D'autre part, $w^*(\varphi) = \varphi \circ w \in \underline{K}(n)^*$; si y est une section de $\underline{K}(n)$, il existe une section z de $\underline{H}$ telle que $y = u(z)$, et $w(y)$ est par définition la section $p^n z$ de $\underline{G}$; par suite,

$$w^*(\varphi)(y) = \varphi(p^n z) = \psi \circ i(p^n z) = p^n \psi(z)$$
$$= \chi \circ u(z) = \chi_n(y) ,$$

de sorte que $\mathrm{Id} \otimes w' = w^*[1]$.

Remarque. Si A est un schéma abélien sur S, et H le groupe p-divisible associé, il existe un isomorphisme canonique

$$\mathbb{Q}_p / \mathbb{Z}_p \overset{\mathbb{L}}{\otimes} A \xrightarrow{\sim} H[1] .$$

En effet, d'une part $\mathbb{Q}_p/\mathbb{Z}_p \overset{\mathbb{L}}{\otimes} H \simeq H[1]$ puisque $\mathbb{Z}[\frac{1}{p}] \otimes H = 0$; d'autre part $\mathbb{Q}_p/\mathbb{Z}_p \overset{\mathbb{L}}{\otimes} (A/H) = 0$ car l'homomorphisme $A/H \longrightarrow \mathbb{Z}[\frac{1}{p}] \otimes (A/H)$ est un isomorphisme.

5.3.9. Toujours sous les hypothèses de 5.3.7, la suite exacte (5.3.7.1) définit grâce à 3.3.13 un isomorphisme

$$\mathbb{A}(i) : \mathbb{A}(G) \simeq [\mathbb{D}(K) \xrightarrow{-\mathbb{D}(u)} \mathbb{D}(H)] .$$

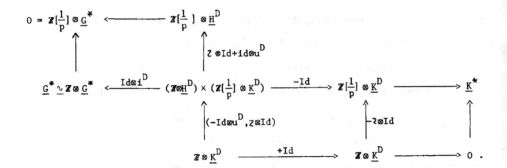

En dualisant, puis en translatant, on en déduit l'isomorphisme

(5.3.9.1) $\Delta(i)^{\vee}[-1] : \Delta(G)^{\vee}[-1] \simeq [\mathbb{D}(H)^{\vee} \xrightarrow{\mathbb{D}(u)^{\vee}} \mathbb{D}(K)^{\vee}]$.

De même, la suite (5.3.7.2) fournit un isomorphisme

(5.3.9.2) $\Delta(w^*) : \Delta(G^*) \simeq [\mathbb{D}(H^*) \xrightarrow{-\mathbb{D}(u^*)} \mathbb{D}(K^*)]$.

__Proposition__ 5.3.10. *Avec les notations et les hypothèses de 5.3.7, le diagramme*

(5.3.10.1)
$$\begin{array}{ccc} \Delta(G)^{\vee}[-1] & \xrightarrow[\sim]{\Delta(i)^{\vee}[-1]} & [\mathbb{D}(H)^{\vee} \xrightarrow{\mathbb{D}(u)^{\vee}} \mathbb{D}(K)^{\vee}] \\ \downarrow{\scriptstyle \Phi_G} & & \downarrow{\scriptstyle (-\Phi_H, \Phi_K)} \\ \Delta(G^*) & \xrightarrow[\sim]{\Delta(w^*)} & [\mathbb{D}(H^*) \xrightarrow{-\mathbb{D}(u^*)} \mathbb{D}(K^*)] \end{array}$$

est commutatif.

Les morphismes (5.3.7.4) et (5.3.7.6) sont fonctoriels en E ; l'isomorphisme

$$i : \underline{G} \xrightarrow{\sim} [\underline{H} \xrightarrow{u} \underline{K}]$$

donne donc un diagramme commutatif

(5.3.10.2)
$$\begin{array}{ccc} \mathbb{Q}_p/\mathbb{Z}_p \overset{\mathbf{L}}{\otimes} \underline{G}^D & \xleftarrow[\sim]{\mathrm{Id}\otimes i^D} & \mathbb{Q}_p/\mathbb{Z}_p \overset{\mathbf{L}}{\otimes} [\underline{K}^D \xrightarrow{u^D} \underline{H}^D] \\ \downarrow{\scriptstyle \mathrm{Id}\otimes\rho_G} & & \downarrow \\ (t_{0]}\mathbb{R}\mathcal{H}om_{S/\Sigma}(\underline{G}, \mathcal{O}_{S/\Sigma}[1]))[1] & \xleftarrow[\sim]{\Delta(i)[2]} & (t_{0]}\mathbb{R}\mathcal{H}om_{S/\Sigma}(\underline{H} \xrightarrow{u} \underline{K}, \mathcal{O}_{S/\Sigma}[1]))[1] \end{array}$$.

Par fonctorialité de l'isomorphisme (5.3.7.5), le morphisme $\mathrm{Id}\otimes\rho_G$ s'identifie à $\rho_G[1] : \underline{G}^*[1] \longrightarrow (t_{0]}\mathbb{R}\mathcal{H}om_{S/\Sigma}(\underline{G}, \mathcal{O}_{S/\Sigma}[1]))[1]$. Par suite, son transposé par rapport à $\mathcal{O}_{S/\Sigma}[1]$ s'identifie, via l'isomorphisme

(5.3.10.3) $\mathcal{H}om^{\cdot}(X^{\cdot}[1], Y^{\cdot}[1]) \simeq \mathcal{H}om^{\cdot}(X^{\cdot}, Y^{\cdot}[1])[-1] \simeq \mathcal{H}om^{\cdot}(X^{\cdot}, Y^{\cdot})$

(donné par $(-1)^k$ en degré k), au morphisme

(5.3.10.4) $\rho_G^{\vee} : (t_{0]}\mathbb{R}\mathcal{H}om_{S/\Sigma}(\underline{G}, \mathcal{O}_{S/\Sigma}[1]))^{\vee} = (\Delta(G)[1])^{\vee} \longrightarrow \Delta(G^*)$

défini en 5.2.4.

D'après 5.3.8 (ii),

$$\mathbb{Q}_p/\mathbb{Z}_p \overset{\mathbb{L}}{\otimes} [\underline{K}^D \xrightarrow{u^D} \underline{H}^D] \simeq [\underline{K}^* \xrightarrow{u^*} \underline{H}^*] .$$

En transposant par rapport à $\mathcal{O}_{S/\Sigma}[1]$ la flèche verticale de droite, on obtient donc un morphisme

$$\mathbb{R}\mathcal{H}om_{S/\Sigma}((t_0]\mathbb{R}\mathcal{H}om_{S/\Sigma}(\underline{H} \xrightarrow{u} \underline{K}, \mathcal{O}_{S/\Sigma}[1]))[1], \mathcal{O}_{S/\Sigma}[1]) \longrightarrow \mathbb{R}\mathcal{H}om_{S/\Sigma}(\underline{K}^* \xrightarrow{u^*} \underline{H}^*, \mathcal{O}_{S/\Sigma}[1]) .$$

Le complexe $\underline{K}^* \xrightarrow{u^*} \underline{H}^*$ est concentré dans l'intervalle de degrés $[-1,0]$; considérons le comme translaté du complexe $\underline{K}^* \xrightarrow{-u^*} \underline{H}^*$ placé en degrés $[0,1]$. En appliquant (5.3.10.3) à la source et au but, et en utilisant les isomorphismes (3.3.13.1) relatifs à $\underline{H} \xrightarrow{u} \underline{K}$ et $\underline{K}^* \xrightarrow{-u^*} \underline{H}^*$, ce morphisme peut encore s'écrire

$$\phi : [\mathbb{D}(H)^\vee \xrightarrow{-\mathbb{D}(u)^\vee} \mathbb{D}(K)^\vee] \longrightarrow [\mathbb{D}(H^*) \xrightarrow{\mathbb{D}(u^*)} \mathbb{D}(K^*)] .$$

Examinons maintenant l'effet de la transposition par rapport à $\mathcal{O}_{S/\Sigma}[1]$ sur les lignes de (5.3.10.2). Comme on a utilisé l'isomorphisme (5.3.10.3) à la source et au but, le transposé de $\mathbb{A}(i)[2]$ donne

$$(\mathbb{A}(i)[1])^\vee : (\mathbb{A}(G)[1])^\vee \xrightarrow{\sim} [\mathbb{D}(H)^\vee \xrightarrow{-\mathbb{D}(u)^\vee} \mathbb{D}(K)^\vee] .$$

Compte tenu de la démonstration de 5.3.8 (iii), l'isomorphisme

$$\mathrm{Id}\otimes i^D : \mathbb{Q}_p/\mathbb{Z}_p \overset{\mathbb{L}}{\otimes} \underline{G}^D \xleftarrow{\sim} \mathbb{Q}_p/\mathbb{Z}_p \overset{\mathbb{L}}{\otimes} [\underline{K}^D \xrightarrow{u^D} \underline{H}^P]$$

est défini, après inversion, par le quasi-isomorphisme (où $\underline{K}^* \xrightarrow{u^*} \underline{H}^*$ est en degrés $[-1,0]$)

$$\varepsilon : \begin{array}{ccc} 0 & \longrightarrow & H^* \\ \uparrow & \text{qis} & \uparrow u^* \\ \underline{G}^* & \xrightarrow{-w^*} & \underline{K}^* \end{array} ;$$

on observera également que, composé avec $(-\mathrm{Id}_{\underline{K}^*}, \mathrm{Id}_{\underline{H}^*})$, ε donne le quasi-isomorphisme $w^*[1] : \underline{G}^*[1] \longrightarrow [\underline{K}^* \xrightarrow{u^*} \underline{H}^*][1]$ (où cette fois $\underline{K}^* \xrightarrow{u^*} \underline{H}^*$ est en degrés $[0,1]$). On obtient donc finalement un diagramme commutatif

$$\begin{array}{cccccc}
\diagup & \Delta(G)^\vee[-1] & \xrightarrow[\sim]{\Delta(i)^\vee[-1]} & [\,\mathbb{D}(H)^\vee & \xrightarrow{\mathbb{D}(u)^\vee} & \mathbb{D}(K)^\vee\,] \\
 & \wr\big\downarrow & & & \wr\big\downarrow{\scriptstyle(+Id,-Id)} & \\
 & (\Delta(G)[1])^\vee & \xrightarrow[\sim]{(\Delta(i)[1])^\vee} & [\,\mathbb{D}(H)^\vee & \xrightarrow{-\mathbb{D}(u)^\vee} & \mathbb{D}(K)^\vee\,] \\
\Phi_G\Bigg(& {\scriptstyle\rho_G^\vee}\wr\big\downarrow & & & \wr\big\downarrow{\scriptstyle\Phi} & \\
 & \Delta(G^*) & \xrightarrow[\sim]{(\varepsilon^{-1}[-1])^\vee} & [\,\mathbb{D}(H^*) & \xrightarrow{\mathbb{D}(u^*)} & \mathbb{D}(K^*)\,] \\
 & \Big\| & & & \wr\big\downarrow{\scriptstyle(+Id,-Id)} & \\
\searrow & \Delta(G^*) & \xrightarrow[\sim]{\Delta(w^*)^{-1}} & [\,\mathbb{D}(H^*) & \xrightarrow{-\mathbb{D}(u^*)} & \mathbb{D}(K^*)\,]
\end{array} \quad .$$

Il suffit alors, pour achever la démonstration, de prouver que $\Phi = (-\Phi_H, \Phi_K)$.

Il est clair que, par construction, Φ est défini par les deux homomorphismes $\mathbb{D}(H)^\vee \longrightarrow \mathbb{D}(H^*)$ et $\mathbb{D}(K)^\vee \longrightarrow \mathbb{D}(K^*)$ obtenus en appliquant aux deux complexes réduits à $\underline{H}$ et à $\underline{K}[-1]$ la méthode utilisée plus haut pour construire $\rho_G^\vee$. Partant de $\underline{H}$, le morphisme

$$1 \otimes \rho_H : \mathbb{Q}_p/\mathbb{Z}_p \overset{\mathbb{L}}{\otimes} \underline{H}^D \longrightarrow \mathbb{Q}_p/\mathbb{Z}_p \overset{\mathbb{L}}{\otimes} t_{0]}\mathbb{R}\mathcal{H}om_{S/\Sigma}(\underline{H}, \mathcal{O}_{S/\Sigma}[1])$$

s'identifie à un morphisme $\underline{H}^* \longrightarrow \mathbb{D}(H)[1]$, qui est l'opposé de celui que définit l'extension (5.3.4.2). En effet, $\mathcal{H}om_{S/\Sigma}(\underline{H}^*, \mathbb{D}(H)) = 0$, si bien que, pour montrer l'égalité de deux éléments de $\mathrm{Ext}^1_{S/\Sigma}(\underline{H}^*, \mathbb{D}(H))$, il suffit de vérifier qu'ils coïncident localement. On peut donc se limiter à prouver que, pour tout n, $1 \otimes \rho_H$ est l'opposé du morphisme défini par (5.3.4.2) quand on se restreint au sous-site des objets annulés par p^n. L'inclusion $\underline{H}(n) \subset \underline{H}$ donne alors le carré commutatif

$$\begin{array}{ccc}
\underline{H}^D & \xrightarrow{\rho_H} & \mathbb{D}(H) \\
\big\downarrow & & \wr\big\downarrow{\scriptstyle\mathbb{D}(i_n)} \\
\underline{H}(n)^* & \xrightarrow{\rho_{H(n)}} & \mathbb{D}(H(n))
\end{array} \quad ,$$

d'où l'on déduit par tensorisation avec $\mathbb{Q}_p/\mathbb{Z}_p$ le diagramme commutatif

$$\begin{array}{ccc}
\underline{H}^* & \longrightarrow & \mathbb{D}(H)[1] \\
\big\downarrow & & \wr\big\downarrow \mathbb{D}(i_n)[1] \\
\underline{H}^*(n)[1] & \xrightarrow{\rho_{H(n)}[1]} & \mathbb{D}(H(n))[1] \ .
\end{array}$$

Il suffit donc de prouver que le morphisme $\underline{H}^* \longrightarrow \underline{H}^*(n)[1]$ obtenu est $-\lambda_n$ (avec les notations de 5.3.4). Il est défini par le diagramme

$$\begin{array}{ccccc}
\underline{H}^* \simeq \mathbb{Q}_p/\mathbb{Z}_p \otimes \underline{H}^D & \longleftarrow & \mathbb{Q}_p \otimes \underline{H}^D & \longrightarrow & 0 \\
\big\uparrow & \text{qis} & \big\uparrow \iota\otimes\mathrm{Id} & & \big\uparrow \\
0 & \longleftarrow & \mathbb{Z}_p \otimes \underline{H}^D & \xrightarrow{i_n^*} & \mathbb{Z}_p \otimes \underline{H}(n)^* \quad ;
\end{array}$$

celui-ci se projette sur le diagramme

$$\begin{array}{ccccc}
\underline{H}^* \simeq \mathbb{Q}_p/\mathbb{Z}_p \otimes \underline{H}^D & \longleftarrow & (\mathbb{Q}_p/p^n\mathbb{Z}_p) \otimes \underline{H}^D & \longrightarrow & 0 \\
\big\uparrow & \text{qis} & \big\uparrow \iota\otimes\mathrm{Id} & & \big\uparrow \\
0 & \longleftarrow & (\mathbb{Z}_p/p^n\mathbb{Z}_p) \otimes \underline{H}^D & \xrightarrow[\sim]{i_n^*} & \underline{H}(n)^* \ ,
\end{array}$$

qui définit donc le même morphisme. Ce diagramme est isomorphe à

$$\begin{array}{ccccc}
\underline{H}^* & \xleftarrow{p^n} & \underline{H}^* & \longrightarrow & 0 \\
\big\uparrow & \text{qis} & \big\uparrow & & \big\uparrow \\
0 & \longleftarrow & \underline{H}(n)^* & = & \underline{H}(n)^* \ ,
\end{array}$$

d'où l'assertion. Il résulte alors de 5.3.4 (ii) que, en transposant par rapport à $\mathcal{O}_{S/\Sigma}[1]$, $1\otimes\rho_H$ donne $-\Phi_H$.

D'autre part, ρ_K étant de degré 0, le morphisme

$$\rho_{K[-1]} : (\underline{K}[-1])^D \longrightarrow t_{0]}\mathbb{R}\mathcal{H}om_{S/\Sigma}(\underline{K}[-1],\mathcal{O}_{S/\Sigma}[1])$$

s'identifie à

$$\rho_K[1] : \underline{K}^D[1] \longrightarrow \mathbb{D}(K)[1] .$$

Le diagramme commutatif

$$\begin{array}{ccc}
\mathbb{Q}_p/\mathbb{Z}_p \overset{\mathbb{L}}{\otimes} (\underline{K}^D[1]) & \xrightarrow{\mathrm{Id}\otimes(\rho_K[1])} & \mathbb{Q}_p/\mathbb{Z}_p \otimes (\mathbb{D}(K)[1]) \\
\wr\big\downarrow +\mathrm{Id} & & \wr\big\downarrow -\mathrm{Id} \\
(\mathbb{Q}_p/\mathbb{Z}_p \overset{\mathbb{L}}{\otimes} \underline{K}^D)[1] & \xrightarrow{(\mathrm{Id}\otimes\rho_K)[1]} & (\mathbb{Q}_p/\mathbb{Z}_p \overset{\mathbb{L}}{\otimes} \mathbb{D}(K))[1] \\
\wr\big\downarrow & & \wr\big\downarrow \\
\underline{K}^*[1] & \xrightarrow{(\mathrm{Id}\otimes\rho_K)[1]} & \mathbb{D}(K)[2]
\end{array}$$

montre alors que $(\mathrm{Id}_{\underline{K}^*[1]}, \mathrm{Id}_{\mathbb{D}(K)[2]})$ identifie $\mathrm{Id}\otimes\rho_{K[-1]}$ à $-(\mathrm{Id}\otimes\rho_K)[1]$. En transposant $-(\mathrm{Id}\otimes\rho_K)[1]$ par rapport à $\mathcal{O}_{S/\Sigma}[1]$, le morphisme de degré zéro $\mathbb{D}(K)^\vee[-1] \longrightarrow \mathbb{D}(K^*)[-1]$ obtenu est égal à $\Phi_K[-1]$, de sorte que $\Phi = (-\Phi_H, \Phi_K)$.

On déduit immédiatement de 5.3.10 l'énoncé suivant :

<u>Corollaire</u> 5.3.11. *Avec les notations et les hypothèses de 5.3.7, le diagramme*

$$\begin{array}{ccccccccc}
 & & & & & \overset{\partial_G^\vee}{\nearrow} & \mathcal{H}om_{S/\Sigma}(\underline{G}, \mathcal{O}_{S/\Sigma})^\vee & & \\
 & & & & & & \uparrow & & \\
0 \longrightarrow & \mathbb{D}(G)^\vee & \xrightarrow{\mathbb{D}(i)^\vee} & \mathbb{D}(H)^\vee & \xrightarrow{\mathbb{D}(u)^\vee} & \mathbb{D}(K)^\vee & \longrightarrow \mathcal{H}^1(\Delta(G)^\vee[-1]) & \longrightarrow 0 & \\
 & \Phi_G^0 \big\downarrow \wr & & -\Phi_H \big\downarrow \wr & & \Phi_K \big\downarrow \wr & \Phi_G^1 \big\downarrow \wr & & \\
0 \longrightarrow \mathcal{H}om_{S/\Sigma}(\underline{G}^*, \mathcal{O}_{S/\Sigma}) & \xrightarrow{\partial_{G^*}} & & \mathbb{D}(H^*) & \xrightarrow{-\mathbb{D}(u^*)} & \mathbb{D}(K^*) & \xrightarrow{\mathbb{D}(w^*)} \mathbb{D}(G^*) & \longrightarrow 0 , &
\end{array}$$

où ∂_G *et* ∂_{G^*} *sont les homomorphismes cobords relatifs à (5.3.7.1) et (5.3.7.2), est commutatif.*

5.3.12. Considérons enfin un S-schéma abélien A, et soit H le groupe p-divisible associé. Notons $\hat{H}$ le groupe p-divisible associé au schéma abélien dual $\hat{A}$. Les cobords

$$\mathcal{H}om_S(H(n),\mathbb{G}_m) \longrightarrow \mathcal{E}xt^1_S(A,\mathbb{G}_m)$$

définissent des isomorphismes $H(n)^* \xrightarrow{\sim} \hat{H}(n)$, d'où par passage à la limite un isomorphisme $v_A : H^* \xrightarrow{\sim} \hat{H}$ (1). On peut d'ailleurs observer que, si l'on remplace $H(n)$ par le sous-groupe $A(m)$, noyau de la multiplication par un entier m premier à p sur A, l'isomorphisme analogue $A(m)^* \xrightarrow{\sim} \hat{A}(m)$ correspond au classique "e_m-pairing" de Weil [44, § 15, th. 1, et lemme p. 184].

Proposition 5.3.13. *Le diagramme*

(5.3.13.1)
$$\begin{array}{ccccc} \mathbb{D}(A)^{\vee} & & \xrightarrow{\sim} & & \mathbb{D}(H)^{\vee} \\ \downarrow{\scriptstyle \Phi_A} & & & & \downarrow{\scriptstyle \Phi_H} \\ \mathbb{D}(\hat{A}) & \xrightarrow{\sim} & \mathbb{D}(\hat{H}) & \xrightarrow[\sim]{\mathbb{D}(v_A)} & \mathbb{D}(H^*) \end{array}$$

est commutatif.

D'après 5.2.5, Φ_A peut être défini de la manière suivante. Par adjonction, la biextension de Poincaré $\underline{\hat{A}} \overset{\mathbf{L}}{\otimes} \underline{A} \longrightarrow \underline{\mathbb{G}}_m[1]$ donne un isomorphisme $\underline{\hat{A}} \xrightarrow{\sim} t_{0]}\mathbb{R}\mathcal{H}om_{S/\Sigma}(\underline{A},\underline{\mathbb{G}}_m[1])$, d'où par translation l'isomorphisme $\underline{\hat{A}}[-1] \xrightarrow{\sim} t_{1]}\mathbb{R}\mathcal{H}om_{S/\Sigma}(\underline{A},\underline{\mathbb{G}}_m)$. En composant avec le morphisme déduit de $\eta : \underline{\mathbb{G}}_m \longrightarrow \mathcal{O}_{S/\Sigma}[1]$, on obtient $\rho_A : \underline{\hat{A}}[-1] \longrightarrow \mathbb{D}(A)$, qui définit Φ_A par transposition relativement à $\mathcal{O}_{S/\Sigma}$ (en utilisant la convention 0.3.7 pour identifier $t_{1]}\mathbb{R}\mathcal{H}om_{S/\Sigma}(\underline{\hat{A}}[-1],\mathcal{O}_{S/\Sigma})$ à $\mathbb{D}(\hat{A})$). Il revient encore au même de transposer relativement à $\mathcal{O}_{S/\Sigma}[1]$ le morphisme $\rho_A[1] : \underline{\hat{A}} \longrightarrow \mathbb{D}(A)[1]$ déduit de ρ_A par translation (en utilisant la convention (5.3.10.3) pour identifier $t_{0]}\mathbb{R}\mathcal{H}om_{S/\Sigma}(\mathbb{D}(A)[1],\mathcal{O}_{S/\Sigma}[1])$ à $\mathbb{D}(A)^{\vee}$).

D'autre part, l'acouplement naturel $H^D \otimes H \xrightarrow{e} \mathbb{G}_m$ donne un accouplement

----

(1) Indiquons en passant les corrections suivantes à [40, p.23] : il faut remplacer α par $-\alpha$ dans le diagramme (2.6.5), et remplacer (2.6.6) par son opposé.

(5.3.13.2)
$$\begin{array}{ccccc} \mathbb{Q}_p/\mathbb{Z}_p \overset{\mathbb{L}}{\otimes} H^D \overset{\mathbb{L}}{\otimes} H & \xrightarrow{\ \mathrm{Id}\otimes e\ } & \mathbb{Q}_p/\mathbb{Z}_p \overset{\mathbb{L}}{\otimes} \mathbb{G}_m & & \\ \wr\downarrow & & \wr\downarrow & & \\ H^* \overset{\mathbb{L}}{\otimes} H & \longrightarrow & \mu_{p^\infty}[1] & \longrightarrow & \mathbb{G}_m[1] \ , \end{array}$$

l'isomorphisme

$$\mathbb{Q}_p/\mathbb{Z}_p \overset{\mathbb{L}}{\otimes} \mathbb{G}_m \xrightarrow{\ \sim\ } \mu_{p^\infty}[1]$$

résultant comme dans la remarque de 5.3.8 de l'acyclicité du complexe $\mathbb{Z} \otimes (\mathbb{G}_m/\mu_{p^\infty}) \longrightarrow \mathbb{Z}[\frac{1}{p}] \otimes (\mathbb{G}_m/\mu_{p^\infty})$. D'après la démonstration de 5.3.10, le morphisme Φ_H peut être défini de la manière suivante. Par composition avec $\eta : \underline{\mathbb{G}}_m \to \mathcal{O}_{S/\Sigma}[1]$, on obtient un morphisme $\rho_H : \underline{H}^D \longrightarrow t_{0]}\mathbb{R}\mathcal{H}om_{S/\Sigma}(\underline{H}, \mathcal{O}_{S/\Sigma}[1])$, qui, après tensorisation par $\mathbb{Q}_p/\mathbb{Z}_p$, définit un morphisme $1\otimes\rho_H : \underline{H}^* \longrightarrow \mathbb{D}(H)[1]$; son tranposé par rapport à $\mathcal{O}_{S/\Sigma}[1]$ est alors $-\Phi_H$. Il suffit donc, pour démontrer la proposition, de vérifier que le carré

$$\begin{array}{ccc} \underline{H}^* & \xrightarrow{\ 1\otimes\rho_H\ } & \mathbb{D}(H)[1] \\ {\scriptstyle v_A}\downarrow & & \uparrow\wr \\ \underline{\hat{A}} & \xrightarrow{\ \rho_A[1]\ } & \mathbb{D}(A)[1] \end{array}$$

est anti-commutatif. Considérons le diagramme

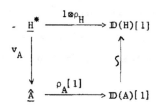

$$\begin{array}{ccccccc}
\underline{H}^* & \longrightarrow & \mathbb{Q}_p/\mathbb{Z}_p \overset{\mathbb{L}}{\otimes} t_{0]}\mathbb{R}\mathcal{H}om_{S/\Sigma}(\underline{H},\underline{\mathbb{G}}_m) & \longrightarrow & \mathbb{Q}_p/\mathbb{Z}_p \overset{\mathbb{L}}{\otimes} t_{0]}\mathbb{R}\mathcal{H}om_{S/\Sigma}(\underline{H},\mathcal{O}_{S/\Sigma}[1]) & \xrightarrow{\sim} & \mathbb{D}(H)[1] \\
\| & & \downarrow & \mathrm{I} & \wr\downarrow & & \| \\
\underline{H}^* & \longrightarrow & t_{0]}\mathbb{R}\mathcal{H}om_{S/\Sigma}(\underline{H},\mathbb{Q}_p/\mathbb{Z}_p \overset{\mathbb{L}}{\otimes} \underline{\mathbb{G}}_m) & \longrightarrow & t_{0]}\mathbb{R}\mathcal{H}om_{S/\Sigma}(\underline{H},\mathbb{Q}_p/\mathbb{Z}_p \overset{\mathbb{L}}{\otimes} (\mathcal{O}_{S/\Sigma}[1])) & \xrightarrow{\sim} & \mathbb{D}(H)[1] \\
\| & & \downarrow & \mathrm{II} & \wr\downarrow & & \| \\
\underline{H}^* & \longrightarrow & t_{0]}\mathbb{R}\mathcal{H}om_{S/\Sigma}(\underline{H},\underline{\mathbb{G}}_m[1]) & \longrightarrow & t_{0]}\mathbb{R}\mathcal{H}om_{S/\Sigma}(\underline{H},\mathcal{O}_{S/\Sigma}[2]) & \xrightarrow{\sim} & \mathbb{D}(H)[1] \\
\downarrow{\scriptstyle v_A} & \mathrm{III} & \uparrow & & \wr\uparrow & & \wr\uparrow \\
\underline{\hat{A}} & \longrightarrow & t_{0]}\mathbb{R}\mathcal{H}om_{S/\Sigma}(\underline{A},\underline{\mathbb{G}}_m[1]) & \longrightarrow & t_{0]}\mathbb{R}\mathcal{H}om_{S/\Sigma}(\underline{A},\mathcal{O}_{S/\Sigma}[2]) & \longrightarrow & \mathbb{D}(A)[1]
\end{array} ,$$

dans lequel les lignes supérieure et inférieure sont respectivement $1\otimes\rho_H$ et $\rho_A[1]$. Le carré I commute par fonctorialité du morphisme

$$E \overset{\mathbb{L}}{\otimes} \mathbb{R}\mathcal{H}om(F,G) \longrightarrow \mathbb{R}\mathcal{H}om(F, E \overset{\mathbb{L}}{\otimes} G) ,$$

le second par fonctorialité de l'isomorphisme (5.3.7.5) relativement à $\eta : \underline{\mathbb{G}}_m \longrightarrow \mathcal{O}_{S/\Sigma}[1]$; les morphismes de source $\underline{H}^*$ sont définis par adjonction, et donnent des diagrammes commutatifs. On est ainsi ramené à prouver l'anti-commutativité de III, c'est-à-dire que la biextension de Poincaré induit sur (H^*,H) l'opposée de la biextension (5.3.13.2).

Rappelons [SGA 7, VIII 1.3] que pour tout groupe p-divisible H, il existe des isomorphismes naturels

$$\begin{aligned}
\mathrm{Ext}^1_S(H^* \overset{\mathbb{L}}{\otimes} H, \mathbb{G}_m) &\xrightarrow{\sim} \mathrm{Hom}_S(\mathcal{T}or_1^{\mathbb{Z}}(H^*,H), \mathbb{G}_m) \\
&\simeq \varprojlim \mathrm{Hom}_S(H^*(n) \otimes H(n), \mathbb{G}_m) ,
\end{aligned} \qquad (5.3.13.3)$$

l'homomorphisme $H^*(n) \otimes H(n) \longrightarrow H^*(n+1) \otimes H(n+1)$ étant le composé

$$H^*(n) \otimes H(n) \xleftarrow[\sim]{p\otimes \mathrm{Id}} H^*(n+1) \otimes H(n) \xrightarrow{\mathrm{Id}\otimes i_n} H^*(n+1) \otimes H(n+1) .$$

Précisons la définition de l'application

$$\alpha^n_{H^*,H} : H^*(n) \otimes H(n) \longrightarrow \mathcal{T}or_1^{\mathbb{Z}}(H^*,H)$$

utilisée pour définir l'isomorphisme (5.3.13.3) : soit $L_1 \longrightarrow L_o$ (resp. $M_1 \longrightarrow M_o$) une résolution $\mathbb{Z}$-plate de H^* (resp. H), et L'_o (resp. M'_o) le sous-faisceau de L_o (resp. M_o) image inverse de $H^*(n)$ (resp. H(n)), de sorte que le complexe $L_1 \longrightarrow L'_o$ (resp. $M_1 \longrightarrow M'_o$) est une résolution plate de $H^*(n)$ (resp. H(n)). La flèche $\alpha^n_{H^*,H}$ s'obtient alors par passage au quotient à partir de l'homomorphisme

$$\tilde{\alpha}^n_{H^*,H} : L'_o \otimes M'_o \longrightarrow Z_1(L.\otimes M.) \longrightarrow\!\!\!\!\to \mathcal{C}or^Z_1(H^*,H)$$

défini par

$$\tilde{\alpha}^n_{H^*,H}(x_o \otimes y_o) = x_o \otimes [p^n y_o] - [p^n x_o] \otimes y_o \quad ,$$

où le crochet [ ] indique que l'élément envisagé est considéré comme section du sous-faisceau L_1 de L_o (resp. M_1 de M_o). Cette définition de $\alpha^n_{H^*,H}$ coïncide avec celle donnée pour le topos ponctuel dans [22, § 11-12], et dans le cas général dans [SGA 7, VIII 2.1]. On prendra garde par contre qu'elle diffère par le signe de l'explicitation, incorrecte, qui en est donnée dans [SGA 7, VIII, p. 244], l'erreur de signe provenant du calcul de cycle mentionné p. 231 : la section $\alpha(1,1)$ de loc. cit. est en effet représentée par le cycle $1_o \otimes 1_1 - 1_1 \otimes 1_o$. Notons au passage qu'il en résulte que le diagramme (2.3.10) de [SGA 7, VIII] est commutatif, et non anti-commutatif comme l'énonce la proposition 2.3.11 de loc. cit. On peut par ailleurs se borner, pour définir $\alpha^n_{H^*,H}$, à utiliser une résolution plate de l'un des arguments, par exemple $H^*(n)$; $\alpha^n_{H^*,H}$ est alors obtenu en factorisant l'homomorphisme $\tilde{\alpha}'^n_{H^*,H} : L'_o \otimes H(n) \longrightarrow H_1(L.\otimes H)$ défini par

(5.3.13.4) $$\tilde{\alpha}'^n_{H^*,H}(x_o \otimes \bar{y}_o) = -[p^n x_o] \otimes \bar{y}_o \; .$$

Pour prouver que les deux bi-extensions de (H^*,H) par $\mathbb{G}_m$ sont opposées, il suffit donc de prouver que, pour tout n, elles induisent par (5.3.13.3) des accouplements opposés $H^*(n) \otimes H(n) \longrightarrow \mathbb{G}_m$. La bi-extension de Poincaré induit par adjonction l'isomorphisme $\hat{H}(n) \xrightarrow{\sim} \mathcal{E}xt^1_S(A,\mathbb{G}_m)(n)$, d'où, par composition avec l'inverse du cobord, l'isomorphisme $v_A^{-1} : \hat{H}(n) \xrightarrow{\sim} H^*(n) = \mathcal{H}om_S(H(n),\mathbb{G}_m)$; ce dernier correspond donc par l'isomorphisme d'adjonction à l'accouplement $\hat{H}(n) \otimes H(n) \longrightarrow \mathbb{G}_m$ déduit de l'accouplement canonique $H^*(n) \otimes H(n) \longrightarrow \mathbb{G}_m$ par v_A^{-1}. Compte tenu de ce qui a été vu plus haut, il résulte de la commutativité du diagramme (2.3.10) de [SGA 7, VIII] que l'accouplement $H^*(n) \otimes H(n) \longrightarrow \mathbb{G}_m$ défini par la biextension de Poincaré via (5.3.13.3) et v_A est l'accouplement canonique.

En utilisant la résolution plate $H^D \longrightarrow \mathbb{Z}[\frac{1}{p}] \otimes H^D$ de H^*, on obtient un homomorphisme

$$\beta : H^*(n) \otimes H(n) \xrightarrow{\sim} \mathcal{T}or_1^{\mathbb{Z}}(H^*,H(n)) \longrightarrow \mathcal{T}or_1^{\mathbb{Z}}(H^*,H)$$

qui, par composition avec l'homomorphisme $\mathcal{T}or_1^{\mathbb{Z}}(H^*,H) \longrightarrow \mathbb{G}_m$ défini par (5.3.13.2), donne l'accouplement canonique :

$$\begin{array}{ccccccccc}
H^*(n) \otimes H(n) & \xleftarrow{\sim} & H^D \otimes H(n) & \longrightarrow & H^D \otimes H & \xrightarrow{e} & \mathbb{G}_m & \longleftarrow & \mu_{p^\infty} \hookrightarrow \mathbb{G}_m \\
{\scriptstyle 0}\downarrow & & \downarrow & & \downarrow & & \downarrow & & \downarrow \\
0 & = & \mathbb{Z}[\frac{1}{p}] \otimes H^D \otimes H(n) & \longrightarrow & \mathbb{Z}[\frac{1}{p}] \otimes H^D \otimes H & \xrightarrow{Id \otimes e} & \mathbb{Z}[\frac{1}{p}] \otimes \mathbb{G}_m & \longleftarrow & 0
\end{array}$$

Si x_o, y_o sont des sections de $H^*(n)$, $H(n)$, et si $\tilde{x}_o$ est une section de H^D d'image x_o par l'homomorphisme surjectif $H^D \longrightarrow H^*(n)$, $\beta(x_o \otimes y_o)$ est la section $\tilde{x}_o \otimes y_o$ de $H^D \otimes H$. Explicitons maintenant l'accouplement $H^*(n) \otimes H(n) \longrightarrow \mathbb{G}_m$ défini par (5.3.13.2) via (5.3.13.3). Avec les mêmes notations, $x_o \otimes y_o$ est l'image de $(\frac{\tilde{x}_o}{p^n}) \otimes y_o$ par l'homomorphisme $(\mathbb{Z}.\frac{1}{p^n}) \otimes H^D \otimes H(n) \longrightarrow H^*(n) \otimes H(n)$, si bien que d'après (5.3.13.4) $\alpha^n_{H^*,H}(x_o \otimes y_o)$ est la section $-\tilde{x}_o \otimes y_o$ de $H^D \otimes H$. Par conséquent, l'accouplement $H^*(n) \otimes H(n) \longrightarrow \mathbb{G}_m$ induit par (5.3.13.3) à partir de (5.3.13.2) est l'opposé de l'accouplement canonique, ce qui achève la démonstration.

Remarque 5.3.14. Il est possible de donner une autre démonstration de 5.3.13 n'utilisant pas [SGA 7, VIII]. Esquissons-la, en laissant les détails au lecteur.

D'après 5.2.5, Φ_A est l'homomorphisme qui associe à une section φ de $\mathbb{D}(A)^{\vee}$ le morphisme $(\varphi\circ\rho_A)[1] : \underline{\hat{A}} \longrightarrow \mathcal{O}_{S/\Sigma}[1]$; d'après la remarque de 5.2.5, $\Phi_A(\varphi)$ peut encore être décrit comme la classe de l'extension obtenue par fonctorialité par rapport à φ à partir de l'extension

$$0 \longrightarrow \mathbb{D}(A) \xrightarrow{u} \mathcal{E}xt^1_{S/\Sigma}(\underline{A},\mathcal{U}_{S/\Sigma}) \xrightarrow{-v} \mathcal{E}xt^1_{S/\Sigma}(\underline{A},\underline{\mathbb{G}_m}) \longrightarrow 0$$

$$\mathcal{E}xt^1_{S/\Sigma}(\underline{A},\underline{\mathbb{G}_m}) \simeq \underline{\hat{A}} ,$$

elle même déduite de (5.2.1.3) en remplaçant v par $-v$ et en appliquant le foncteur $\mathcal{E}xt^1_{S/\Sigma}(\underline{A},-)$.

D'autre part, sur $\mathrm{CRIS}(S/\Sigma_n)$, Φ_H peut être décrit comme suit : si ψ est une section de $\mathbb{D}(H)^{\vee}$, $\Phi_H(\psi)$ est la classe de l'extension qu'on déduit de

$$0 \longrightarrow \underline{H}^*(n) \longrightarrow \underline{H}^* \xrightarrow{p^n} \underline{H}^* \longrightarrow 0$$

par fonctorialité par rapport à $\psi\circ\rho_{H(n)}$, $\rho_{H(n)}$ étant le cobord $\mathcal{H}om_{S/\Sigma}(\underline{H}(n),\underline{\mathbb{G}_m}) \longrightarrow \mathcal{E}xt^1_{S/\Sigma}(\underline{H}(n),\mathcal{O}_{S/\Sigma})$ associé à (5.2.1.3).

Pour prouver que $\Phi_A = \Phi_H$, on peut se restreindre à $\mathrm{CRIS}(S/\Sigma_n)$ pour n fixé, et il suffit de construire un diagramme commutatif :

(5.3.14.1)
$$\begin{array}{ccccccccc}
0 & \longrightarrow & \underline{H}^*(n) & \longrightarrow & \underline{H}^* & \xrightarrow{p^n} & \underline{H}^* & \longrightarrow & 0 \\
 & & \downarrow{\scriptstyle\beta} & & \vdots & & \downarrow{\scriptstyle v_A} & & \\
0 & \longrightarrow & \mathbb{D}(A) & \xrightarrow{u} & \mathcal{E}xt^1_{S/\Sigma}(\underline{A},\mathcal{U}_{S/\Sigma}) & \xrightarrow{v} & \underline{\hat{A}} & \longrightarrow & 0
\end{array}$$

et de vérifier que β est l'opposé de l'homomorphisme composé

(5.3.14.2)
$$\underline{H}^*(n) \xrightarrow{\rho_{H(n)}} \mathbb{D}(H(n)) \xrightarrow{\sim} \mathbb{D}(H) \xrightarrow{\sim} \mathbb{D}(A) .$$

On définit un homomorphisme $\tau' : \underline{\mathbb{G}_m} \longrightarrow \mathcal{O}^*_{S/\Sigma_n}$ en posant, pour tout $(U,T,\delta) \in \mathrm{CRIS}(S/\Sigma_n)$ et tout $x \in \Gamma(U,\mathcal{O}^*_U)$, relevé en $x' \in \Gamma(T,\mathcal{O}^*_T)$,

$$\tau'(x) = x'^{p^n} ;$$

on en déduit le diagramme commutatif

$$
(5.3.14.3) \qquad \begin{array}{ccccccccc}
0 & \longrightarrow & \underline{\mu}_{p^n} & \longrightarrow & \underline{\mathbb{G}}_m & \xrightarrow{p^m} & \underline{\mathbb{G}}_m & \longrightarrow & 0 \\
 & & \downarrow{\scriptstyle \tau'} & & \downarrow{\scriptstyle \tau'} & & \Vert & & \\
0 & \longrightarrow & 1+\mathcal{J}_{S/\Sigma_n} & \longrightarrow & \mathcal{O}^*_{S/\Sigma_n} & \longrightarrow & \underline{\mathbb{G}}_m & \longrightarrow & 0 ,
\end{array}
$$

tel que l'extension déduite de la ligne supérieure par fonctorialité relativement à $\log\circ\tau'$ soit (5.2.1.3). Posons $\tau = \log\circ\tau'$; en appliquant le foncteur $\mathcal{E}xt^1_{S/\Sigma}(\underline{A},-)$ au diagramme qui en résulte, on obtient un diagramme commutatif

$$
\begin{array}{ccccccccc}
0 & \longrightarrow & \mathcal{E}xt^1_{S/\Sigma}(\underline{A},\underline{\mu}_{p^n}) & \longrightarrow & \mathcal{E}xt^1_{S/\Sigma}(\underline{A},\underline{\mathbb{G}}_m) & \xrightarrow{p^n} & \mathcal{E}xt^1_{S/\Sigma}(\underline{A},\underline{\mathbb{G}}_m) & \longrightarrow & 0 \\
 & & \downarrow{\scriptstyle \tau} & & \downarrow & & \Vert & & \\
0 & \longrightarrow & \mathcal{E}xt^1_{S/\Sigma}(\underline{A},\mathcal{O}_{S/\Sigma_n}) & \xrightarrow{u} & \mathcal{E}xt^1_{S/\Sigma}(\underline{A},\mathcal{U}_{S/\Sigma}) & \xrightarrow{v} & \mathcal{E}xt^1_{S/\Sigma}(\underline{A},\underline{\mathbb{G}}_m) & \longrightarrow & 0 .
\end{array}
$$

En l'amalgamant au diagramme

$$
\begin{array}{ccccccccc}
0 & \longrightarrow & \underline{H}^*(n) & \longrightarrow & \underline{H}^* & \xrightarrow{p^n} & \underline{H}^* & \longrightarrow & 0 \\
 & & \downarrow{\scriptstyle \partial} & & \downarrow{\scriptstyle v_A} & & \downarrow{\scriptstyle v_A} & & \\
0 & \longrightarrow & \mathcal{E}xt^1_{S/\Sigma}(\underline{A},\mu_{p^n}) & \longrightarrow & \underline{\hat{A}} & \xrightarrow[p^n]{} & \underline{\hat{A}} & \longrightarrow & 0 ,
\end{array}
$$

on obtient le diagramme cherché (5.3.14.1).

La vérification que l'homomorphisme $\beta = \tau\circ\partial$ est l'opposé de (5.3.14.2) ne présente pas de difficulté, et est laissée au lecteur.

<u>Remarques</u> 5.3.15.

(i) De l'anti-commutativité du diagramme

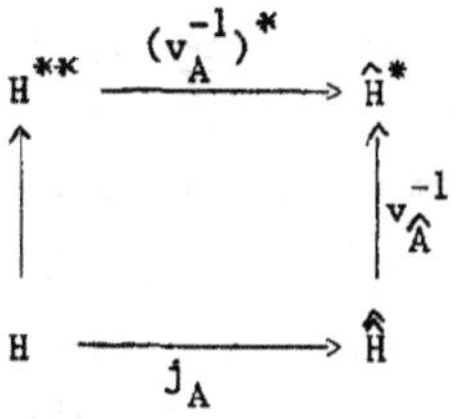

établie en [45], on peut immédiatement déduire de 5.3.13 et 5.1.9 la commutativité du diagramme (5.3.5.1).

(ii) Les résultats de 5.1 et 5.3 fournissent le diagramme commutatif

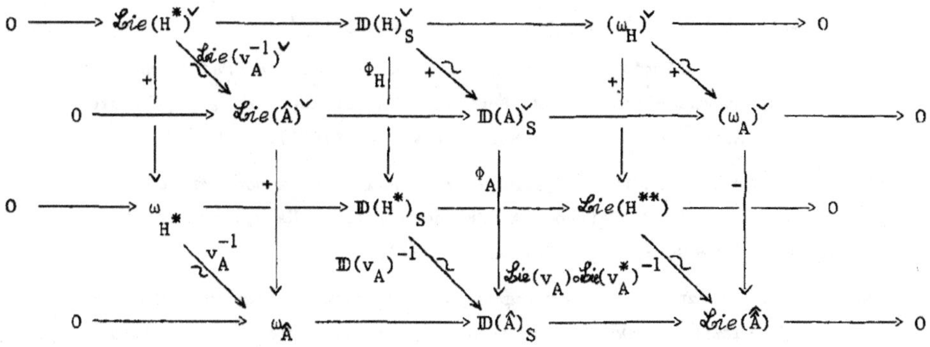

où les suites exactes sont définies par les filtrations de Hodge, et les signes + (resp. -) désignent les isomorphismes canoniques (resp. leurs opposés).

BIBLIOGRAPHIE

[EGA] *Eléments de Géométrie Algébrique*, par A. Grothendieck et J. Dieudonné, Publ. Math. I.H.E.S. 4, 8, 11, 17, 20, 24, 28, 32.

[SGA 3] *Séminaire de Géométrie Algébrique 3 : Schémas en groupes*, par M. Demazure et A. Grothendieck, Lecture Notes in Math. 151, 152, 153, Springer-Verlag (1970).

[SGA 4] *Séminaire de Géométrie Algébrique 4 : Théorie des topos et cohomologie étale des schémas*, par M. Artin, A. Grothendieck et J.-L. Verdier, Lecture Notes in Math. 269, 270, 305, Springer-Verlag (1972-73).

[SGA $4^{1/2}$] *Séminaire de Géométrie Algébrique $4^{1/2}$: Cohomologie étale*, par P. Deligne, Lecture Notes in Math. 569, Springer Verlag (1977).

[SGA 6] *Séminaire de Géométrie Algébrique 6 : Théorie des intersections et théorème de Riemann-Roch*, par P. Berthelot, A. Grothendieck, L. Illusie, Lecture Notes in Math. 225, Springer-Verlag (1971).

[SGA 7] *Séminaire de Géométrie Algébrique 7 : Groupes de monodromie en Géométrie Algébrique*, par P. Deligne, A. Grothendieck, N. Katz, Lecture Notes in Math. 288, 340, Springer-Verlag (1972-73).

[1] BADRA A., *Déformations des p-groupes finis commutatifs sur un corps parfait et filtration de Hodge*, C.R. Acad. Sc. Paris, série A, 291, 539-542 (1980).

[2] BARSOTTI I., *Moduli canonici e gruppi analitici commutative*, Ann. Scuola Norm. Sup. Pisa 13, 303-372 (1959).

[3] BARSOTTI I., *Methodi analitici per varietà abeliane in caratteristica positiva*, Ann. Scuola Norm. Sup. Pisa, 18, 1-25 (1964) ; 19, 277-330 et 481-512 (1965) ; 20, 101-137 et 331-365 (1966).

[4] BARSOTTI I., *Theta functions in positive characteristics*, Journées de Géométrie Algébrique de Rennes 1978, Astérisque 63, 5-16 (1979).

[5] BERTHELOT P., *Cohomologie cristalline des schémas de caractéristique* $p > 0$, Lecture Notes in Math. 407, Springer-Verlag (1974).

[6] BERTHELOT P., *Théorie de Dieudonné sur un anneau de valuation parfait*, Ann. Scient. Ec. Norm. Sup. 13, 225-268 (1980).

[7] BERTHELOT P., ILLUSIE L., *Classes de Chern en cohomologie cristalline*, C.R. Acad. Sc. Paris, série A, 270, 1695-1697 (1970).

[8] BERTHELOT P., MESSING W., *Théorie de Dieudonné cristalline* I, Journées de Géométrie Algébrique de Rennes 1978, Astérisque 63, 17-37 (1979).

[9] BERTHELOT P., MESSING W., *Théorie de Dieudonné cristalline* III, en préparation.

[10] BERTHELOT P., OGUS A., *Notes on crystalline cohomology*, Mathematical Notes 21, Princeton University Press (1978).

[11] BREEN L., *Extensions of abelian sheaves and Eilenberg-Mac Lane algebras*, Invent. Math. 9, 15-44 (1969).

[12] BREEN L., *On a non trivial higher extension of representable abelian sheaves*, Bull. Amer. Math. Soc. 75, 1249-1253 (1969).

[13] BREEN L., *Extensions du groupe additif*, Publ. Math. I.H.E.S. 48, 39-125 (1978).

[14] BREEN L., *Rapport sur la théorie de Dieudonné*, Journées de Géométrie Algébrique de Rennes 1978, Astérisque 63, 39-66 (1979).

[15] BOURBAKI N., *Algèbre Commutative*, Hermann.

[16] CARTIER P., *Cohomologie des coalgèbres*, Séminaire Sophus Lie 1955/56, exposé V, Secrétariat Mathématique , Paris (1957).

[17] DELIGNE P., *Théorème de Lefschetz et critères de dégénérescence de suites spectrales*, Publ. Math. I.H.E.S. 35, 107-126 (1968).

[18] DELIGNE P., *Théorie de Hodge* III, Publ. Math. I.H.E.S. 44, 5-77 (1974).

[19] DEMAZURE M., *Lectures on* p*-divisible groups*, Lecture Notes in Math. 302, Springer-Verlag (1972).

[20] DEMAZURE M., GABRIEL P., *Groupes Algébriques*, North-Holland (1970).

[21] DIEUDONNÉ J., *Lie groups and Lie algebras over a field of characteristic* $p > 0$, I, Comm. Math. Helv. 28, 87-118 (1954) ; II, Am. J. Math. 77, 218-244 (1955) ; III, Math. Z. 63, 53-75 (1955) ; IV, Am. J. Math. 77, 429-452 (1955) ; V, Bull. Soc. Math. Fr. 84, 207-239 (1956) ; VI, Am. J. Math. 79, 331-388 (1957) ; VII, Math. Ann. 134, 114-133 (1957) ; VIII, Am. J. Math. 80, 740-772 (1958).

[22] EILENBERG S., MAC LANE S., *On the groups* $H(\pi,n)$ II, Ann. of Math. 60, 49-139 (1954).

[23] EILENBERG S., MAC LANE S., *On the homology theory of abelian groups*, Canadian J. Math. 7, 43-53 (1955).

[24] FONTAINE J.-M., *Sur la construction du module de Dieudonné d'un groupe formel*, C.R. Acad. Sc. Paris, série A, 280, 1273-1276 (1975).

[25] FONTAINE J.-M., *Groupes finis commutatifs sur les vecteurs de Witt*, C.R. Acad. Sc. Paris, série A, 280, 1423-1425 (1975).

[26] FONTAINE J.-M., *Groupes p-divisibles sur les corps locaux*, Astérisque 47-48 (1977).

[27] GROTHENDIECK A., *Technique de descente et théorèmes d'existence en Géométrie Algébrique I. Généralités. Descente par morphismes fidèlement plats*, Séminaire Bourbaki, n° 190 (1959-60).

[28] GROTHENDIECK A., *Technique de descente et théorèmes d'existence en Géométrie Algébrique VI. Les schémas de Picard : propriétés générales*, Séminaire Bourbaki, n° 236 (1961-62).

[29] GROTHENDIECK A., *On the De Rham cohomology of algebraic varieties*, Publ. Math. I.H.E.S. 29, 95-103 (1966).

[30] GROTHENDIECK A., *Le groupe de Brauer III*, in *Dix exposés sur la cohomolgie des schémas*, North-Holland (1968).

[31] GROTHENDIECK A., *Groupes de Barsotti-Tate et cristaux*, Actes Congrès Intern. Math. Nice 1970, 1, 431-436, Gauthiers-Villars, Paris.

[32] GROTHENDIECK A., *Groupes de Barsotti-Tate et cristaux de Dieudonné*, Sém. Math. Sup. 45, Presses de l'Université de Montréal (1970).

[33] HONDA T., *On the theory of commutative formal groups*, J. Math. Soc. Japan 22, 213-246 (1970).

[34] ILLUSIE L., *Complexe cotangent et déformations*, Lecture Notes in Math. 239, 283 Springer-Verlag (1971-72).

[35] ILLUSIE L., *Complexe de De Rham-Witt et cohomologie cristalline*, Ann. Scient. Ec. Norm. Sup. 12, 501-661 (1979).

[36] KATZ N., *Crystalline cohomology, Dieudonné modules and Jacobi sums*, Proceedings of the 1979 Tata International Colloquium on Number Theory and Automorphic Forms (à paraître).

[37] KLEIMAN S., *The transversality of a general translate*, Compositio Mathematica 28, 287-297 (1974).

[38] MAC LANE S., *Homologie des anneaux et des modules*, Centre Belge de recherche Mathématique, Louvain (1956).

[39] MANIN Yu., *The theory of commutative formal groups over fields of finite characteristic*, Russian Math. Surveys 18, 1-83 (1963).

[40] MAZUR B., MESSING W., *Universal extensions and one dimensional crystalline cohomology*, Lecture Notes in Math. 370, Springer-Verlag (1974).

[41] MESSING W., *The crystals associated to Barsotti-Tate groups : with applications to abelian schemes*, Lecture Notes in Math. 264, Springer Verlag (1972).

[42] MUMFORD D., *Lectures on curves on an algebraic surface* , Ann. of Math. Studies 59, Princeton University Press (1966).

[43] MUMFORD D., *Geometric Invariant Theory*, Ergebnisse der Mathematik 34, Springer-Verlag (1965).

[44] MUMFORD D., *Abelian varieties*, Oxford University Press (1970).

[45] ODA T., *The first De Rham cohomology group and Dieudonné modules*, Ann. Scient. Ec. Norm. Sup. 2, 63-135 (1969).

[46] OORT F., *Embeddings of finite group schemes into abelian schemes*, N.S.F. Seminar, Bowdoin College (1967).

[47] OORT F., *Finite group schemes, local moduli for abelian varieties and lifting problems*, Algebraic Geometry, Oslo 1970, Wolters-Noordhoff (1972).

[48] RAYNAUD M., p-*torsion du schéma de Picard*, Journées de Géométrie Algébrique de Rennes 1978, Astérisque 64, 87-148 (1979).

[49] SERRE J.-P., *Groupes algébriques et corps de classe*, Hermann, Paris (1959).

[50] TATE J., p-*divisible groups*, Proceedings of a Conference on local fields, Driebergen 1966, Springer-Verlag (1967).

[51] TRAVERSO C., *Families of Dieudonné modules and specialization of Barsotti-Tate groups*, Symposia Mathematica XXIV (1981).

Vol. 787: Potential Theory, Copenhagen 1979. Proceedings, 1979. Edited by C. Berg, G. Forst and B. Fuglede. VIII, 319 pages. 1980.

Vol. 788: Topology Symposium, Siegen 1979. Proceedings, 1979. Edited by U. Koschorke and W. D. Neumann. VIII, 495 pages. 1980.

Vol. 789: J. E. Humphreys, Arithmetic Groups. VII, 158 pages. 1980.

Vol. 790: W. Dicks, Groups, Trees and Projective Modules. IX, 127 pages. 1980.

Vol. 791: K. W. Bauer and S. Ruscheweyh, Differential Operators for Partial Differential Equations and Function Theoretic Applications. V, 258 pages. 1980.

Vol. 792: Geometry and Differential Geometry. Proceedings, 1979. Edited by R. Artzy and I. Vaisman. VI, 443 pages. 1980.

Vol. 793: J. Renault, A Groupoid Approach to C*-Algebras. III, 160 pages. 1980.

Vol. 794: Measure Theory, Oberwolfach 1979. Proceedings 1979. Edited by D. Kölzow. XV, 573 pages. 1980.

Vol. 795: Séminaire d'Algèbre Paul Dubreil et Marie-Paule Malliavin. Proceedings 1979. Edited by M. P. Malliavin. V, 433 pages. 1980.

Vol. 796: C. Constantinescu, Duality in Measure Theory. IV, 197 pages. 1980.

Vol. 797: S. Mäki, The Determination of Units in Real Cyclic Sextic Fields. III, 198 pages. 1980.

Vol. 798: Analytic Functions, Kozubnik 1979. Proceedings. Edited by J. Ławrynowicz. X, 476 pages. 1980.

Vol. 799: Functional Differential Equations and Bifurcation. Proceedings 1979. Edited by A. F. Izé. XXII, 409 pages. 1980.

Vol. 800: M.-F. Vignéras, Arithmétique des Algèbres de Quaternions. VII, 169 pages. 1980.

Vol. 801: K. Floret, Weakly Compact Sets. VII, 123 pages. 1980.

Vol. 802: J. Bair, R. Fourneau, Etude Géometrique des Espaces Vectoriels II. VII, 283 pages. 1980.

Vol. 803: F.-Y. Maeda, Dirichlet Integrals on Harmonic Spaces. X, 180 pages. 1980.

Vol. 804: M. Matsuda, First Order Algebraic Differential Equations. VII, 111 pages. 1980.

Vol. 805: O. Kowalski, Generalized Symmetric Spaces. XII, 187 pages. 1980.

Vol. 806: Burnside Groups. Proceedings, 1977. Edited by J. L. Mennicke. V, 274 pages. 1980.

Vol. 807: Fonctions de Plusieurs Variables Complexes IV. Proceedings, 1979. Edited by F. Norguet. IX, 198 pages. 1980.

Vol. 808: G. Maury et J. Raynaud, Ordres Maximaux au Sens de K. Asano. VIII, 192 pages. 1980.

Vol. 809: I. Gumowski and Ch. Mira, Recurences and Discrete Dynamic Systems. VI, 272 pages. 1980.

Vol. 810: Geometrical Approaches to Differential Equations. Proceedings 1979. Edited by R. Martini. VII, 339 pages. 1980.

Vol. 811: D. Normann, Recursion on the Countable Functionals. VIII, 191 pages. 1980.

Vol. 812: Y. Namikawa, Toroidal Compactification of Siegel Spaces. VIII, 162 pages. 1980.

Vol. 813: A. Campillo, Algebroid Curves in Positive Characteristic. V, 168 pages. 1980.

Vol. 814: Séminaire de Théorie du Potentiel, Paris, No. 5. Proceedings. Edited by F. Hirsch et G. Mokobodzki. IV, 239 pages. 1980.

Vol. 815: P. J. Slodowy, Simple Singularities and Simple Algebraic Groups. XI, 175 pages. 1980.

Vol. 816: L. Stoica, Local Operators and Markov Processes. VIII, 104 pages. 1980.

Vol. 817: L. Gerritzen, M. van der Put, Schottky Groups and Mumfor Curves. VIII, 317 pages. 1980.

Vol. 818: S. Montgomery, Fixed Rings of Finite Automorphism Group of Associative Rings. VII, 126 pages. 1980.

Vol. 819: Global Theory of Dynamical Systems. Proceedings, 197 Edited by Z. Nitecki and C. Robinson. IX, 499 pages. 1980.

Vol. 820: W. Abikoff, The Real Analytic Theory of Teichmüller Spac VII, 144 pages. 1980.

Vol. 821: Statistique non Paramétrique Asymptotique. Proceeding 1979. Edited by J.-P. Raoult. VII, 175 pages. 1980.

Vol. 822: Séminaire Pierre Lelong–Henri Skoda, (Analyse) Année 1978/79. Proceedings. Edited by P. Lelong et H. Skoda. VI 356 pages, 1980.

Vol. 823: J. Král, Integral Operators in Potential Theory. III, 17 pages. 1980.

Vol. 824: D. Frank Hsu, Cyclic Neofields and Combinatorial Design VI, 230 pages. 1980.

Vol. 825: Ring Theory, Antwerp 1980. Proceedings. Edited by F. va Oystaeyen. VII, 209 pages. 1980.

Vol. 826: Ph. G. Ciarlet et P. Rabier, Les Equations de von Kármá VI, 181 pages. 1980.

Vol. 827: Ordinary and Partial Differential Equations. Proceeding 1978. Edited by W. N. Everitt. XVI, 271 pages. 1980.

Vol. 828: Probability Theory on Vector Spaces II. Proceedings, 197 Edited by A. Weron. XIII, 324 pages. 1980.

Vol. 829: Combinatorial Mathematics VII. Proceedings, 1979. Edite by R. W. Robinson et al.. X, 256 pages. 1980.

Vol. 830: J. A. Green, Polynomial Representations of GL_n. VI, 1 pages. 1980.

Vol. 831: Representation Theory I. Proceedings, 1979. Edited b V. Dlab and P. Gabriel. XIV, 373 pages. 1980.

Vol. 832: Representation Theory II. Proceedings, 1979. Edited b V. Dlab and P. Gabriel. XIV, 673 pages. 1980.

Vol. 833: Th. Jeulin, Semi-Martingales et Grossissement d'ur Filtration. IX, 142 Seiten. 1980.

Vol. 834: Model Theory of Algebra and Arithmetic. Proceeding 1979. Edited by L. Pacholski, J. Wierzejewski, and A. J. Wilkie. 410 pages. 1980.

Vol. 835: H. Zieschang, E. Vogt and H.-D. Coldewey, Surfaces ar Planar Discontinuous Groups. X, 334 pages. 1980.

Vol. 836: Differential Geometrical Methods in Mathematical Physic Proceedings, 1979. Edited by P. L. García, A. Pérez-Rendón, a J. M. Souriau. XII, 538 pages. 1980.

Vol. 837: J. Meixner, F. W. Schäfke and G. Wolf, Mathieu Functio and Spheroidal Functions and their Mathematical Foundatio Further Studies. VII, 126 pages. 1980.

Vol. 838: Global Differential Geometry and Global Analysis. P ceedings 1979. Edited by D. Ferus et al. XI, 299 pages. 1981.

Vol. 839: Cabal Seminar 77 – 79. Proceedings. Edited by A. Kechris, D. A. Martin and Y. N. Moschovakis. V, 274 pages. 19

Vol. 840: D. Henry, Geometric Theory of Semilinear Parabolic Equ tions. IV, 348 pages. 1981.

Vol. 841: A. Haraux, Nonlinear Evolution Equations- Global Behavic of Solutions. XII, 313 pages. 1981.

Vol. 842: Séminaire Bourbaki vol. 1979/80. Exposés 543–5 IV, 317 pages. 1981.

Vol. 843: Functional Analysis, Holomorphy, and Approximati Theory. Proceedings. Edited by S. Machado. VI, 636 pages. 19

Vol. 844: Groupe de Brauer. Proceedings. Edited by M. Kervaire a M. Ojanguren. VII, 274 pages. 1981.

Vol. 845: A. Tannenbaum, Invariance and System Theory: Algebraic and Geometric Aspects. X, 161 pages. 1981.

Vol. 846: Ordinary and Partial Differential Equations, Proceedings. Edited by W. N. Everitt and B. D. Sleeman. XIV, 384 pages. 1981.

Vol. 847: U. Koschorke, Vector Fields and Other Vector Bundle Morphisms – A Singularity Approach. IV, 304 pages. 1981.

Vol. 848: Algebra, Carbondale 1980. Proceedings. Ed. by R. K. Amayo. VI, 298 pages. 1981.

Vol. 849: P. Major, Multiple Wiener-Itô Integrals. VII, 127 pages. 1981.

Vol. 850: Séminaire de Probabilités XV. 1979/80. Avec table générale des exposés de 1966/67 à 1978/79. Edited by J. Azéma and M. Yor. V, 704 pages. 1981.

Vol. 851: Stochastic Integrals. Proceedings, 1980. Edited by D. Williams. IX, 540 pages. 1981.

Vol. 852: L. Schwartz, Geometry and Probability in Banach Spaces. X, 101 pages. 1981.

Vol. 853: N. Boboc, G. Bucur, A. Cornea, Order and Convexity in Potential Theory: H-Cones. IV, 286 pages. 1981.

Vol. 854: Algebraic K-Theory. Evanston 1980. Proceedings. Edited by E. M. Friedlander and M. R. Stein. V, 517 pages. 1981.

Vol. 855: Semigroups. Proceedings 1978. Edited by H. Jürgensen, M. Petrich and H. J. Weinert. V, 221 pages. 1981.

Vol. 856: R. Lascar, Propagation des Singularités des Solutions d'Equations Pseudo-Différentielles à Caractéristiques de Multiplicités Variables. VIII, 237 pages. 1981.

Vol. 857: M. Miyanishi. Non-complete Algebraic Surfaces. XVIII, 244 pages. 1981.

Vol. 858: E. A. Coddington, H. S. V. de Snoo: Regular Boundary Value Problems Associated with Pairs of Ordinary Differential Expressions. V, 225 pages. 1981.

Vol. 859: Logic Year 1979–80. Proceedings. Edited by M. Lerman, J. Schmerl and R. Soare. VIII, 326 pages. 1981.

Vol. 860: Probability in Banach Spaces III. Proceedings, 1980. Edited by A. Beck. VI, 329 pages. 1981.

Vol. 861: Analytical Methods in Probability Theory. Proceedings 1980. Edited by D. Dugué, E. Lukacs, V. K. Rohatgi. X, 183 pages. 1981.

Vol. 862: Algebraic Geometry. Proceedings 1980. Edited by A. Libgober and P. Wagreich. V, 281 pages. 1981.

Vol. 863: Processus Aléatoires à Deux Indices. Proceedings, 1980. Edited by H. Korezlioglu, G. Mazziotto and J. Szpirglas. V, 274 pages. 1981.

Vol. 864: Complex Analysis and Spectral Theory. Proceedings, 1979/80. Edited by V. P. Havin and N. K. Nikol'skii. VI, 480 pages. 1981.

Vol. 865: R. W. Bruggeman, Fourier Coefficients of Automorphic Forms. III, 201 pages. 1981.

Vol. 866: J.-M. Bismut, Mécanique Aléatoire. XVI, 563 pages. 1981.

Vol. 867: Séminaire d'Algèbre Paul Dubreil et Marie-Paule Malliavin. Proceedings, 1980. Edited by M.-P. Malliavin. V, 476 pages. 1981.

Vol. 868: Surfaces Algébriques. Proceedings 1976–78. Edited by J. Giraud, L. Illusie et M. Raynaud. V, 314 pages. 1981.

Vol. 869: A. V. Zelevinsky, Representations of Finite Classical Groups. V, 184 pages. 1981.

Vol. 870: Shape Theory and Geometric Topology. Proceedings, 1981. Edited by S. Mardešić and J. Segal. V, 265 pages. 1981.

Vol. 871: Continuous Lattices. Proceedings, 1979. Edited by B. Banaschewski and R.-E. Hoffmann. X, 413 pages. 1981.

Vol. 872: Set Theory and Model Theory. Proceedings, 1979. Edited by R. B. Jensen and A. Prestel. V, 174 pages. 1981.

Vol. 873: Constructive Mathematics, Proceedings, 1980. Edited by F. Richman. VII, 347 pages. 1981.

Vol. 874: Abelian Group Theory. Proceedings, 1981. Edited by R. Göbel and E. Walker. XXI, 447 pages. 1981.

Vol. 875: H. Zieschang, Finite Groups of Mapping Classes of Surfaces. VIII, 340 pages. 1981.

Vol. 876: J. P. Bickel, N. El Karoui and M. Yor. Ecole d'Eté de Probabilités de Saint-Flour IX – 1979. Edited by P. L. Hennequin. XI, 280 pages. 1981.

Vol. 877: J. Erven, B.-J. Falkowski, Low Order Cohomology and Applications. VI, 126 pages. 1981.

Vol. 878: Numerical Solution of Nonlinear Equations. Proceedings, 1980. Edited by E. L. Allgower, K. Glashoff, and H.-O. Peitgen. XIV, 440 pages. 1981.

Vol. 879: V. V. Sazonov, Normal Approximation – Some Recent Advances. VII, 105 pages. 1981.

Vol. 880: Non Commutative Harmonic Analysis and Lie Groups. Proceedings, 1980. Edited by J. Carmona and M. Vergne. IV, 553 pages. 1981.

Vol. 881: R. Lutz, M. Goze, Nonstandard Analysis. XIV, 261 pages. 1981.

Vol. 882: Integral Representations and Applications. Proceedings, 1980. Edited by K. Roggenkamp. XII, 479 pages. 1981.

Vol. 883: Cylindric Set Algebras. By L. Henkin, J. D. Monk, A. Tarski, H. Andréka, and I. Németi. VII, 323 pages. 1981.

Vol. 884: Combinatorial Mathematics VIII. Proceedings, 1980. Edited by K. L. McAvaney. XIII, 359 pages. 1981.

Vol. 885: Combinatorics and Graph Theory. Edited by S. B. Rao. Proceedings, 1980. VII, 500 pages. 1981.

Vol. 886: Fixed Point Theory. Proceedings, 1980. Edited by E. Fadell and G. Fournier. XII, 511 pages. 1981.

Vol. 887: F. van Oystaeyen, A. Verschoren, Non-commutative Algebraic Geometry, VI, 404 pages. 1981.

Vol. 888: Padé Approximation and its Applications. Proceedings, 1980. Edited by M. G. de Bruin and H. van Rossum. VI, 383 pages. 1981.

Vol. 889: J. Bourgain, New Classes of $\mathcal{L}^p$-Spaces. V, 143 pages. 1981.

Vol. 890: Model Theory and Arithmetic. Proceedings, 1979/80. Edited by C. Berline, K. McAloon, and J.-P. Ressayre. VI, 306 pages. 1981.

Vol. 891: Logic Symposia, Hakone, 1979, 1980. Proceedings, 1979, 1980. Edited by G. H. Müller, G. Takeuti, and T. Tugué. XI, 394 pages. 1981.

Vol. 892: H. Cajar, Billingsley Dimension in Probability Spaces. III, 106 pages. 1981.

Vol. 893: Geometries and Groups. Proceedings. Edited by M. Aigner and D. Jungnickel. X, 250 pages. 1981.

Vol. 894: Geometry Symposium. Utrecht 1980, Proceedings. Edited by E. Looijenga, D. Siersma, and F. Takens. V, 153 pages. 1981.

Vol. 895: J.A. Hillman, Alexander Ideals of Links. V, 178 pages. 1981.

Vol. 896: B. Angéniol, Familles de Cycles Algébriques – Schéma de Chow. VI, 140 pages. 1981.

Vol. 897: W. Buchholz, S. Feferman, W. Pohlers, W. Sieg, Iterated Inductive Definitions and Subsystems of Analysis: Recent Proof-Theoretical Studies. V, 383 pages. 1981.

Vol. 898: Dynamical Systems and Turbulence, Warwick, 1980. Proceedings. Edited by D. Rand and L.-S. Young. VI, 390 pages. 1981.

Vol. 899: Analytic Number Theory. Proceedings, 1980. Edited by M.I. Knopp. X, 478 pages. 1981.